Hans-Joachim Petersen
Sibylle Schmidt

AF130671

Wörterbuch
Mechatronik

Deutsch – Englisch
Englisch – Deutsch

Unter Mitarbeit der Verlagsredaktion.

westermann

3. Auflage, 2012
Druck 1, Herstellungsjahr 2012

© Bildungshaus Schulbuchverlage
Westermann Schroedel Diesterweg Schöningh Winklers GmbH, Braunschweig
www.westermann.de

Redaktion: Martin Reinelt
Umschlaggestaltung: boje5Grafik&Werbung, Braunschweig
Satz und Layout: Uwe Rußmann, megalearn MEDIENGESTALTUNG, Magdeburg
Druck und Bindung: westermann druck GmbH, Braunschweig

ISBN 978-3-14-222512-8

Inhaltsverzeichnis

Anmerkungen zur Lautschrift

Die folgende Tabelle umfasst die im Wörterbuch verwendeten Zeichen zur Darstellung der korrekten Aussprache der englischen Fachbegriffe. Die angeführten Beispielbegriffe sind als Ergänzung zur Verständlichkeit des jeweiligen lautsprachlichen Zeichens zu sehen. Der unterstrichene Teil des Beispielbegriffes ist derjenige Teil, der durch das links stehende Zeichen beschrieben wird.

Soweit übertragbar, sind deutsche Umschreibungen beigefügt.

Zeichen	Beispiel	Deutsche Umschreibung
/ɪ/	gift	kurzes i wie in Gift
/ɛ/	head	kurzes e wie in Bett
/æ/	and	kurzes ä wie in Städte
/ʌ/	but	kurzes a wie in Watt
/ɒ/	bottle	kurzes, offenes o wie in Rotte
/ʊ/	cook	kurzes u wie in Kutte
/i/	brief	langes i wie in Brief
/ɜ/	heard	langes ö wie in gehört
/a/	heart	langes a wie in Harz
/ɔ/	for	langes, offenes o wie in Formel
/u/	mood	langes u wie in Mut
/eɪ/	grey	Doppellaut etwa wie „äi"
/aɪ/	buy	Doppellaut ei wie in Ei
/ɔɪ/	avoid	Doppellaut oi wie in ahoi
/əʊ/	coat	Doppellaut etwa wie „ou"
/aʊ/	about	Doppellaut au wie in Laut
/ɪə/	beer	Doppellaut etwa wie „iö"
/ɛə/	bear	Doppellaut etwa wie „äa"
/ʊə/	lure	Doppellaut etwa wie „ue"

/ju/	music	Doppellaut wie ju in Julia
/ə/	about, better	kurzes stimmloses ö
/p/	rapid	p wie in Paul
/t/	sitting	t wie in Sittich
/k/	section	k wie in Sekt
/b/	ribbon	b wie in Rübe
/d/	riding	d wie in leider
/g/	smuggle	g wie in Maggikraut
/tʃ/	butcher	stimmloses tsch wie in tschüss
/dʒ/	ledger	stimmhaftes dsch wie in Dschungel
/f/	fifty	f wie in faul
/θ/	method	stimmloses s, gelispelt
/s/	sister	stimmloses s wie in Wasser
/ʃ/	pressure	stimmloses sch wie in Schubkarre
/h/	help	h wie in Hans
/v/	velvet	wie w in Mehrwert
/ð/	other	stimmhaftes s, gelispelt
/z/	cousin	stimmhaftes s wie in Sense
/ʒ/	measure	stimmhaftes sch wie in Gelee
/m/	summer	m wie in Sommer
/n/	winter	n wie in Winter
/ŋ/	concrete	nasales n wie in Beton
/l/	alcohol	l wie in Alkohol
/r/	horror	r wie in Horror
/w/	away	Doppellaut etwa wie „ue"
/j/	beyond	j wie in Joghurt

Vorwort

Der Zugang zur englischen Sprache stellt für die eingeforderte Fähigkeit eines Mechatronikers, sich auch in der internationalen Fachliteratur souverän zu bewegen und die Erkenntnisse anderssprachiger Fachleute zu nutzen, eine grundlegende Voraussetzung dar.

Im Bereich Mechatronik ist die englische Sprache ein unverzichtbares Kommunikationsmittel. Hier fehlt jedoch auch dem fachlich Versierten, der der englischen Sprache kundig ist, häufig die Kenntnis und der Umgang mit den speziellen Fachausdrücken, die nicht Bestandteil der Alltagssprache sind.

Dieses Wörterbuch soll den schnellen und fachlich korrekten Umgang mit Fachausdrücken der Mechatronik erleichtern und damit allen eine wertvolle Hilfe sein. Eine besondere Qualität stellt die jedem Begriff zugeordnete Lautschrift dar, die auch denjenigen einen einfachen Zugang zu englischsprachigen Fachausdrücken ermöglicht, die über wenig englische Sprachpraxis verfügen.

Ein Anhang mit häufig benutzten Redewendungen ergänzt zusammen mit dem „International System of Units (SI)" dieses Wörterbuch.

Für den Erwerb der beruflichen Handlungskompetenz mit der Ausweitung auf internationalen Wissensstrukturen und Erfahrungen schließt das Wörterbuch auf dem Stand der Technik eine Lücke, die oft mühsame Recherchen oder Missverständnisse verursachte.

Dipl.-Ing., Dipl.-Berufspäd. Hans Rich

Allgemein

general

deutsch – englisch

A

abbauen	dismantle dɪsmæntl
Abdeckplatte	cover plate kʌvə pleɪt
abdichten	sealing silɪŋ
abgeleitete SI-Größe	derived SI-quantity dɪraɪvd ɛs aɪ kwɒntɪti
ablängen	cutting into lengths kʌtɪŋ ɪntə lɛŋθs
Ablaufdiagramm	flow chart fləʊ tʃat
abschneiden	cut kʌt
Abstand	distance dɪstəns
Abszisse	abscissa əbsɪsə
Abweichung, systematische	deviation, systematic dəvɪeɪʃn, sɪstəmætɪk
Achsenkreuz	system of coordinates sɪstəm ɒv kəʊɔdɪnəts
Adhäsionskraft	adhesive force ədhisɪv fɔs
Affinität	affinity əfɪnəti
Aggregatzustand, fest	state of aggregation, solid steɪt ɒv ægrəgeɪʃn, sɒlɪd
aggressiv	aggressive əgrɛsɪv
Akustik	acoustics əkustɪks
alterungsbeständig	resistant to ageing rɪzɪstənt tə eɪdʒɪŋ
amtlich anerkannte Norm	official recognised standard ɒfɪʃəl rɛkəgnaɪsd stændəd
Anfangszustand	initial condition ɪnɪʃl kəndɪʃn
Anlagenfließbild	plant mimic diagram plant mɪmɪk daɪəgræm
Anleitung	instruction ɪnstrʌkʃn
Anordnungsplan	arrangement diagram əreɪndʒmənt daɪəgræm
Anpassung	adaptation ædæpteɪʃn
Ansicht	view vju
Arbeitsfolge	sequence of operations sikwəns ɒv ɒpəreɪʃnz
Arbeitsplatz	working place wɜkɪŋ pleɪs
Arbeitszeit	working time wɜkɪŋ taɪm
arithmetischer Mittelwert	arithmetic mean value ærɪəmɛtɪk min vælju
asymmetrisch	asymmetrical eɪsɪmɛtrɪkəl
atmosphärischer Differenzdruck	atmospheric differential pressure ætməsfɛrɪk dɪfərɛnʃəl prɛʃə
Atomaufbau	atomic structure ətɒmɪk strʌkʃə
Atommodell	atomic model ətɒmɪk mɒdəl
aufbauen	install ɪnstɔl
Aufbaumaterial	installation accessories ɪnstəleɪʃn əksɛsəriz
Aufbaurichtlinien	installation guidelines ɪnstəleɪʃn gaɪdlaɪnz
aufgelöste Darstellung	detached representation dɪtætʃt rɛprɪzɛnteɪʃn
Aufklebeschild	sticker stɪkə
aufteilen	segmenting səgmɛntɪŋ
ausbauen	remove rɪmuv

ausbessern	repair rɪpɛər
Ausfallart	failure mode feɪljə məʊd
Ausfalldauer	down time daʊn taɪm
ausfallen	break down breɪk daʊn
Auslastung	capacity utilisation kəpæsɪti jutəlaɪzeɪʃn
Auslegung	dimensioning daɪmɛnʃənɪŋ
Ausrüstung	equipment ɪkwɪpmənt
Austausch	replacement rɪpleɪsmənt
auswechselbar	replaceable rɪpleɪsəbl
auswuchten	balancing bælənsɪŋ
Automatik-Betriebsart	automatic mode ɔtəmætɪk məʊd
automatische Überwachung	automatic monitoring ɔtəmætɪk mɒnɪtɒrɪŋ
automatische Umschaltung	automatic changeover ɔtəmætɪk tʃeɪndʒəʊvə
automatischer Wiederanlauf	automatic restart ɔtəmætɪk ristat
axonometrische Projektion	axonometric projection æksɒnəmɛtrɪk prəʊdʒɛktʃn

B

Balkendiagramm	bar chart ba tʃat
Bandmaß	measuring tape mɛʒərɪŋ teɪp
Basiseinheit	basic unit beɪsɪk jʊnɪt
Basisgröße	basic quantity beɪsɪk kwɒntɪti
Batch-Betrieb	batch processing bætʃ prəʊsəsɪŋ
Bauartzulassung	type approval taɪp əpruvəl
Bauelement	component kəmpəʊnənt
Bauhöhe	overall height əʊvərɔl haɪt
Baukastensystem	modular construction system mɒdjʊlə kənstrʌkʃn sɪstəm
Baumuster	prototype prɒtətaɪp
Bausatz	assembly kit əsɛmblɪ kɪt
Bauteileigenschaft	component property kəmpəʊnənt prɒpəti
bedienen	operate ɒpəreɪt
Bediener	operator ɒpəreɪtə
Bedienfeld	control panel kəntrəʊl pænəl
Bedienungsanleitung	instruction manual ɪnstrʌkʃn mænjʊəl
beenden	finish fɪnɪʃ
Behälter	case keɪs
beidseitig	double sided dʌbl saɪdəd
Bemaßung	dimensioning daɪmɛnʃənɪŋ
Bemaßungsregel	dimensioning rule daɪmɛnʃənɪŋ rul
Benutzerführung	user guidance juzə gaɪdɛns

Benutzerhandbuch	user's guide ˈjuzəs gaɪd
beobachten	monitoring ˈmɒnɪtɒrɪŋ
Berechnung	calculation kælkjəleɪʃn
Bereich	range reɪndʒ
beschränken	restrict rɪstrɪkt
Beschriftung	labelling leɪbəlɪŋ
beseitigen	eliminate əlɪmɪneɪt
bestimmungsgemäßer Betrieb	normal use nɔməl jus
Betätigungsart	method of actuating mɛəəd ɒv æktʃʋeɪtɪŋ
Betrag	amount əmaʋnt
Betrieb rund um die Uhr	operation on a 24 hour basis ɒpəreɪʃn ɒn ə twɛntɪfɔ aʋə beɪsɪz
betriebliche Grenzen	operating limits ɒpəreɪtɪŋ lɪmɪts
Betriebsanleitung	operating instructions ɒpəreɪtɪŋ ɪnstrʌkʃnz
Betriebsart	operation mode ɒpəreɪʃn məʋd
betriebsbereit	ready for operation rɛdɪ fɔ ɒpəreɪʃn
Betriebsfrequenz	operating frequency ɒpəreɪtɪŋ frɪkwənsi
Betriebslebensdauer	operating lifetime ɒpəreɪtɪŋ laɪftaɪm
Betriebsmittel	resources rɪsɔsəs
Betriebsmittel-Kennzeichen	resource identifier rɪsɔs aɪdɛntɪfaɪə
Betriebssicherheit	safety of operation seɪftɪ ɒv ɒpəreɪʃn
Betriebsstellung	normal service position nɔməl sɜvɪs pəzɪʃn
Betriebsstörung	operating failure ɒpəreɪtɪŋ feɪljə
Betriebsüberwachung	in-service monitoring ɪnsɜvɪs mɒnɪtɒrɪŋ
Betriebsunterbrechung	outage aʋtədʒ
Betriebsverhalten	operational behaviour ɒpəreɪʃənəl bɪheɪvɪə
Betriebszeit	operating time (running period) ɒpəreɪtɪŋ taɪm (rʌnɪŋ pɪərɪəd)
Betriebszuverlässigkeit	operating reliability ɒpəreɪtɪŋ rɪlaɪəbɪləti
bewährt	field proven fild pruvən
Bewegung, gleichförmige	uniform motion jʋnɪfɔm məʋʃn
Bewegung, im Uhrzeigersinn	clockwise (CW) motion klɒkwaɪs məʋʃn
Bezeichner	identifier aɪdɛntɪfaɪə
Bezeichnungscode	designation code dɛzɪgneɪʃn kəʋd
Bezeichnungsschild	label leɪbəl
Bezugsnormal	reference standard rɛfərəns stændəd
Bezugssystem	reference system rɛfərəns sɪstəm
BGV	Employer's Liability Insurance Association ɪmplɔɪəz laɪəbɪləti ɪnʃʋərəns əsəʋsieɪʃn
bidirektional	bidirectional bidaɪrɛkʃənəl
bildliche Darstellung	graphical representation græfɪkəl rɛprɪzɛnteɪʃn
Bildschirmarbeitsplatz	VDU (Video Display Unit) workplace vɪdɪjʋ (vɪdiəʋ dɪspleɪ jʋnɪt) wɜkpleɪs

Bildsymbol	icon aɪkən
bipolar	bipolar bɪpəʊlə
bleibende Abweichung	offset ɒfsɛt
Block	block blɒk
Blockdiagramm	block diagram blɒk daɪəgræm
blockieren	blocking blɒkɪŋ
Blockschaltplan	block diagram blɒk daɪəgræm
Bogen	arc ak
Bogenlänge	arc length ak lɛŋə
Brandklasse	fire class faɪə klas
Bremse	brake breɪk
brennbar	combustible kəmbʌstɪbl
Brennbarkeit	combustibility kəmbʌstəbɪləti
Bruttoleistung	gross output grɒs aʊtpʊt

C

CENELEC	European Committee for Electrotechnical Standardisation jʊərəpiən kəmɪti fɔ ɪlɛktrəʊtɛknɪkəl stændədaɪzeɪʃn
CE-Richtlinien	CE directives sii daɪrɛktɪvz
charakteristische Größe	characteristic quantity kærəktərɪstɪk kwɒntɪti
Chassis	chassis, frame, motherboard ʧæsɪz, freɪm, mʌðəbɔːd
Checkliste	check list ʧɛk lɪst
Chemie	chemistry kɛmɪstri
chemische Bindung	chemical bond kɛmɪkl bɒnd
chemische Eigenschaften	chemical properties kɛmɪkl prɒpətiz
chemische Elemente	chemical elements kɛmɪkl ɛləmənts
chemische Formel	chemical notation kɛmɪkl nəʊteɪʃn
chemische Industrie	chemical industry kɛmɪkl ɪndəstri
chemische Sensoren	chemical sensors kɛmɪkl sɛnsɜz
chemische Verbindung	chemical compound kɛmɪkl kɒmpaʊnd
Cosinus	cosine kəʊzaɪn
Cotangens	cotangent kəʊtændʒənt
Cursorbewegung	cursor movement kɜzə muvmənt

D

Dämpfer	shock absorber ʃɒk əbzɔbə
Darstellung im Koordinatensystem	representation within the system of coordinates rɛprɪzɛnteɪʃn wɪðɪn ðə sɪstəm ɒv kəʊɔdɪnəts

Darstellung, vereinfachte	representation, simplified rɛprɪzɛnteɪʃn, sɪmplɪfaɪd
Datenblatt	data sheet deɪtə ʃit
Dauerprüfung	endurance test ɪndjurəns tɛst
Dauertest	continuous test kəntɪnjuəs tɛst
demontieren	detach dɪtætʃ
Detailzeichnung	detailed drawing dɪteɪld drɔɪŋ
Dezibel (dB)	decibel dɛsɪbɛl
dezimaler Vorsatz	decimal prefix dɛsɪml prɛfɪks
Dezimalstelle	decimal place dɛsɪml pleɪs
Dezimalzahl	decimal number dɛsɪml nʌmbə
Diagnosemeldung	diagnostic message daɪəgnɒstɪk mɛsədʒ
Diagnosestecker	diagnostic connector daɪəgnɒstɪk kənɛktə
Diagramm	chart tʃat
Dicke	thickness θɪknəs
Differenzmessung	difference measuring dɪfərəns mɛʒərɪŋ
Dimensionierungsverfahren	dimensioning method daɪmɛnʃənɪŋ mɛθəd
dimetrische Projektion	dimetric projection dɪmɛtrɪk prəʊdʒɛktʃn
diskretes Signal	discrete signal dɪskrit sɪgnəl
Draufsicht	top view tɒp vju
drehbar	rotatable rɔtətəbl
Drehung im Uhrzeigersinn	clockwise rotation klɒkwaɪz rəʊteɪʃn
dreidimensional	three-dimensional θri daɪmɛnʃənəl
Driftausfall	drift failure drɪft feɪljə
Druck	pressure prɛʃə
drücken	press prɛs
druckwasserdicht	pressure water tight prɛʃə wɔtə taɪt
dünnwandig	thin walled θɪn wɔld
Durchmesser, Bemaßung	diameter, dimensioning daɪæmɪtə, daɪmɛnʃənɪŋ
Durchmesserzeichen	diameter symbol daɪæmɪtə sɪmbəl
Dynamik	dynamics daɪnæmɪks
Dynamikbereich	dynamic range daɪnæmɪk reɪndʒ

E

ebener Winkel	plane angle pleɪn æŋgl
effektive Höhe	effective height ɪfɛktɪv haɪt
effektive Last	effective load ɪfɛktɪv ləʊd
Eich-Kennzeichnung	calibration marking kælɪbreɪʃn makɪŋ
Eigenresonanzfrequenz	self-resonant frequency sɛlf rɛzənənt frikwənsi
Eigenschwingung	natural oscillation nætʃərəl ɒsɪleɪʃn
Ein/Aus-Anzeige	ON-OFF indicator ɒn ɒf ɪndɪkeɪtə

Einbauanleitung	installation instructions ɪnstəleɪʃn ɪnstrʌkʃnz
einbaufertig	ready to be installed rɛdɪ tə bɪ ɪnstɔld
Einbauvorschrift	mounting instructions maʊntɪŋ ɪnstrʌkʃnz
einbrennen	burn in bɜn ɪn
Einfachfehler	single fault sɪŋgl fɔlt
einfügen	insert ɪnsɜt
Einheiten, physikalische	units, physical jʊnɪts, fɪzɪkəl
Einheitengleichung	unit equation jʊnɪt ɪkweɪʃn
einhüllende Kurve	envelope curve ɛnvələʊp kɜv
Einrichtung	equipment, apparatus ɪkwɪpmənt, əpærətəs
Einsatzbedingung	operating condition ɒpəreɪtɪŋ kəndɪʃn
Einsatzerprobung	field test fild tɛst
Einschaltdauer	ON-period ɒn pɪərɪəd
einschalten	switch on swɪtʃ ɒn
Einschub	plug-in unit plʌg ɪn jʊnɪt
einseitig	single sided sɪŋgl saɪdəd
einseitig wirkend	single sided acting sɪŋgl saɪdəd æktɪŋ
einstecken	insert ɪnsɜt
Einstellanleitung	adjustment instruction ədʒʌsmənt ɪnstrʌkʃn
Einstellbereich	setting range sɛtɪŋ reɪndʒ
einstellen der Betriebsart	operating mode selection ɒpəreɪtɪŋ məʊd sɪlɛkʃn
Einstellgenauigkeit	accuracy of adjustment əkjʊrəsɪ ɒv ədʒʌsmənt
Einstellknopf	adjustment knob ədʒʌsmənt nɒb
einwandfrei	faultless fɔltləs
Einzelheit, Darstellung	fine detail, delineation faɪn dɪteɪl, dəlɪnɪeɪʃn
Einzelteile	component parts kəmpəʊnənt pats
Einzelteilzeichnung	component drawing kəmpəʊnənt drɔɪŋ
elektromechanisch	electromechanical ɪlɛktrəʊməkænɪkəl
Elektronenleitung	electron conduction ɪlɛktrɒn kəndʌkʃn
Element (Bauelement)	component kəmpəʊnənt
Elemente, chemische	elements, chemical ɛləmənts, kɛmɪkl
Endmontage	final assembly faɪnəl əsɛmbli
Endwert	upper range value ʌpə reɪndʒ vælju
Energie, kinetische	energy, kinetic ɛnədʒi, kɪnɛtɪk
Energie, potenzielle	energy, potential ɛnədʒi, pəʊtɛnʃl
Energieabgabe	energy output ɛnədʒi aʊtpʊt
Energieaufnahme	energy absorption ɛnədʒi əbzɔbʃən
Energieeinsparung	energy saving ɛnədʒi seɪvɪŋ
Energiequelle	power source paʊwə sɔs
energiesparend	energy saving ɛnədʒi seɪvɪŋ
Energiespeicherung	energy storage ɛnədʒi stɒrədʒ
Energietransport	energy transport ɛnədʒi trænspɔt

energieumsetzendes System	energy transforming system ɛnədʒi trænsfɔmɪŋ sɪstəm
Energieumwandlung	energy conversion ɛnədʒi kənvɜʒn
Entflammbarkeit	flammability flæməbɪləti
entgegen dem Uhrzeigersinn	anti-clockwise æntɪ klɒkwaɪz
Entsorgung von Abfällen	disposal of waste dɪspəuzəl ɒv weɪst
Entsperrung	unblocking ʌnblɒkɪŋ
Entwicklungsphase	development phase dɪvɛləpmənt feɪz
Entwurfszeichnung	draft drawing draft drɔɪŋ
Erfindung	invention ɪnvɛnʃn
Ergänzungspaket	option package ɒptʃən pækədʒ
Ergebnis	result rɪzʌlt
Ergonomie	ergonomics ɜgəunɒmɪks
Erprobung	test tɛst
Ersatzteil	spare part spɛə pat
Ersatzteilhaltung	spare part service spɛə pat sɜvɪs
Ersatzteilliste	list of spare parts lɪst ɒv spɛə pats
Erschütterung	vibration vaɪbreɪʃn
Ersetzen	replacement rɪpleɪsmənt
Erste Hilfe	first aid fɜst eɪd
Erweiterbarkeit	extendibility ɪkstɛndəbɪləti
erweitern	extend ɪkstɛnd
Europäische Norm	European Standard jʊərəpɪən stændəd
Explosionszeichnung	exploded view drawing ɪkspləudəd vju drɔɪŋ
explosives Gemisch	explosive mixture ɪkspləusɪv mɪkstʃə

F

Fabrikatbezeichnung	type designation taɪp dɛzɪgneɪʃn
Fabrikgarantie	maker's warranty meɪkəz wɒrəntɪ
Facharbeiter	skilled worker skɪld wɜkə
Fachgrundnorm	basic specification beɪsɪk spɛsɪfɪkeɪʃn
Fadenkreuz	cross hairs krɒs hɛəz
Farbdisplay	colour display kʌlə dɪspleɪ
Farbdreieck	colour triangle kʌlə traɪæŋgl
Farben, Schutzschicht	colours, protective layer kʌləz, prəutɛktɪv leɪə
Farbcodierung	colour coding kʌlə kəudɪŋ
Fassungsvermögen	volumetric capacity vɒljumɛtrɪk kəpæsəti
Fehler	failure feɪljə
Fehleranzeige	error display ɛrə dɪspleɪ
Fehlerbaumanalyse	fault tree analysis (FTA) fɔlt tri ənælɪsɪs
Fehlerbeseitigung	fault correction, corrective measure fɔlt kərɛkʃn, kərɛktəv mɛʒə

fehlerfrei	faultless fɔltləs
fehlerfreie Betriebszeit	mean time between failures (MTBF) miːn taɪm bɪtwiːn feɪljəz
Fehlermeldung	error message ɛrə mɛsədʒ
Fehlerortung	fault localisation fɔlt ləʊkəlaɪseɪʃn
Fehlersuche	trouble shooting trʌbl ʃuːtɪŋ
fehlertolerant	fault tolerant fɔlt tɒlərənt
Fehlerursache	cause of fault kɔːs ɒv fɔlt
Fernbedienung	remote control rɪməʊt kəntrəʊl
Fertigerzeugnisse	finished products fɪnɪʃt prɒdʌkts
Fertigung	manufacturing mænjʊfæktʃərɪŋ
Fertigungseinrichtung	manufacturing equipment mænjʊfæktʃərɪŋ ɪkwɪpmənt
Fertigungsnummer	serial number sɪrɪəl nʌmbə
Fertigungsverfahren	manufacturing process mænjʊfæktʃərɪŋ prəʊsɛs
festeingebautes Gerät	non-withdrawable unit nɒn wɪɵdrɔːəbəl juːnɪt
Feststeller	lock-on button lɒk ɒn bʌtən
Fläche	area ɛərɪə
flächenbezogene Masse	surface density sɜːfəs dɛnsəti
flaches Display	flat panel display flæt pænəl dɪspleɪ
Flachzange	flat nose pliers flæt nəʊz plaɪəz
Flammwidrigkeitsprüfung	flame retardance test fleɪm rɪtaːdəns tɛst
Fleck	spot spɒt
Fluoreszenz	fluorescence flʊərɛsənz
Flussdiagramm	flow chart fləʊ tʃaːt
flüssige Stoffe	liquid materials lɪkwɪd mətɪərɪəlz
flüssigkeitsdicht	liquid tight lɪkwɪd taɪt
Flüssigkristallanzeige	liquid-crystal display (LCD) lɪkwɪd krɪstəl dɪspleɪ
Folgeausfall	secondary failure sɛkəndərɪ feɪljə
Formelzeichen	formula sign fɔmjələ saɪn
Frühausfall	early failure ɜlɪ feɪljə
Füllstoff	filling material fɪlɪŋ mətɪərɪəl
Funktion	function fʌŋktʃn
Funktionsbeschreibung	functional description fʌŋktʃnəl dɪskrɪptʃn
Funktionsbildzeichen	functional graphical symbol fʌŋktʃnəl græfɪkəl sɪmbəl
Funktionsblockschaltbild	functional block diagram fʌŋktʃnəl blɒk daɪəgræm
Funktionseinheit	functional unit fʌŋktʃnəl juːnɪt
Funktionsstörung	malfunction mælfʌŋktʃn
Funktionstaste	function key fʌŋktʃn kiː
Fußschalter	foot switch fʊt swɪtʃ

G

Garantie	guarantee, warranty ˈgærənti, ˈwɒrənti
gasförmiger Aggregatzustand	gaseous state of aggregation ˈgæsəs steɪt ɒv ægrəgeɪʃn
Gasgemisch	gas mixture ɡæs mɪkstʃə
Gaußsche Normalverteilungskurve	Gaussian normal distribution curve ɡɔʃn nɔməl dɪstrɪbjuʃn kɜv
Geber	sensor ˈsɛnsə
Gebotszeichen	mandatory signs ˈmændətɒri saɪnz
Gebrauchsanweisung	instruction for use ɪnstrʌkʃn fɔ jus
Gebrauchsdauer	service life ˈsɜvɪs laɪf
Gefährdungsanalyse	hazard analysis ˈhæzəd ənælɪsɪs
Gefahrenquelle	source of danger sɔs ɒv deɪndʒə
Gefahrensymbol	danger symbol deɪndʒə sɪmbəl
gefährliche Stoffe	hazardous substances ˈhæzədəs sʌbstənsəs
Gefahrstoffverordnung	hazardous substance regulation ˈhæzədəs sʌbstəns rɛgjəleɪʃn
Gehäuse	enclosure, housing, box ɛnkləʊʒə, haʊsɪŋ, bɒks
Gehäusebauform	enclosed assembly ɛnkləʊzd əsɛmbli
Gehörschutz	ear protection ɪə prətɛkʃn
gemeinsame technische Vorschriften	Common Technical Regulations (CTR) kɒmən tɛknɪkəl rɛgjəleɪʃnz
gemessene Größe	measured quantity ˈmɛʒəd kwɒntəti
Genauigkeitsanforderungen	precision requirements prəsɪʒn rɪkwaɪəmənts
Genauigkeitsklasse	accuracy class əkjʊrəsɪ klɑs
genehmigungspflichtiges Teil	component requiring approval kəmpəʊnənt rɪkwaɪrɪŋ əpruvəl
geometrische Reihe	geometric progression dʒɪəʊmɛtrɪk prəʊgrɛʃn
Gerade	straight line streɪt laɪn
gerader Körper	straight body streɪt bɒdɪ
geradlinige Bewegung	linear movement lɪnɪə muvmənt
Gerät	unit, device junɪt, dɪvaɪs
Gerät außer Betrieb	equipment disabled ɪkwɪpmənt dɪseɪbəld
geräteabhängig	device-dependent dɪvaɪs dɪpɛndənt
Gesamtausfall	total failure təʊtəl feɪljə
Gesamtbelastung	total load təʊtəl ləʊd
Gesamtwirkungsgrad	overall efficiency əʊvəəl əfɪʃənsi
Gesamtzeichnung	general drawing dʒɛnərəl drɔɪŋ
gesetzliche Bestimmungen	statutory regulations stætjʊtɒrɪ rɛgjəleɪʃnz
Gestaltungsrichtlinien	guidelines for design gaɪdlaɪnz fɔ dɪzaɪn
Gestell	rack ræk
gestörter Betrieb	operation under fault conditions ɒpəreɪʃn ʌndə fɔlt kəndɪʃnz

gestreckte Länge, Bemaßung	effective length, dimensioning ɪfɛktɪv lɛŋθ, daɪmɛnʃənɪŋ
Gesundheitsanforderungen	health requirements hɛlθ rɪkwaɪəmənts
gesundheitsschädlich	harmful hamfʊl
Gewährleistung	guarantee, warranty gærənti, wɒrənti
Gewichtskraft	force due to gravity fɔs djʊ tə grævəti
Giftigkeit	toxicity tɒksɪsəti
Gitteranordnung	arrangement of the crystal lattice əreɪndʒmənt ɒv ðə krɪstəl lætɪs
gleichförmige Bewegung	uniform movement jʊnɪfɔm muvmənt
Gleichgewicht	equilibrium ɛkwɪlɪbrɪəm
Gleichlauf	synchronous operation sɪnkrɒnəs ɒpəreɪʃn
Gleichmäßigkeit	uniformity jʊnɪfɔməti
Grafiksichtgerät	graphics monitor græfɪks mɒnɪtə
Grenzwert	limit value lɪmɪt vælju
griechisches Alphabet	greek alphabet grik ælfəbət
Griff	handle hændl
Größe, physikalische	quantity, physical kwɒntəti fɪzɪkəl
Größengleichung	dimensional equation daɪmɛnʃənəl ɪkweɪʃn
Größenordnung	order of magnitude ɔdə ɒv mægnətjud
Grundbelastung	base load beɪs ləʊd
Grundstellung	starting position statɪŋ pəzɪʃn
Gruppe	group grup
Gültigkeitsprüfung	validity check vəlɪdɪtɪ tʃɛk
Gütefaktor	quality factor kwɒlətɪ fæktə
Gütezeichen	quality mark kwɒlətɪ mak

H

Haftreibungszahl	coefficient of static friction kəʊɪfɪʃənt ɒv stætɪk frɪktʃən
Halbkreis	semicircle sɛmɪsɜkl
Halbschnitt	half-section haf sɛkʃn
Haltepunkt	critical point krɪtɪkəl pɔɪnt
Halterung	mounting maʊntɪŋ
Handbuch	manual mænjʊəl
Handeingabe	manual input mænjʊəl ɪnpʊt
handgeführtes Elektrowerkzeug	hand-held electric tool hænd hɛld ɪlɛktrɪk tul
Handhabung	handling hændlɪŋ
Handkurbel	crank handle krænk hændl
Hauptausfall	major failure meɪdʒə feɪljə
Hebel	lever lɛvə

Hebelarm	lever arm lɛvə am
Hebelgesetz	lever principle lɛvə prɪnsəpəl
Hebelübersetzung	leverage lɛvərədʒ
Hebelwirkung	lever action lɛvə ækʃən
Hebezeug	lifting equipment lɪftɪŋ ɪkwɪpmənt
heiße Reserve	hot standby hɒt stændbaɪ
herausnehmbarer Teil	removable part rɪmuvəbəl pat
hermetisch verkapselt	hermetically encapsulated hɜmɛtɪkəlɪ ɪnkæpsjʊleɪtəd
herstellereigener Standard	proprietary standard prəpraɪətrɪ stændəd
herstellerunabhängig	manufacturer-independent, multi vendor mænjʊfæktʃərə ɪndɪpɛndənt, mʌltɪ vɛndə
Herstellung	production prədʌkʃən
Hexadezimalzahl	hexadecimal number hɛkzədɛsɪməl nʌmbə
hexagonales Kristallgitter	hexagonal molecular lattice hɛkzægənəl məʊlɛkjʊlə lætɪs
Hinweis auf besondere Gefahren	notice on special dangers nəʊtɪs ɒn spɛʃəl deɪndʒəs
Hochformat	upright size ʌpraɪt saɪz
Hochlaufkennlinien	start-up characteristics stat ʌp kærəktərɪstɪks
Höchstwert	upper limiting value ʌpə lɪmɪtɪŋ vælju
höhenverstellbar	height adjustable haɪt ədʒʌstəbəl
Hörbarkeit	audibility ɔdɪbɪlɪti
horizontale Bauform	horizontal type hɒrɪzɒntəl taɪp
Hubarbeit	lifting work lɪftɪŋ wɜk
Hupe	horn hɔn
Hyperbel	hyperbola haɪpɜbələ

I

Ikon	icon aɪkən
Immissionsschutz	immission protection ɪmɪʃn prətɛkʃn
inaktives Teil	inactive part ɪnæktɪv pat
Inbetriebnahme	commissioning kəmɪʃənɪŋ
Index (mathem.)	index ɪndɛks
Indikator	indicator ɪndɪkeɪtə
industrietauglich	suitable for industrial practice sjutəbəl fɔ ɪndʌstriəl præktɪs
Ingangsetzung	start stat
Inhaltsverzeichnis	directory daɪrɛktɒri
Initialisieren	initialise ɪnɪʃəlaɪz
Initiator	initiator ɪnɪʃreɪtə
Inkreis	inscribed circle ɪnskraɪbd sɜkl
Innendurchmesser	inner diameter ɪnə daɪæmɪtə

Innenmaß	inside dimension ɪnsaɪd daɪmɛnʃn
Innenraumaufstellung	indoor installation ɪndɔ ɪnstʌleɪʃn
Inspektion	inspection ɪnspɛktʃn
Instabilität	instability ɪnstəbɪlɪti
instand halten	maintain meɪnteɪn
instand setzen	repair rɪpɛə
Instandhaltung	maintenance meɪntənəns
interaktives Display-System	interactive display system ɪntəæktɪv dɪspleɪ sɪstəm
Internationale Elektrotechnische Kommission	International Electrotechnical Commission (IEC) ɪntənæʃənəl ɪlɛktrəʊtɛknɪkəl kəmɪʃn
Internationales Einheitensystem (SI)	International System of Units ɪntənæʃənəl sɪstəm ɒv jʊnɪts
inverser Betrieb	inverse direction of operation ɪnvɜs daɪrɛkʃn ɒv ɒpəreɪʃn
Ionenbindung	ionic bond aɪənɪk bɒnd
Ionenladung	ionic charge aɪənɪk tʃadʒ
Ionenleitung	ionic conduction aɪənɪk kəndʌktʃən
ISO	International Standardisation Organisation (ISO) ɪntənæʃənəl stændədaɪzeɪʃn ɔgənaɪzeɪʃn
isometrische Projektion	isometric projection aɪzəʊmɛtrɪk prəʊdʒɛktʃn
Istanzeige	true indication tru ɪndɪkeɪʃn

J

Joystick	joystick dʒɔɪstɪk
justieren	adjust ədʒʌst
Justierfehler	alignment mismatch əlaɪnmənt mɪsmætʃ
Justiergenauigkeit	alignment accuracy əlaɪnmənt əkjuərəsi
Justiergerät	alignment device əlaɪnmənt dɪvaɪs

K

Kalotte	spherical cap sfɛrɪkəl kæp
Kantenlänge	edge length ɛdʒ lɛŋθ
Kapillarwirkung	capillarity kæpɪlærəti
kartesisches Koordinatensystem	Cartesian system of coordinates kətizən sɪstəm ɒv kəʊɔdɪnəts
Kassette	plug-in unit plʌg ɪn jʊnɪt
Kathete	cathetus kəθeɪzəs
Kegelschnitt	conic section kɒnɪk sɛkʃən
Kenndatenblatt	specification sheet spɛsɪfɪkeɪʃn ʃit
Kenngröße	parameter pəræmɪtə

Kennlinie (Kurve)	characteristic (curve) kærəktərɪstɪk
Kennliniendarstellung	characteristics presentation kærəktərɪstɪks prɛzənteɪʃn
Kennschild	name plate neɪm pleɪt
Kennzeichen (Schaltplan)	qualifying symbol kwɒlɪfaɪɪŋ sɪmbəl
kennzeichnen	mark mak
Kennzeichnung	identifying; marking aɪdɛntɪfaɪɪŋ; makɪŋ
Kettenbemaßung	incremental dimensioning ɪnkrəmɛntəl daɪmɛnʃənɪŋ
kinetische Energie	kinetic energy kɪnɛtɪk ɛnədʒi
Klarzeit	up time ʌp taɪm
Klasse (Genauigkeit)	class (accuracy) klas (əkjʊrəsɪ)
Klassifizierung	classification klæsɪfɪkeɪʃn
Klebeband	adhesive tape ədhisəv teɪp
Kleinklima	micro climate maɪkrəʊ klaɪmət
Klimaanlage	air-conditioning system ɛə kəndɪʃənɪŋ sɪstəm
Klimabedingungen	climatic conditions klaɪmætɪk kəndɪʃnz
klimabeständig	climate proof klaɪmət pruf
Kneifzange	nipper pliers nɪpə plaɪəz
Kohäsionskraft	cohesive force kəʊhisəv fɔs
Kompatibilität	compatibility kəmpætəbɪləti
kompatible Geräte	compatible equipment kəmpætəbl ɪkwɪpmənt
kompetent	competent kɒmpətɛnt
Komponente (Bestandteil)	constituent kənstɪtjʊənt
Komponentenbauweise	modular design mɒdjʊlə dɪzaɪn
Konfigurationsplan	configuration plan kənfɪgjəreɪʃn plæn
Konformitätsprüfung	conformance test kənfɔmənts tɛst
Konstante, physikalische	constant, physical kɒnstənt, fɪzɪkəl
Konstruktionsphase	design phase dɪzaɪn feɪz
konstruktiver Aufbau	construction kənstrʌktʃən
Kontrolle	inspection ɪnspɛktʃən
Koordinatenachse	coordinate axis kəʊɔdɪnət æksɪs
Koordinatennullpunkt	origin of coordinates ɒrɪdʒɪn ɒv kəʊɔdɪnəts
Koordinatensystem	system of coordinates sɪstəm ɒv kəʊɔdɪnəts
Kopfkreis	top circle tɒp sɜkl
Kopie	copy kɒpɪ
Körper	solid sɒlɪd
Kosinus	cosine kəʊsaɪn
Krafteck	polygon of forces pɒlɪgən ɒv fɔsəz
Kräftegleichgewicht	equilibrium of forces ɛkwɪlɪbrɪəm ɒv fɔsəz
Kräftemaßstab	scale of forces skeɪl ɒv fɔsəz
Kräfteparallelogramm	parallelogram of forces pærələləgræm ɒv fɔsəz
Kräftezerlegung	resolution of forces rɛzəʊluʃn ɒv fɔsəz

Kraftmoment	moment of force ˈməʊmənt ɒv fɔːs
Kraftvektor	vector of force ˈvɛktə ɒv fɔːs
Kreis	circle sɜːkl
Kreisabschnitt	segment of circle ˈsɛgmənt ɒv sɜːkl
Kreisausschnitt	sector of circle ˈsɛktə ɒv sɜːkl
Kreisdiagramm	circle diagram sɜːkl ˈdaɪəgræm
Kreisfläche	circular surface ˈsɜːkjələ ˈsɜːfəs
kreisförmige Bewegung	circular movement ˈsɜːkjələ ˈmuːvmənt
Kreisfrequenz	angular frequency ˈæŋgjələ ˈfriːkwənsi
Kreislauf, geschlossen	circuit, closed ˈsɜːkɪt, kləʊzd
Kreislauf, offen	circuit, open ˈsɜːkɪt, ˈəʊpən
Kreismittelpunkt	centre ˈsɛntə
Kreisringausschnitt	sector of a circular ring ˈsɛktə ɒv ə ˈsɜːkjələ rɪŋ
Kreisumfang	circumference səˈkʌmfɪərəns
Kreuzschlitzschraubendreher	screwdriver for recessed-head screws ˈskruːdraɪvə fɔ rɪˈsɛst hɛd skruːz
Kubikmeter	cubic meter ˈkjuːbɪk ˈmiːtə
Kubikwurzel	cube root, third root kjuːb ruːt, θɜːd ruːt
Kubikzahl	cube number kjuːb ˈnʌmbə
Kugelabschnitt	segment of a sphere ˈsɛgmənt ɒv ə sfɪə
kundenspezifisch	customised ˈkʌstəmaɪzd
künstliche Alterung	artificial ageing ˌɑːtɪˈfɪʃl ˈeɪdʒɪŋ
Kunststoffgehäuse	enclosure of plastics material ɛnˈkləʊʒə ɒv ˈplæstɪks məˈtɪərɪəl
Kunststoffrecycling	plastics recycling ˈplæstɪks riːˈsaɪklɪŋ
Kurvenschar	family of curves ˈfæmɪli ɒv kɜːvz
Kurvenverlauf	characteristics of a curve ˌkærəktəˈrɪstɪks ɒv ə kɜːv
Kurzzeitdrift	short-term drift ʃɔːt tɜːm drɪft

L

Labor	laboratory ləˈbɒrətɔːri
Lack	lacquer ˈlækə
Lageeinstellung	position adjustment pəˈzɪʃn əˈdʒʌstmənt
Länge	length lɛŋθ
Länge, gestreckte	length, effective lɛŋθ, ɪˈfɛktɪv
Längenänderung	change in length, longitudinal deformation ˈtʃeɪndʒ ɪn lɛŋθ, ˌlɒŋgɪˈtjuːdɪnəl ˌdiːfɔːˈmeɪʃn
längenbezogene Masse	linear density ˈlɪnɪə ˈdɛnsəti
Längenmesstechnik	length measuring technique lɛŋθ ˈmɛʒərɪŋ tɛkˈniːk
Längenteilung	dividing of lengths dɪˈvaɪdɪŋ ɒv lɛŋθs
langfristig	long term lɒŋ tɜːm

Langzeitalterung	long-term ageing lɒŋ tɜːm eɪdʒɪŋ
Langzeitbeeinflussung	long-term interference lɒŋ tɜːm ɪntəfɪərəns
Lärmpegel	noise level nɔɪs lɛvəl
Lastabsenkung	load reduction ləʊd rɪdʌktʃən
Lastaufnahmemittel	load carrying equipment ləʊd kærɪɪŋ ɪkwɪpmənt
Lastenheft	requirement specification rɪkwaɪəmənt spɛsɪfɪkeɪʃn
Lastrückwirkung	load reaction ləʊd rɪækʃən
lastunabhängig	load independent ləʊd ɪndɪpɛndənt
Laufrichtung	direction of motion daɪrɛkʃn ɒv məʊʃn
Lauge	alkaline solution ælkəlaɪn səluʃn
laugenbeständig	resistant to alkaline rɪzɪstənt tə ælkəlaɪn
Lautstärkepegel	loudness level laʊdnəs lɛvəl
LCD-Anzeige	liquid crystal display lɪkwɪd krɪstəl dɪspleɪ
Lebensdauer	lifetime laɪftaɪm
Lebensdauererwartung	life expectancy laɪf ɪkspɛktənsɪ
Lebenszykluskosten	life cycle costs laɪf saɪkl kɒsts
Leergehäuse	empty enclosure ɛmptɪ ɛnkləʊʒə
Leerlaufkennlinie	open circuit characteristic əʊpən sɜːkɪt kærəktərɪstɪk
Leerplatz	free space fri speɪs
leicht entflammbares Material	easily inflammable material izɪlɪ ɪnflæməbl mətɪərɪəl
leichte Handhabung	ease of manipulation iz ɒv mənɪpjʊleɪʃn
Leistung (allgemein)	performance pəfɔməns
Leistung (elektrisch)	power paʊwə
Leistung im Dauerbetrieb	continuous rating kəntɪnjʊəs reɪtɪŋ
Leistungsfluss	power flow paʊwə fləʊ
Leistungsverbrauch	power consumption paʊwə kənsʌmptʃən
Leistungsverlust	power loss paʊwə lɒs
Leiter	ladder lædə
Lernfähigkeit	learning aptitude lɜːnɪŋ æptɪtjud
Lesefehler	read(ing) error ridɪŋ ɛrə
Leuchtdrucktaste	illuminated key ɪlʊmɪneɪtəd ki
Leuchtschaltbild	illuminated mimic diagram ɪlʊmɪneɪtəd mɪmɪk daɪəgræm
Leuchtstoffe	luminescent materials lʊmɪnɪsənt mətɪərɪəls
Leuchtzifferanzeige	illuminated digital display ɪlʊmɪneɪtəd dɪdʒɪtəl dɪspleɪ
Lichtbogen (elektrisch)	arc (electric) ak (ɪlɛktrɪk)
Lichtgriffeleingabe	light pen input laɪt pɛn ɪnpʊt
Linearinterpolation	linear interpolation lɪnɪə ɪntəpəleɪʃn
Linie	line laɪn
Linienart	type of lines taɪp ɒv laɪnz
Liniendiagramm	line diagram laɪn daɪəgræm
Linienschwerpunkt	centre of line sɛntə ɒv laɪn

Linienspektrum	line spectrum laɪn spɛktrəm
Linksdrehung	left-hand rotation lɛft hænd rəʊteɪʃn
Linkslauf	anti-clockwise rotation æntɪ klɒkwaɪz rəʊteɪʃn
Löcher, Darstellung und Bemaßung	holes, delineation and dimensioning həʊlz, dɪlɪnɪəeɪʃn ænd daɪmɛnʃənɪŋ
logarithmische Teilung	logarithmic scale lɒgərɪəmɪk skeɪl
lösbare Verbindung	disconnectable connection dɪskənɛktəbəl kənɛkʃn
löschen (Anzeige)	cancel kænsəl
lösen (abnehmen)	detach dɪtætʃ
Lücke	gap gæp
Luftabstand	clearance in air klɪərənts ɪn ɛə
Lüftergehäuse	fan housing fæn haʊzɪŋ
Luftfeuchtigkeit	air humidity ɛə hjʊmɪdɪtɪ
Luftfilter	air filter ɛə fɪltə
Luftsauerstoff	atmospheric oxygen ætməsfɛrɪk ɒksɪdʒən
Luftschall	air-borne noise ɛə bɔn nəʊz
Luftspalt	air-gap ɛə gæp
Lupe	magnifying glass mægnɪfaɪɪŋ glas

M

Magazin	magazine mægəzɪn
MAK (Maximale Arbeitsplatz-Konzentration)	maximum allowable workplace concentration mæksɪməm əlaʊəbəl wɜk pleɪs kɒnsəntreɪʃn
Mängel	defects dɪfɛkts
manueller Betrieb	manual mode of operation mænjʊəl məʊd ɒv ɒpəreɪʃn
markieren	mark mak
Markierung	marking makɪŋ
Maschinenarten	machine types məʃin taɪps
Maschinenbau	mechanical engineering məkænɪkəl ɛndʒɪnɪərɪŋ
Maschinenelement	machine element məʃin ɛləmənt
Maß (Abmessung)	dimension daɪmɛnʃn
Masse	mass mæs
Maßeinheit	unit jʊnɪt
Maßeintragung	dimensioning daɪmɛnʃənɪŋ
Massenberechnung	calculation of mass kælkjələeɪʃn ɒv mæs
Massenfertigung	mass production mæs prədʌkʃn
Maßgenauigkeit	dimensional accuracy daɪmɛnʃənəl əkjʊrəsɪ
Maßhilfslinie	dimension subsidiary line daɪmɛnʃən sʌbsidɪərɪ laɪn
Maßlehre	tolerance gauge tɒlərənts geɪdʒ
Maßlinie	dimension line daɪmɛnʃən laɪn
Maßstab	scale skeɪl

Maßtoleranz	dimensional tolerance daɪmɛnʃənəl tɒlərənts
Maßverkörperung	material measure mətɪərɪəl mɛʒə
Maßzahl	dimension figure daɪmɛnʃn fɪgə
Materialflusstechnik	material handling technology mətɪərɪəl hændlɪŋ tɛknɒlədʒɪ
Maximalwert	maximum value mæksɪməm vælju
mechanische Arbeit	mechanical work məkænɪkəl wɜk
mechanische Energie	mechanical energy məkænɪkəl ɛnədʒi
mechanische Leistung	mechanical power məkænɪkəl pauwə
mechanischer Abgleich	mechanical balance məkænɪkəl bæləns
mechanischer Antrieb	mechanical drive məkænɪkəl draɪv
Mechatronik	mechatronics mɛkətrɒnɪks
mechatronisches System	mechatronic system mɛkətrɒnɪk sɪstəm
Meister	foreman fɔmən
Menge	quantity kwɒntətɪ
menschliches Versagen	human error hjumən ɛrə
Mensch-Maschine-Kommunikation	man machine communication mæn məʃin kəmjʊnɪkeɪʃn
Menü	menu mɛnju
menügesteuert	menu-driven mɛnju drɪvən
Merkblatt	leaflet liflət
Merkmal	characteristic kærəktərɪstɪk
Metallrecycling	metal recycling mɛtəl rɪsaɪklɪŋ
Meter	meter mitə
Metrik	metric mɛtrɪk
Mindestbreite	minimum width mɪnɪməm wɪdə
Miniaturisierung	miniaturisation mɪnɪtʃəraɪzeɪʃn
Miniaturtechnik	miniature technique mɪnɪtʃə tɛknik
Minimum	minimum mɪnɪməm
Minute	minute mɪnɪt
Mischungsverhältnis	mixture ratio mɪkstʃə reɪʃəʊ
Mittellinie	centre line sɛntə laɪn
Mittelpunkt	neutral point njutrəl pɔɪnt
mittlere Abweichung	mean deviation min dəvɪeɪʃn
mittlere Instandsetzungsdauer	mean time to repair (MTTR) min taɪm tə rɪpɛə
mittlere Lebensdauer	medium lifetime mɪdɪəm laɪftaɪm
mittlere Leistung	average power ævərədʒ pauwə
mittlere Reparaturdauer	mean time to repair (MTTR) min taɪm tə rɪpɛə
mittlere Zeit zwischen zwei Ausfällen	mean time between failures (MTBF) min taɪm bɪtwin feɪljəz
Modellbau	pattern making pætɜn meɪkɪŋ
Modellbildung	model design mɒdəl dɪzaɪn

Modellvorstellung	theoretical model θɪəʊrɛtɪkəl mɒdəl
Modul	module mɒdjul
Modulbauweise	modular construction mɒdjələ kənstrʌktʃən
Molekül	molecule mɒlɪkjul
Momentanwert	instantaneous value ɪnstənteɪnjʊəs vælju
Monitorstrahlung	monitor radiation mɒnɪtə rædɪeɪʃn
Montageplan	assembly plan əsɛmblɪ plæn
Montageroboter	assembly robot əsɛmblɪ rɒbət
Montagezeichnung	assembly drawing əsɛmblɪ drɔɪŋ
montieren	assemble əsɛmblə
multifunktional	multifunctional mʌltɪfʌŋktʃənəl
Multiplikationsfaktor	multiplication factor mʌltɪplɪkeɪʃn fæktə

N

nacharbeiten	rework rɪwɜk
Nachbesserung	rectification of defects rɛktɪfɪkeɪʃn ɒv dɪfɛkts
nachladen	reload rɪləʊd
Nachrüstsatz	add-on kit æd ɒn kɪt
natürliche Zahl	natural number nætʃərəl nʌmbə
negativ logarithmisch	negative logarithmic nɛgətɪv lɒgərɪəmɪk
negatives Vorzeichen	negative sign nɛgətɪv saɪn
Nenngröße	nominal value nɒmɪnəl vælju
Nennleistung	rated power reɪtəd paʊwə
Nennmaß	nominal size nɒmɪnəl saɪs
Nennwert	nominal value nɒmɪnəl vælju
Netzplantechnik	critical path planning krɪtɪkəl paθ plænɪŋ
Neutronenzahl	neutron number njutrən nʌmbə
nicht angeschlossen	off-line ɒf laɪn
nicht eigensicher	non-intrinsically safe nɒn ɪnstrɪnsɪkəlɪ seɪf
nicht in Betrieb	non-operating state nɒn ɒpəreɪtɪŋ steɪt
nicht sinusförmig	non-sinusoidal nɒn saɪnəsɔɪdəl
nicht verriegelbar	non-interlocking nɒn ɪntələkɪŋ
nichtlösbare Verbindung	permanent joint pɜmənənt dʒɔɪnt
nichtmagnetisierbarer Stahl	non-magnetisable steel nɒn mægnətaɪzəbəl stil
Nomogramm	nomogram nɒməʊgræm
Norm	standard stændəd
Normalausführung	standard design stændəd dɪzaɪn
Normalbedingungen	normal service conditions nɔməl sɜvɪs kəndɪʃnz
Normalbelastung	standard load stændəd ləʊd
normale Beanspruchung	regular load rɛgjʊlə ləʊd

normale Betriebsbedingungen	normal operating conditions nɔməl ɒpəreɪtɪŋ kəndɪʃnz
Normalformat	standard format stændəd fɔmət
Normalien-Stelle	standards laboratory stændədz læbrətɒri
Normalklima	standard atmospheric conditions stændəd ætməsfɛrɪk kəndɪʃnz
Normalkraft	perpendicular force pɜpəndɪkjələ fɔs
Normalprojektion	normal projection method nɔməl prəudʒɛktʃn mɛθəd
Normbezeichnung	standard designation stændəd dɛzɪgneɪʃn
Norm-Bezugswert	standard reference value stændəd rɛfərənts vælju
Normblatt	standard sheet stændəd ʃit
Normenausschuss	Standards Committee stændəds kəmɪti
Normentwurf	draft standard draft stændəd
Normenverzeichnis	list of standards lɪst ɒv stændəds
Normfallbeschleunigung	standard acceleration of the fall stændəd æksələreɪʃn ɒv ðə fɔl
normgerecht	conforming to standards kənfɔmɪŋ tə stændəds
Normteil	standard part stændəd pat
Normzahl	preferred number prɪfɜd nʌmbə
Notabschaltung	emergency stop ɪmɜdʒənsi stɒp
Not-Aus-Drucktaste	emergency stop button ɪmɜdʒənsi stɒp bʌtən
Notausgang	emergency exit ɪmɜdʒənsi ɛksɪt
Notbeleuchtung	emergency lighting ɪmɜdʒənsi laɪtɪŋ
Notbetrieb	emergency operation ɪmɜdʒənsi ɒpəreɪʃn
Not-Halt	emergency stop ɪmɜdʒənsi stɒp
Notrufnummer	emergency number ɪmɜdʒənsi nʌmbə
Null	zero zɪrəu
Nulldurchgang	zero crossing zɪrəu krɒsɪŋ
Nulllinie	zero line zɪrəu laɪn
Nummernschema	numbering scheme nʌmbərɪŋ skim
Nutzarbeit	useful work jusfəl wɜk
Nutzenergie	useful energy jusfəl ɛnədʒi
Nutzfläche	effective surface ɪfɛktɪv sɜfəs
Nutzleistung	useful power jusfəl pauwə

O

oberer Leistungsbereich	high performance level haɪ pəfɔməns lɛvəl
Objekt	object ɒbdʒɛkt
Objekteigenschaften	object properties ɒbdʒɛkt prɒpətiz
objektives Prüfen	objective inspecting ɒbdʒɛktɪv ɪnspɛktɪŋ
Objektklassifizierung	classification of objects klæsɪfɪkeɪʃn ɒv ɒbdʒɛkts

Objektvermessung	object measurement ɒbdʒɛkt mɛʒəmənt
off-line Betrieb	off-line operation ɒf laɪn ɒpəreɪʃn
öffnende Temperatursicherung	normally closed thermal link nɔməlɪ kləʊzd θɜməl lɪŋk
Ohrempfindlichkeitskurve	ear response characteristic ɪə rɪspɒns kærəktərɪstɪk
optimale Ausgangsleistung	optimum output power ɒptɪməm aʊtpʊt paʊwə
Optimierung	optimisation ɒptɪmaɪzeɪʃn
Ordinate	ordinate ɔdɪnət
Ordnungszahl	ordinal number ɔdɪnəl nʌmbə
Organigramm	organisation chart ɔɡənaɪzeɪʃn tʃat
organisatorische Sicherheitsmaßnahmen	administrative safety measures ædmɪnɪstreɪtəv seɪftɪ mɛʒəz
örtliche Bedingungen	local conditions ləʊkəl kəndɪʃnz
ortsbezogene Struktur	location oriented structure ləʊkeɪʃn ɒrɪɛntəd strʌktʃə
oval	oval əʊvl

P

Parallelbetrieb	parallel operation pærələl ɒpəreɪʃn
parallele Linie	parallel line pærələl laɪn
Parallelprojektion	parallel projection pærələl prəʊdʒɛktʃən
Parallelverschiebung	parallel displacement pærələl dɪspleɪsmənt
Parameter	parameter pəræmɪtə
Periodensystem der Elemente	periodic table of elements pɛrɪɒdɪk teɪbl ɒv ɛləmənts
Perspektive	perspective pəspɛktɪv
Pflichtenheft	requirements specification rɪkwaɪəmənts spɛsɪfɪkeɪʃn
Phon	phone fəʊn
physikalische Eigenschaft	physical property fɪzɪkəl prɒpəti
physikalische Größen	physical quantities fɪzɪkəl kwɒntətiz
Piktogramm	pictograph pɪktəʊɡræf
Plan (Anordnung)	layout leɪaʊt
Plombe	lead seal lɛd sil
plötzlicher Ausfall	sudden failure sʌdən feɪljə
polares Flächenmoment	polar surface modulus pəʊlə sɜfɪs mɒdjʊləs
Polarkoordinatensystem	system of polar coordinates sɪstəm ɒv pəʊlə kəʊɔdɪnəts
positionieren	positioning pəzɪʃənɪŋ
Positionserfassung	position detection pəzɪʃn dɪtɛktʃn
Positionsmarke	cursor kɜzə
positives Quittieren	positive acknowledgement pɒzɪtɪv əknɒlədʒmənt
Präzisionsteil	precision part prəsɪʒn pat
Prinzipschaltbild	block diagram blɒk daɪəɡræm
Probebetrieb	trial operation traɪəl ɒpəreɪʃn

Produktions-Planungs- und Steuersystem (PPS)	production planning and control system prədʌkʃn plænɪŋ ænd kəntrəʊl sɪstəm
Produktsicherheitsgesetz	product safety law prɒdʌkt seɪftɪ lɔ
professionelles Gerät	professional equipment prəfɛʃənəl ɪkwɪpmənt
Projekt	project prɒdʒɛkt
Projektierung	planning and design plænɪŋ ænd dɪzaɪn
Projektionsmethode	projecting method prəʊdʒɛktɪŋ mɛθəd
Protokoll	protocol prəʊtəkɒl
Prototyp	prototype prəʊtətaɪp
Prüfabweichung	testing deviation tɛstɪŋ dəvɪeɪʃn
Prüfadapter	test adapter tɛst ədæptə
Prüfanschluss	test connection tɛst kənɛkʃn
Prüfanweisung	inspection instruction ɪnspɛkʃn ɪnstrʌktʃn
Prüfautomat	automatic inspection and test unit ɔtəmætɪk ɪnspɛkʃn ænd tɛst jʊnɪt
Prüfbedingungen (allgemein)	test conditions (general) tɛst kɒndɪʃnz (dʒɛnərəl)
Prüfdurchlauf	test run tɛst rʌn
prüfen	test tɛst
Prüfer	inspector ɪnspɛktə
Prüfgerät	test equipment tɛst ɪkwɪpmənt
Prüfklasse	test category tɛst kætəgəri
Prüfklima	test environment tɛst ɪnvaɪrənmənt
Prüfmittel	inspection, measuring and test equipment ɪnspɛkʃn, mɛʒərɪŋ ænd tɛst ɪkwɪpmənt
Prüfplakette	inspection label ɪnspɛktʃn leɪbəl
Prüfung am Aufstellungsort	site test saɪt tɛst
Prüfung bei Umweltbedingungen	environmental testing ɪnvaɪrənmɛntl tɛstɪŋ
Punkt	spot spɒt
Punktmatrixanzeige	dot matrix display dɒt mætrɪks dɪspleɪ
Pyramide	pyramid pɪrəmɪd

Q

Q-Faktor	quality factor kwɒlətɪ fæktə
Quadrant	quadrant kwɒdrənt
Quadrat	square swɛə
quadratischer Mittelwert	root-mean-square value rut min skwɛə vælju
Quadratmeter	square meter skwɛə mitə
Quadratwurzel	square root skwɛə rut
Quadratzahl	square number skwɛə nʌmbə
Quadratzeichen	square symbol skwɛə sɪmbəl
Qualifikationsmerkmal	qualifier kwɒlɪfaɪə

Qualitätsanforderung	quality requirements kwɒlətɪ rɪkwaɪəmənts
Qualitätsaudit	quality audit kwɒlətɪ ɒdɪt
Qualitätsbericht	quality report kwɒlətɪ rɪpɔt
Qualitätshaus	house of quality haʊs ɒv kwɒlətɪ
Qualitätskontrolle, statistische	statistical quality control stətɪstɪkəl wɒlətɪ kəntrəʊl
Qualitätsmanagement	quality management kwɒlətɪ mænədʒmənt
Qualitätsmerkmal	quality characteristic kwɒlətɪ kærəktərɪstɪk
Qualitätsnachweis	quality verification kwɒlətɪ vɛrɪfɪkeɪʃn
Qualitätsregelkarte	quality control card kwɒlətɪ kəntrəʊl kad
Qualitätssicherung	quality assurance kwɒlətɪ əʃʊrəns
Qualitätssicherungs-Handbuch	quality assurance manual kwɒlətɪ əʃʊrəns mænjʊəl
Qualitätssicherungssystem nach DIN ISO 9002	quality system according to DIN ISO 9002 kwɒlətɪ sɪstəm əkɔdɪŋ tə dɪn aɪzəʊ naɪn əʊ əʊ tu
Qualitätsüberwachung	quality supervision kwɒlətɪ sjupəvɪʒn
Qualitätszirkel	quality loop kwɒlətɪ lup
quantisieren	quantise kwɒntaɪs
quantisiert	quantised kwɒntaɪst
quantisierter Abtastwert	quantised sample kwɒntaɪst sæmpl
Quantisierung	quantisation kwɒntɪzeɪʃn
Quantisierungskennlinie	encoding law ɛnkəʊdɪŋ lɔ
quasistationärer Zustand	quasi-static state kwɒsɪ stætɪk steɪt
Quelle	source sɔs
Queraufstellung	transverse arrangement trənsvɜs əreɪndʒmənt
Querformat	landscape format lændskeɪp fɔmət
Querschnitt	cross section krɒs sɛkʃn
Querschnittsschwächung	reduction of cross section rɪdʌkʃn ɒv krɒs sɛkʃn
Querschwingung	transverse vibration trənsvɜs vaɪbreɪʃn
Querskale	straight horizontal scale streɪt hɒrɪzɒntəl skeɪl
Querstromlüfter	radial-flow fan rædɪəl fləʊ fæn
Querwelle	transverse wave trənsvɜs weɪv

R

Radius, Bemaßung	radius, dimensioning rædɪəs daɪmɛnʃənɪŋ
Raster	grid (printed board) grɪd
Rasterabstand	grid element spacing grɪd ɛləmənt speɪsɪŋ
rauer Betrieb	rough service rʌf sɜvɪs
Raum	space speɪs
Raumakustik	room acoustics rum əkʊstɪks
Raumbedarf	overall space required əʊvəɔl speɪs rɪkwaɪəd
Raumgitter	space lattice speɪs lætɪs
Raumklimagerät	room air conditioner rum ɛə kəndɪʃənə

Raumtemperaturregler	room thermostat rum ɵɜməstæt
Realisierungsstruktur	realisation structure rɪəlaɪzeɪʃn stʌktʃə
Realteil	real component, real part rɪəl kəmpʊnənt, rɪəl pat
Rechteck, Bemaßung	rectangle, dimensioning rɛktæŋgl daɪmɛnʃənɪŋ
rechtsverbindliche Norm	mandatory standard mændətʊrɪ stændəd
rechtwinkliges Dreieck	rectangular triangle rɛktæŋgjələ traɪæŋgl
Recycling	recycling rɪsaɪklɪŋ
reduzierter Betrieb	reduced service rɪdjust sɜvɪs
Regal	shelf ʃɛlf
Regelabschaltung	normal shutdown nɔməl ʃʌtdaʊn
regelmäßiges Vieleck	regular polygon rɛgjʊlə pʊlɪgən
Regeln (Vorschriften)	regulations, rules rɛgjəʊleɪʃnz, rulz
Regelung (technisch)	control (technical) kəntrəʊl (tɛknɪkəl)
Reibung	friction frɪktʃən
Reibungsarbeit	frictional work frɪktʃənəl wɜk
Reichweite	range reɪndʒ
Reifen	tire taɪə
Reihe (Folge)	sequence sikwəns
Reiheneinbaugerät	rail mounted device reɪl maʊntəd dɪvaɪs
Reinheitsgrad	percentage purity pɜsɛntədʒ pjʊrəti
Reinluftraum	clean room klin rum
relative Feuchte	relative humidity rɛlətəv hjumɪdəti
Reparaturdienst	repair service rɪpɛə sɜvɪs
reparieren	repair rɪpɛə
Reserve	standby stændbaɪ
Reserveeinbauplatz	spare slot spɛə slʊt
Reservesystem	back-up system bæk ʌp sɪstəm
Reserveteil	spare part spɛə pat
resultierende Kraft	resultant force rɪzʌltənt fɔs
resynchronisieren	resynchronise rɪsɪnkrənaɪs
Resynchronisierung	synchronism restoration sɪnkrənɪzm rɛstəreɪʃn
reversibel	reversible rɪvɜsəbəl
Reversierbetrieb	reversing duty rɪvɜsɪŋ djuti
Richtlinie	directive daɪrɛktəv
Risikograph	risk graph rɪsk græf
Robustheit	robustness rəbʌstnəs
Rohstoff	raw material rɔ mətɪərɪəl
Rollreibung	rolling friction rəʊlɪŋ frɪktʃn
Rollwiderstand	rolling resistance rəʊlɪŋ rɪzɪstəns
Röntgenprüfung	X-ray testing ɛks reɪ tɛstɪŋ
Röntgenstrahlen	X-rays ɛks reɪz
Rotationsenergie	rotational energy rəʊteɪʃənəl ɛnədʒi

Rotationsfrequenz	rotational frequency rəʊteɪʃənəl frikwənsi
Rotationskörper	rotational solid rəʊteɪʃənəl sɒlɪd
Rückansicht	back view bæk vju
Rückwirkung	effect (reaction) ɪfɛkt
rühren	stir stɜ
Rundungshalbmesser	rounding radius raʊndɪŋ reɪdɪəs
Rüstverteilzeit	set-up allowance sɛt ʌp əlaʊənts
rüttelfest	vibration-resistant vaɪbreɪʃn rɪzɪstənt

S

saubere Umgebung	clean situation klin sɪtʃueɪʃn
schadhaft	damaged dæmədʒd
Schadstoff	noxious matter nɒksɪəs mætə
Schallwelle	acoustic wave əkʊstɪk weɪv
Schaltbild	schematic circuit diagram skɪmætɪk sɜkɪt daɪəgræm
schalten	switch swɪtʃ
Scheitelwinkel	vertical and opposite angle vɜtɪkəl ænd ɒpəsət æŋgl
schematische Darstellung	schematic representation skɪmætɪk rɛprɪzɛnteɪʃn
Schild (Kennzeichnung)	label leɪbəl
Schlüssel	key ki
schlüsselfertiges System	turnkey system tɜnki sɪstəm
Schnittansicht	sectional view sɛkʃənəl vju
Schnitte	sections sɛkʃns
Schnittpunkt	intersection point ɪntəsɛkʃn pɔɪnt
Schockprüfung	shock test ʃɒk tɛst
Schraffurlinie	hatch hætʃ
Schrägungswinkel	helix angle hɛlɪks æŋgl
Schrankbauform	cubicle type assembly kjubɪkəl taɪp əsɛmbli
Schraubendreher	screw driver skru draɪvə
Schraubensicherungslack	screw locking varnish skru lɒkɪŋ vanɪʃ
Schwachstelle	weak point wik pɔɪnt
Schwalllöten	wave soldering weɪv səʊldərɪŋ
Schwellenwert	threshold value ɵrɛshəʊld vælju
schwere Betriebsbedingungen	heavy-duty operation hævɪ djutɪ ɒpəreɪʃn
Schwerpunkt (Last)	load centre ləʊd sɛntə
Schwerpunktlinie	centroid line sɛntrɔɪd laɪn
Schwingung	vibration vaɪbreɪʃn
Schwitzwasser	condensation water kɒndənzeɪʃn wɒtə
Seitenansicht	side view saɪd vju
Seitenschneider (Werkzeug)	diagonal cutting nippers daɪægənəl kʌtɪŋ nɪpəs

Sekunde	second sɛkənd
Selbsttest	self-test sɛlf tɛst
senkrecht	vertical vɜtɪkəl
servicefreundlich	easy to service izɪ tə sɜvɪs
sicherer Bereich	safe area seɪf ɛərɪə
Sicherheitsabschaltung	safety shutdown seɪftɪ ʃʌtdaʊn
sicherheitsgerichtete Systeme	safety related systems seɪftɪ rɪleɪtəd sɪstəms
Sicherheitsregeln	safety rules seɪftɪ rulz
Sichtprüfung	visual inspection vɪʒʊəl ɪnspɛktʃn
Signalflussdiagramm	signal flow graph sɪgnəl fləʊ græf
Signalleuchte	signal light sɪgnəl laɪt
Sinus	sine saɪn
sinusförmige Schwingung	sinusoidal oscillation saɪnəsɔɪdəl ɒsɪleɪʃn
Sinuskurve	sinusoidal curve saɪnəsɔɪdəl kɜv
Skalierbarkeit	scalability skæləbɪlətɪ
Solarzelle	solar cell səʊlə sɛl
Sonderausführung	special version spɛʃəl vɜʒn
spritzwassergeschützte Maschine	splash-proof machine splæʃ pruf məʃin
Standardabweichung	standard deviation stændəd dəvɪeɪʃn
stationärer Betrieb	steady-state operation stædɪ steɪt ɒpəreɪʃn
staubfreier Raum	clean room klin rum
staubgeschützt	dust protected dʌst prəʊtɛktəd
Stellglied	actuator æktjʊeɪtə
Stichprobe	sample taken at random sæmpl teɪkən æt rændəm
Störmeldung	fault signal fɔlt sɪgnəl
stoßempfindlich	susceptible to shocks səsɛptəbl tə ʃɒks
Strichlinie	dashed line dæʃd laɪn
strichpunktierte Linie	dot-and-dash line dɒt ænd dæʃ laɪn
Stückliste	list of parts lɪst ɒv pats
stufenweise	step-by-step stɛp baɪ stɛp
Symbol	symbol sɪmbəl
Symmetrieachse	axis of symmetry æksɪs ɒv sɪmətrɪ
symmetrisch	symmetrical sɪmɛtrɪkəl
symmetrische Form	symmetric form sɪmɛtrɪk fɔm
Syntheseverfahren	synthesis process sɪnθəzɪs prəʊsɛs
systematische Abweichung	systematic deviation sɪstəmætɪk dəvɪeɪʃn
systematischer Fehler	systematic error sɪstəmætɪk ɛrə
Systemreserve	system margin sɪstəm madʒɪn
systemspezifisch	system specific sɪstəm spəsɪfɪk
Systemverhalten	system performance sɪstəm pəfɔmənts
Systemzuverlässigkeit	system reliability sɪstəm rɪlaɪəbɪlətɪ

T

Tabellenkalkulation	spread-sheet calculation sprɛd ʃit kælkjəleɪʃn
Tageshöchstleistung	daily maximum demand deɪlɪ mæksɪməm dɪmand
Tagesverbrauch	daily consumption deɪlɪ kənsʌmptʃn
Tangenssatz	tangent theorem tæŋgənt θɪəurim
Tastatur	keyboard kibɔd
tastenbetätigt	key-driven ki drɪvən
Tasthebel	feeling lever filɪŋ lɛvə
Tätigkeit	activity æktɪvɪti
tatsächlicher Wert	actual value æktʃuəl vælju
Taupunkt	dew point dju pɔɪnt
Teamarbeit	team work tim wɜk
Technik (angewandt)	engineering ɛdʒɪnɪərɪŋ
Technik (Wissenschaft)	technical science tɛknɪkəl saɪənts
Techniker	technician tɛknɪʃn
technische Anleitung	technical instruction tɛknɪkəl ɪnstrʌktʃn
technische Daten	technical data, specifications tɛknɪkəl deɪtə spɛsɪfɪkeɪʃnz
technische Störung	technical breakdown tɛknɪkəl breɪkdaʊn
technische Zeichnung	technical drawing tɛknɪkəl drɔɪŋ
Technischer Überwachungsverein (TÜV)	Technical Inspection Association tɛknɪkəl ɪnspɛktʃn əsəʊsieɪʃn
technologische Eigenschaft	technological property tɛknəʊlɒdʒɪkəl prɒpəti
technologische Prüfung	production-technological test prədʌkʃn tɛknəʊlɒdʒɪkəl tɛst
Teilansicht	partial view paʃl vju
Teilausfall	partial failure paʃl feɪljə
teilautomatisch	semi-automatic sɛmɪ ɔtəmætɪk
Teileinheit	submultiple of a unit sʌbmʌltɪpl ɒv ə jʊnɪt
Teilerverhältnis	splitting ratio splɪtɪŋ reɪʃəʊ
Teilfuge	parting line patɪŋ laɪn
Teilfunktion	partial function paʃl fʌŋktʃn
Teilkopf	dividing attachment dɪvaɪdɪŋ ətætʃmənt
Teilkreisdurchmesser	reference diameter rɛferəns daɪæmɪtə
Teillastbetrieb	part-load operation pat ləʊd ɒpəreɪʃn
Teilredundanz	partial redundancy paʃl rɪdʌndənsi
Teilschaltplan	component circuit diagram kəmpəʊnənt sɜkɪt daɪəgræm
Teilschnitt	partial section paʃl sɛkʃn
Teilstrichabstand	scale spacing skeɪl speɪsɪŋ
Teilsystem	subsystem sʌbsɪstəm
Teilung von Längen	dividing of lengths dɪvaɪdɪŋ ɒv lɛŋθ

Teilungsverhältnis	division ratio dɪvɪʒn reɪʃəu
Testfall	test case tɛst keɪs
Testhilfe	testing aid tɛstɪŋ eɪd
Testkonzept	test concept tɛst kɒnsɛpt
Testprogramm	debugger dɪbʌgə
Testverfahren	test methods tɛst mɛθəds
Textanzeige	text display tɛkst dɪspleɪ
Thermopaar	thermo couple θɜməu kʌpl
Toleranz	tolerance tɒlərəns
Toleranzbereich	tolerance band tɒlərəns bænd
Toleranzkurzzeichen	tolerance symbol tɒlərəns sɪmbl
Toleranzreihe	tolerance series tɒlərəns sɪəriz
Totalausfall	complete failure kəmplit feɪljə
TQ	TQ (total quality) tɪkju (təutəl kwɒləti)
tragbares Gerät	portable appliance pɔtəbl əplaɪəns
tragen	carry kærɪ
Trägheitsmoment	moment of inertia məumənt ɒv ɪnɜʃia
Trendanzeige	trend display trɛnd dɪspleɪ
trennen	break breɪk
Trennfolie	separating foil sɛpəreɪtɪŋ fɔɪl
Trennschnitt	separating cut sɛpəreɪtɪŋ kʌt
tropfwassergeschützt	drip-proof drɪp pruf
Tropfwasserschutz	protection against dripping water prətɛkʃn əgɛnst drɪpɪŋ wɔtə
Tür-Sicherheitsschalter	door safety switch dɔ seɪftɪ swɪtʃ
TÜV (Technischer Überwachungsverein)	Technical Inspection Association tɛknɪkəl ɪnspɛktʃn əsəusieɪʃn
Typbezeichnung	type designation taɪp dɛzɪgneɪʃn
Typenblatt	type sheet taɪp ʃit
Typenkurzzeichen	type identification symbol taɪp aɪdɛntɪfɪkeɪʃn sɪmbl
Typenleistung	unit rating junɪt reɪtɪŋ
Typenschild	rating plate, name plate reɪtɪŋ pleɪt, neɪm pleɪt
typgeprüft	type tested taɪp tɛstəd
typischer Wert	representative value rɪprɪzɛntətəv vælju

U

überdimensioniert	oversised əuvəsaɪst
Überflurbelüftung	above floor ventilation əbʌv flɔ vɛntɪleɪʃn
Übergang	changeover tʃeɪndʒəuvə
Überlast	overload əuvələud
Überlauf	overflow əuvəfləu

Übersichtsschaltbild	block diagram blɒk daɪəgræm
Uhrzeigersinn	clockwise direction klɒkwaɪz daɪrɛkʃn
UL-Ausführung	design to Underwriters Laboratories requirements dɪzaɪn tə ʌndəraɪtəs læbrətɒris rɪkwaɪəmənts
umbauen	modify mɒdɪfaɪ
umbenennen	rename rɪneɪm
Umdrehungen pro Minute	revolutions per minute (r.p.m.) rɛvəluʃnz pɜ mɪnət
Umfang	circumference sɜkəmfɪərəns
Umfangsgeschwindigkeit	circumferential speed sɜkəmfərɛnʃl spid
Umfangskraft	peripheral force pərɪfərəl fɔs
Umgebungsbedingungen	environmental conditions, ambience conditions ɪnvaɪrənmɛntl kəndɪʃnz, æmbɪəns kəndɪʃnz
Umgebungseinflüsse	environmental effects ɪnvaɪrənmɛntl ɪfɛkts
Umkreis	circumscribed circle sɜkəmskraɪbd sɜkl
Umluft-Wasserkühlung	closed circuit air-water cooling kləʊzd sɜkɪt ɛə wɔtə kulɪŋ
Umrechnungsfaktor	conversion factor kənvɜʒn fæktə
Umrüstteile	retrofitting parts rɪtrəʊfɪtɪŋ pats
Umschaltung (Betrieb-Reserve)	automatic failover ɔtəmætɪk feɪləʊvə
Umwandlung von Zahlen	transformation of numbers trænsfəmeɪʃn ɒv nʌmbəz
umweltbedingter Fehler	environment-related defect ɪnvaɪrənmənt rɪleɪtəd dɪfɛkt
Umweltbelastung	environmental pollution ɪnvaɪrənmɛntl pəluʃn
Umweltprüfung	environmental testing ɪnvaɪrənmɛntl tɛstɪŋ
Umweltschutz	environmental protection ɪnvaɪrənmɛntl prətɛkʃn
unabhängiger Betrieb	stand-alone operation stænd ələʊn ɒpəreɪʃn
unbeabsichtigtes Einschalten	unintentional energising ʌnɪntɛnʃənəl ɛnədʒaɪzɪŋ
unbeaufsichtigt	unattended ʌnətɛndəd
unbefugter Nutzer	unauthorised user ʌnɔθəraɪzd juzə
Unbrauchbarkeit	disabled state dɪseɪbld steɪt
uneingeschränkte Verwendung	universal application junɪvɜsl æplɪkeɪʃn
Unfallverhütungsvorschriften	accident prevention regulations æksɪdənt prɪvɛnʃn rɛgjəleɪʃnz
Universalwinkelmesser	universal angle gauge junɪvɜsl æŋgl geɪdʒ
Unsymmetrie	asymmetry eɪsɪmətri
unterbrechen	break breɪk
Unterbrechungsstelle	break point breɪk pɔɪnt
Unterbrechungszeit	outage time aʊtədʒ taɪm
unterbrochener Schnitt	interrupted cut ɪntərʌptəd kʌt
unterer Grenzwert	minimum limiting value mɪnɪməm lɪmɪtɪŋ vælju
unteres Abmaß	lower deviation ləʊə dəvɪeɪʃn
unterhalten	maintain meɪnteɪn
Unterlage, technische	document, engineering dɒkjəmənt, ɛndʒɪnɪərɪŋ

Unterschiedsmessen	comparison measuring kəmpærɪzən mɛʒərɪŋ
untersynchron	subsynchronous sʌbsɪnkrɒnəs
unterwiesene Person	instructed person ɪnstrʌktəd pɜsn
ununterbrochener Betrieb	continuous operation duty kəntɪnjuəs ɒpəreɪʃn djuti
unverträglich	incompatible ɪnkəmpætəbl

V

variabel	adjustable ədʒʌstəbl
Variable	variable vəraɪəbl
VDE (Verband Deutscher Elektrotechniker)	Association of German Electrotechnical Engineers əsəusɪeɪʃn ɒv dʒɜmən ɪlɛktrəutɛknɪkəl ɛndʒɪnɪəs
VDE-Prüfzeichen	VDE mark of conformity vɪdɪɪ mak ɒv kənfɔməti
VDI (Verein Deutscher Ingenieure)	Association of German Engineers əsəusɪeɪʃn ɒv dʒɜmən ɛndʒɪnɪəs
Vektorquantisierung	vector quantisation vɛktə kwɒntaɪzeɪʃn
Ventilator	fan fæn
verarbeiten	process prəusɛs
Verarbeitung	processing prəusəsɪŋ
Verbesserungsvorschlag	suggestion for optimisation sədʒɛstʃn fɔ ɒptɪmaɪzeɪʃn
verbinden (anschließen)	connect kənɛkt
verbindliche Werte	mandatory values mændətɒrɪ væljuz
Verbindung (physikalisch)	connection (physical) kənɛkʃn (fɪzɪkəl)
Verbindungen, chemische	compounds, chemical kɒmpaʊnds kɛmɪkl
Verbindungsplan	interconnection diagram ɪntəkənɛkʃn daɪəgræm
Verbotszeichen	prohibiting sign prəuhɪbɪtɪŋ saɪn
Verbrauch	consumption kənsʌmptʃn
Verbraucher	consumer kənsjumə
Verbraucher (Last)	load ləʊd
Verbrauchsartikel	commodity goods kəmɒdɪtɪ gʊds
Verbrennungsmotor	internal combustion engine ɪntɜnl kəmbʌstʃn ɛndʒən
Verdampfungswärme	evaporation heat ɪvæpəreɪʃn hit
vereinfachte Darstellung	simplified representation sɪmplɪfaɪd rɛprɪzɛnteɪʃn
Verfahren (Methode, Prozess)	procedure prəsɪdʒə
Verfahrenstechnik	process engineering, materials processing prəusɛs ɛndʒɪnɪərɪŋ, mətɪərɪəls prəusɛsɪŋ
Verfügbarkeit	availability əveɪləbɪləti
Vergleichsnormal	comparison standard, reference standard kəmpærɪzən stændəd, rɛfərənts stændəd
Verhalten bei Notfällen	behaviour in emergency cases bɪheɪvɪə ɪn ɪmɜdʒənsɪ keɪsəs
Verhältnis (Übersetzungs-)	ratio reɪʃəʊ
Verlauf (Kurve)	waveform weɪvfɔm

Verletzungsgefahr	risk of injury rɪsk ɒv ɪndʒəri
Verordnung	regulation (administrative) rɛgjʊleɪʃn (ædmɪnɪstreɪtəv)
verriegelte Stellung	locked position lɒkt pəzɪʃn
Verriegelung	interlock ɪntəlɒk
Versagensursache	cause of failure kɔːs ɒv feɪljə
Versandbehälter	container kənteɪnə
Verschleißausfall	wear-out failure wɛə aʊt feɪljə
Verschleißfestigkeit	capacity of resistance to wear kəpæsəti ɒv rɪzɪstəns tə wɛə
Verschleißteil	wearing part wɛərɪŋ pat
Verschmutzungsgrad	pollution rate pəluʃn reɪt
Verstellbereich	range of adjustment reɪndʒ ɒv ədʒʌsmənt
Versuch	experiment ɪkspɛrɪmənt
Versuchsanordnung	test arrangement tɛst əreɪndʒmənt
Verteilzeit, sachliche	contingency allowance kəntɪndʒənsɪ əlaʊəns
Vertrag	contract kɒntrækt
verursachende Größe	causing variable kɔːzɪŋ vəraɪəbl
Verwendungszweck	application æplɪkeɪʃn
Verzeichnis, alphabetisches	list, alphabetical lɪst, ælfəbætɪkəl
Verzögerungszeit	delay time dɪleɪ taɪm
Vieleck	polygon pɒlɪgən
vielfach	multiple mʌltɪpl
Viertelkreis	quarter circle, quadrant kwɔːtə sɜːkl kwɒdrənt
Visualisierung	visualisation vɪʒʊəlaɪzeɪʃn
Vollausfall	complete failure kəmplit feɪljə
vollautomatischer Betrieb	fully automatic operation fʊlɪ ɔːtəmætɪk ɒpəreɪʃn
volle Abschaltung	full disconnection fʊl dɪskənɛkʃn
Volllast	full load fʊl ləʊd
Vollschnitt	full section fʊl sɛkʃn
Volumenänderung	change in volume tʃeɪndʒ ɪn vɒljum
Volumenausdehnungskoeffizient	volume expansion coefficient vɒljum ɪkspænʃn kəʊɪfɪʃənt
Vorbereitung	preparation prɛpəreɪʃn
vorbeugende Prüfung	preventive inspection prɪvɛntɪv ɪnspɛktʃn
Vorderansicht	front view frɒnt vju
vorderseitiger Anschluss	front connection frɒnt kənɛkʃn
Vormontage	preassembly priəsɛmbli
Vorrichtungsbau	jig building dʒɪg bɪldɪŋ
Vorsatzzeichen	prefix signs prɛfɪks saɪns
Vorschrift (Norm)	standard stændəd
Vorsicht!	caution! kɔːʃn
Vorzugsreihe	preferred series prɪfɜːd sɪəriz

W

waagerecht	horizontal hɒrɪzɒntl
Wächter (Temperatur)	detector (temperature) dɪtɛktə (tɛmprətʃə)
wahre Länge	true length tru lɛŋə
Wahrscheinlichkeitsverteilung	distribution of probability dɪstrɪbjuʃn ɒv prɒbəbɪləti
wandeln	transforming trænsfɔmɪŋ
Warnton	warning tone wɔnɪŋ təun
Warnzeichen	warning sign wɔnɪŋ saɪn
Wartung von Maschinen	maintenance of machines meɪntənəns ɒv məʃinz
Wartungsanleitung	maintenance manual meɪntənəns mænjuəl
Wartungsbereich	service area sɜvɪs ɛərɪə
wartungsfrei	maintenance-free meɪntənəns fri
Wartungsintervall	maintenance interval meɪntənəns ɪntəvl
Wartungsplan	maintenance schedule meɪntənəns skɛdjul
wasserdicht	watertight wɔtətaɪt
Wasserfallmodell	water fall model wɔtə fɔl mɒdl
Wasserstrahl	water jet wɔtə dʒɛt
Wasserwaage	spirit level spɪrɪt lɛvəl
Weckalarm	time interrupt taɪm ɪntərʌpt
wegabhängiger Schalter	position switch pəzɪʃn swɪtʃ
Weltzeit	universal time (UT) junɪvɜsl taɪm
Werkbank	work bench wɜk bɛnʃ
Werkstatteinrichtung	workshop equipment wɜkʃɒp ɪkwɪpmənt
Wert einer Größe	value of a quantity vælju ɒv ə kwɒntəti
wertdiskret	value discrete vælju dɪskrit
wertkontinuierlich	value continuous vælju kəntɪnjuəs
Wiederanlaufsperre	restart inhibit ristat ɪnhɪbɪt
Wiederhochlauf	re-acceleration riəksɛləreɪʃn
Wiederzusammenfügen	reassemble riəsɛmbl
Winkel, ebener	angle, plane æŋgl, pleɪn
Winkelauflösung	angular resolution æŋgjələ rɛzəuluʃn
Winkelfrequenz	angular frequency æŋgjələ frikwənsi
Winkelcodierer	absolute shaft encoder æbsəlut ʃaft ɛnkəudə
Winkelmaß	angular size æŋgjələ saɪs
Winkelmesser	angle gauge æŋgl geɪdʒ
Wirkfläche	effective area ɪfɛktɪv ɛərɪə
Wirklast	active load æktɪv ləud
wirksame Hebellänge	effective lever length ɪfɛktɪv lɛvə lɛŋə
wirksame Kühlfläche	effective cooling surface ɪfɛktɪv kulɪŋ sɜfɪs
Wirkschaltschema	functional block diagram fʌŋkʃənəl blɒk daɪəgræm
Wirkungsgrad	efficiency ɪfɪʃənsi

| Wirkungslinie | action line ækʃn laɪn |
| Wirkungsweise | method of operation mɛθəd ɒv ɒpəreɪʃn |

X

X-Achse	X-axis ɛks æksɪs
X-Anordnung	face-to-face arrangement feɪs tə feɪs əreɪndʒmənt
X-Faktor	X-factor ɛks fæktə
X-Form	X-form ɛks fɔm
X-Glied	lattice network lætɪs nɛtwɜk
X-Koordinate	X-coordinate ɛks kəʊɔdɪnət
X-Strahlung	x-radiation ɛks rædɪeɪʃn
X-t-Schreiber	x-t-recorder ɛks tɪ rɪkɔdə
X-Y Matrix	X-Y array (matrix) ɛks waɪ ærei
X-Y Raster	X-Y raster ɛks waɪ ræstə
X-Y-Darstellung	X-Y representation ɛks waɪ rɛprizɛnteɪʃn
X-Y-Schreiber	xy recorder ɛks waɪ rɪkɔdə

Y

Y-Achse	Y-axis waɪ æksɪs
Y-Koordinate	Y-coordinate waɪ kəʊɔdɪnət
Y-Matrix	Y-matrix waɪ mætrɪks

Z

Z-Achse	Z-axis zɛt æksɪs
Zahl mit Vorzeichen	signed number saɪnd nʌmbə
Zahlenwertgleichung	numerical value equation njumɛrɪkl vælju əkweɪʃn
Zählverfahren	counting principle kaʊntɪŋ prɪnsɪpl
Zange	pliers plaɪəz
Zehnerpotenz	power of ten paʊwə ɒv tɛn
Zeichenplatte	drawing board drɔɪŋ bɔd
Zeichnung	drawing drɔɪŋ
Zeigerdiagramm	vector diagram vɛktə daɪəgræm
Zeilenabtastverfahren	line scanning method laɪn skænɪŋ mɛθəd
Zeilenkamera	line scanning camera laɪn skænɪŋ kæmərʌ
zeitabhängig	time-dependent taɪm dɪpɛndənt
Zeitablaufdiagramm	timing diagram taɪmɪŋ daɪəgræm
Zeitabschaltung	time out taɪm aʊt
zeitdiskret	time discrete taɪm dɪskrit

Zeitgeber	timer taɪmə
Zeitglied	timing element taɪmɪŋ ɛləmənt
Zeitkonstante	time constant taɪm kɒnstənt
zeitlicher Mittelwert	time average taɪm ævərədʒ
zeitunkritisch	non-time-critical nɒn taɪm krɪtɪkl
Zeitverhalten	dynamic behaviour daɪnæmɪk bɪheɪvɪə
zertifiziert nach	certified according to sɜːtɪfaɪd əkɔːdɪŋ tə
ziehen (Baugruppe)	withdrawing the module wɪəðdrɔːɪŋ ðə mɒdjul
ziehen (Stecker)	unplug ʌnplʌg
Ziffernanzeige	numerical indication njuːmɛrɪkəl ɪndɪkeɪʃn
Z-Koordinate	Z-coordinate zɛt kəʊɔːdɪnət
Zoll-System	inch system ɪnʃ sɪstəm
Zone	zone zəʊn
Zubehör	accessories əksɛsəris
Zufallsausfall	random failure rændəm feɪljə
Zufallsfehler	random error rændəm ɛrə
Zufallsfolge	random sequence rændəm sikwəns
zugelassen für ...	authorised for ... ɔːəraɪst fɔ
Zulassung (Einrichtung)	type approval (equipment) taɪp əpruːvəl (ɪkwɪpmənt)
Zulassungszeichen	certification mark sɜːtɪfɪkeɪʃn mak
zündfähig	inflammable ɪnflæməbl
Zündschutzarten	types of ignition protection taɪps ɒv ɪgnɪʃn prətɛkʃn
Zuordnung	allocation æləʊkeɪʃn
zurücksetzen	reset rɪsɛt
Zusammenbau-Zeichnung	assembling drawing əsɛmblɪŋ drɔːɪŋ
Zusammensetzen von Kräften	combination of forces kɒmbɪneɪʃn ɒv fɔːsəs
Zuschnittdurchmesser	blank diameter blæŋk daɪæmɪtə
Zustand außer Betrieb	non-operated condition nɒn ɒpəreɪtəd kəndɪʃn
Zustandsänderung	constitutional change kɒnstɪtjuːʃənl tʃeɪndʒ
Zustandsdiagramm	state diagram, constitutional diagram steɪt daɪəgræm, kɒnstɪtjuːʃənl daɪəgræm
Zustandsmeldung	status message steɪtəs mɛsədʒ
Zuverlässigkeit	reliability rɪlaɪəbɪləti
Zuverlässigkeitsanalyse	reliability analysis rɪlaɪəbɪləti ənælɪsɪs
Zuverlässigkeitsblockdiagramm	reliability chart rɪlaɪəbɪləti tʃat
zweidimensional	two-dimensional tu daɪmɛnʃənəl
zweiseitiger Hebel	double-sided lever dʌbl saɪdəd lɛvə
Zykluszeit	cycle time saɪkl taɪm
zylindrisch	cylindrical sɪlɪndrɪkl

general

Allgemein

englisch – deutsch

A

above floor ventilation əbʌv flɔ vɛntɪleɪʃn	Überflurbelüftung
abscissa əbsɪsə	Abszisse
absolute shaft encoder æbsəlut ʃaft ɛnkəʊdə	Winkelcodierer
accessories əksɛsəris	Zubehör
accident prevention regulations æksɪdənt prɪvɛnʃn rɛgjəleɪʃnz	Unfallverhütungsvorschriften
accuracy class əkjʊrəsɪ klas	Genauigkeitsklasse
accuracy of adjustment əkjʊrəsɪ ɒv ədʒʌsmənt	Einstellgenauigkeit
acoustic wave əkustɪk weɪv	Schallwelle
acoustics əkʊstɪks	Akustik
action line ækʃn laɪn	Wirkungslinie
actuator æktjʊeɪtə	Stellglied
activity æktɪvɪti	Tätigkeit
actual value æktʃʊəl vælju	tatsächlicher Wert
active load æktɪv ləʊd	Wirklast
adaptation ædæpteɪʃn	Anpassung
add-on kit æd ɒn kɪt	Nachrüstsatz
adhesive force ədhisɪv fɔs	Adhäsionskraft
adhesive tape ədhisɪv teɪp	Klebeband
adjust ədʒʌst	justieren
adjustable ədʒʌstəbl	variabel
adjustment instruction ədʒʌsmənt ɪnstrʌkʃn	Einstellanleitung
adjustment knob ədʒʌsmənt nɒb	Einstellknopf
administrative safety measures ædmɪnɪstreɪtəv seɪftɪ mɛʒəz	organisatorische Sicherheitsmaßnahmen
affinity əfɪnəti	Affinität
aggressive əgrɛsɪv	aggressiv
air filter ɛə fɪltə	Luftfilter
air humidity ɛə hjʊmɪdɪtɪ	Luftfeuchtigkeit
air-borne noise ɛə bɔn nɔɪz	Luftschall
air-conditioning system ɛə kəndɪʃənɪŋ sɪstəm	Klimaanlage
air-gap ɛə gæp	Luftspalt
alignment accuracy əlaɪnmənt əkjʊərəsɪ	Justiergenauigkeit
alignment device əlaɪnmənt dɪvaɪs	Justiergerät
alignment mismatch əlaɪnmənt mɪsmætʃ	Justierfehler
alkaline solution ælkəlaɪn səluʃn	Lauge
allocation æləʊkeɪʃn	Zuordnung
alphabetical list ælfəbætɪkəl lɪst	alphabetisches Verzeichnis
amount əmaʊnt	Betrag
angel gauge æŋgl geɪdʒ	Winkelmesser
angular frequency æŋgjələ frikwənsi	Kreisfrequenz, Winkelfrequenz

angular resolution ˈæŋgjələ rɛzəʊluʃn	Winkelauflösung
angular size ˈæŋgjələ saɪs	Winkelmaß
anti-clockwise ˈæntɪ klɒkwaɪz	entgegen dem Uhrzeigersinn
anti-clockwise rotation ˈæntɪ klɒkwaɪz rəʊteɪʃn	Linkslauf
apparatus əˈpærətəs	Einrichtung (Gerät)
application æplɪkeɪʃn	Verwendungszweck
arc ak	Bogen
arc (electric) ak (ɪlɛktrɪk)	Lichtbogen (elektrisch)
arc length ak lɛŋə	Bogenlänge
area ɛərɪə	Fläche
arithmetic mean value ærɪəmɛtɪk min vælju	arithmetischer Mittelwert
arrangement diagram əreɪndʒmənt daɪəgræm	Anordnungsplan
arrangement of the crystal lattice əreɪndʒmənt ɒv ðə krɪstəl lætɪs	Gitteranordnung
artificial ageing atɪfɪʃl eɪdʒɪŋ	künstliche Alterung
assemble əsɛmblə	montieren
assembling drawing əsɛmblɪŋ drɔɪŋ	Zusammenbau-Zeichnung
assembly drawing əsɛmblɪ drɔɪŋ	Montagezeichnung
assembly kit əsɛmblɪ kɪt	Bausatz
assembly plan əsɛmblɪ plæn	Montageplan
assembly robot əsɛmblɪ rɒbət	Montageroboter
Association of German Electrotechnical Engineers əsəʊsɪeɪʃn ɒv dʒ3mən ɪlɛktrəʊtɛknɪkəl ɛndʒɪnɪəs	VDE (Verband Deutscher Elektrotechniker)
Association of German Engineers əsəʊsɪeɪʃn ɒv dʒ3mən ɛndʒɪnɪəs	VDI (Verein Deutscher Ingenieure)
asymmetrical eɪsɪmɛtrɪkəl	asymmetrisch
asymmetry eɪsɪmətri	Unsymmetrie
atmospheric differential pressure ætməsfɛrɪk dɪfərɛnʃəl prɛʃə	atmosphärischer Differenzdruck
atmospheric oxygen ætməsfɛrɪk ɒksɪdʒən	Luftsauerstoff
atomic model ətɒmɪk mɒdəl	Atommodell
atomic structure ətɒmɪk strʌkʃə	Atomaufbau
audibility ɔdɪbɪlɪti	Hörbarkeit
authorised for ... ɔəəraɪst fɔ	zugelassen für ...
automatic changeover ɔtəmætɪk tʃeɪndʒəʊvə	automatische Umschaltung
automatic failover ɔtəmætɪk feɪləʊvə	Umschaltung (Betrieb-Reserve)
automatic inspection and test unit ɔtəmætɪk ɪnspɛktʃn ænd tɛst jʊnɪt	Prüfautomat
automatic mode ɔtəmætɪk məʊd	Automatik-Betriebsart
automatic monitoring ɔtəmætɪk mɒnɪtərɪŋ	automatische Überwachung
automatic restart ɔtəmætɪk ristat	automatischer Wiederanlauf
availability əveɪləbɪləti	Verfügbarkeit
average power ævərədʒ paʊwə	mittlere Leistung

axis of symmetry æksɪs ɒv sɪmətri — Symmetrieachse
axonometric projection æksɒnəmɛtrɪk prəʊdʒɛktʃn — axonometrische Projektion

B

back view bæk vju — Rückansicht
back-up system bæk ʌp sɪstəm — Reservesystem
balancing bælənsɪŋ — auswuchten
bar chart ba tʃat — Balkendiagramm
base load beɪs ləʊd — Grundbelastung
basic quantity beɪsɪk kwɒntɪti — Basisgröße
basic specification beɪsɪk spɛsɪfɪkeɪʃn — Fachgrundnorm
basic unit beɪsɪk junɪt — Basiseinheit
batch processing bætʃ prəʊsəsɪŋ — Batch-Betrieb
bath-tube curve baθ tjub kɜv — Badewannenkurve
behaviour in emergency cases
    bɪheɪvɪə ɪn ɪmɜdʒənsɪ keɪsəs — Verhalten bei Notfällen
bidirectional bidaɪrɛkʃənəl — bidirektional
bipolar bipəʊlə — bipolar
blank diameter blʌŋk daɪæmɪtə — Zuschnittdurchmesser
block blɒk — Block
block diagram blɒk daɪəgræm — Blockdiagramm, Blockschaltplan, Prinzip-, Übersichtsschaltbild

blocking blɒkɪŋ — blockieren
box bɒks — Gehäuse
brake breɪk — Bremse
break breɪk — trennen, unterbrechen
break down breɪk daʊn — ausfallen
break point breɪk pɔɪnt — Unterbrechungsstelle
burn in bɜn ɪn — einbrennen

C

calculation kælkjəleɪʃn — Berechnung
calculation of efficiency kælkjəleɪʃn ɒv ɪfɪʃənsi — Ermittlung des Wirkungsgrades
calculation of mass kælkjəleɪʃn ɒv mæs — Massenberechnung
calibration marking kælɪbreɪʃn makɪŋ — Eich-Kennzeichnung
cancel kænsəl — löschen (Anzeige)
capacity of resistance to wear
    kəpæsətɪ ɒv rɪzɪstəns tə wɛə — Verschleißfestigkeit
capacity utilisation kəpæsɪti jutəlaɪzeɪʃn — Auslastung
capillarity kæpɪlærəti — Kapillarwirkung

carry kærɪ	tragen
Cartesian system of coordinates kətizən sɪstəm ɒv kəʊɔːdɪnəts	kartesisches Koordinatensystem
case keɪs	Behälter
cathetus kæθizəs	Kathete
cause of failure kɔːs ɒv feɪljə	Versagensursache
cause of fault kɔːs ɒv fɔlt	Fehlerursache
causing variable kɔzɪŋ vəraɪəbl	verursachende Größe
caution! kɔʃn	Vorsicht!
CE directives sii daɪrɛktɪvz	CE-Richtlinien
centre sɛntə	Kreismittelpunkt
centre line sɛntə laɪn	Mittellinie
centre of line sɛntə ɒv laɪn	Linienschwerpunkt
centroid line sɛntrɔɪd laɪn	Schwerpunktlinie
certification mark sɜːtɪfɪkeɪʃn mak	Zulassungszeichen
certified according to DIN ISO 9002 sɜːtɪfaɪd əkɔːdɪŋ tə din aɪsəʊ naɪn əʊ əʊ tu	zertifiziert nach DIN ISO 9002
change in length tʃeɪndʒ ɪn lɛŋə	Längenänderung
change in volume tʃeɪndʒ ɪn vɒljəm	Volumenänderung
changeover tʃeɪndʒəʊvə	Übergang
characteristic kærəktərɪstɪk	Merkmal
characteristic (curve) kærəktərɪstɪk	Kennlinie (Kurve)
characteristics of a curve kærəktərɪstɪks ɒv ə kɜːv	Kurvenverlauf
characteristic quantity kærəktərɪstɪk kwɒntɪti	charakteristische Größe
characteristics presentation kærəktərɪstɪks prɛzənteɪʃn	Kennliniendarstellung
chart tʃat	Diagramm
chassis, frame, motherboard tʃæsɪz, freɪm, mʌðəbɔd	Chassis
check list tʃɛk lɪst	Checkliste
chemical bond kɛmɪkl bɒnd	chemische Bindung
chemical compound kɛmɪkl kɒmpaʊnd	chemische Verbindung
chemical elements kɛmɪkl ɛləmənts	chemische Elemente
chemical industry kɛmɪkl ɪndəstri	chemische Industrie
chemical notation kɛmɪkl nəʊteɪʃn	chemische Formel
chemical properties kɛmɪkl prɒpətiz	chemische Eigenschaften
chemical sensors kɛmɪkl sɛnsɜz	chemische Sensoren
chemistry kɛmɪstri	Chemie
chemistry, basics kɛmɪstri beɪsɪks	Chemie, Grundlagen
circle sɜːkl	Kreis
circle diagram sɜːkl daɪəgræm	Kreisdiagramm
circular movement sɜːkjələ muvmənt	kreisförmige Bewegung
circular surface sɜːkjələ sɜːfəs	Kreisfläche
circumference sɜːkəmfɪərənts	Kreisumfang

circumference ˈsɜkəmfɪərəns	Umfang
circumferential speed ˈsɜkəmfərɛnʃl spid	Umfangsgeschwindigkeit
circumscribed circle ˈsɜkəmskraɪbd sɜkl	Umkreis
classification ˌklæsɪfɪkeɪʃn	Klassifizierung
classification of objects ˌklæsɪfɪkeɪʃn ɒv ɒbdʒɛkts	Objektklassifizierung
clean room ˈklin rum	Reinluftraum, staubfreier Raum
clean situation ˈklin sɪtʃueɪʃn	saubere Umgebung
clearance in air ˈklɪərənts ɪn ɛə	Luftabstand
climate proof ˈklaɪmət pruf	klimabeständig
climatic conditions klaɪmætɪk kəndɪʃnz	Klimabedingungen
clock ˈklɒk	Uhr
clockwise (CW) motion ˈklɒkwaɪs məʊʃn	Bewegung, im Uhrzeigersinn
clockwise direction ˈklɒkwaɪz daɪrɛkʃn	Uhrzeigersinn
clockwise rotation ˈklɒkwaɪz rəʊteɪʃn	Drehung im Uhrzeigersinn
closed circuit ˈkləʊzd sɜkɪt	Kreislauf, geschlossen
closed circuit air-water cooling ˈkləʊzd sɜkɪt ɛə wɔtə kulɪŋ	Umluft-Wasserkühlung
coefficient of static friction kəʊɪfɪʃənt ɒv stætɪk frɪktʃən	Haftreibungszahl
cohesive force kəʊhisəv fɔs	Kohäsionskraft
colour coding ˈkʌlə kəʊdɪŋ	Farbcodierung
colour display ˈkʌlə dɪspleɪ	Farbdisplay
colour triangle ˈkʌlə traɪæŋgl	Farbdreieck
colours, protective layer ˈkʌləz, prəʊtɛktɪv leɪə	Farben, Schutzschicht
combination of forces kɒmbɪneɪʃn ɒv fɔsəs	Zusammensetzen von Kräften
combustibility kəmbʌstəbɪləti	Brennbarkeit
combustible kəmbʌstɪbl	brennbar
commissioning kəmɪʃənɪŋ	Inbetriebnahme
commodity goods kəmɒdətɪ gʊds	Verbrauchsartikel
Common Technical Regulations (CTR) kɒmən tɛknɪkəl rɛgjələrɪʃnz	gemeinsame technische Vorschriften
comparator kəmpærətə	Komparator
comparison measuring kəmpærɪzən mɛʒərɪŋ	Unterschiedsmessen
comparison standard kəmpærɪzən stændəd	Vergleichsnormal
compatibility kəmpætəbɪləti	Kompatibilität
compatible equipment kəmpætəbl ɪkwɪpmənt	kompatible Geräte
competent kɒmpətɛnt	kompetent
complete failure kəmplit feɪljə	Totalausfall, Vollausfall
component kəmpəʊnənt	Bauelement, Element
component circuit diagram kəmpəʊnənt sɜkɪt daɪəgræm	Teilschaltplan
component drawing kəmpəʊnənt drɔɪŋ	Einzelteilzeichnung

component parts kəmpəʊnənt pats	Einzelteile
component property kəmpəʊnənt prɒpəti	Bauteileigenschaft
component requiring approval kəmpəʊnənt rɪkwaɪrɪŋ əpruvəl	genehmigungspflichtiges Teil
compounds, chemical kɒmpaʊndz kɛmɪkl	Verbindungen, chemische
condensation water kɒndənzeɪʃn wɒtə	Schwitzwasser
configuration plan kənfɪgjəreɪʃn plæn	Konfigurationsplan
conformance test kənfɔmənts tɛst	Konformitätsprüfung
conforming to standards kənfɔmɪŋ tə stændəds	normgerecht
conic section kɒnɪk sɛkʃən	Kegelschnitt
connect kənɛkt	verbinden (anschließen)
connection (physical) kənɛkʃn (fɪzɪkəl)	Verbindung (physikalisch)
connector kənɛktə	Verbinder
constituent kənstɪtjʊənt	Komponente (Bestandteil)
constitutional change kɒnstɪtjuʃənl tʃeɪndʒ	Zustandsänderung
constitutional diagram kɒnstɪtjuʃənl daɪəgræm	Zustandsdiagramm
construction kənstrʌktʃən	konstruktiver Aufbau
consumer kənsjumə	Verbraucher
consumption kənsʌmptʃn	Verbrauch
container kənteɪnə	Versandbehälter
contingency allowance kəntɪŋgənsɪ əlaʊəns	Verteilzeit, sachliche
continuous operation duty kəntɪnjʊəs ɒpəreɪʃn djuti	ununterbrochener Betrieb
continuous rating kəntɪnjʊəs reɪtɪŋ	Leistung im Dauerbetrieb
continuous test kəntɪnjʊəs tɛst	Dauertest
contract kɒntrækt	Vertrag
control panel kəntrəʊl pænəl	Bedienfeld
control (technical) kəntrəʊl (tɛknɪkəl)	Regelung (technisch)
conversion factor kənvɜʒn fæktə	Umrechnungsfaktor
coordinate axis kəʊɔdɪnət æksɪs	Koordinatenachse
copy kɒpɪ	Kopie
correct operation kərɛkt ɒpəreɪʃn	richtiges Arbeiten
corrective measure kərɛktəv mɛʒə	Fehlerbeseitigung
cosine kəʊsaɪn	Kosinus
cotangent kəʊtændʒənt	Cotangens
counting principle kaʊntɪŋ prɪnsɪpl	Zählverfahren
cover plate kʌvə pleɪt	Abdeckplatte
crank handle kræŋk hændl	Handkurbel
critical path planning krɪtɪkəl paθ plænɪŋ	Netzplantechnik
critical point krɪtɪkəl pɔɪnt	Haltepunkt
cross hairs krɒs hɛəz	Fadenkreuz
cross section krɒs sɛkʃn	Querschnitt
cube root, third root kjub rut, θɜd rut	Kubikwurzel

cube number kjub nʌmbə	Kubikzahl
cubic meter kjubɪk mitə	Kubikmeter
cubicle type assembly kjubɪkəl taɪp əsɛmbli	Schrankbauform
cursor kɜzə	Positionsmarke
cursor movement kɜzə muvmənt	Cursorbewegung
customised kʌstəmaɪzd	kundenspezifisch
cut kʌt	abschneiden
cutting into lengths kʌtɪŋ ɪntə lɛŋəs	ablängen
cycle time saɪkl taɪm	Zykluszeit
cylindrical sɪlɪndrɪkl	zylindrisch

D

daily consumption deɪlɪ kənsʌmptʃn	Tagesverbrauch
daily maximum demand deɪlɪ mæksɪməm dɪmand	Tageshöchstleistung
damaged dæmədʒd	schadhaft
danger symbol deɪndʒə sɪmbəl	Gefahrensymbol
dashed line dæʃd laɪn	Strichlinie
data sheet deɪtə ʃit	Datenblatt
debugger dɪbʌgə	Testprogramm
decibel dɛsɪbɛl	Dezibel (dB)
decimal number dɛsɪml nʌmbə	Dezimalzahl
decimal place dɛsɪml pleɪs	Dezimalstelle
decimal prefix dɛsɪml prɛfɪks	dezimaler Vorsatz
defects dɪfɛkts	Mängel
delay time dɪleɪ taɪm	Verzögerungszeit
delivery drawing dəlɪvərɪ drɔɪŋ	Lieferzeichnung
derived SI-quantity dɪraɪvd ɛs aɪ kwɒntɪti	abgeleitete SI-Größe
design phase dɪzaɪn feɪz	Konstruktionsphase
design to Underwriters Laboratories requirements dɪzaɪn tə ʌndəraɪtəs læbrətɒris rɪkwaɪəmənts	UL-Ausführung
designation code dɛzɪgneɪʃn kəʊd	Bezeichnungscode
detach dɪtætʃ	lösen (abnehmen), demontieren
detached representation dɪtætʃt rɛprɪzɛnteɪʃn	aufgelöste Darstellung
detailed drawing dɪteɪld drɔɪŋ	Detailzeichnung
development phase dɪvɛləpmənt feɪz	Entwicklungsphase
device dɪvaɪs	Gerät
device-dependent dɪvaɪs dɪpɛndənt	geräteabhängig
dew point dju pɔɪnt	Taupunkt
diagnostic connector daɪəgnɒstɪk kənɛktə	Diagnosestecker
diagnostic message daɪəgnɒstɪk mɛsədʒ	Diagnosemeldung
diagonal cutting nippers daɪægənəl kʌtɪŋ nɪpəs	Seitenschneider (Werkzeug)

diameter symbol daɪæmɪtə sɪmbəl	Durchmesserzeichen
diameter, dimensioning daɪæmɪtə, daɪmɛnʃənɪŋ	Durchmesser, Bemaßung
difference measuring dɪfərəns mɛʒərɪŋ	Differenzmessung
dimension daɪmɛnʃn	Maß (Abmessung)
dimension figure daɪmɛnʃn fɪgə	Maßzahl
dimension line daɪmɛnʃən laɪn	Maßlinie
dimension subsidiary line daɪmɛnʃən səbsidɪərɪ laɪn	Maßhilfslinie
dimensional accuracy daɪmɛnʃənəl əkjʊrəsɪ	Maßgenauigkeit
dimensional equation daɪmɛnʃənəl ɪkweɪʃn	Größengleichung
dimensional tolerance daɪmɛnʃənəl tɒlərənts	Maßtoleranz
dimensioning daɪmɛnʃənɪŋ	Auslegung, Maßeintragung, Bemaßung
dimensioning method daɪmɛnʃənɪŋ mɛəəd	Dimensionierungsverfahren
dimensioning rule daɪmɛnʃənɪŋ rul	Bemaßungsregel
dimetric projection dɪmɛtrɪk prəʊdʒɛktʃn	dimetrische Projektion
direction of motion daɪrɛkʃn ɒv məʊʃn	Laufrichtung
directive daɪrɛktəv	Richtlinie
directory daɪrɛktʊrɪ	Inhaltsverzeichnis
disabled state dɪseɪbld steɪt	Unbrauchbarkeit
disconnectable connection dɪskənɛktəbəl kənɛkʃn	lösbare Verbindung
discrete signal dɪskrit sɪgnəl	diskretes Signal
dismantle dɪsmæntl	abbauen
disposal of waste dɪspəʊzəl ɒv weɪst	Entsorgung von Abfällen
distance dɪstəns	Abstand
distribution of probability dɪstrɪbjuʃn ɒv prɒbəbɪlətɪ	Wahrscheinlichkeitsverteilung
dividing attachment dɪvaɪdɪŋ ətætʃmənt	Teilkopf
dividing of lengths dɪvaɪdɪŋ ɒv lɛŋəs	Längenteilung
division ratio dɪvɪʒn reɪʃəʊ	Teilungsverhältnis
door safety switch dɔ seɪftɪ swɪtʃ	Tür-Sicherheitsschalter
dot matrix display dɒt mætrɪks dɪspleɪ	Punktmatrixanzeige
dot-and-dash line dɒt ænd dæʃ laɪn	strichpunktierte Linie
double sided dʌbl saɪdəd	beidseitig
double-sided lever dʌbl saɪdəd lɛvə	zweiseitiger Hebel
down time daʊn taɪm	Ausfalldauer
draft drawing draft drɔɪŋ	Entwurfszeichnung
draft standard draft stændəd	Normentwurf
drawing drɔɪŋ	Zeichnung
drawing board drɔɪŋ bɔd	Zeichenplatte
drift drɪft	abwandern
drift failure drɪft feɪljə	Driftausfall
drip-proof drɪp pruf	tropfwassergeschützt
dust protected dʌst prəʊtɛktəd	staubgeschützt
dynamic behaviour daɪnæmɪk bɪheɪvɪə	Zeitverhalten

dynamic range daɪnæmɪk reɪndʒ	Dynamikbereich
dynamics daɪnæmɪks	Dynamik

E

ear protection ɪə prətɛkʃn	Gehörschutz
ear response characteristic ɪə rɪspɒns kærəktərɪstɪk	Ohrempfindlichkeitskurve
early failure ɜlɪ feɪljə	Frühausfall
earth coverage ɜə kʌvərədʒ	weltweite Abdeckung
ease of manipulation iz ɒv mənɪpjʊleɪʃn	leichte Handhabung
easily inflammable material izɪlɪ ɪnflæməbl mətɪərɪəl	leicht entflammbares Material
easy to service izɪ tə sɜvɪs	servicefreundlich
edge length ɛdʒ lɛnə	Kantenlänge
effect (reaction) ɪfɛkt	Rückwirkung
effective area ɪfɛktɪv ɛərɪə	Wirkfläche
effective cooling surface ɪfɛktɪv kulɪŋ sɜfɪs	wirksame Kühlfläche
effective height ɪfɛktɪv haɪt	effektive Höhe
effective length ɪfɛktɪv lɛnə	gestreckte Länge
effective length, dimensioning ɪfɛktɪv lɛnə, daɪmɛnʃənɪŋ	gestreckte Länge, Bemaßung
effective lever length ɪfɛktɪv lɛvə lɛnə	wirksame Hebellänge
effective load ɪfɛktɪv ləʊd	effektive Last
effective surface ɪfɛktɪv sɜfəs	Nutzfläche
efficiency ɪfɪʃənsi	Wirkungsgrad
electromechanical ɪlɛktrəʊməkænɪkəl	elektromechanisch
electron conduction ɪlɛktrɒn kəndʌktʃn	Elektronenleitung
elements, chemical ɛləmənts, kɛmɪkl	Elemente, chemische
eliminate əlɪmɪneɪt	beseitigen
emergency exit ɪmɜdʒənsi ɛksɪt	Notausgang
emergency lighting ɪmɜdʒənsi laɪtɪŋ	Notbeleuchtung
emergency number ɪmɜdʒənsi nʌmbə	Notrufnummer
emergency operation ɪmɜdʒənsi ɒpəreɪʃn	Notbetrieb
emergency stop ɪmɜdʒənsi stɒp	Notabschaltung, Not-Halt
emergency stop button ɪmɜdʒənsi stɒp bʌtən	Not-Aus-Drucktaste
Employer's Liability Insurance Association ɪmplɔɪəz laɪəbɪləti ɪnʃʊərəns əsəʊsieɪʃn	BGV
empty enclosure ɛmptɪ ɛnkləʊʒə	Leergehäuse
enclosed assembly ɛnkləʊzd əsɛmbli	Gehäusebauform
enclosure ɛnkləʊʒə	Gehäuse
enclosure of plastics material ɛnkləʊʒə ɒv plæstɪks mətɪərɪəl	Kunststoffgehäuse
encoding law ɛnkəʊdɪŋ lɔ	Quantisierungskennlinie

endurance test ɪndjʊrəns tɛst	Dauerprüfung
energy absorption ɛnədʒi əbzɔbʃən	Energieaufnahme
energy conversion ɛnədʒi kənvɜʒn	Energieumwandlung
energy output ɛnədʒi aʊtpʊt	Energieabgabe
energy saving ɛnədʒi seɪvɪŋ	Energieeinsparung, energiesparend
energy storage ɛnədʒi stɒrədʒ	Energiespeicherung
energy transforming system ɛnədʒi trænsfɔmɪŋ sɪstəm	energieumsetzendes System
energy transport ɛnədʒi trænspət	Energietransport
engineering ɛndʒɪnɪərɪŋ	Technik (angewandt)
engineering document ɛndʒɪnɪərɪŋ dɒkjəmənt	Unterlage, technische
envelope curve ɛnvələʊp kɜv	einhüllende Kurve
environmental conditions, ambience conditions ɪnvaɪrənmɛntl kəndɪʃnz, æmbɪəns kəndɪʃnz	Umgebungsbedingungen
environmental effects ɪnvaɪrənmɛntl ɪfɛkts	Umgebungseinflüsse
environmental pollution ɪnvaɪrənmɛntl pəluʃn	Umweltbelastung
environmental protection ɪnvaɪrənmɛntl prətɛkʃn	Umweltschutz
environmental testing ɪnvaɪrənmɛntl tɛstɪŋ	Prüfung bei Umweltbedingungen
environmental testing ɪnvaɪrənmɛntl tɛstɪŋ	Umweltprüfung
environment-related defect ɪnvaɪrənmənt rɪleɪtəd dɪfɛkt	umweltbedingter Fehler
equilibrium ɛkwɪlɪbrɪəm	Gleichgewicht
equilibrium of forces ɛkwɪlɪbrɪəm ɒv fɔsəz	Kräftegleichgewicht
equipment ɪkwɪpmənt	Ausrüstung, Einrichtung
equipment disabled ɪkwɪpmənt dɪseɪbəld	Gerät außer Betrieb
ergonomics ɜgəʊnɒmɪks	Ergonomie
error display ɛrə dɪspleɪ	Fehleranzeige
error message ɛrə mɛsədʒ	Fehlermeldung
European Committee for Electrotechnical Standardisation jʊərəpɪən kəmɪti fɔ ɪlɛktrəʊtɛknɪkəl stændədaɪzeɪʃn	CENELEC
European Standard jʊərəpɪən stændəd	Europäische Norm
evaporation heat ɪvæpəreɪʃn hit	Verdampfungswärme
experiment ɪkspɛrɪmənt	Versuch
exploded view drawing ɪkspləʊded vju drɔɪŋ	Explosionszeichnung
explosive mixture ɪkspləʊsɪv mɪkstʃə	explosives Gemisch
extend ɪkstɛnd	erweitern
extendibility ɪkstɛndəbɪləti	Erweiterbarkeit

F

face-to-face arrangement feɪs tə feɪs əreɪndʒmənt	X-Anordnung
failure feɪljə	Fehler

failure mode feɪljə məʊd	Ausfallart
family of characteristics fæmɪlɪ ɒv kærəktərɪstɪks	Kennlinienschar
family of curves fæmɪlɪ ɒv kɜvz	Kurvenschar
fan fæn	Ventilator
fan housing fæn haʊzɪŋ	Lüftergehäuse
fault correction fɔlt kərɛkʃn	Fehlerbeseitigung
fault localisation fɔlt ləʊkəlaɪseɪʃn	Fehlerortung
fault signal fɔlt sɪgnəl	Störmeldung
fault tolerant fɔlt tɒlərənt	fehlertolerant
fault tree analysis (FTA) fɔlt tri ənælɪsɪs	Fehlerbaumanalyse
faultless fɔltləs	einwandfrei, fehlerfrei
faulty operation fɔltɪ ɒpəreɪʃn	fehlerhafter Betrieb
feeling lever fɪlɪŋ lɛvə	Tasthebel
field proven fild pruvən	bewährt
field test fild tɛst	Einsatzerprobung
filling material fɪlɪŋ mətɪərɪəl	Füllstoff
final assembly faɪnəl əsɛmblɪ	Endmontage
fine detail, delineation faɪn dɪteɪl, dəlɪnɪeɪʃn	Einzelheit, Darstellung
finish fɪnɪʃ	beenden
finished products fɪnɪʃt prɒdʌkts	Fertigerzeugnisse
fire class faɪə klas	Brandklasse
first aid fɜst eɪd	Erste Hilfe
flame retardance test fleɪm rɪtadəns tɛst	Flammwidrigkeitsprüfung
flammability flæməbɪləti	Entflammbarkeit
flat nose pliers flæt nəʊz plaɪəz	Flachzange
flat panel display flæt pænəl dɪspleɪ	flaches Display
flow chart fləʊ tʃat	Ablaufdiagramm, Flussdiagramm
fluorescence flʊərɛsənz	Fluoreszenz
foot switch fʊt swɪtʃ	Fußschalter
force due to gravity fɔs djʊ tə grævəti	Gewichtskraft
foreman fɔmən	Meister
formula sign fɔmjələ saɪn	Formelzeichen
free space fri speɪs	Leerplatz
friction frɪktʃən	Reibung
frictional work frɪktʃənəl wɜk	Reibungsarbeit
front connection frɒnt kənɛkʃn	vorderseitiger Anschluss
front view frɒnt vju	Vorderansicht
full disconnection fʊl dɪskənɛkʃn	volle Abschaltung
full load fʊl ləʊd	Volllast
full section fʊl sɛkʃn	Vollschnitt
fully automatic operation fʊlɪ ɔtəmætɪk ɒpəreɪʃn	vollautomatischer Betrieb
function fʌŋktʃn	Funktion

function key fʌŋktʃn ki — Funktionstaste

functional block diagram fʌŋktʃənəl blɒk daɪəgræm — Funktionsblockschaltbild, Wirkschaltschema

functional description fʌŋktʃnəl dɪskrɪptʃn — Funktionsbeschreibung

functional graphical symbol fʌŋktʃnəl græfɪkəl sɪmbəl — Funktionsbildzeichen

functional unit fʌŋktʃnəl junɪt — Funktionseinheit

G

gap gæp — Lücke

gas mixture gæs mɪkstʃə — Gasgemisch

gaseous state of aggregation gæsəs steɪt ɒv ægrəgeɪʃn — gasförmiger Aggregatzustand

Gaussian normal distribution curve gɔʃn nɔməl dɪstrɪbjuʃn kɜv — Gaußsche Normalverteilungskurve

general drawing dʒenərəl drɔɪŋ — Gesamtzeichnung

geometric progression dʒɪəυmɛtrɪk prəυgrɛʃn — geometrische Reihe

graphical representation græfɪkəl rɛprɪzɛnteɪʃn — bildliche Darstellung

graphics monitor græfɪks mɒnɪtə — Grafiksichtgerät

greek alphabet grik ælfəbət — griechisches Alphabet

grid (printed board) grɪd — Raster

grid element spacing grɪd ɛləmənt speɪsɪŋ — Rasterabstand

gross output grɒs aυtpυt — Bruttoleistung

group grup — Gruppe

guarantee, warranty gærənti, wɒrənti — Garantie, Gewährleistung

guidelines for design gaɪdlaɪnz fɔ dɪzaɪn — Gestaltungsrichtlinien

H

half-section haf sɛkʃn — Halbschnitt

hand-held electric tool hænd hɛld ɪlɛktrɪk tul — handgeführtes Elektrowerkzeug

handle hændl — Griff

handling hændlɪŋ — Handhabung

harmful hamfυl — gesundheitsschädlich

hatch hætʃ — Schraffurlinie

hazard analysis hæzəd ənælɪsɪs — Gefährdungsanalyse

hazardous substance regulation hæzədəs sʌbstəns rɛgjəleɪʃn — Gefahrstoffverordnung

hazardous substances hæzədəs sʌbstənsəs — gefährliche Stoffe

health requirements hɛlə rɪkwaɪəmənts — Gesundheitsanforderungen

heavy-duty operation hævɪ djutɪ ɒpəreɪʃn — schwere Betriebsbedingungen

height adjustable haɪt ədʒʌstəbəl — höhenverstellbar

helix angle hɛlɪks æŋgl — Schrägungswinkel

hermetically encapsulated hɜmɛtɪkəlɪ ɪnkæpsjʊleɪtəd	hermetisch verkapselt
hexadecimal number hɛkzədɛsɪml nʌmbə	Hexadezimalzahl
hexagonal molecular lattice hɛkzægənəl məʊlɛkjʊlə lætɪs	hexagonales Kristallgitter
high performance level haɪ pəfɔməns lɛvəl	oberer Leistungsbereich
holes, delineation and dimensioning həʊlz, dɪlɪnɪəeɪʃn ænd daɪmɛnʃənɪŋ	Löcher, Darstellung und Bemaßung
horizontal hɒrɪzɒntl	waagerecht
horizontal type hɒrɪzɒntəl taɪp	horizontale Bauform
horn hɔn	Hupe
hot standby hɒt stændbaɪ	heiße Reserve
house of quality haʊs ɒv kwɒlətɪ	Qualitätshaus
housing haʊsɪŋ	Gehäuse
human error hjumən ɛrə	menschliches Versagen
hyperbola haɪpɜbələ	Hyperbel

I

icon aɪkən	Bildsymbol, Ikon
identifier aɪdɛntɪfaɪə	Bezeichner
identifying; marking aɪdɛntɪfaɪɪŋ; makɪŋ	Kennzeichnung
illuminated digital display ɪlʊmɪneɪtəd dɪdʒɪtəl dɪspleɪ	Leuchtzifferanzeige
illuminated key ɪlʊmɪneɪtəd ki	Leuchtdrucktaste
illuminated mimic diagram ɪlʊmɪneɪtəd mɪmɪk daɪəgræm	Leuchtschaltbild
immission protection ɪmɪʃn prətɛkʃn	Immissionsschutz
inactive part ɪnæktɪv pat	inaktives Teil
inch system ɪnʃ sɪstəm	Zoll-System
incompatible ɪnkəmpætəbl	unverträglich
incremental dimensioning ɪnkrəmɛntəl daɪmɛnʃənɪŋ	Kettenbemaßung
index ɪndɛks	Index (mathem.)
indicator ɪndɪkeɪtə	Indikator
indoor installation ɪndɔ ɪnstʌleɪʃn	Innenraumaufstellung
industrial, scientific and medical (ISM) ɪndʌstrɪəl, saɪntɪfɪk ænd mɛdɪkəl	industriell, wissenschaftlich und medizinisch
inflammable ɪnflæməbl	zündfähig
initial condition ɪnɪʃl kəndɪʃn	Anfangszustand
initialise ɪnɪʃəlaɪz	initialisieren
initiator ɪnɪʃɪeɪtə	Initiator
inner diameter ɪnə daɪæmɪtə	Innendurchmesser
inscribed circle ɪnskraɪbd sɜkl	Inkreis
insert ɪnsɜt	einfügen, einstecken

in-service monitoring ɪnsɜvɪs mɒnɪtɒrɪŋ	Betriebsüberwachung
inside dimension ɪnsaɪd daɪmɛnʃn	Innenmaß
inspection ɪnspɛktʃn	Inspektion, Kontrolle
inspection instruction ɪnspɛktʃn ɪnstrʌkʃn	Prüfanweisung
inspection label ɪnspɛktʃn leɪbəl	Prüfplakette
inspection, measuring and test equipment ɪnspɛktʃn, mɛʒərɪŋ ænd tɛst ɪkwɪpmənt	Prüfmittel
inspector ɪnspɛktə	Prüfer
instability ɪnstəbɪlɪti	Instabilität
install ɪnstɔl	aufbauen
installation accessories ɪnstəleɪʃn əksɛsəriz	Aufbaumaterial
installation guidelines ɪnstəleɪʃn gaɪdlaɪnz	Aufbaurichtlinien
installation instructions ɪnstəleɪʃn ɪnstrʌkʃnz	Einbauanleitung
instantaneous value ɪnstənteɪnjʊəs vælju	Momentanwert
instructed person ɪnstrʌktəd pɜsn	unterwiesene Person
instruction ɪnstrʌkʃn	Anleitung
instruction for use ɪnstrʌkʃn fɔ jus	Gebrauchsanweisung
instruction manual ɪnstrʌkʃn mænjʊəl	Bedienungsanleitung
interactive display system ɪntəæktɪv dɪspleɪ sɪstəm	interaktives Display-System
interconnection diagram ɪntəkənɛkʃn daɪəgræm	Verbindungsplan
interlock ɪntəlɒk	Verriegelung
internal combustion engine ɪntɜnl kəmbʌstʃn ɛndʒən	Verbrennungsmotor
International Electrotechnical Commission (IEC) ɪntənæʃənəl ɪlɛktrəʊtɛknɪkəl kəmɪʃn	Internationale Elektrotechnische Kommission
International Standardisation Organisation (ISO) ɪntənæʃənəl stændədaɪzeɪʃn ɔgənaɪzeɪʃn	ISO
International System of Units ɪntənæʃənəl sɪstəm ɒv jʊnɪts	Internationales Einheitensystem (SI)
interrupted cut ɪntərʌptəd kʌt	unterbrochener Schnitt
intersection point ɪntəsɛkʃn pɔɪnt	Schnittpunkt
invention ɪnvɛnʃn	Erfindung
inverse direction of operation ɪnvɜs daɪrɛkʃn ɒv ɒpəreɪʃn	inverser Betrieb
ionic bond aɪənɪk bɒnd	Ionenbindung
ionic charge aɪənɪk tʃadʒ	Ionenladung
ionic conduction aɪənɪk kəndʌktʃən	Ionenleitung
isometric projection aɪzəʊmɛtrɪk prəʊdʒɛktʃn	isometrische Projektion

J

jig building dʒɪg bɪldɪŋ	Vorrichtungsbau
joystick dʒɔɪstɪk	Joystick

K

key ki	Schlüssel
keyboard kibɔd	Tastatur
key-driven ki drɪvən	tastenbetätigt
kinetic energy kɪnɛtɪk ɛnədʒi	kinetische Energie

L

label leɪbəl	Bezeichnungsschild, Schild (Kennzeichnung)
labelling leɪbəlɪŋ	Beschriftung
laboratory læbrətɔrɪ	Labor
lacquer lækə	Lack
ladder lædə	Leiter
landscape format lændskeɪp fɔmət	Querformat
lattice network lætɪs nɛtwɜk	X-Glied
layout leɪaʊt	Plan (Anordnung)
lead seal lɛd sil	Plombe
leaflet liflət	Merkblatt
learn lɜn	lernen
learning aptitude lɜnɪŋ æptɪtjud	Lernfähigkeit
left-hand rotation lɛft hænd rəʊteɪʃn	Linksdrehung
length lɛŋə	Länge
length measuring technique lɛŋə mɛʒərɪŋ tɛknik	Längenmesstechnik
less than lɛs əæn	kleiner als
lever lɛvə	Hebel
lever action lɛvə ækʃən	Hebelwirkung
lever arm lɛvə am	Hebelarm
lever principle lɛvə prɪnsəpəl	Hebelgesetz
leverage lɛvərədʒ	Hebelübersetzung
life cycle costs laɪf saɪkl kɒsts	Lebenszykluskosten
life expectancy laɪf ɪkspɛktənsɪ	Lebensdauererwartung
lifetime laɪftaɪm	Lebensdauer
lifting equipment lɪftɪŋ ɪkwɪpmənt	Hebezeug
lifting work lɪftɪŋ wɜk	Hubarbeit
light pen input laɪt pɛn ɪnpʊt	Lichtgriffeleingabe
limit value lɪmɪt vælju	Grenzwert
line laɪn	Linie
line diagram laɪn daɪəgræm	Liniendiagramm
line scanning camera laɪn skænɪŋ kæmərʌ	Zeilenkamera
line scanning method laɪn skænɪŋ mɛəəd	Zeilenabtastverfahren

line spectrum laɪn spɛktrəm	Linienspektrum
linear density lɪniə dɛnsəti	längenbezogene Masse
linear interpolation lɪniə ɪntəpəleɪʃn	Linearinterpolation
linear movement lɪniə muvmənt	geradlinige Bewegung
liquid crystal display lɪkwɪd krɪstəl dɪspleɪ	LCD-Anzeige
liquid materials lɪkwɪd mətɪərɪəlz	flüssige Stoffe
liquid tight lɪkwɪd taɪt	flüssigkeitsdicht
liquid-crystal display (LCD) lɪkwɪd krɪstəl dɪspleɪ	Flüssigkristallanzeige
list of parts lɪst ɒv pats	Stückliste
list of spare parts lɪst ɒv spɛə pats	Ersatzteilliste
list of standards lɪst ɒv stændəds	Normenverzeichnis
load ləʊd	Verbraucher (Last)
load carrying equipment ləʊd kærɪɪŋ ɪkwɪpmənt	Lastaufnahmemittel
load centre ləʊd sɛntə	Schwerpunkt (Last)
load independent ləʊd ɪndɪpɛndənt	lastunabhängig
load reaction ləʊd rɪækʃən	Lastrückwirkung
load reduction ləʊd rɪdʌkʃən	Lastabsenkung
local conditions ləʊkəl kəndɪʃnz	örtliche Bedingungen
location oriented structure ləʊkeɪʃn ɒrɪɛntəd strʌktʃə	ortsbezogene Struktur
locked position lɒkt pəzɪʃn	verriegelte Stellung
lock-on button lɒk ɒn bʌtən	Feststeller
logarithmic scale lɒgərɪəmɪk skeɪl	logarithmische Teilung
longitudinal deformation lɒŋgɪtjudɪnəl dɪfɔmeɪʃn	Längenänderung
long term lɒŋ tɜm	langfristig
long-term ageing lɒŋ tɜm eɪdʒɪŋ	Langzeitalterung
long-term interference lɒŋ tɜm ɪntəfɪərəns	Langzeitbeeinflussung
loudness level laʊdnəs lɛvəl	Lautstärkepegel
lower deviation ləʊə dəvɪeɪʃn	unteres Abmaß
luminescent materials lʊmɪnɪsənt mətɪərɪəls	Leuchtstoffe

M

machine element məʃin ɛləmənt	Maschinenelement
machine types məʃin taɪps	Maschinenarten
magazine mægəzin	Magazin
magnifying glass mægnɪfaɪɪŋ glas	Lupe
maintain meɪnteɪn	instand halten, unterhalten
maintainability meɪnteɪnəbɪləti	Wartbarkeit
maintenance meɪntənəns	Instandhaltung
maintenance interval meɪntənəns ɪntɜvl	Wartungsintervall
maintenance manual meɪntənəns mænjʊəl	Wartungsanleitung

maintenance of machines meɪntənəns ɒv məʃinz	Wartung von Maschinen
maintenance schedule meɪntənəns skɛdjul	Wartungsplan
maintenance-free meɪntənəns fri	wartungsfrei
major failure meɪdʒə feɪljə	Hauptausfall
maker's warranty meɪkəz wɒrəntɪ	Fabrikgarantie
malfunction mælfʌŋktʃn	Funktionsstörung
man machine communication mæn məʃin kəmjʊnɪkeɪʃn	Mensch-Maschine-Kommunikation
mandatory signs mændətɒrɪ saɪnz	Gebotszeichen
mandatory standard mændətɒrɪ stændəd	rechtsverbindliche Norm
mandatory values mændətɒrɪ væljuz	verbindliche Werte
manual mænjʊəl	Handbuch
manual input mænjʊəl ɪnpʊt	Handeingabe
manual mode of operation mænjʊəl məʊd ɒv ɒpəreɪʃn	manueller Betrieb
manufacturer-independent, multi vendor mænjʊfæktʃərə ɪndɪpɛndənt, mʌltɪ vɛndə	herstellerunabhängig
manufacturing mænjʊfæktʃərɪŋ	Fertigung
manufacturing equipment mænjʊfæktʃərɪŋ ɪkwɪpmənt	Fertigungseinrichtung
manufacturing process mænjʊfæktʃərɪŋ prəʊsɛs	Fertigungsverfahren
marginal check madʒɪnəl tʃɛk	Grenzwertprüfung
mark mak	kennzeichnen, markieren
marking makɪŋ	Markierung
mass mæs	Masse
mass production mæs prədʌkʃn	Massenfertigung
material handling technology mətɪərɪəl hændlɪŋ tɛknɒlədʒɪ	Materialflusstechnik
material measure mətɪərɪəl mɛʒə	Maßverkörperung
materials processing mətɪərɪəls prəʊsɛsɪŋ	Verfahrenstechnik
maximum allowable workplace concentration mæksɪməm əlaʊəbəl wɜkpleɪs kɒnsəntreɪʃn	MAK (Maximale Arbeitsplatz-Konzentration)
maximum value mæksɪməm vælju	Maximalwert
mean deviation min dəvɪeɪʃn	mittlere Abweichung
mean time between failures (MTBF) min taɪm bɪtwin feɪljəz	mittlere Zeit zwischen zwei Ausfällen, fehlerfreie Betriebszeit
mean time to repair (MTTR) min taɪm tə rɪpɛə	mittlere Instandsetzungsdauer, mittlere Reparaturdauer
measured quantity mɛʒəd kwɒntəti	gemessene Größe
measuring tape mɛʒərɪŋ teɪp	Bandmaß
mechanical balance məkænɪkəl bæləns	mechanischer Abgleich
mechanical drive məkænɪkəl draɪv	mechanischer Antrieb
mechanical energy məkænɪkəl ɛnədʒi	mechanische Energie
mechanical engineering məkænɪkəl ɛndʒɪnɪərɪŋ	Maschinenbau
mechanical power məkænɪkəl paʊwə	mechanische Leistung

mechanical work məkænɪkəl wɜk	mechanische Arbeit
mechatronic system mɛkətrɒnɪk sɪstəm	mechatronisches System
mechatronics mɛkətrɒnɪks	Mechatronik
medium lifetime mɪdɪəm laɪftaɪm	mittlere Lebensdauer
menu mɛnju	Menü
menu-driven mɛnju drɪvən	menügesteuert
metal recycling mɛtəl rɪsaɪklɪŋ	Metallrecycling
meter mitə	Meter
method of actuating mɛθəd ɒv æktʃʊeɪtɪŋ	Betätigungsart
method of operation mɛθəd ɒv ɒpəreɪʃn	Wirkungsweise
metric mɛtrɪk	Metrik
micro climate maɪkrəʊ klaɪmət	Kleinklima
miniature technique mɪnɪtʃə tɛknik	Miniaturtechnik
miniaturisation mɪnɪtʃəraɪzeɪʃn	Miniaturisierung
minimum mɪnɪməm	Minimum
minimum limiting value mɪnɪməm lɪmɪtɪŋ vælju	unterer Grenzwert
minimum width mɪnɪməm wɪdə	Mindestbreite
minute mɪnɪt	Minute
mixture ratio mɪkstʃə reɪʃəʊ	Mischungsverhältnis
model design mɒdəl dɪzaɪn	Modellbildung
modify mɒdɪfaɪ	umbauen
modular construction mɒdjələ kənstrʌkʃn	Modulbauweise
modular construction system mɒdjʊlə kənstrʌkʃn sɪstəm	Baukastensystem
modular design mɒdjʊlə dɪzaɪn	Komponentenbauweise
module mɒdjul	Modul
molecule mɒlɪkjul	Molekül
moment of force məʊmənt ɒv fɔs	Kraftmoment
moment of inertia məʊmənt ɒv ɪnɜʃia	Trägheitsmoment
monitor radiation mɒnɪtə rædɪeɪʃn	Monitorstrahlung
monitoring mɒnɪtɒrɪŋ	beobachten
mosaic məʊzæɪk	Mosaik
most positive value məʊst pɒzɪtɪv vælju	größter positiver Wert
mounting maʊntɪŋ	Halterung
mounting instructions maʊntɪŋ ɪnstrʌkʃnz	Einbauvorschrift
multifunctional mʌltɪfʌŋktʃənəl	multifunktional
multiple mʌltɪpl	vielfach
multiplication factor mʌltɪplɪkeɪʃn fæktə	Multiplikationsfaktor

N

name plate neɪm pleɪt	Kennschild, Typenschild
natural number nætʃərəl nʌmbə	natürliche Zahl
natural oscillation nætʃərəl ɒsɪleɪʃn	Eigenschwingung
negative logarithmic nɛgətɪv lɒgərɪθmɪk	negativ logarithmisch
negative sign nɛgətɪv saɪn	negatives Vorzeichen
neutral point njutrəl pɔɪnt	Mittelpunkt
neutron number njutrən nʌmbə	Neutronenzahl
nipper pliers nɪpə plaɪəz	Kneifzange
noise level nɔɪs lɛvəl	Lärmpegel
nominal size nɒmɪnəl saɪs	Nennmaß
nominal value nɒmɪnəl vælju	Nenngröße, Nennwert
nomogram nɒməʊgræm	Nomogramm
non-withdrawable unit nɒn wɪðdrɔːbəl junɪt	festeingebautes Gerät
non-interlocking nɒn ɪntəlɒkɪŋ	nicht verriegelbar
non-intrinsically safe nɒn ɪnstrɪnsɪkəli seɪf	nicht eigensicher
non-magnetisable steel nɒn mægnətaɪzəbəl stil	nichtmagnetisierbarer Stahl
non-operated condition nɒn ɒpəreɪtəd kəndɪʃn	Zustand außer Betrieb
non-operating state nɒn ɒpəreɪtɪŋ steɪt	nicht in Betrieb
non-sinusoidal nɒn saɪnəsɔɪdəl	nicht sinusförmig
non-time-critical nɒn taɪm krɪtɪkl	zeitunkritisch
normal operating conditions nɔməl ɒpəreɪtɪŋ kəndɪʃnz	normale Betriebsbedingungen
normal projection method nɔməl prəʊdʒɛktʃn mɛθəd	Normalprojektion
normal service conditions nɔməl sɜvɪs kəndɪʃnz	Normalbedingungen
normal service position nɔməl sɜvɪs pəzɪʃn	Betriebsstellung
normal shutdown nɔməl ʃʌtdaʊn	Regelabschaltung
normal use nɔməl jus	bestimmungsgemäßer Betrieb
normally closed thermal link nɔməli kləʊzd θɜməl lɪŋk	öffnende Temperatursicherung
notice on special dangers nəʊtɪs ɒn spɛʃəl deɪndʒəs	Hinweis auf besondere Gefahren
noxious matter nɒksɪəs mætə	Schadstoff
numbering scheme nʌmbərɪŋ skim	Nummernschema
numerical indication njʊmɛrɪkəl ɪndɪkeɪʃn	Ziffernanzeige
numerical value equation njʊmɛrɪkl vælju əkweɪʃn	Zahlenwertgleichung

O

object ɒbdʒɛkt	Objekt
object measurement ɒbdʒɛkt mɛʒəmənt	Objektvermessung
object properties ɒbdʒɛkt prɒpətiz	Objekteigenschaften
objective inspecting ɒbdʒɛktɪv ɪnspɛktɪŋ	objektives Prüfen

official recognised standard ɒfɪʃəl rɛkəgnaɪst stændəd	amtlich anerkannte Norm
off-line ɒf laɪn	nicht angeschlossen
off-line operation ɒf laɪn ɒpəreɪʃn	off-line Betrieb
offset ɒfsɛt	bleibende Abweichung
ON-OFF indicator ɒn ɒf ɪndɪkeɪtə	Ein/Aus-Anzeige
ON-period ɒn pɪərɪəd	Einschaltdauer
open circuit əʊpən sɜːkɪt	offener Kreislauf
open circuit characteristic əʊpən sɜːkɪt kærəktərɪstɪk	Leerlaufkennlinie
operate ɒpəreɪt	bedienen
operating characteristics ɒpəreɪtɪŋ kærəktərɪstɪks	Betriebseigenschaften
operating condition ɒpəreɪtɪŋ kəndɪʃn	Einsatzbedingung
operating failure ɒpəreɪtɪŋ feɪljə	Betriebsstörung
operating frequency ɒpəreɪtɪŋ frɪkwənsi	Betriebsfrequenz
operating instructions ɒpəreɪtɪŋ ɪnstrʌkʃnz	Betriebsanleitung
operating lifetime ɒpəreɪtɪŋ laɪftaɪm	Betriebslebensdauer
operating limits ɒpəreɪtɪŋ lɪmɪts	betriebliche Grenzen
operating mode selection ɒpəreɪtɪŋ məʊd sɪlɛkʃn	einstellen der Betriebsart
operating reliability ɒpəreɪtɪŋ rɪlaɪəbɪləti	Betriebszuverlässigkeit
operating time (running period) ɒpəreɪtɪŋ taɪm (rʌnɪŋ pɪərɪəd)	Betriebszeit
operation mode ɒpəreɪʃn məʊd	Betriebsart
operation on a 24 hour basis ɒpəreɪʃn ɒn ə twɛntɪfɔ aʊə beɪsɪz	Betrieb rund um die Uhr
operation under fault conditions ɒpəreɪʃn ʌndə fɔlt kəndɪʃnz	gestörter Betrieb
operational behaviour ɒpəreɪʃənəl bɪheɪvɪə	Betriebsverhalten
operator ɒpəreɪtə	Bediener
optimisation ɒptɪmaɪzeɪʃn	Optimierung
optimum output power ɒptɪməm aʊtpʊt paʊwə	optimale Ausgangsleistung
option package ɒptʃən pækədʒ	Ergänzungspaket
order of magnitude ɔdə ɒv mægnətjud	Größenordnung
ordinal number ɔdɪnəl nʌmbə	Ordnungszahl
ordinate ɔdɪnət	Ordinate
organisation chart ɔgənaɪzeɪʃn tʃat	Organigramm
origin of coordinates ɒrɪdʒɪn ɒv kəʊɔdɪnəts	Koordinatennullpunkt
outage aʊtədʒ	Betriebsunterbrechung
outage time aʊtədʒ taɪm	Unterbrechungszeit
oval əʊvl	oval
overall efficiency əʊvərɔl əfɪʃənsi	Gesamtwirkungsgrad
overall height əʊvərɔl haɪt	Bauhöhe
overall space required əʊvəɔl speɪs rɪkwaɪəd	Raumbedarf
overflow əʊvəfləʊ	Überlauf

| overload əʊvələʊd | Überlast |
| oversised əʊvəsaɪst | überdimensioniert |

P

parallel displacement pærələl dɪspleɪsmənt	Parallelverschiebung
parallel line pærələl laɪn	parallele Linie
parallel operation pærələl ɒpəreɪʃn	Parallelbetrieb
parallel projection pærələl prəʊdʒektʃən	Parallelprojektion
parallelogram of forces pærəlɛləgræm ɒv fɔːsəz	Kräfteparallelogramm
parameter pəræmɪtə	Kenngröße, Parameter
partial failure paʃl feɪljə	Teilausfall
partial function paʃl fʌŋktʃn	Teilfunktion
partial redundancy paʃl rɪdʌndənsi	Teilredundanz
partial section paʃl sɛkʃn	Teilschnitt
partial view paʃl vju	Teilansicht
parting line patɪŋ laɪn	Teilfuge
part-load operation pat ləʊd ɒpəreɪʃn	Teillastbetrieb
pattern making pætən meɪkɪŋ	Modellbau
percentage purity pɜsɛntədʒ pjʊrəti	Reinheitsgrad
performance pəfɔməns	Leistung (allgemein)
periodic table of elements pɛrɪɒdɪk teɪbl ɒv ɛləmənts	Periodensystem der Elemente
peripheral force pərɪfərəl fɔs	Umfangskraft
permanent joint pɜmənənt dʒɔɪnt	nichtlösbare Verbindung
perpendicular force pɜpəndɪkjələ fɔs	Normalkraft
perspective pəspɛktɪv	Perspektive
phone fəʊn	Phon
physical constant fɪzɪkəl kɒnstənt	physikalische Konstante
physical interfaces fɪzɪkəl ɪntəfeɪsəz	physikalische Schnittstellen
physical property fɪzɪkəl prɒpəti	physikalische Eigenschaft
physical quantities fɪzɪkəl kwɒntətiz	physikalische Größen
pictograph pɪktəʊgræf	Piktogramm
plane angle pleɪn æŋgl	ebener Winkel
planning and design plænɪŋ ænd dɪzaɪn	Projektierung
plant mimic diagram plant mɪmɪk daɪəgræm	Anlagenfließbild
plastics recycling plæstɪks rɪsaɪklɪŋ	Kunststoffrecycling
pliers plaɪəz	Zange
plug-in unit plʌg ɪn jʊnɪt	Einschub, Kassette
polar surface modulus pəʊlə sɜfɪs mɒdjʊləs	polares Flächenmoment
pollution rate pəluʃn reɪt	Verschmutzungsgrad
polygon pɒlɪgən	Vieleck

polygon of forces ˈpɒlɪɡən ɒv ˈfɔːsəz	Krafteck
portable appliance ˈpɔːtəbl əˈplaɪəns	tragbares Gerät
position adjustment pəˈzɪʃn əˈdʒʌsmənt	Lageeinstellung
position detection pəˈzɪʃn dɪˈtɛktʃn	Positionserfassung
position switch pəˈzɪʃn swɪtʃ	wegabhängiger Schalter
positioning pəˈzɪʃənɪŋ	positionieren
positive acknowledgement ˈpɒzɪtɪv əknˈɒlədʒmənt	positives Quittieren
potential energy pəˈʊtɛnʃl ˈɛnədʒi	potenzielle Energie
power ˈpaʊwə	Leistung
power consumption ˈpaʊwə kənsˈʌmptʃən	Leistungsverbrauch
power flow ˈpaʊwə fləʊ	Leistungsfluss
power loss ˈpaʊwə lɒs	Leistungsverlust
power of ten ˈpaʊwə ɒv tɛn	Zehnerpotenz
power source ˈpaʊwə sɔːs	Energiequelle
preassembly priəsˈɛmbli	Vormontage
precision part prəsˈɪʒn pat	Präzisionsteil
precision requirements prəsˈɪʒn rɪkwaɪəmənts	Genauigkeitsanforderungen
preferred number prɪfɜːd nʌmbə	Normzahl
preferred series prɪfɜːd sɪəriz	Vorzugsreihe
prefix signs ˈprɛfɪks saɪnz	Vorsatzzeichen
preparation prɛpəreɪʃn	Vorbereitung
press prɛs	drücken
pressure prɛʃə	Druck
pressure water tight prɛʃə wɔːtə taɪt	druckwasserdicht
preventive inspection prɪvɛntəv ɪnspɛktʃn	vorbeugende Prüfung
procedure prəsɪdʒə	Verfahren (Methode, Prozess)
process prəʊsɛs	verarbeiten
process engineering prəʊsɛs ɛndʒɪnɪərɪŋ	Verfahrenstechnik
processing prəʊsəsɪŋ	Verarbeitung
processing equipment prəʊsɛsɪŋ ɪkwɪpmənt	Fertigungseinrichtung
product safety law prɒdʌkt seɪftɪ lɔ	Produktsicherheitsgesetz
production prədʌkʃn	Herstellung
production planning and control system prədʌkʃn plænɪŋ ænd kəntrəʊl sɪstəm	Produktions-Planungs- und Steuersystem (PPS)
production-technological test prədʌkʃn tɛknəʊlɒdʒɪkəl tɛst	technologische Prüfung
professional equipment prəfɛʃənəl ɪkwɪpmənt	professionelles Gerät
prohibiting sign prəʊhɪbɪtɪŋ saɪn	Verbotszeichen
project prɒdʒɛkt	Projekt
projecting method prəʊdʒɛktɪŋ mɛəəd	Projektionsmethode
proprietary standard prəpraɪətrɪ stændəd	herstellereigener Standard

protection against dripping water prətɛkʃn əgɛnst drɪpɪŋ wɔtə	Tropfwasserschutz
protocol prəʊtəkɒl	Protokoll
prototype prɒtətaɪp	Baumuster, Prototyp
pyramid pɪrəmɪd	Pyramide

Q

quadrant kwɒdrənt	Quadrant
qualifier kwɒlɪfaɪə	Qualifikationsmerkmal
qualifying symbol kwɒlɪfaɪɪŋ sɪmbəl	Kennzeichen (Schaltplan)
quality assurance kwɒlətɪ əʃʊrəns	Qualitätssicherung
quality assurance manual kwɒlətɪ əʃʊrəns mænjʊəl	Qualitätssicherungs-Handbuch
quality audit kwɒlətɪ ɒdɪt	Qualitätsaudit
quality characteristic kwɒlətɪ kærəktərɪstɪk	Qualitätsmerkmal
quality control card kwɒlətɪ kəntrəʊl kad	Qualitätsregelkarte
quality factor kwɒlətɪ fæktə	Gütefaktor, Q-Faktor
quality loop kwɒlətɪ lup	Qualitätszirkel
quality management kwɒlətɪ mænədʒmənt	Qualitätsmanagement
quality mark kwɒlətɪ mak	Gütezeichen
quality report kwɒlətɪ rɪpɔt	Qualitätsbericht
quality requirements kwɒlətɪ rɪkwaɪəmənts	Qualitätsanforderungen
quality supervision kwɒlətɪ sjupəvɪʒn	Qualitätsüberwachung
quality system according to DIN ISO 9002 kwɒlətɪ sɪstəm əkɔdɪŋ tə dɪn aɪzəʊ naɪn əʊ əʊ tu	Qualitätssicherungssystem nach DIN ISO 9002
quality verification kwɒlətɪ vɛrɪfɪkeɪʃn	Qualitätsnachweis
quantisation kwɒntɪzeɪʃn	Quantisierung
quantise kwɒntaɪs	quantisieren
quantised kwɒntaɪst	quantisiert
quantised sample kwɒntaɪst sæmpl	quantisierter Abtastwert
quantising error kwɒntaɪzɪŋ ɛrə	Quantisierungsfehler
quantity kwɒntətɪ	Menge
quantity, physical kwɒntəti fɪzɪkəl	Größe, physikalische
quarter circle, quadrant kwɔtə sɜkl kwɒdrənt	Viertelkreis
quasi-static state kwɒsɪ stætɪk steɪt	quasistationärer Zustand

R

rack ræk	Gestell
radial-flow fan rædɪəl fləʊ fæn	Querstromlüfter
radius, dimensioning rædɪəs daɪmɛnʃənɪŋ	Radius, Bemaßung

rail mounted device reɪl maʊntəd dɪvaɪs	Reiheneinbaugerät
random error rændəm ɛrə	Zufallsfehler
random failure rændəm feɪljə	Zufallsausfall
random sequence rændəm sikwəns	Zufallsfolge
range reɪndʒ	Bereich, Reichweite
range of adjustment reɪndʒ ɒv ədʒʌsmənt	Verstellbereich
rated power reɪtəd paʊwə	Nennleistung
rating plate reɪtɪŋ pleɪt	Typenschild
ratio reɪʃəʊ	Verhältnis (Übersetzungs-)
raw material rɔ mətɪərɪəl	Rohstoff
re-acceleration rɪəksɛləreɪʃn	Wiederhochlauf
read(ing) error ridɪŋ ɛrə	Lesefehler
readily flammable material rɛdɪlɪ flæməbl mətɪərɪəl	leicht entflammbares Material
ready for operation rɛdɪ fɔ ɒpəreɪʃn	betriebsbereit
ready to be installed rɛdɪ tə bɪ ɪnstɔld	einbaufertig
real component rɪəl kəmpɒnənt	Realteil
real part rɪəl pat	Realteil
realisation structure rɪəlaɪzeɪʃn stʌktʃə	Realisierungsstruktur
reassemble rɪəsɛmbl	Wiederzusammenfügen
rectangle, dimensioning rɛktæŋgl daɪmɛnʃənɪŋ	Rechteck, Bemaßung
rectangular triangle rɛktæŋgjələ traɪæŋgl	rechtwinkliges Dreieck
rectification of defects rɛktɪfɪkeɪʃn ɒv dɪfɛkts	Nachbesserung
recycling rɪsaɪklɪŋ	Recycling
reduced service rɪdjust sɜvɪs	reduzierter Betrieb
reduction of cross section rɪdʌkʃn ɒv krɒs sɛkʃn	Querschnittsschwächung
reference diameter rɛfərəns daɪæmɪtə	Teilkreisdurchmesser
reference standard rɛfərəns stændəd	Bezugsnormal, Vergleichsnormal
reference system rɛfərəns sɪstəm	Bezugssystem
regular load rɛgjʊlə ləʊd	normale Beanspruchung
regular polygon rɛgjʊlə pɒlɪgɒn	regelmäßiges Vieleck
regulation (administrative) rɛgjʊleɪʃn (ædmɪnɪstreɪtəv)	Verordnung
regulations rɛgjʊleɪʃnz	Regeln (Vorschriften)
relative humidity rɛlətəv hjumɪdəti	relative Feuchte
reliability rɪlaɪəbɪləti	Zuverlässigkeit
reliability analysis rɪlaɪəbɪləti ənælɪsɪs	Zuverlässigkeitsanalyse
reliability chart rɪlaɪəbɪləti tʃat	Zuverlässigkeitsblockdiagramm
reload rɪləʊd	nachladen
remote control rɪməʊt kəntrəʊl	Fernbedienung
removable part rɪmuvəbəl pat	herausnehmbarer Teil
remove rɪmuv	ausbauen
rename rɪneɪm	umbenennen
repair rɪpɛə	ausbessern, instand setzen, reparieren

repair service rɪpɛə sɜːvɪs	Reparaturdienst
replaceable rɪpleɪsəbl	auswechselbar
replacement rɪpleɪsmənt	Austausch, Ersetzen
representation within the system of coordinates rɛprɪzɛnteɪʃn wɪðɪn ðə sɪstəm ɒv kəʊɔːdɪnəts	Darstellung im Koordinatensystem
representative value rɪprɪzɛntətəv vælju	typischer Wert
requirement specification rɪkwaɪəmənt spɛsɪfɪkeɪʃn	Lastenheft, Pflichtenheft
reset rɪsɛt	zurücksetzen
resistant to ageing rɪzɪstənt tə eɪdʒɪŋ	alterungsbeständig
resistant to alkaline rɪzɪstənt tə ælkəlaɪn	laugenbeständig
resolution of forces rɛzəʊluʃn ɒv fɔːsəz	Kräftezerlegung
resource identifier rɪsɔːs aɪdɛntɪfaɪə	Betriebsmittel-Kennzeichen
resources rɪsɔːsəs	Betriebsmittel
restart inhibit rɪstat ɪnhɪbɪt	Wiederanlaufsperre
restrict rɪstrɪkt	beschränken
result rɪzʌlt	Ergebnis
resultant force rɪzʌltənt fɔːs	resultierende Kraft
resynchronise rɪsɪnkrənaɪs	resynchronisieren
retrofitting parts rɪtrəʊfɪtɪŋ pats	Umrüstteile
reversible rɪvɜːsəbəl	reversibel
reversing duty rɪvɜːsɪŋ djuti	Reversierbetrieb
revolutions per minute (r.p.m.) rɛvəluʃnz pɜː mɪnət	Umdrehungen pro Minute
rework rɪwɜːk	nacharbeiten
risk graph rɪsk græf	Risikograph
risk of injury rɪsk ɒv ɪndʒəri	Verletzungsgefahr
robustness rəbʌstnəs	Robustheit
rolling friction rəʊlɪŋ frɪktʃn	Rollreibung
rolling resistance rəʊlɪŋ rɪzɪstəns	Rollwiderstand
room acoustics rum əkʊstɪks	Raumakustik
room air conditioner rum ɛə kəndɪʃənə	Raumklimagerät
room thermostat rum θɜːməstæt	Raumtemperaturregler
root-mean-square value rut min skwɛə vælju	quadratischer Mittelwert
rotatable rəʊteɪtəbl	drehbar
rotational energy rəʊteɪʃənəl ɛnədʒi	Rotationsenergie
rotational frequency rəʊteɪʃənəl frikwənsi	Rotationsfrequenz
rotational solid rəʊteɪʃənəl sɒlɪd	Rotationskörper
rough service rʌf sɜːvɪs	rauer Betrieb
rounding radius raʊndɪŋ reɪdɪəs	Rundungshalbmesser
rules rulz	Regeln (Vorschriften)

S

safe area seɪf ɛərɪə	sicherer Bereich
safety of operation seɪftɪ ɒv ɒpəreɪʃn	Betriebssicherheit
safety related systems seɪftɪ rɪleɪtəd sɪstəms	sicherheitsgerichtete Systeme
safety rules seɪftɪ rulz	Sicherheitsregeln
safety shutdown seɪftɪ ʃʌtdaʊn	Sicherheitsabschaltung
sample taken at random sæmpl teɪkən æt rændəm	Stichprobe
scalability skæləbɪlətɪ	Skalierbarkeit
scale skeɪl	Maßstab
scale of forces skeɪl ɒv fɔsəz	Kräftemaßstab
scale spacing skeɪl speɪsɪŋ	Teilstrichabstand
schematic circuit diagram skɪmætɪk sɜkɪt daɪəgræm	Schaltbild
schematic representation skɪmætɪk rɛprɪzɛnteɪʃn	schematische Darstellung
screw driver skru draɪvə	Schraubendreher
screw locking varnish skru lɒkɪŋ vanɪʃ	Schraubensicherungslack
screwdriver for recessed-head screws skrudraɪvə fɔ rɪsɛst hɛd skruz	Kreuzschlitzschraubendreher
sea climate si klaɪmət	Meeresklima
sealing silɪŋ	abdichten
second sɛkənd	Sekunde
second source sɛkənd sɔs	Zweitlieferant
secondary failure sɛkəndərɪ feɪljə	Folgeausfall
sectional view sɛkʃənəl vju	Schnittansicht
sections sɛkʃns	Schnitte
sector of a circular ring sɛktə ɒv ə sɜkjələ rɪŋ	Kreisringausschnitt
sector of circle sɛktə ɒv sɜkl	Kreisausschnitt
segment of a sphere sɛgmənt ɒv ə sfɪə	Kugelabschnitt
segment of circle sɛgmənt ɒv sɜkl	Kreisabschnitt
segmenting səgmɛntɪŋ	aufteilen
self-resonant frequency sɛlf rɛzənənt frikwənsi	Eigenresonanzfrequenz
self-test sɛlf tɛst	Selbsttest
semi-automatic sɛmɪ ɔtəmætɪk	teilautomatisch
semicircle sɛmɪsɜkl	Halbkreis
sensor sɛnsə	Geber
separating cut sɛpəreɪtɪŋ kʌt	Trennschnitt
separating foil sɛpəreɪtɪŋ fɔɪl	Trennfolie
sequence sikwəns	Reihe (Folge)
sequence of operations sikwəns ɒv ɒpəreɪʃnz	Arbeitsfolge
serial number sɪərɪəl nʌmbə	Fertigungsnummer
series of preferred numbers sɪəriz ɒv prɪfɜd nʌmbəz	Normzahlreihe
service area sɜvɪs ɛərɪə	Wartungsbereich
service life sɜvɪs laɪf	Gebrauchsdauer

setting range ˈsɛtɪŋ reɪndʒ	Einstellbereich
set-up allowance ˈsɛt ʌp əˈlaʊəns	Rüstverteilzeit
shelf ʃɛlf	Regal
shock absorber ʃɒk əbˈzɔːbə	Dämpfer
shock test ʃɒk tɛst	Schockprüfung
short form ʃɔːt fɔːm	Kurzform
short-term drift ʃɔːt tɜːm drɪft	Kurzzeitdrift
side view saɪd vjuː	Seitenansicht
signal flow graph ˈsɪɡnəl fləʊ ɡræf	Signalflussdiagramm
signal light ˈsɪɡnəl laɪt	Signalleuchte
signed number saɪnd ˈnʌmbə	Zahl mit Vorzeichen
simplified representation ˈsɪmplɪfaɪd rɛprɪzɛnˈteɪʃn	vereinfachte Darstellung
sine saɪn	Sinus
single sided acting ˈsɪŋɡl ˈsaɪdəd ˈæktɪŋ	einseitig wirkend
single fault ˈsɪŋɡl fɔːlt	Einfachfehler
single sided ˈsɪŋɡl ˈsaɪdəd	einseitig
sinusoidal curve saɪnəˈsɔɪdəl kɜːv	Sinuskurve
sinusoidal oscillation saɪnəˈsɔɪdəl ɒsɪˈleɪʃn	sinusförmige Schwingung
site test saɪt tɛst	Prüfung am Aufstellungsort
skilled worker skɪld ˈwɜːkə	Facharbeiter, gelernter Arbeiter
solar cell ˈsəʊlə sɛl	Solarzelle
solid ˈsɒlɪd	Körper
solid state of aggregation ˈsɒlɪd steɪt ɒv æɡrəˈɡeɪʃn	Aggregatzustand, fest
source sɔːs	Quelle
source of danger sɔːs ɒv ˈdeɪndʒə	Gefahrenquelle
space speɪs	Raum
space lattice speɪs ˈlætɪs	Raumgitter
spare part spɛə pɑːt	Ersatzteil, Reserveteil
spare part service spɛə pɑːt ˈsɜːvɪs	Ersatzteilhaltung
spare slot spɛə slɒt	Reserveeinbauplatz
special version ˈspɛʃəl ˈvɜːʒn	Sonderausführung
specifications spɛsɪfɪˈkeɪʃnz	technische Daten
spherical cap ˈsfɛrɪkəl kæp	Kalotte
spirit level ˈspɪrɪt ˈlɛvəl	Wasserwaage
splash-proof machine splæʃ pruːf məˈʃiːn	spritzwassergeschützte Maschine
splitting ratio ˈsplɪtɪŋ ˈreɪʃəʊ	Teilerverhältnis
spot spɒt	Fleck, Punkt
spread-sheet calculation sprɛd ʃiːt kælkjəˈleɪʃn	Tabellenkalkulation
square skwɛə	Quadrat
square meter ˈskwɛə ˈmiːtə	Quadratmeter
square number ˈskwɛə ˈnʌmbə	Quadratzahl
square root ˈskwɛə ruːt	Quadratwurzel

square symbol skwɛə sɪmbəl	Quadratzeichen
stand-alone operation stænd əlaʊn ɒpəreɪʃn	unabhängiger Betrieb
standard stændəd	Norm, Vorschrift
standard acceleration of the fall stændəd æksələreɪʃn ɒv ðə fɔl	Normfallbeschleunigung
standard atmospheric conditions stændəd ætməsfɛrɪk kəndɪʃnz	Normalklima
standard design stændəd dɪzaɪn	Normalausführung
standard designation stændəd dɛzɪgneɪʃn	Normbezeichnung
standard deviation stændəd dəvɪeɪʃn	Standardabweichung
standard format stændəd fɔmət	Normalformat
standard load stændəd laʊd	Normalbelastung
standard part stændəd pat	Normteil
standard range stændəd reɪndʒ	Normalreihe
standard reference value stændəd rɛfərənts vælju	Norm-Bezugswert
standard sheet stændəd ʃit	Normblatt
Standards Committee stændəds kəmɪti	Normenausschuss
standards laboratory stændədz læbrətɒri	Normalien-Stelle
standby stændbaɪ	Reserve
start stat	Ingangsetzung
starting position statɪŋ pəzɪʃn	Grundstellung
start-up characteristics stat ʌp kærəktərɪstɪks	Hochlaufkennlinien
state diagram steɪt daɪəgræm	Zustandsdiagramm
statistical quality control stətɪstɪkəl kwɒləti kəntrəʊl	statistische Qualitätskontrolle
status message steɪtəs mɛsədʒ	Zustandsmeldung
statutory regulations stætʃʊtrɪ rɛgjəleɪʃnz	gesetzliche Bestimmungen
steady-state operation stædɪ steɪt ɒpəreɪʃn	stationärer Betrieb
step-by-step stɛp baɪ stɛp	stufenweise
sticker stɪkə	Aufklebeschild
stir stɜ	rühren
straight body streɪt bɒdɪ	gerader Körper
straight horizontal scale streɪt hɒraɪzɒntəl skeɪl	Querskale
straight line streɪt laɪn	Gerade
submultiple of a unit sʌbmʌltɪpl ɒv ə jʊnɪt	Teileinheit
subset sʌbsɛt	Untermenge
subsynchronous sʌbsɪnkrɒnəs	untersynchron
subsystem sʌbsɪstəm	Teilsystem
sudden failure sʌdən feɪljə	plötzlicher Ausfall
suggestion for optimisation səsdʒɛstʃn fɔ ɒptɪmaɪzeɪʃn	Verbesserungsvorschlag
suitable for industrial practice sjutəbəl fɔ ɪndʌstriəl præktɪs	industrietauglich
surface density sɜfəs dɛnsəti	flächenbezogene Masse

susceptible to shocks səsɛptəbl tə ʃɒks	stoßempfindlich
switch swɪtʃ	schalten
switch on swɪtʃ ɒn	einschalten
symbol sɪmbəl	Symbol
symmetric form sɪmɛtrɪk fɔm	symmetrische Form
symmetrical sɪmɛtrɪkəl	symmetrisch
synchronism restoration sɪnkrənɪzm rɛstəreɪʃn	Resynchronisierung
synchronous operation sɪnkrɒnəs ɒpəreɪʃn	Gleichlauf
synthesis process sɪnθəzɪs prəusɛs	Syntheseverfahren
system design sɪstəm dɪzaɪn	Systementwurf
system margin sɪstəm mɑdʒɪn	Systemreserve
system of coordinates sɪstəm ɒv kəuɔdɪnəts	Achsenkreuz, Koordinatensystem
system of polar coordinates sɪstəm ɒv pəulə kəuɔdɪnəts	Polarkoordinatensystem
system performance sɪstəm pəfɔmənts	Systemverhalten
system reliability sɪstəm rɪlaɪəbɪləti	Systemzuverlässigkeit
system specific sɪstəm spəsɪfɪk	systemspezifisch
systematic deviation sɪstəmætɪk dəvɪeɪʃn	systematische Abweichung
systematic error sɪstəmætɪk ɛrə	systematischer Fehler

T

tangent theorem tæŋgənt θɪəurim	Tangenssatz
team work tim wɜk	Teamarbeit
technical breakdown tɛknɪkəl breɪkdaun	technische Störung
technical data tɛknɪkəl deɪtə	technische Daten
technical drawing tɛknɪkəl drɔɪŋ	technische Zeichnung
Technical Inspection Association tɛknɪkəl ɪnspɛktʃn əsəusɪeɪʃn	Technischer Überwachungsverein (TÜV)
technical instruction tɛknɪkəl ɪnstrʌktʃn	technische Anleitung
technical science tɛknɪkəl saɪənts	Technik (Wissenschaft)
technician tɛknɪʃn	Techniker
technological property tɛknəulɒdʒɪkəl prɒpəti	technologische Eigenschaft
telephone tɛləfəun	Telefon
temperature detector tɛmprətʃə dɪtɛktə	Temperatur-Wächter
test tɛst	Erprobung, prüfen
test adapter tɛst ədæptə	Prüfadapter
test arrangement tɛst əreɪndʒmənt	Versuchsanordnung
test case tɛst keɪs	Testfall
test category tɛst kætəgəri	Prüfklasse
test concept tɛst kɒnsɛpt	Testkonzept
test conditions tɛst kɒndɪʃnz	Prüfbedingungen

test connection tɛst kənɛkʃn	Prüfanschluss
test environment tɛst ɪnvaɪrənmənt	Prüfklima
test equipment tɛst ɪkwɪpmənt	Prüfgerät
test methods tɛst mɛθəds	Testverfahren
test run tɛst rʌn	Prüfdurchlauf
testing aid tɛstɪŋ eɪd	Testhilfe
testing deviation tɛstɪŋ dəvɪeɪʃn	Prüfabweichung
text display tɛkst dɪspleɪ	Textanzeige
theoretical model θɪəʊrɛtɪkəl mɒdəl	Modellvorstellung
thermo couple θɜːməʊ kʌpl	Thermopaar
thickness θɪknəs	Dicke
thin walled θɪn wɔld	dünnwandig
three-dimensional θri daɪmɛnʃənəl	dreidimensional
threshold value θrɛshəʊld vælju	Schwellenwert
time taɪm	Zeit
time average taɪm ævərədʒ	zeitlicher Mittelwert
time constant taɪm kɒnstənt	Zeitkonstante
time discrete taɪm dɪskrit	zeitdiskret
time interrupt taɪm ɪntərʌpt	Weckalarm
time out taɪm aʊt	Zeitabschaltung
time-dependent taɪm dɪpɛndənt	zeitabhängig
timer taɪmə	Zeitgeber
timing diagram taɪmɪŋ daɪəgræm	Zeitablaufdiagramm
timing element taɪmɪŋ ɛləmənt	Zeitglied
tire taɪə	Reifen
tolerance tɒlərəns	Toleranz
tolerance band tɒlərəns bænd	Toleranzbereich
tolerance gauge tɒlərəns geɪdʒ	Maßlehre
tolerance series tɒlərəns sɪəriz	Toleranzreihe
tolerance symbol tɒlərəns sɪmbl	Toleranzkurzzeichen
top circle tɒp sɜkl	Kopfkreis
top view tɒp vju	Draufsicht
total failure təʊtəl feɪljə	Gesamtausfall
total load təʊtəl ləʊd	Gesamtbelastung
toxicity tɒksɪsəti	Giftigkeit
TQ (Total Quality) tɪkju (təʊtəl kwɒləti)	TQ
transformation of numbers trænsfəmeɪʃn ɒv nʌmbəz	Umwandlung von Zahlen
transforming trænfɔmɪŋ	wandeln
transverse arrangement trænsvɜs əreɪndʒmənt	Queraufstellung
transverse vibration trænsvɜs vaɪbreɪʃn	Querschwingung
transverse wave trænsvɜs weɪv	Querwelle
trend display trɛnd dɪspleɪ	Trendanzeige

trial operation traɪəl ɒpəreɪʃn	Probebetrieb
tropic proof trɒpɪk pruf	tropenfest
trouble shooting trʌbl ʃutɪŋ	Fehlersuche
true indication tru ɪndɪkeɪʃn	Istanzeige
true length tru lɛŋə	wahre Länge
turnkey system tɜnkɪ sɪstəm	schlüsselfertiges System
two-dimensional tu daɪmɛnʃənəl	zweidimensional
type approval taɪp əpruvəl	Bauartzulassung
type approval (equipment) taɪp əpruvəl (ɪkwɪpmənt)	Zulassung (Einrichtung)
type designation taɪp dɛzɪgneɪʃn	Fabrikatbezeichnung, Typbezeichnung
type identification symbol taɪp aɪdɛntɪfɪkeɪʃn sɪmbl	Typenkurzzeichen
type of lines taɪp ɒv laɪnz	Linienart
type sheet taɪp ʃit	Typenblatt
type tested taɪp tɛstəd	typgeprüft
types of ignition protection taɪps ɒv ɪgnɪʃn prətɛkʃn	Zündschutzarten

U

unattended ʌnətɛndəd	unbeaufsichtigt
unauthorised user ʌnɔəəraɪzd juzə	unbefugter Nutzer
unavailability ʌnəveɪləbɪləti	Nichtverfügbarkeit
unblocking ʌnblɒkɪŋ	Entsperrung
uniform motion junɪfɔm məʊʃn	Bewegung, gleichförmige
uniform movement junɪfɔm muvmənt	gleichförmige Bewegung
uniformity junɪfɔməti	Gleichmäßigkeit
unintentional energising ʌnɪntɛnʃənəl ɛnədʒaɪzɪŋ	unbeabsichtigtes Einschalten
unit jʊnɪt	Maßeinheit, Gerät
unit equation jʊnɪt ɪkweɪʃn	Einheitengleichung
unit rating jʊnɪt reɪtɪŋ	Typenleistung
units, physical jʊnɪts, fɪzɪkəl	Einheiten, physikalische
universal angle gauge junɪvɜsl æŋgl geɪdʒ	Universalwinkelmesser
universal application junɪvɜsl æplɪkeɪʃn	uneingeschränkte Verwendung
universal time (UT) junɪvɜsl taɪm	Weltzeit
unplug ʌnplʌg	ziehen (Stecker)
unsigned representation ʌnsaɪnd rɛprɪzenteɪʃn	Darstellung ohne Vorzeichen
up time ʌp taɪm	Klarzeit
upper limiting value ʌpə lɪmɪtɪŋ vælju	Höchstwert
upper range value ʌpə reɪndʒ vælju	Endwert
upright size ʌpraɪt saɪz	Hochformat
useful energy jusfəl ɛnədʒi	Nutzenergie
useful power jusfəl paʊwə	Nutzleistung

useful work jusfəl wɜk	Nutzarbeit
user guidance juzə gaɪdɛns	Benutzerführung
user's guide juzəs gaɪd	Benutzerhandbuch

V

validity check vəlɪdɪtɪ tʃɛk	Gültigkeitsprüfung
value continuous vælju kəntɪnjuəs	wertkontinuierlich
value discrete vælju dɪskrit	wertdiskret
value of a quantity vælju ɒv ə kwɒntəti	Wert einer Größe
variable vəraɪəbl	Variable
VDE mark of conformity vɪdɪɪ mak ɒv kənfɔməti	VDE-Prüfzeichen
VDU (Video Display Unit) workplace vɪdɪju (vɪdiəu dɪspleɪ jʊnɪt) wɜkpleɪs	Bildschirmarbeitsplatz
vector diagram vɛktə daɪəgræm	Zeigerdiagramm
vector of force vɛktə ɒv fɔs	Kraftvektor
vector quantisation vɛktə kwɒntaɪzeɪʃn	Vektorquantisierung
vertical vɜtɪkəl	senkrecht
vertical and opposite angle vɜtɪkəl ænd ɒpəsət æŋgl	Scheitelwinkel
vibration vaɪbreɪʃn	Erschütterung, Schwingung
vibration-resistant vaɪbreɪʃn rɪzɪstənt	rüttelfest
view vju	Ansicht
visual inspection vɪʒuəl ɪnspɛktʃn	Sichtprüfung
visualisation vɪʒuəlaɪzeɪʃn	Visualisierung
V-model vi mɒdl	V-Modell
volume expansion coefficient vɒljum ɪkspænʃn kəʊɪfɪʃənt	Volumenausdehnungskoeffizient
volumetric capacity vɒljumɛtrɪk kəpæsəti	Fassungsvermögen

W

warning sign wɔnɪŋ saɪn	Warnzeichen
warning tone wɔnɪŋ təʊn	Warnton
water fall model wɔtə fɔl mɒdl	Wasserfallmodell
water jet wɔtə dʒɛt	Wasserstrahl
watertight wɔtətaɪt	wasserdicht
wave soldering weɪv səʊldərɪŋ	Schwalllöten
waveform weɪvfɔm	Kurvenverlauf
weak point wik pɔɪnt	Schwachstelle
wearing part wɛərɪŋ pat	Verschleißteil
wear-out failure wɛə aʊt feɪljə	Verschleißausfall

withdrawing the module wɪədrɔɪŋ ðə mɒdjul	ziehen der Baugruppe
work bench wɜk bɛnʃ	Werkbank
working place wɜkɪŋ pleɪs	Arbeitsplatz
working time wɜkɪŋ taɪm	Arbeitszeit
workshop equipment wɜkʃɒp ɪkwɪpmənt	Werkstatteinrichtung

X

X-axis ɛks æksɪs	X-Achse
X-coordinate ɛks kəʊɔdɪnət	X-Koordinate
X-factor ɛks fæktə	X-Faktor
X-form ɛks fɔm	X-Form
x-radiation ɛks rædɪeɪʃn	X-Strahlung
X-ray testing ɛks reɪ tɛstɪŋ	Röntgenprüfung
X-rays ɛks reɪz	Röntgenstrahlen
x-t-recorder ɛks tɪ rɪkɔdə	X-t-Schreiber
X-unit ɛks jʊnɪt	X-Einheit
X-Y array (matrix) ɛks waɪ æreɪ	X-Y Matrix
X-Y representation ɛks waɪ rɛprɪzɛnteɪʃn	X-Y-Darstellung
X-Y raster ɛks waɪ ræstə	X-Y Raster
xy recorder ɛks waɪ rɪkɔdə	X-Y-Schreiber

Y

Y-axis waɪ æksɪs	Y-Achse
Y-coordinate waɪ kəʊɔdɪnət	Y-Koordinate
Y-matrix waɪ mætrɪks	Y-Matrix

Z

Z-axis zɛt æksɪs	Z-Achse
Z-coordinate zɛt kəʊɔdɪnət	Z-Koordinate
zero zɪrəʊ	Null
zero crossing zɪrəʊ krɒsɪŋ	Nulldurchgang
zero line zɪrəʊ laɪn	Nulllinie
zone zəʊn	Zone

Datenverarbeitung

data processing

deutsch – englisch

A

aktualisieren	update ʌpdeɪt
ASCII-Steuerzeichen	ASCII control character eɪɛssiaɪaɪ kəntrəʊl kærəktə

B

Baumtopologie	tree topology tri təpɒlədʒɪ
Befehlsaufbau	instruction syntax ɪnstrʌkʃn sɪntæks
Betriebssystem	operating system ɒpəreɪtɪŋ sɪstəm
Binäranweisung	binary instruction baɪnærɪ ɪnstrʌkʃn
binäre Schaltung	binary circuit baɪnærɪ sɜkɪt
Binäreingang	binary input baɪnærɪ ɪnpʊt
Binärzähler	binary counter baɪnærɪ kaʊntə
bistabile Kippschaltung	bistable trigger circuit bisteɪbl trɪgə sɜkɪt
Bitbus	Bitbus bɪtbʌs
Bitfehlerrate	bit error rate (BER) bɪt ɛrə reɪt
Bitfolge	bit string bɪt strɪŋ
Boolesche Verknüpfung	Boolean operation bulɪən ɒpəreɪʃn
Busanschluss	bus port bʌs pɔt
Busrückwand	backplane bækpleɪn
Bussystem	bus system bʌs sɪstəm
Bustopologie	bus topology bʌs təpɒlədʒɪ
byteweise	byte by byte baɪt baɪ baɪt

C

Central Prozessing Unit	Central Processing Unit sɛntrəl prəʊsɛsɪŋ jʊnɪt
CMI-Code	coded mark inversion kəʊdəd mak ɪnvɜʒn
Code	code kəʊd
Codedarstellung	code representation kəʊd rɛprɪzɛnteɪʃn
Codelänge	code length kəʊd lɛŋə
Codemultiplex	code multiplex kəʊd mʌltɪplɛks
Codetabelle	codebook kəʊdbʊk
Codeumsetzer	code converter kəʊd kənvɜtə
codeunabhängig	code-independent kəʊd ɪndɪpɛndənt
Codewort	code word kəʊd wɜd
codieren	encode ɛnkəʊd
Codierer-Decodierer	encoder-decoder ɛnkəʊdə dɪkəʊdə
Compact-Disk	compact disc kɒmpækt dɪsk
Computeranwendung	computer application kəmpjutə æplɪkeɪʃn
Computerschnittstelle	computer interface kəmpjutə ɪntəfeɪs
computerunterstützt	computer-aided kəmpjutə eɪdəd

Control Unit	control unit kəntrəʊl jʊnɪt
CPS	characters per second (baud) kærəktəz pɜ sɛkənd
CPU	central processing unit (CPU) sɛntrəl prəʊsɛsɪŋ jʊnɪt
CRC-Verfahren	CRC-method siʌrsi mɛθəd

D

Dateisystem	file system faɪl sɪstəm
Daten	data deɪtə
Datenaufzeichnung	data recording deɪtə rɪkɔdɪŋ
Datenausgabe	data output deɪtə aʊtpʊt
Dateneingabegerät	data input device deɪtə ɪnpʊt dɪvaɪs
Datenerfassung	data acquisition deɪtə ækwɪzɪʃn
Datenflussplan	data flow chart deɪtə fləʊ tʃat
Datenkabelaufbau	data cable construction deɪtə keɪbl kənstrʌkʃn
Datenquelle	data source deɪtə sɔs
Datenschnittstelle	data interface deɪtə ɪntəfeɪs
Datensichtgerät	video display unit vɪdiəʊ dɪspleɪ jʊnɪt
Datenspeicher	data memory deɪtə mɛmri
Datenträger	data medium deɪtə midɪəm
Datenverarbeitungsanlage	data processing equipment deɪtə prəʊsɛsɪŋ ɪkwɪpmənt
Decodierer	decoder dɪkəʊdə
Decodierungsschaltung	decoding circuit dɪkəʊdɪŋ sɜkɪt
Dezimal-Binär-Umsetzer	decimal to binary converter dɛsɪml tə baɪnærɪ kənvɜtə
Dezimalzähler	decimal counter dɛsɪml kaʊntə
D-Flipflop	delay flip-flop dɪleɪ flɪp flɒp
digitale Zähler	digital counters dɪdʒɪtəl kaʊntəz
Digitalisiertablett	digitiser tablet dɪdʒɪtaɪzə tæblət
DIN-Messbus	DIN measurement bus din mɛʒəmənt bʌs
Druckknopftastatur	push-button keyboard pʊʃ bʌtən kibɔd
Dualzahl	binary number baɪnærɪ nʌmbə
Dualziffer	binary digit baɪnærɪ dɪdʒɪt

E

Echtzeit	real time ril taɪm
Echtzeit-Betriebssystem	real time operating system ril taɪm ɒpəreɪtɪŋ sɪstəm
Echtzeituhr	real time clock ril taɪm klɒk
Eingabeformat	input format ɪnpʊt fɔmət
Eingang, invertierender	input, inverting ɪnpʊt, ɪnvɜtɪŋ
eingebaute (feste) Programmierung	firmware fɜmwɛə

Einplatinen-Mikrocomputer — single-board microcomputer sɪŋgl bɔd maɪkrəʊkəmpjutə

Einzelschrittverarbeitung — single step mode sɪŋgl stɛp məʊd

Emulations- und Testadapter — in-circuit emulator ɪn sɜkɪt ɛmjʊleɪtə

ereignisgesteuerte Übertragung — event driven transmission ɪvɛnt drɪvən trænsmɪʃn

Ethernet Netzwerkkarten — Ethernet network interface cards iəənət nɛtwɜk ɪntəfeɪs kads

Expertensystem — expert system ɛkspɜt sɪstəm

F

Feldbussysteme — field bus systems fild bʌs sɪstəmz

Feldeffekttransistor — field-effect transistor fild ɪfɛkt trænzɪstə

Formatumwandler — format converter fɔmət kənvɜtə

Freigabeeingang — enable input əneɪbl ɪnpʊt

G

Gatter — gate geɪt

gesicherte Übertragung — secure transmission səkjʊə trænsmɪʃn

Gray-Code — Gray-code, cyclic binary code greɪ kəʊd, sɪklɪk baɪnærɪ kəʊd

H

Halbduplexübertragung — half duplex transmission haf djʊplɛks trænsmɪʃn

Hauptspeicher — main memory meɪn mɛmrɪ

Haupttakt — master clock mastə klɒk

HDB3-Code — high-density binary three code haɪ dɛnsətɪ baɪnærɪ θri kəʊd

Hintergrundnetz — backbone ring bækbəʊn rɪŋ

Hochgeschwindigkeits-LAN — high-speed local area network haɪ spid ləʊkəl ɛərɪə nɛtwɜk

Hochgeschwindigkeitsmodem — high data rate modem haɪ deɪtə reɪt məʊdəm

höchstwertiges Bit — most significant bit (MSB) məʊst sɪgnɪfɪkənt bɪt

I

Implementierung — implementation ɪmplɪmənteɪʃn

Informatik — computer science kəmpjutə saɪənts

Information — information ɪnfəmeɪʃn

Informationsaustausch — information exchange ɪnfəmeɪʃn ɪkstʃeɪndʒ

Informationssenke — information sink ɪnfəmeɪʃn sɪŋk

Informationstechnik — information technology ɪnfəmeɪʃn tɛknɒlədʒi

Informationsübertragung	information transmission ɪnfəmeɪʃn trænsmɪʃn
Informationsverarbeitung	information processing ɪnfəmeɪʃn prəusɛsɪŋ
Infrarot Datenübertragung	infrared data transmission ɪnfrərɛd deɪtə trænsmɪʃn
Interbus	Interbus ɪntəbʌs
Internetprotokoll	Internet protocol ɪntənɛt prəutəkɒl
Internetzugang	Internet access ɪntənɛt æksɛs
IP	Internet Protocol ɪntənɛt prəutəkɒl
IP-Adresse	internet protocol address ɪntənɛt prəutəkɒl ədrɛs
ISDN	Integrated Services Digital Network ɪntəgreɪtəd sɜvɪsɪs dɪdʒɪtəl nɛtwɜk
Isochrone Datenübertragung	isochronous data transmission aɪzəukrɒnəs deɪtə trænsmɪʃn
ISO-Modell	ISO model aɪzəu mɒdəl
Istzeit	actual time æktʃuəl taɪm

J

Ja-Nein-Code	on-off code ɒn ɒf kəud
Jitter	jitter (PCM) dʒɪtə
JK-Kippglied mit Zweiflankensteuerung	master-slave bistable element mastə sleɪv bisteɪbl ɛləmənt
J-K-Master-Slave-Flipflop	J-K-master-slave-flipflop dʒeɪ keɪ mastə sleɪv flɪpflɒp
Jobeingabe	job entry dʒɒb ɛntri

K

Kippglied, bistabiles	flip-flop flɪp flɒp
Kommunikation	communication kəmjunɪkeɪʃn
Kommunikationsmodell	communication model kəmjunɪkeɪʃn mɒdəl
Kommunikationsnetz	communication network kəmjunɪkeɪʃn nɛtwɜk
Kompilierer	compiler kəmpaɪlə
komplementärer Zustand	complementary state kɒmpləmɛntərɪ steɪt
Konjunktion	AND-operation ɛɪɛndɪ ɒpəreɪʃn
Konzentrator	concentrator kɒnsəntreɪtə

L

Leitwerk	instruction control unit ɪnstrʌktʃn kəntrəul junɪt
LIFO	last-in-first-out last ɪn fɜst aut
Linientopologie	line topology laɪn təpɒlədʒɪ
Logikablaufplan	logic sequence diagram lɒdʒɪk sikwənts daɪəgræm
Logikanalysator	logic analyser lɒdʒɪk ænəlaɪzə
Logik-Funktionsschaltplan	logic function diagram lɒdʒɪk fʌŋktʃən daɪəgræm

Logikplan	logic chart lɒdʒɪk tʃat
Logikschaltung	logic circuit lɒdʒɪk sɜkɪt
Logiksymbol	logic symbol lɒdʒɪk sɪmbəl
lokales Netzwerk	local area network (LAN) ləʊkəl ɛərɪə nɛtwɜk
löschen (Daten)	delete dɪlit
Löschtaste	cancelling button kænsəlɪŋ bʌtən

M

magnetooptisches Laufwerk	magneto optical drive mægnitəʊ ɒptɪkəl draɪv
Maschinenbefehl	machine instruction məʃin ɪnstrʌktʃən
Maus (Eingabegerät)	mouse maʊs
Mehrkanalbetrieb	multi-channel mode mʌlti tʃænəl məʊd
Mehrprozessbetrieb	multitasking mʌltɪtaskɪŋ
Mikroelektronik	microelectronics maɪkrəʊɪlɛktrɒnɪks
Mikroprogrammierung	microprogramming maɪkrəʊprəʊgræmɪŋ
Mikroprozessor	microprocessor maɪkrəʊprəʊsɛsə
mikroprozessorgesteuert	microprocessor controlled maɪkrəʊprəʊsɛsə kəntrəʊld
Minicomputer	minicomputer mɪnɪkəmpjutə
minimierte Schaltfunktion	minimised logic function mɪnɪmaɪzd lɒdʒɪk fʌŋktʃən
Minimierung	minimisation mɪnɪmaɪzeɪʃn
Modulo-2 Addition	Modulo-2 addition mɒdjələʊ tu ədɪʃn
multiplexen	multiplex mʌltɪplɛks
Multiplexer	multiplexer mʌltɪplɛksə
Mutterplatine	motherboard mʌðəbɔd

N

Nassi-Shneiderman-Struktogramm	Nassi-Shneiderman structogram næsɪ snaɪdəmæn strʌktəʊgræm
Negationsschaltung	inverter ɪnvɜtə
Nettodaten	net data nɛt deɪtə
Netzkennung	network identification code nɛtwɜk aɪdɛntɪfɪkeɪʃn kəʊd
Netzkoppler	gateway geɪtweɪ
Netzwerkadapter	network adapter nɛtwɜk ədæptə
Netzwerkadministrator	network administrator nɛtwɜk ædmɪnɪstrætə
Netzwerk-Browser	network browser nɛtwɜk braʊzə
Netzwerkkarte	network board, network interface card nɛtwɜk bɔd, nɛtwɜk ɪntəfeɪs kad
Netzwerkprotokoll	network protocol nɛtwɜk prəʊtəkɒl
Netzzugangspunkt (LAN)	terminal access point tɜmɪnəl əksɛs pɔɪnt
NICHT-Funktion	NOT-function nɒt fʌŋktʃən

nichtinvertierender Eingang — non-inverting input nɒn ɪnvɜtɪŋ ɪnpʊt

nichtsynchroner Betrieb — non-synchronous operation nɒn sɪnkrɒnəs ɒpəreɪʃn

niederwertiges Bit — least significant bit (LSB) list sɪgnɪfɪkənt bɪt

n-stellig — n-digit ɛn dɪdʒɪt

O

OCR — optical character recognition ɒptɪkəl kærəktə rɛkəgnɪʃn

ODER-Verknüpfung — OR operation ɔ ɒpəreɪʃn

offenes System — open system əʊpən sɪstəm

Oktalzahl — octal number ɒktəl nʌmbə

Oktett — octet (8-Bit-Byte) ɒktət

Operationsverstärker — operational amplifier ɒpəreɪʃənəl æmplɪfaɪə

optische Datenübertragung — optical data transmission ɒptɪkəl deɪtə trænsmɪʃn

optische Nachrichtentechnik — optical communications ɒptɪkəl kəmjʊnɪkeɪʃnz

optische Zeichenerkennung — optical character recognition (OCR) ɒptɪkəl kærəktə rɛkəgnɪʃn

optischer Alarm — visual alarm vɪʒʊəl əlam

optischer Detektor — optical detector ɒptɪkəl dɪtɛktə

OSI Referenzmodell — OSI reference model əʊɛsaɪ rɛfərənts mɒdəl

P

PC-Anschlüsse — PC interfaces pɪsɪ ɪntəfeɪsɪs

periphere Schnittstelle — peripheral interface pərɪfərəl ɪntəfeɪs

Peripheriebaugruppe — interface module ɪntəfeɪs mɒdjul

Peripheriegerät — peripheral device pərɪfərəl dɪvaɪs

Peripheriestecker — non-bus edge connector nɒn bʌs ɛdʒ kənɛktə

physikalische Adresse — physical address fɪzɪkəl ədrɛs

Portadresse — port address pɔt ədrɛs

Profibus — Profibus prəʊfɪbʌs

Punkt (Zeichen) — dot (symbol) dɒt sɪmbəl

Punkt-zu-Punkt Kopplung — peer-to-peer link pɪə tə pɪə lɪŋk

Q

Quellprogramm — source program sɔs prəʊgræm

Querprüfung — vertical redundancy check vɜtɪkəl rɪdʌndənsɪ tʃɛk

Querverbindung — private branch exchange tie line praɪvət brænʃ ɪkstʃeɪndʒ taɪ laɪn

Quittung — acknowledgement (ACK) əknɒlədʒmənt

R

Rahmen	frame freɪm
RAM	random access memory rændəm əksɛs məmri
Rechen- und Steuereinheit	arithmetic and control unit ærɪθmɛtɪk ænd kəntrəʊl jʊnɪt
Rechenleistung	computing power kəmpjutɪŋ paʊwə
rechnergesteuert	computer-controlled kəmpjutə kəntrəʊld
Referenzmodell (ISO)	reference model rɛfərənts mɒdəl
Register	register rɛdʒɪstə
Registriergerät	recorder rɪkɔdə
Ringbus	ring bus rɪŋ bʌs
Ringtopologie	ring topology rɪŋ təpɒlədʒɪ
RJ-45 Stecker	RJ-45 plug ʌrdʒeɪ fɔtɪfaɪf plʌg
RS 232-Schnittstelle	RS 232 interface ʌrɛs tuərɪtu ɪntəfeɪs
RS-Kippglied	set-reset bistable element sɛt rɪsɛt bɪsteɪbl ɛləmənt
Rücksetzeingang	reset input rɪsɛt ɪnpʊt
Rücksetzimpuls	reset pulse rɪsɛt pʌls
rückstellbarer Zähler	resettable counter rɪsɛtəbəl kaʊntə
rückwärtszählen	count down kaʊnt daʊn
Rückwärtszähler	down counter daʊn kaʊntə

S

Schnittstelle	interface ɪntəfeɪs
schreiben	write raɪt
serieller Betrieb	serial operation sɪərɪəl ɒpəreɪʃn
Signal, binäres	signal, binary sɪgnəl baɪnærɪ
softwaregestützt	software-based sɒftwɛə beɪst
Speicher mit wahlfreiem Zugriff	random access memory (RAM) rændəm əksɛs mɛmri
Speicheradresse	memory address məmrɪ ədrɛs
Sterntopologie	star topology sta təpɒlədʒɪ
Struktogramm	structured chart strʌktʃəd tʃat

T

TCP/IP	Transmission Control Protocol/Internet Protocol trænsmɪʃn kəntrəʊl prəʊtəkɒl/ɪntənət prəʊtəkɒl
Telefonanschlussdose	telephone outlet tɛləfəʊn aʊtlət
Teleinformatik	teleinformatics tɛləɪnfɒmætɪks
Telekommunikation	telecommunication tɛləkɒmjʊnɪkeɪʃn
Telemetrie	telemetry tɛləmətri
Terminaladapter	terminal adapter (TA) tɜmɪnəl ədæptə

terrestrischer Funkdienst — terrestrial radio communication tərɛstrɪəl reɪdɪəʊ kəmjʊnɪkeɪʃn

Tetrade — tetrad tɛtrəd

textorientiertes Betriebssystem — text-oriented operating system tɛkst ɒrɪɛntəd ɒpəreɪtɪŋ sɪstəm

Textverarbeitungsprogramme — text processing programs tɛkst prəʊsɛsɪŋ prəʊɡræms

Topologie — topology təpɒlədʒɪ

Tor — gate ɡeɪt

U

Übermittlung — transfer trænsfæʒ

überschwingen — overswing əʊvəswɪŋ

Übersetzungsverhältnis — transmission ratio trænsmɪʃn reɪʃəʊ

übertragungsbereit — ready for data rɛdɪ fɔ deɪtə

Übertragungsformat — data transfer format deɪtə trænsfɜ fɔmət

Übertragungsgeschwindigkeit (in Bit) — bit rate bɪt reɪt

Übertragungsstrecke — transmission link trænsmɪʃn lɪŋk

Übertragungssystem — transmission system trænsmɪʃn sɪstəm

Übertragungsverfahren — transmission method trænsmɪʃn mɛθəd

Uhrzeitsender — real time transmitter ril taɪm trænsmɪtə

Umschaltfolge — escape sequence ɛskeɪp sikwənts

Umsetzer (Pegel-) — level converter lɛvəl kənvɜtə

UND-Verknüpfung — AND-operation eɪɛndɪ ɒpəreɪʃn

unidirektionaler Bus — unidirectional bus jʊnɪdaɪrɛkʃənəl bʌs

universeller synchroner asynchroner Empfänger Sender (USART) — universal synchronous asynchronous receiver transmitter jʊnɪvɜsl sɪnkrɒnəs eɪsɪnkrɒnəs rɪsivə trænsmɪtə

unsymmetrische Schnittstellenleitung (DÜ) — unsymmetrical interface circuit ʌnsɪmɛtrɪkəl ɪntəfeɪs sɜkɪt

unsymmetrischer Ausgang — asymmetrical output eɪsɪmɛtrɪkəl aʊtpʊt

Unterbrechungsanforderung — interrupt request (IRQ) ɪntərʌpt rɪkwɛst

Unterprogramm — subroutine sʌbrutin

urladen — bootstrap butstræp

USB-Steuereinheit im Verarbeitungsrechner — USB host controller jʊɛsbɪ həʊst kəntrəʊlə

V

Verbindungsleitungssatz — trunk circuit trʌŋk sɜkɪt

Verbindungszustand — call condition kɔl kəndɪʃn

Vergleicher — comparator kəmpærətə

Verknüpfung (Kontakt-) — relay logic rɪleɪ lɒdʒɪk

Verknüpfung (Logik) — logic operation lɒdʒɪk ɒpəreɪʃn

Verknüpfungsgleichung — logic equation lɒdʒɪk əkweɪʃn

verteilte Datenbank — distributed database dɪstrɪbjutəd deɪtəbeɪs

Verzweigung, bedingte — branch, conditional branʃ kəndɪʃənəl

Vollduplexbetrieb — full duplex operation fʊl djuplɛks ɒpəreɪʃn

Vorteiler (Zähler) — predivider (counter) pridɪvaɪdə

Vorverarbeitungsprozessor — front-end processor frɒnt ɛnd prəʊsɛsə

W

Wahrheitstabelle — truth table truθ teɪbl

Web-Adresse — web address wɛb ədrɛs

Whitebox-Test — White box-Test waɪt bɒks tɛst

Windows Betriebssysteme — Windows operating systems wɪndəʊs ɒpəreɪtɪŋ sɪstəms

X

XOR-Schaltung — exclusive-OR-element ɪksklusɪv əʊ ʌr ɛləmənt

X-Schnittstelle — X interface (ISDN) ɛks ɪntəfeɪs

Z

Zahlencode — numeric code njʊmɛrɪk kəʊd

Zähler — counter kaʊntə

Zeichenerkennung — character recognition kærəktə rɛkəgnɪʃn

Zeichenrahmen, asynchron — character frame, asynchronous kærəktə freɪm eɪsɪnkrɒnəs

Zeichentakt (DÜ) — byte timing baɪt taɪmɪŋ

Zeitüberwachungsstufe — watchdog timer wɒtʃdɔg taɪmə

Zentraleinheit — central processing unit sɛntrəl prəʊsɛsɪŋ jʊnɪt

zentralisiertes Netz — centralised network sɛntrəlaɪzd nɛtwɜk

Zugangsanforderung — access request əksɛs rɪkwɛst

Zugangskontrolle — access control əksɛs kəntrəʊl

Zugriffsanforderung — access request əksɛs rɪkwɛst

Zugriffsrechte — access rights əksɛs raɪts

Zweierkomplement — two's complement tus kɒmplɪmənt

Zwischenspeicher — buffer memory bʌfə mɛmri

zyklisch aufdatende Systeme — cyclic updating systems saɪklɪk ʌpdeɪtɪŋ sɪstəms

zyklische Redundanzprüfung — cyclic redundancy check (CRC) saɪklɪk rɪdʌndənsi tʃɛk

data processing

Datenverarbeitung

englisch – deutsch

A

access control əksɛs kəntrəʊl	Zugangskontrolle
access request əksɛs rɪkwɛst	Zugangsanforderung, Zugriffsanforderung
access rights əksɛs raɪts	Zugriffsrechte
acknowledgement (ACK) əknɒlədʒmənt	Quittung
actual time æktʃʊəl taɪm	Istzeit
AND-operation eɪɛndɪ ɒpəreɪʃn	UND-Verknüpfung, Konjunktion
arithmetic and control unit ærɪəmɛtɪk ænd kəntrəʊl jʊnɪt	Rechen- und Steuereinheit
ASCII control character eɪɛssaɪaɪ kəntrəʊl kærəktə	ASCII-Steuerzeichen
asymmetrical output eɪsɪmɛtrɪkəl aʊtpʊt	unsymmetrischer Ausgang

B

backbone ring bækbəʊn rɪŋ	Hintergrundnetz
backplane bækpleɪn	Busrückwand
binary circuit baɪnærɪ sɜkɪt	binäre Schaltung
binary counter baɪnærɪ kaʊntə	Binärzähler
binary digit baɪnærɪ dɪdʒɪt	Dualziffer
binary input baɪnærɪ ɪnpʊt	Binäreingang
binary instruction baɪnærɪ ɪnstrʌkʃn	Binäranweisung
binary number baɪnærɪ nʌmbə	Dualzahl
bistable trigger circuit bɪsteɪbl trɪgə sɜkɪt	bistabile Kippschaltung
bit (binary digit) bɪt baɪnærɪ dɪdʒɪt	Bit
bit error rate (BER) bɪt ɛrə reɪt	Bitfehlerrate
bit rate bɪt reɪt	Übertragungsgeschwindigkeit (in Bit)
bit string bɪt strɪŋ	Bitfolge
Bitbus bɪtbʌs	Bitbus
Boolean operation bulɪən ɒpəreɪʃn	Boolesche Verknüpfung
bootstrap butstræp	urladen
branch, conditional branʃ kəndɪʃənəl	Verzweigung, bedingte
buffer memory bʌfə mɛmri	Zwischenspeicher
bus port bʌs pɔt	Busanschluss
bus system bʌs sɪstəm	Bussystem
bus topology bʌs təpɒlədʒɪ	Bustopologie
byte by byte baɪt baɪ baɪt	byteweise
byte timing baɪt taɪmɪŋ	Zeichentakt (DÜ)

C

call condition kɔl kəndɪʃn	Verbindungszustand
CAN bus sieɪɛn bʌs	CAN-Bus

cancelling button kænsəlɪŋ bʌtən	Löschtaste
central processing unit (CPU) sɛntrəl prəʊsɛsɪŋ jʊnɪt	Zentraleinheit, CPU
centralised network sɛntrəlaɪzd nɛtwɜk	zentralisiertes Netz
character frame, asynchronous kærəktə freɪm eɪsɪnkrɒnəs	Zeichenrahmen, asynchron
character recognition kærəktə rɛkəgnɪʃn	Zeichenerkennung
characters per second (baud) kærəktəz pɜ sɛkənd	CPS
code kəʊd	Code
code converter kəʊd kənvɜtə	Codeumsetzer
code length kəʊd lɛŋə	Codelänge
code mark inversion kəʊd mak ɪnvɜʒn	CMI-Code
code multiplex kəʊd mʌltɪplɛks	Codemultiplex
code word kəʊd wɜd	Codewort
codebook kəʊdbʊk	Codetabelle
coded representation kəʊdəd rɛprɪzɛnteɪʃn	Codedarstellung
code-independent kəʊd ɪndɪpɛndənt	codeunabhängig
communication kəmjunɪkeɪʃn	Kommunikation
communication model kəmjunɪkeɪʃn mɒdəl	Kommunikationsmodell
communication network kəmjunɪkeɪʃn nɛtwɜk	Kommunikationsnetz
communication of data kəmjunɪkeɪʃn ɒv deɪtə	übermitteln von Daten
compact disc kɒmpækt dɪsk	Compact-Disk
compact disc-read only memory kɒmpækt dɪsk rid əʊnlɪ mɛmri	CD-ROM
comparator kəmpærətə	Vergleicher
compiler kəmpaɪlə	Kompilierer
complementary state kɒmpləmɛntərɪ steɪt	komplementärer Zustand
computer application kəmpjutə æplɪkeɪʃn	Computeranwendung
computer-controlled kəmpjutə kəntrəʊld	rechnergesteuert
computer interface kəmpjutə ɪntəfeɪs	Computerschnittstelle
computer science kəmpjutə saɪənts	Informatik
computer-aided kəmpjutə eɪdəd	computerunterstützt
computing power kəmpjutɪŋ paʊwə	Rechenleistung
concentrator kɒnsəntreɪtə	Konzentrator
control unit kəntrəʊl jʊnɪt	Control Unit
count down kaʊnt daʊn	rückwärtszählen
counter kaʊntə	Zähler
CRC-method sɪʌrsi mɛəəd	CRC-Verfahren
cyclic binary code saɪklɪk baɪnærɪ kəʊd	Gray-Code
cyclic redundancy check (CRC) saɪklɪk rɪdʌndənsi tʃɛk	zyklische Redundanzprüfung
cyclic updating systems saɪklɪk ʌpdeɪtɪŋ sɪstəms	zyklisch aufdatende Systeme

D

data deɪtə   Daten
data acquisition deɪtə ækwɪzɪʃn   Datenerfassung
data cable construction deɪtə keɪbl kənstrʌkʃn   Datenkabelaufbau
data flow chart deɪtə fləʊ tʃat   Datenflussplan
data input device deɪtə ɪnpʊt dɪvaɪs   Dateneingabegerät
data interface deɪtə ɪntəfeɪs   Datenschnittstelle
data medium deɪtə mɪdɪəm   Datenträger
data memory deɪtə mɛmri   Datenspeicher
data output deɪtə aʊtpʊt   Datenausgabe
data processing equipment deɪtə prəʊsɛsɪŋ ɪkwɪpmənt Datenverarbeitungsanlage
data recording deɪtə rɪkɔdɪŋ   Datenaufzeichnung
data source deɪtə sɔs   Datenquelle
data transfer format deɪtə trænsfɜ fɔmət   Übertragungsformat
decimal counter dɛsɪml kaʊntə   Dezimalzähler
decimal to binary converter dɛsɪml tə baɪnærɪ kənvɜtə Dezimal-Binär-Umsetzer
decoder dɪkəʊdə   Decodierer
decoding circuit dɪkəʊdɪŋ sɜkɪt   Decodierungsschaltung
delay flip-flop dɪleɪ flɪp flɒp   D-Flipflop
delete dɪlit   löschen
digital counters dɪdʒɪtəl kaʊntəz   digitale Zähler
digitiser tablet dɪdʒɪtaɪzə tæblət   Digitalisiertablett
DIN measurement bus din mɛʒəmənt bʌs   DIN-Messbus
distributed database dɪstrɪbjutəd deɪtəbeɪs   verteilte Datenbank
dot (symbol) dɒt sɪmbəl   Punkt (Zeichen)
down counter daʊn kaʊntə   Rückwärtszähler

E

enable input əneɪbl ɪnpʊt   Freigabeeingang
encode ɛnkəʊd   codieren
encoder-decoder ɛnkəʊdə dɪkəʊdə   Codierer-Decodierer
escape sequence ɛskeɪp sikwənts   Umschaltfolge
Ethernet network interface cards   Ethernet Netzwerkkarten
  iəənət nɛtwɜk ɪntəfeɪs kads
event driven transmission ɪvɛnt drɪvən trænsmɪʃn   ereignisgesteuerte Übertragung
exclusive-OR-element ɪksklusɪv əʊ ʌr ɛləmənt   XOR-Schaltung
expert system ɛkspɜt sɪstəm   Expertensystem

F

field bus systems fild bʌs sɪstəmz   Feldbussysteme

field-effect transistor fild ɪfɛkt trænzɪstə — Feldeffekttransistor
file system faɪl sɪstəm — Dateisystem
firmware fɜmwɛə — eingebaute (feste) Programmierung
flip-flop flɪp flɒp — Kippglied, bistabiles
format converter fɔmət kənvɜtə — Formatumwandler
frame freɪm — Rahmen
front-end processor frɒnt ɛnd prəʊsɛsə — Vorverarbeitungsprozessor
full duplex operation fʊl djʊplɛks ɒpəreɪʃn — Vollduplexbetrieb

G

gate geɪt — Gatter, Tor
gateway geɪtweɪ — Netzkoppler
Gray-code greɪ kəʊd — Gray-Code

H

half duplex transmission haf djʊplɛks trænsmɪʃn — Halbduplexübertragung
Hamming code hæmɪŋ kəʊd — Hamming-Code
hardware hadwɛə — Hardware
hardware platform hadwɛə plætfɔm — Hardware-Plattform
high data rate modem haɪ deɪtə reɪt məʊdəm — Hochgeschwindigkeitsmodem
high-density binary three code
  haɪ dɛnsətɪ baɪnærɪ θri kəʊd — HDB3-Code

high-speed local area network — Hochgeschwindigkeits-LAN
  haɪ spid ləʊkəl ɛərɪə nɛtwɜk

I

I²C-Bus aɪ skwɛə si bʌs — I²C-Bus
implementation ɪmplɪmənteɪʃn — Implementierung
in-circuit emulator ɪn sɜkɪt ɛmjʊleɪtə — Emulations- und Testadapter
information ɪnfəmeɪʃn — Information
information exchange ɪnfəmeɪʃn ɪkstʃeɪndʒ — Informationsaustausch
information processing ɪnfəmeɪʃn prəʊsɛsɪŋ — Informationsverarbeitung
information sink ɪnfəmeɪʃn sɪŋk — Informationssenke
information technology ɪnfəmeɪʃn tɛknɒlədʒi — Informationstechnik
information transmission ɪnfəmeɪʃn trænsmɪʃn — Informationsübertragung
infrared data transmission ɪnfrərɛd deɪtə trænsmɪʃn — Infrarot Datenübertragung
input format ɪnpʊt fɔmət — Eingabeformat
input, inverting ɪnpʊt, ɪnvɜtɪŋ — Eingang, invertierender
instruction control unit ɪnstrʌkʃn kəntrəʊl jʊnɪt — Leitwerk

instruction syntax ɪnstrʌkʃn sɪntæks   Befehlsaufbau
Integrated Services Digital Network   ISDN
  ɪntəgreɪtəd sɜvɪsɪs dɪdʒɪtəl nɛtwɜk
Interbus ɪntəbʌs   Interbus
interface ɪntəfeɪs   Schnittstelle
interface module ɪntəfeɪs mɒdjul   Peripheriebaugruppe
Internet access ɪntənɛt æksɛs   Internetzugang
Internet protocol ɪntənɛt prəʊtəkɒl   Internetprotokoll, IP
internet protocol address ɪntənɛt prəʊtəkɒl ədrɛs   IP-Adresse
interrupt request (IRQ) ɪntərʌpt rɪkwɛst   Unterbrechungsanforderung
inverter ɪnvɜtə   Negationsschaltung
ISO model aɪzəʊ mɒdəl   ISO-Modell
isochronous data transmission   Isochrone Datenübertragung
  aɪzəʊkrɒnəs deɪtə trænsmɪʃn

J

jitter (PCM) dʒɪtə   Jitter
J-K-master-slave-flipflop dʒeɪ keɪ mastə sleɪv flɪpflɒp   J-K-Master-Slave-Flipflop
job entry dʒɒb ɛntri   Jobeingabe

K

kilo byte kɪləʊ baɪt   Kilo-Byte

L

last-in-first-out last ɪn fɜst aʊt   LIFO
least significant bit (LSB) list sɪgnɪfɪkənt bɪt   niederwertiges Bit
level converter lɛvəl kənvɜtə   Umsetzer (Pegel-)
LIN-bus ɛlaɪɛn bʌs   LIN-Bus
line topology laɪn təpɒlədʒɪ   Linientopologie
local area network (LAN) ləʊkəl ɛərɪə nɛtwɜk   lokales Netzwerk
logic analyser lɒdʒɪk ænəlaɪzə   Logikanalysator
logic chart lɒdʒɪk tʃat   Logikplan
logic circuit lɒdʒɪk sɜkɪt   Logikschaltung
logic equation lɒdʒɪk əkweɪʃn   Verknüpfungsgleichung
logic function diagram lɒdʒɪk fʌŋktʃən daɪəgræm   Logik-Funktionsschaltplan
logic operation lɒdʒɪk ɒpəreɪʃn   Verknüpfung (Logik)
logic sequence diagram lɒdʒɪk sikwənts daɪəgræm   Logikablaufplan
logic symbol lɒdʒɪk sɪmbəl   Logiksymbol

M

machine instruction məʃin ɪnstrʌktʃən   Maschinenbefehl

magneto optical drive mægnitəʊ ɒptɪkəl draɪv   magnetooptisches Laufwerk

main memory meɪn mɛmri   Hauptspeicher

master clock mastə klɒk   Haupttakt

master-slave bistable element   JK-Kippglied mit Zweiflankensteuerung
    mastə sleɪv bisteɪbl ələmənt

mega byte mɛgə baɪt   Mega-Byte

memory address məmrɪ ədrɛs   Speicheradresse

microelectronics maɪkrəʊɪlɛktrɒnɪks   Mikroelektronik

microprocessor maɪkrəʊprəʊsɛsə   Mikroprozessor

microprocessor controlled maɪkrəʊprəʊsɛsə   mikroprozessorgesteuert
    kəntrəʊld

microprogramming maɪkrəʊprəʊgræmɪŋ   Mikroprogrammierung

minicomputer mɪnɪkəmpjutə   Minicomputer

minimised logic function mɪnɪmaɪzd lɒdʒɪk fʌŋktʃən   minimierte Schaltfunktion

minimisation mɪnɪmaɪzeɪʃn   Minimierung

Modulo-2 addition mɒdjələʊ tu ədɪʃn   Modulo-2 Addition

most significant bit (MSB) məʊst sɪgnɪfɪkənt bɪt   höchstwertiges Bit

motherboard mʌðəbɒd   Mutterplatine

mouse maʊs   Maus (Eingabegerät)

multi-channel mode mʌlti tʃænəl məʊd   Mehrkanalbetrieb

multiplex mʌltɪplɛks   multiplexen

multiplexer mʌltɪplɛksə   Multiplexer

multitasking mʌltɪtaskɪŋ   Mehrprozessbetrieb

N

Nassi-Shneiderman structogram   Nassi-Shneiderman-Struktogramm
    næsɪ snaɪdəmæn strʌktəʊgræm

n-digit ɛn dɪdʒɪt   n-stellig

net data nɛt deɪtə   Nettodaten

network adapter nɛtwɜk ədæptə   Netzwerkadapter

network administrator nɛtwɜk ædmɪnɪstrætə   Netzwerkadministrator

network board nɛtwɜk bɔd   Netzwerkkarte

network browser nɛtwɜk braʊzə   Netzwerk-Browser

network identification code nɛtwɜk aɪdɛntɪfɪkeɪʃn kəʊd   Netzkennung

network interface card nɛtwɜk ɪntəfeɪs kad   Netzwerkkarte

network protocol nɛtwɜk prəʊtəkɒl   Netzwerkprotokoll

non-bus edge connector nɒn bʌs ɛdʒ kənɛktə   Peripheriestecker

non-inverting input nɒn ɪnvɜtɪŋ ɪnpʊt   nichtinvertierender Eingang

non-synchronous operation nɒn sɪnkrɒnəs ɒpəreɪʃn   nichtsynchroner Betrieb

NOT-function nɒt fʌŋktʃən   NICHT-Funktion
numeric code njʊmɛrɪk kəʊd   Zahlencode

O

octal number ɒktəl nʌmbə   Oktalzahl
octet (8-Bit-Byte) ɒktət   Oktett
on-off code ɒn ɒf kəʊd   Ja-Nein-Code
open system əʊpən sɪstəm   offenes System
operating system ɒpəreɪtɪŋ sɪstəm   Betriebssystem
operational amplifier ɒpəreɪʃənəl æmplɪfaɪə   Operationsverstärker
optical character recognition (OCR)   optische Zeichenerkennung
    ɒptɪkəl kærəktə rɛkəgnɪʃn
optical communications ɒptɪkəl kəmjʊnɪkeɪʃnz   optische Nachrichtentechnik
optical data transmission ɒptɪkəl deɪtə trænsmɪʃn optische Datenübertragung
optical detector ɒptɪkəl dɪtɛktə   optischer Detektor
OR operation ɔ ɒpəreɪʃn   ODER-Verknüpfung
OSI reference model əʊɛsaɪ rɛfərənts mɒdəl   OSI Referenzmodell
overswing əʊvəswɪŋ   überschwingen

P

PC interfaces pɪsɪ ɪntəfeɪsəs   PC-Anschlüsse
peer-to-peer link pɪə tə pɪə lɪŋk   Punkt-zu-Punkt Kopplung
peripheral device pərɪfərəl dɪvaɪs   Peripheriegerät
peripheral interface pərɪfərəl ɪntəfeɪs   periphere Schnittstelle
physical address fɪzɪkəl ədrɛs   physikalische Adresse
port address pɔt ədrɛs   Portadresse
predivider (counter) pridɪvaɪdə   Vorteiler (Zähler)
private branch exchange tie line   Querverbindung
    praɪvət brænʃ ɪkstʃeɪndʒ taɪ laɪn
Profibus prəʊfɪbʌs   Profibus
push-button keyboard pʊʃ bʌtən kibɔd   Druckknopftastatur

R

random access memory (RAM) rændəm əksɛs mɛmri   Speicher mit wahlfreiem Zugriff
ready for data rɛdɪ fɔ deɪtə   übertragungsbereit
real time rɪəl taɪm   Echtzeit
real time clock ril taɪm klɒk   Echtzeituhr
real time operating system ril taɪm ɒpəreɪtɪŋ sɪstəm Echtzeit-Betriebssystem
real time transmitter ril taɪm trænsmɪtə   Uhrzeitsender

recorder rɪkɔdə — Registriergerät
reference model rɛfərənts mɒdəl — Referenzmodell (ISO)
register rɛdʒɪstə — Register
relay logic rɪleɪ lɒdʒɪk — Verknüpfung (Kontakt-)
reset input rɪsɛt ɪnpʊt — Rücksetzeingang
reset pulse rɪsɛt pʌls — Rücksetzimpuls
resettable counter rɪsɛtəbəl kaʊntə — rückstellbarer Zähler
ring bus rɪŋ bʌs — Ringbus
ring topology rɪŋ təpɒlədʒɪ — Ringtopologie
RJ-45 plug ʌrdʒeɪ fɔtɪfaɪf plʌg — RJ-45 Stecker
RS 232 interface ʌrɛs tuəritu ɪntəfeɪs — RS 232-Schnittstelle

S

secure transmission səkjʊə trænsmɪʃn — gesicherte Übertragung
serial operation sɪərɪəl ɒpəreɪʃn — serieller Betrieb
set-reset bistable element sɛt rɪsɛt bɪsteɪbl ɛləmənt — RS-Kippglied
signal, binary sɪgnəl baɪnæri — Signal, binäres
single step mode sɪŋgl stɛp məʊd — Einzelschrittverarbeitung
single-board microcomputer — Einplatinen-Mikrocomputer
   sɪŋgl bɔd maɪkrəʊkəmpjutə
software engineering sɒftwɛə ɛndʒɪnɪərɪŋ — Software Engineering
software-based sɒftwɛə beɪst — softwaregestützt
source program sɔs prəʊgræm — Quellprogramm
star topology sta təpɒlədʒɪ — Sterntopologie
structured chart strʌktʃəd tʃat — Struktogramm
subroutine sʌbrutin — Unterprogramm

T

telecommunication tɛləkɒmjʊnɪkeɪʃn — Telekommunikation
teleinformatics tɛləɪnfɒmætɪks — Teleinformatik
telemetry tɛləmətri — Telemetrie
telephone outlet tɛləfəʊn aʊtlət — Telefonanschlussdose
terminal access point tɜmɪnəl æksɛs pɔɪnt — Netzzugangspunkt (LAN)
terminal adapter (TA) tɜmɪnəl ədæptə — Terminaladapter
terrestrial radio communication — terrestrischer Funkdienst
   tərɛstrɪəl reɪdɪəʊ kəmjʊnɪkeɪʃn
tetrad tɛtrəd — Tetrade
text processing programs tɛkst prəʊsɛsɪŋ prəʊgræms — Textverarbeitungsprogramme
text-oriented operating system — textorientiertes Betriebssystem
   tɛkst ɒrɪɛntəd ɒpəreɪtɪŋ sɪstəm

topology təpɒlədʒɪ   Topologie

transfer trænsfɜ   Übermittlung

Transmission Control Protocol/Internet Protocol TCP/IP
   trænsmɪʃn kəntrəʊl prəʊtəkɒl/ɪntənət prəʊtəkɒl

transmission link trænsmɪʃn lɪŋk   Übertragungsstrecke

transmission method trænsmɪʃn mɛθəd   Übertragungsverfahren

transmission ratio trænsmɪʃn reɪʃəʊ   Übersetzungsverhältnis

transmission system trænsmɪʃn sɪstəm   Übertragungssystem

tree topology tri təpɒlədʒɪ   Baumtopologie

trunk circuit trʌŋk sɜːkɪt   Verbindungsleitungssatz

truth table truə teɪbl   Wahrheitsabelle

two's complement tus kɒmplɪmənt   Zweierkomplement

U

unidirectional bus juːnɪdaɪrɛkʃənəl bʌs   unidirektionaler Bus

universal synchronous asynchronous receiver transmitter   universeller synchroner asynchroner
   juːnɪvɜsl sɪnkrɒnəs eɪsɪnkrɒnəs rɪsivə trænsmɪtə   Empfänger Sender (USART)

unsymmetrical interface circuit   unsymmetrische Schnittstellenleitung
   ʌnsɪmɛtrɪkəl ɪntəfeɪs sɜːkɪt   (DÜ)

update ʌpdeɪt   aktualisieren

USB host controller juːɛsbɪ həʊst kəntrəʊlə   USB-Steuereinheit im
                                                     Verarbeitungsrechner

V

vertical redundancy check vɜtɪkəl rɪdʌndənsɪ tʃɛk   Querprüfung

video display unit vɪdiəʊ dɪspleɪ juːnɪt   Datensichtgerät

visual alarm vɪʒʊəl əlam   optischer Alarm

W

watchdog timer wɒtʃdɔg taɪmə   Zeitüberwachungsstufe

web address wɛb ədrɛs   Web-Adresse

White box-Test waɪt bɒks tɛst   Whitebox-Test

Windows operating systems wɪndəʊs ɒpəreɪtɪŋ sɪstəms   Windows Betriebssysteme

word wɜd   Wort

write raɪt   schreiben

X

X interface (ISDN) ɛks ɪntəfeɪs   X-Schnittstelle

Elektrotechnik

electrical engineering

deutsch – englisch

A

ASI-Bussystem	ASI bus system eɪɛsaɪ bʌs sɪstəm
astabile Schaltung	astable circuit eɪsteɪbl sɜːkɪt
Abgabeleistung	power output pɑʊwə ɑʊtpʊt
Abgleich	adjustment ədʒʌsmənt
Abgleichpotenziometer	trimming potentiometer trɪmɪŋ pəʊtɛnʃəʊmɪtə
abisolieren	strip strɪp
Abisolierzange	insulation stripping pliers ɪnsjʊleɪʃn strɪpɪŋ plaɪəz
ablöten	desolder dɪsəʊldə
abmanteln	sheath removing ʃiə rɪmuvɪŋ
Abmantelwerkzeug	jacket stripper dʒækət strɪpə
abschalten (Gerät)	switch off (device) swɪtʃ ɒf
Abschaltstellung	off-position ɒf pəzɪʃn
Abschirmung	shield ʃild
Absicherung	protection by fuses prətɛkʃn baɪ fjusəz
absoluter Pegel	absolute level æbsəlut lɛvəl
Abtastfrequenz	sampling frequency sæmplɪŋ frikwənsi
Abtast-Halteschaltung	sample and hold circuit sæmpl ænd həʊld sɜːkɪt
Abtriebsdrehzahl	output speed ɑʊtpʊt spid
Abzweigklemme	branch terminal brænʃ tɜːmɪnəl
Ader (Kabel)	wire (cable) waɪə
Aderendhülse	wire end ferrule waɪə ɛnd fɛrul
Aderisolation	core isolation kɔ aɪsəleɪʃn
Akkumulator	accumulator, battery ækjʊmələeɪtə, bætəri
aktiver Sensor	active sensor æktɪv sɛnsə
aktivieren	activate æktɪveɪt
Aktoren, piezoelektrische	actuators, piezoelectric æktjʊeɪtəz, paɪɛtsəʊɪlɛktrɪk
Aktuator-Sensor-Interface	actuator sensor interface æktʃʊeɪtə sɛnsə ɪntəfeɪs
allpoliger Netzschalter	all-pole mains switch ɔlpəʊl meɪns swɪtʃ
Allzwecktransformator	general-purpose transformer dʒɛnərəl pɜːpəs trænsfɔmə
alphanumerische Anzeige	alphanumeric display ælfənʊmɛrɪk dɪspleɪ
Aluminium-Elektrolytkondensator	aluminium electrolytic capacitor æljʊmɪnjəm ɪlɛktrəʊlɪtɪk kəpæsɪtə
Amperemeter	ampere meter æmpɪə mitə
Amplitude	amplitude æmplɪtjud
Analoganzeige	analog display ænəlɒg dɪspleɪ
Analogausgang	analog output ænəlɒg ɑʊtpʊt
Analogeingang	analog input ænəlɒg ɪnpʊt
Anfahrstrom	starting current statɪŋ kʌrənt
Angabe des Betriebes	declaration of duty dɛkləreɪʃn ɒv djutɪ
Anker (Relais)	armature (relay) aməʧə

Ankerdrehrichtung	direction of armature rotation **daɪrɛkʃn ɒv aˈmətʃə rəʊteɪʃn**
Ankerhub	armature stroke **aˈmətʃə strəʊk**
Anlagenkonfiguration	system configuration **sɪstəm kɒnfɪgjəreɪʃn**
anlassen von Motoren	starting of motors **statɪŋ ɒv məʊtəz**
Anlasser	starter **statə**
Anlaufart	start-up mode **stat ʌp məʊd**
Anreihklemme	modular terminal **mɒdjʊlə tɜmɪnəl**
anschalten	switch on **swɪtʃ ɒn**
Anschluss	connection **kənɛkʃn**
Anschlussdose	connecting box **kənɛktɪŋ bɒks**
anschlussfertig	ready for connection **rɛdi fɔ kənɛkʃn**
Anschlussklemme	block terminal **blɒk tɜmɪnəl**
anschlusskompatibel	pin-compatible **pɪn kɒmpatɪbl**
Anschlussquerschnitt	cross section for connection **krɒs sɛkʃn fɔ kənɛkʃn**
Ansprechzeit eines Öffners	opening time of a break contact **əʊpənɪŋ taɪm ɒv eɪ breɪk kɒntækt**
ansteigende Flanke	positive going edge **pɒzɪtɪv gəʊɪŋ ɛdʒ**
Ansteuerelektronik	control electronics **kəntrəʊl ɪlɛktrɒnɪks**
antistatisch	antistatic **æntɪstætɪk**
Antrieb	drive system **draɪv sɪstəm**
Antriebsdrehzahl	input speed **ɪnpʊt spid**
Antriebsleistung	drive power **draɪv paʊwə**
Antriebsmotor	drive motor **draɪv məʊtə**
Antriebstechnik, elektronische	drive engineering, electronic **draɪv ɛndʒɪnɪərɪŋ, ɪlɛktrɒnɪk**
Anzeigebereich	display range **dɪspleɪ reɪndʒ**
Anzeigeelement	indicating element **ɪndɪkeɪtɪŋ ɛləmənt**
Anzugsverzögerung	pick-up delay **pɪkʌp dɪleɪ**
Arbeit, elektrische	work, electrical **wɜk ɪlɛktrɪkəl**
Arbeit, mechanische	work, mechanical **wɜk mɛkænɪkəl**
Arbeitskontakt	normally-open contact **nɔməlɪ əʊpən kɒntækt**
Arbeitspunkt	operating point **ɒpəreɪtɪŋ pɔɪnt**
Asynchronbetrieb	asynchronous operation **eɪsɪnkrɒnəs ɒpəreɪʃn**
Asynchronmotor	asynchronous motor **eɪsɪnkrɒnəs məʊtə**
Aufbausystem	rack system **ræk sɪstəm**
aufladbare Batterie	rechargeable battery **rɪtʃadʒəbəl bætəri**
aufladen	charge **tʃadʒ**
aufmagnetisieren	magnetise **mægnətaɪz**
aufquetschen	crimp **krɪmp**
aufschalten	connect to supply **kənɛkt tə səplaɪ**
Aufsteckstromwandler	bushing-type current transformer **bʊʃɪŋtaɪp kʌrənt trænsfɔmə**

Augenblickswert	instantaneous value ɪnstənteɪnɪəs vælju
Ausführungsrichtlinien der Industrie- und Leistungselektronik	manufacturing guidelines for industrial and power electronics mænjufæktʃərɪŋ gaɪdlaɪnz fɔ ɪndʌstrɪəl ænd pauwə ɪlɛktrɒnɪks
Ausgang	output autput
Ausgangkreis mit Öffnerfunktion	output break circuit autput breɪk sɜkɪt
Ausgangsdrehzahl	output speed autput spid
Ausgangsklemme	output terminal autput tɜmɪnəl
Ausgangsleistung	output power autput pauwə
ausgeschaltet	switched off swɪtʃt ɒf
Ausgleich	compensation kɒmpənzeɪʃn
Ausgleichsleiter	equalising current conductor ɪkwəlaɪzɪŋ kʌrənt kəndʌktə
auslösen	release rɪlis
ausschalten	switch off swɪtʃ ɒf
Ausschalter	on-off switch ɒnɒf swɪtʃ
Ausschaltverzögerung	OFF delay ɒf dɪleɪ
Außenlüfter	external fan ɪkstɜnəl fæn
außer Betrieb	out of service aut ɒv sɜvɪs
Aussetzbetrieb	periodic duty pɛrɪɒdɪk djuti
AUS-Taster	OFF-button ɒf bʌtən

B

Bananenstecker	banana plug bənænə plʌg
Bandantriebsmotor	capstan motor kæpstən məutə
Bandbreite-Länge-Produkt (Lichtwellenleiter)	bandwidth-length-product (optical fibre) bændwɪdθ lɛŋə prɒdʌkt (ɒptɪkəl faɪbə)
Barcodescanner	barcode scanner bakəud skænə
Basis-Emitter-Spannung	base-emitter voltage beɪs ɛmɪtə vɒltədʒ
Basisstrom	basic current beɪsɪk kʌrənt
batteriebetriebenes Gerät	battery-operated equipment bætəri ɒpəreɪtəd ɪkwɪpmənt
batteriegestützte Stromversorgung	battery back-up power supply bætəri bækʌp pauwə səplaɪ
Batterieladegerät	battery charger bætəri tʃadʒə
Bauelement für Oberflächenbestückung	surface mounting device sɜfəs mauntɪŋ dɪvaɪs
Baugruppe	printed circuit board prɪntəd sɜkɪt bɔd
Baugruppenträger	card cage kad keɪdʒ
Bauleistung	nominal power nɒmɪnəl pauwə
BCD-Dezimal-Decoder	BCD to decimal decoder bisidi tə dɛsɪməl dɪkəudə
Begrenzer	limiter lɪmɪtə

Belastbarkeit von Leitungen	load carrying capacity of cables ləʊd kærɪɪŋ kəpæsɪtɪ ɒv keɪblz
Belastung	workload wɜːkləʊd
Belastungsdauer	load period ləʊd pɪərɪəd
Belastungsklasse	duty class djuːtɪ klɑːs
Belastungskurve	load profile ləʊd prəʊfaɪl
Bemessungs-Betriebsspannung	rated operational voltage reɪtəd ɒpəreɪʃənəl vɒltədʒ
Bereichsschalter	section circuit-breaker sɛkʃn sɜːkɪtbreɪkə
Bereitschaftsbetrieb	active standby operation æktɪv stændbaɪ ɒpəreɪʃn
berührungsloser Sensor	non-contact sensor nɒnkɒntækt sɛnsə
Berührungspunkt	contact point kɒntækt pɔɪnt
Berührungsschutz	protection against accidental contact prətɛkʃn əgeɪnst æksɪdɛnʃl kɒntækt
Bestückungsautomat	printed-circuit board assembly machine prɪntəd sɜːkɪt bɔːd əsɛmblɪ məʃɪn
Bestückungsseite	component side kəmpəʊnənt saɪd
Betätigungskraft-Weg-Diagramm	operating force-distance-diagram ɒpəreɪtɪŋ fɔːs dɪstəns daɪəgræm
Betätigungsmagnet	control electro-magnet kəntrəʊl ɪlɛktrəʊ mægnət
Betriebsanzeige	operation display ɒpəreɪʃn dɪspleɪ
Betriebsdrehzahl	operating speed ɒpəreɪtɪŋ spiːd
Betriebsklasse	duty class djuːtɪ klɑːs
Betriebsleistung	generated power dʒɛnəreɪtəd paʊwə
Betriebsleitebene	plant control level plʌnt kəntrəʊl lɛvəl
Betriebsreststrom von Kondensatoren	operating residual current of capacitors ɒpəreɪtɪŋ rɪzɪdjʊəl kʌrənt ɒv kəpæsɪtəs
Betriebsspannung	operating voltage ɒpəreɪtɪŋ vɒltədʒ
bewegliche Anschlussleitung	flexible wiring cable flɛksɪbəl waɪrɪŋ keɪbl
Bewicklung	wrapping ræpɪŋ
bifilar gewickelt	double-wound dʌbl waʊnd
Bimetall, Thermo-	thermostatic bimetals θɜːməʊstætɪk bimɛtəlz
Bimetallrelais	bimetal relay bimɛtəl rɪleɪ
bipolare Ansteuerung (Schrittmotor)	bipolar control bipəʊlə kəntrəʊl
Bipolartransistor	bipolar transistor bipəʊlə trænzɪstə
Blasmagnet	blow-out magnet bləʊ aʊt mægnət
Bleiakkumulator	lead-acid battery lɛd eɪsɪd bætəri
Blindleistungsfaktor	reactive power factor riæktɪv paʊwə fæktə
Blindstromkompensation	reactive-current compensation riæktɪv kʌrənt kɒmpənzeɪʃn
Blinker	flasher flæʃə
Blinkfrequenz	flashing rate flæʃɪŋ reɪt
Blitzüberspannungsschutz	lightning surge protection laɪtnɪŋ sɜːdʒ prətɛkʃn

BNC-Steckverbindung — Bayonet Neill Concelman connector **baɪənət nil kɒnsəlmən kənɛktə**

Bremsen von Motoren — braking of motors **breɪkɪŋ ɒv məʊtəs**

Bremslüfter — brake fan **breɪk fæn**

Bremsung mittels Netzrückspeisung — regenerative braking **rɪdʒænəreɪtɪv breɪkɪŋ**

Brennstoffzelle — fuel cell **fjʊəl sɛl**

Brücke (Mess-, Schaltung) — bridge **brɪdʒ**

Brückenschaltung — bridge circuit **brɪdʒ sɜkɪt**

Brummspannung — ripple voltage **rɪpl vɒltədʒ**

Buchse (Kontakt) — socket (jack) **sɒkət (dʒæk)**

Bündel (Drähte) — bundle (wires) **bʌndl (waɪəz)**

bürstenbehaftete Maschine — machine with brushes **məʃin wɪə brʌʃəz**

bürstenlos — brushless **brʌʃləs**

Bypass-Schalter — bypass switch **baɪpʌs swɪtʃ**

C

Cadmiumakkumulator — cadmium storage cell **kædmɪəm stɒrədʒ sɛl**

CCD (ladungsgekoppeltes Bauelement) — charge-coupled device **tʃadʒ kʌpld dɪvaɪs**

CEE-Kragengerätestecker — CEE-equipment plug **siii ɪkwɪpmənt plʌg**

chemische Wirkung des Stromes — chemical effect of current **kɛmɪkl ɪfɛkt ɒv kʌrənt**

Chip — chip **tʃɪp**

Chipausbeute — die yield **daɪ jild**

Chipbonden — chip bonding **tʃɪp bɒndɪŋ**

Chipkarte — smart card **smat kad**

Chipkartenleser — chip-card reader **tʃɪpkad ridə**

Chipmontage — chip assembly **tʃɪp əsɛmbli**

Chipträger — chip carrier **tʃɪp kærɪə**

Chlophen-Transformator — chlophen filled transformer **kləʊfin fɪld trænsfɔmə**

Chopper-Übertrager — chopper-converter **tʃɒpə kənvɜtə**

Chromnickeldrahtwendel — chromium-nickel wire coil **krəʊmiəm nɪkəl waɪə kɔɪl**

CMOS — complementary metal-oxide semiconductor (CMOS) **kɒmpləmɛntərɪ mɛtəl ɒksaɪd sɛmɪkəndʌktə**

Codierbrücke — coding jumper **kəʊdɪŋ dʒʌmpə**

Codier-Führungsleiste — polarising guide **pəʊləraɪzɪŋ gaɪd**

Codiersystem — coding system **kəʊdɪŋ sɪstəm**

cos φ-Messer — power factor meter **paʊwə fæktə mitə**

Coulombsches Gesetz — Coulomb's law **kʊlɒmbz lɔ**

crimpen — crimp **krɪmp**

Crimpkontakt — crimp contact **krɪmp kɒntækt**

Crimpwerkzeug — crimp tool **krɪmp tul**

CRT — cathode ray tube **kæθəʊd reɪ tjub**

D

Dämpfung — attenuation ətɛnjʊeɪʃn

dämpfungsarm — low-loss ləʊ lɒs

Dämpfungskurve — attenuation curve ətɛnjʊeɪʃn kɜv

Dauerbelastung — continuous load kəntɪnjʊəs ləʊd

Dauerbetrieb — continuous operation kəntɪnjʊəs ɒpəreɪʃn

Dauerbetriebsstrom — continuous load current kəntɪnjʊəs ləʊd kʌrənt

Dauergrenzstrom — limiting value of mean on-state current lɪmətɪŋ vælju ɒv min ɒn steɪt kʌrənt

Dauerhöchstleistung — maximum continuous rating mæksɪməm kəntɪnjʊəs reɪtɪŋ

Dauerkontaktgabe — continuous contact making kəntɪnjʊəs kɒntækt meɪkɪŋ

Dauerlauf — continuous running kəntɪnjʊəs rʌnɪŋ

Dauerleistung — continuous rating kəntɪnjʊəs reɪtɪŋ

Dauermagnet — permanent magnet pɜmənənt mægnət

Dauerstrom — permanent current pɜmənənt kʌrənt

Daumenrad — thumb wheel θʌmb wil

Dehnungsmessstreifen — strain gauge streɪn geɪdʒ

deionisieren — de-ionising di aɪənaɪzɪŋ

Dekadenschalter — decade switch dɪkeɪd swɪtʃ

Dickschichtschaltung — thick-film circuit θɪk fɪlm sɜkɪt

Dielektrikum — dielectric daɪɪlɛktrɪk

Differential-Feldplatten Potenziometer — differential magneto resistor potentiometer dɪfərɛnʃl mægnitəʊ rɪzɪstə pəʊtɛnʃəʊmitə

Differenz-Eingangsspannung — input offset voltage ɪnpʊt ɒfsɛt vɒltədʒ

Differenzspannung — error voltage ɛrə vɒltədʒ

diffundieren — diffuse dɪfuz

Digital-Analog-Wandler — digital-analog converter dɪdʒɪtəl ænəlɒg kənvɜtə

Digitalanzeige — digital display dɪdʒɪtəl dɪspleɪ

digitale Messtechnik — digital measurement technique dɪdʒɪtəl mɛʒəmənt tɛknik

Diode — diode daɪəʊd

Diodenlaser — diode laser daɪəʊd leɪzə

DIP-Schalter — DIP switch dɪp swɪtʃ

direktes Schalten von Drehstrommotoren — direct switching of three phase motors daɪrɛkt swɪtʃɪŋ ɒv θri feɪz məʊtəz

Dokumente der Elektrotechnik — documents in electrical engineering dɒkjʊmənts ɪn ɪlɛktrɪkəl ɛndʒɪnɪərɪŋ

doppeladrige Leitung — twin cord twɪn kɔd

Doppelblinklicht — two-frequency flashing light tu frikwənsi flæʃɪŋ laɪt

Doppel-Europakarte — sandwich-type Euro card sændwɪtʃ taɪp jʊrəʊ kad

Doppelkontakt — double contact dʌbl kɒntækt

doppelpolig — double-pole dʌbl pəʊl

Doppelschlussmotor	double shunt wound motor dʌbl ʃʌnt waʊnd məʊtə
Doppelspule	compound coil kɒmpaʊnd kɔɪl
Doppelstrombetrieb	double current operation dʌbl kʌrənt ɒpəreɪʃn
doppelt hohe Flachbaugruppe	double height printed circuit board dʌbl haɪt prɪntəd sɜkɪt bɔd
Doppelwelle (Löten)	double wave dʌbl weɪv
dotieren	doping dəʊpɪŋ
Drahtanschluss	wire termination waɪə tɜmɪneɪʃn
Drahtbruchüberwachung	open circuit monitoring əʊpən sɜkɪt mɒnɪtɒrɪŋ
Drahtbrücke	wire jumper waɪə dʒʌmpə
Drahtlitzenleiter	stranded wire strændəd waɪə
Drahtpotenziometer	wire-wound potentiometer waɪə waʊnd pəʊtɛnʃəʊmɪtə
Drahtspule	wire-wound coil waɪə waʊnd kɔɪl
Drahtwiderstand	wire-wound resistor waɪə waʊnd rɪzɪstə
Drain-Anschluss	drain terminal dreɪn tɜmɪnəl
Drehanzeiger	phase-sequence indicator feɪz sikwəns ɪndɪkeɪtə
drehende elektrische Maschine	rotating electrical machine rəʊteɪtɪŋ ɪlɛktrɪkəl məʃin
Drehfeldmotoren	polyphase motors pəʊlɪfeɪz məʊtəz
Drehfrequenz	rotating frequency rəʊteɪtɪŋ frikwənsi
Drehgeber	shaft encoder ʃaft ɛnkəʊdə
Drehknopf	rotary knob rəʊtərɪ nɒb
Drehkontakt	rotary contact rəʊtərɪ kɒntækt
Drehkraft	rotatory force rəʊtətərɪ fɔs
Drehmoment	torque tɔk
drehmomentabhängig	torque-dependent tɔk dɪpɛndənt
Drehmoment-Drehzahl-Kennlinie	speed-torque characteristic spid tɔk kærəktərɪstɪk
Drehrichtung	direction of rotation daɪrɛkʃn ɒv rəʊteɪʃn
Drehrichtungsumkehr	reversal (reversing) rɪvɜsəl (rɪvɜsɪŋ)
Drehstrom	three-phase current θri feɪz kʌrənt
Drehstrom-Asynchronmotor	three-phase induction motor θri feɪz ɪndʌkʃən məʊtə
Drehstromgenerator	three-phase generator θri feɪz dʒɛnəreɪtə
Drehstromtransformatoren	three-phase transformers θri feɪz trænsfɔmə
Drehwahlschalter	rotary selector switch rəʊtərɪ sɪlɛktə swɪtʃ
Drehzahl pro Minute	revolutions per minute (r.p.m.) rɛvəʊluʃnz pɜ mɪnət
Drehzahl, kritische	critical rotation speed krɪtɪkəl rəʊteɪʃn spid
Drehzahl-Drehmoment-Kennlinie	speed-torque curve spid tɔk kɜv
Dreieckschaltung	delta connection dɛltə kənɛkʃn
Dreiecksignal	triangular signal traɪæŋgjələ sɪgnəl
Dreieck-Stern-Umwandlung	delta-star conversion dɛltə sta kənvɜʒn
Dreifingerregel der linken Hand	left-hand rule lɛft hænd rul
Dreileitertechnik	three wire method θri waɪə mɛθəd
dreipolige Abschaltung	disconnection in three poles dɪskənɛkʃn ɪn θri pəʊlz

Dreischenkelkern — three-limb core ˈθri lɪmb kɔ

Drossel — inductor ɪndʌktə

Drosselspule — choke tʃəʊk

Dünnschichtwellenleiter — thin-film wave guide θɪn fɪlm weɪv gaɪd

Durchbruch — breakdown breɪkdaʊn

Durchflutung, elektrische — current linkage kʌrənt lɪŋkədʒ

durchführen — pass through pas θru

Durchführungsisolator — lead-in insulator lid ɪn ɪnsəleɪtə

Durchgangsprüfer — continuity tester kəntɪnjuətɪ tɛstə

Durchgangswiderstand (spezifischer) — volume resistivity vɒljum rɪzɪstɪvəti

durchgeschalteter Ausgangkreis — effectively conducting output circuit
ɪfɛktəvlɪ kəndʌktɪŋ aʊtpʊt sɜkɪt

durchklingeln — wiring test waɪrɪŋ tɛst

durchkontaktierte Bauform — through hole mounted type θru həʊl maʊntəd taɪp

Durchkontaktierung — through-connection θru kənɛkʃn

Durchlasskennwerte — characteristic forward values
kærəktərɪstɪk fɔwəd væljus

Durchlassrichtung — forward direction fɔwəd daɪrɛkʃn

Durchlicht-Verfahren — backlight principle bæklaɪt prɪnsɪpl

Durchschmelzverbindung — fusible link fjʊzəbəl lɪŋk

E

Echt-Effektivwertmessung — true root-mean-square value (r.m.s.) measurement
tru rut min skwɛə vælju mɛʒəmənt

Edelmetallschichtwiderstand — precious metal film resistor prɛʃəs mɛtəl fɪlm rɪzɪstə

Eigentest — self-test sɛlf tɛst

Eigenverbrauch — power consumption paʊwə kənsʌmptʃən

Ein/Aus-Schalter — on-off switch ɒn ɒf swɪtʃ

Ein/Aus-Verhältnis — on-off ratio ɒn ɒf reɪʃəʊ

einadrige Leitung — single-core cable sɪŋgl kɔ keɪbl

Einbauplatz — slot slɒt

eindrähtig — single wire sɪŋgl waɪə

einfach gewickelt — single wound sɪŋgl waʊnd

einfachhohe Flachbaugruppe — single height printed circuit board (p.c.b.)
sɪŋgl haɪt prɪntəd sɜkɪt bɔd

Einfachkontakt — single contact sɪŋgl kɒntækt

Eingangschaltung — input configuration ɪnpʊt kənfɪgəreɪʃn

Eingangsempfindlichkeit — input sensitivity ɪnpʊt sɛnsɪtɪvəti

Eingangsimpedanz — input impedance ɪnpʊt ɪmpidəns

Eingangspegel — input level ɪnpʊt lɛvəl

Eingangssicherung — mains fuse meɪns fjuz

Eingangssignal	input signal ɪnpʊt sɪɡnəl
Eingangsstufe	input stage ɪnpʊt steɪdʒ
eingebaute Stromversorgung	built-in power supply bɪlt ɪn paʊwə səplaɪ
eingeschaltet	power on paʊwə ɒn
Ein-Minuten-Prüfwechselspannung	one-minute power frequency test voltage wʌn mɪnət paʊwə frikwənsi tɛst vɒltədʒ
Einphasen-Reihenschlussmotor	single-phase commutator motor sɪŋɡl feɪz kɒmjəteɪtə məʊtə
Einphasentransformator	single phase transformer sɪŋɡl feɪz trænsfɔmə
einpoliger Leitungsschutzschalter	single-pole circuit-breaker sɪŋɡl pəʊl sɜkɪt breɪkə
einpoliger Wechselschalter	two-way switch tu weɪ swɪtʃ
Einpressdiode	press-fit diode prɛs fɪt daɪəd
einreihiger Steckverbinder	single-row connector sɪŋɡl rəʊ kənɛktə
Einschalten, direktes	on line starting, direct ɒn laɪn statɪŋ, daɪrɛkt
Einschaltleistung	making capacity meɪkɪŋ kəpæsəti
Einschaltvorgang	closing operation kləʊzɪŋ ɒpəreɪʃn
einschenklig (Trafo)	single-leg sɪŋɡl lɛɡ
einschwallen	flow-solder fləʊ səʊldə
einstellbare Widerstände	adjustable resistors ədʒʌstəbəl rɪzɪstəs
Einwegbetrieb (Lichtschranken)	one-way operation wʌn weɪ ɒpəreɪʃn
Einzelimpuls	monopulse mɒnəʊpʌls
Eisenbandkern	iron ribbon core aɪən rɪbən kɔ
eisenfreier Raum	ironless zone aɪənləs zəʊn
Eisenkern	iron core aɪən kɔ
eisenlos	ironless aɪənləs
elektrisch	electrical ɪlɛktrɪkl
elektrisch leitende Verbindung	electrically conductive connection ɪlɛktrɪklɪ kəndʌktɪv kənɛkʃn
elektrische Arbeit	electrical work, electrical energy ɪlɛktrɪkl wɜk, ɪlɛktrɪkl ɛnədʒi
elektrische Betriebsmittel, Prüfzeichen	electrical resources, marks of conformity ɪlɛktrɪkl rɪsɔsəs, maks ɒv kənfɔməti
elektrische Betriebsstätte	electrical operating area ɪlɛktrɪkl ɒpəreɪtɪŋ ɛərɪə
elektrische Energiequelle	electric power source ɪlɛktrɪk paʊwə sɔs
elektrische Größe	electrical quantity ɪlɛktrɪkl kwʌntəti
elektrische Isolierung	electric insulation ɪlɛktrɪk ɪnsəleɪʃn
elektrische Leistung	electrical power ɪlɛktrɪkl paʊwə
elektrische Schaltung	electrical circuit ɪlɛktrɪkl sɜkɪt
elektrische Signale	electrical signals ɪlɛktrɪkl sɪɡnəlz
elektrische Spannung	electric voltage ɪlɛktrɪk vɒltədʒ
elektrische Stromstärke	electric current intensity ɪlɛktrɪk kʌrənt ɪntɛnsəti
elektrischer Leiter, Kennfarbe	conductor, colour code kəndʌktə, kʌlə kəʊd
elektrischer Schlag	electric shock ɪlɛktrɪk ʃɒk

elektrischer Strom	electric current ɪlɛktrɪk kʌrənt
elektrischer Stromkreis	electric circuit ɪlɛktrɪk sɜkɪt
elektrischer Widerstand	electrical resistance ɪlɛktrɪkl rɪzɪstəns
Elektrizitätsversorgungsunternehmen (EVU)	power supply company pauwə səplaɪ kʌmpəni
elektroakustischer Wandler	electro acoustical transducer ɪlɛktrəʊ əkʊstɪkəl trænsdjusə
Elektroblech	magnetic steel sheet mægnɛtɪk stil ʃit
Elektrofachkraft	electrical skilled person ɪlɛktrɪkl skɪld pɜsən
Elektroindustrie	electrical industry ɪlɛktrɪkl ɪndəstri
Elektrolumineszenz	electroluminescence ɪlɛktrəʊlʊmɪnəsəns
Elektrolyt	electrolyte ɪlɛktrəʊlɪt
Elektromagnet	electromagnet ɪlɛktrəʊmægnət
elektromagnetisch	electromagnetic ɪlɛktrəʊmægnɛtɪk
elektromagnetische Umgebung	electromagnetic environment ɪlɛktrəʊmægnɛtɪk ənvaɪrənmənt
elektromagnetische Verträglichkeit	electromagnetic compatibility ɪlɛktrəʊmægnɛtɪk kɒmpʌtəbɪləti
elektromechanischer Antrieb	electromechanical drive ɪlɛktrəʊməkænɪkəl draɪv
Elektromotor	electric motor ɪlɛktrɪk məʊtə
Elektronenstrahlverfahren	electron beam processing ɪlɛktrɒn bim prəʊsɛsɪŋ
Elektronik	electronics ɪlɛktrɒnɪks
elektronisches Lastrelais	solid state relay sɒlɪd steɪt rɪleɪ
elektronisches Zeitrelais	solid state time relay sɒlɪd steɪt taɪm rɪleɪ
Elektrooptik	electro optics ɪlɛktrəʊ ɒptɪks
elektrooptischer Wandler	electro-optical transducer ɪlɛktrəʊ ɒptɪkəl trænsdjusə
Elektroreparaturwerkstatt	electrical repair shop ɪlɛktrɪkl rɪpɛə ʃɒp
elektrostatisch gefährdete Bauteile	electrostatic sensitive devices (ESD) ɪlɛktrəʊstætɪk sɛnsɪtɪv dɪvaɪsəs
Elektrotechnik	electrical engineering ɪlɛktrɪkl ɛndʒɪnɪərɪŋ
elektrotechnische Schaltzeichen	electrotechnical symbols ɪlɛktrəʊtɛknɪkəl sɪmbəlz
Emitterschaltung	common emitter circuit kɒmən əmɪtə sɜkɪt
EMK	electromotive force (e.m.f.) ɪlɛktrəʊməʊtɪv fɔs
Empfänger	receiver rɪsivə
Empfindlichkeit gegenüber Magnetfeldern	magnetic field sensitivity mægnɛtɪk fild sənsɪtɪvəti
EMV	EMC iɛmsi
Endausschlag	full-scale deflection fʊl skeɪl dɪflɛktʃn
Endlagenschalter	limit switch lɪmɪt swɪtʃ
Endlagenstellung	end position ɛnd pəzɪʃn
Energietechnik	power-engineering pauwə ɛndʒɪnɪərɪŋ
Energieversorgungsleitungen	power supply cables pauwə səplaɪ keɪblz
Energiezuführung	power supply pauwə səplaɪ

entgegengesetzt	reverse rɪvɜs
entgegengesetzte Polarität	opposite polarity ɒpəsət pəʊlærəti
Entladefunkenstrecke	discharging gap dɪstʃadʒɪŋ gæp
Entladen	discharge dɪstʃadʒ
Entladenennstrom	nominal discharge current rate nɒmɪnəl dɪstʃadʒ kʌrənt reɪt
Entladespannung	discharging voltage dɪstʃadʒɪŋ vɒltədʒ
Entladestromstärke	discharging current dɪstʃadʒɪŋ kʌrənt
entleerte, entladene Batterie	discharged drained battery dɪstʃadʒd dreɪnd bætəri
Entmagnetisierungskurve	demagnetisation curve dɪmægnətaɪzeɪʃn kɜv
entprellen	debounce dɪbaʊns
Entstörfilter	interference suppressor filter ɪntəfɪərənts səprɛsə fɪltə
Entwicklung (Leiterplatte)	design dɪzaɪn
Erdableitstrom	earth leakage current ɜθ likədʒ kʌrənt
Erde (elektr.)	earth ɜθ
erden	connecting to earth kənɛktɪŋ tə ɜθ
Erder	earth electrode ɜθ ɪlɛktrəʊd
erdfreie Umgebung	earth free environment ɜθ fri ənvaɪrənmənt
Erdkurzschluss	short circuit to earth ʃɔt sɜkɪt tə ɜθ
Erdpunkt	neutral point njutrəl pɔɪnt
Erdschleife	earth loop ɜθ lup
Erdungspunkt	earthing point ɜθɪŋ pɔɪnt
Erdungswiderstand	earthing resistance ɜθɪŋ rɪzɪstəns
Erdungszeichen	earth symbol (ground symbol) ɜθ sɪmbəl (graʊnd sɪmbəl)
Erhaltungsladebetrieb	floating operation fləʊtɪŋ ɒpəreɪʃn
Erholungszeit	recovery time rɪkʌvəri taɪm
Erregerspannung	field voltage fild vɒltədʒ
Errichten elektrischer Anlagen	installation of electrical systems ɪnstəleɪʃn ɒv ɪlɛktrɪkl sɪstəmz
Ersatzschaltbild	equivalent circuit diagram ɪkwɪvələnt sɜkɪt daɪəgræm
Ersatzsternschaltung einer Dreieckschaltung	star connection equivalent to delta connection sta kənɛkʃn ɪkwɪvələnt tə dɛltə kənɛkʃn
Erzeuger-Pfeilsystem	generator reference arrow system dʒɛnəreɪtə rɛfərənts ærəʊ sɪstəm
E-Schnittkern	cut E core kʌt i kɔ
Europakarte	Euro-card jʊərəʊ kad
explosionsgefährderter Bereich	hazardous area hæzədəs ɛərɪə
Explosionsschutz	explosion protection ɪkspləʊʒn prətɛkʃn

F

fallende Flanke	falling edge fɔlɪŋ ɛdʒ
Farbsensor	colour sensor kʌlə sɛnsə
Fassung	socket sɒkət
FASTON-Anschluss	FASTON terminal fæstən tɜmɪnəl
Federleiste für Lötverdrahtung	socket connector for soldered connections sɒkət kənɛktə fɔ səʊldəd kənɛkʃnz
Fehlerstromschutzschalter	residual current circuit breaker rɪzidjʊəl kʌrənt sɜkɪt breɪkə
feindrähtiger Leiter	flexible conductor flɛksɪbəl kəndʌktə
Feinsicherung	fine-wire fuse faɪn waɪə fjuz
Feldlinienverlauf	field form fild fɔm
Feldplattenwandler	magneto resistive transducer mægnitəʊ rɪzɪstəv trænsdjusə
Feldregler	field rheostat fild rɪəʊstət
Feldsonde (Hall)	Hall flux-density probe hɔl flʌks dɛnsətɪ prəʊb
FELV	functional extra low voltage fʌŋktʃənəl ɛkstrə ləʊ vɒltədʒ
Fernwirksystem	telecontrol system tɛləkəntrəʊl sɪstəm
ferroelektrisch	ferroelectric fɛrəʊɪlɛktrɪk
ferromagnetisch	ferromagnetic fɛrəʊmægnɛtɪk
Festdrehzahlantrieb	fixed speed drive fɪkst spid draɪv
fester Anschluss	fixed termination fɪkst tɜmɪneɪʃn
festgebremster Motor	stalled motor stɔld məʊtə
Festspannungsregler	fixed voltage controller fɪkst vɒltədʒ kəntrəʊlə
Festwiderstand	fixed resistor fɪkst rɪzɪstə
feuchte und nasse Räume	damp and wet locations dæmp ænd wɛt ləʊkeɪʃnz
Feuchtigkeitsklasse	humidity rating hjʊmɪdɪtɪ reɪtɪŋ
feuergefährdete Betriebsstätte	location exposed to fire hazards ləʊkeɪʃn ɪkspəʊzd tə faɪə hæzədz
Feuerwiderstandsklasse	fire resistance class faɪə rɪzɪstəns klas
FI-Schutzschalter	residual current circuit breaker rɪzidjʊəl kʌrənt sɜkət breɪkə
Flachbaugruppe	printed-circuit board (p.c.b.) prɪntəd sɜkɪt bɔd
Flachklemme für Kabelschuh	cable-lug-type screw terminal keɪbl lʌg taɪp skru tɜmɪnəl
Flachleitungsstecker	ribbon cable connector rɪbən keɪbl kənɛktə
Flachrelais	flat-type relay flæt taɪp rɪleɪ
Flanschmotor	flange-mounting motor flænʃ maʊntɪŋ məʊtə
flexible Leiterplatte	flexible printed board flɛksɪbəl prɪntəd bɔd
Fliehkraftregler	centrifugal controller sɛntrɪfjʊgəl kəntrəʊlə
flinke Sicherung	quick blow fuse kwɪk bləʊ fjuz
Fluss, magnetischer	flux, magnetic flʌks, mægnɛtɪk

Flussmittel — flux **flʌks**

Folienisolierung — foil insulation **fɔɪl ɪnsəleɪʃn**

Formseitenschneider — profile notching punch **prəʊfaɪl nɒtʃɪŋ pʌnʃ**

Fotodiode — photodiode **fəʊtəʊdaɪəʊd**

Fototransistor — phototransistor **fəʊtəʊtrænzɪstə**

Fotovoltaik-Anlage — photo-voltaic installation **fəʊtəʊ vɒltæɪk ɪnstəleɪʃn**

Fotowiderstand — light-dependant resistor **laɪt dɪpɛndənt rɪzɪstə**

freier Steckplatz — unassigned slot **ʌnəsaɪnd slɒt**

freischalten — safety isolation **seɪfti aɪsəleɪʃn**

fremdbelüftete Maschine — forced-ventilated machine **fɔst vɛntɪleɪtəd məʃin**

fremderregte Maschine — separately excited machine **sɛprətlɪ ɪksaɪtəd məʃin**

Fremdstrom — interference current **ɪntəfɪərənts kʌrənt**

Frequenz — frequency **frikwənsi**

Frequenzband — frequency band **frikwənsi bænd**

Frequenzgang — frequency response **frikwənsi rɪspɒns**

Fühler — sensor **sɛnsə**

Führungsleiste — guide bead **gaɪd bid**

Führungsschiene — guide rod **gaɪd rɒd**

Füllmasse — filling material **fɪlɪŋ mətɪrɪəl**

Füllstandsmessung — level measurement **lɛvəl mɛʒəmənt**

G

Gallium-Arsenid-Diode — gallium arsenide diode **gæljəm asɛnɪd daɪəʊd**

galvanische Trennung (Kontakte) — contact separation **kɒntækt sɛpəreɪʃn**

galvanisches Element — voltaic cell **vɒltæɪk sɛl**

gasdichte Zelle — valve regulated sealed cell **vælv rɛgjəleɪtəd sild sɛl**

gasen — gassing **gæsɪŋ**

Gassensor — gas sensor **gæs sɛnsə**

Gate-Anschluss — gate-terminal **geɪt tɜmɪnəl**

geblechter Kern mit 45° Schnitt — laminated core with 45° corner cut **læmɪneɪtəd kɔ wɪə fɔtɪfaɪf dɪgri kɔnə kʌt**

Gebrauchslage — position of normal use **pəzɪʃn ɒv nɔməl jus**

gebrückt — short circuited **ʃɔt sɜkjətəd**

gedämpfte Skala — contracting scale **kəntræktɪŋ skeɪl**

gedruckte Schaltung — printed circuit **prɪntəd sɜkɪt**

gedruckter Leiter — printed conductor **prɪntəd kəndʌktə**

geerdet — earth-connected **ɜθ kənɛktəd**

Gefährdungen durch elektromagnetische Strahlung — electromagnetic radiation hazards **ɪlɛktrəʊmægnɛtɪk rædɪeɪʃn hæzəds**

Gefährdungsbereiche bei Wechselstrom — zones of physiological effects **zəʊnz ɒv fɪzɪəʊlɒdʒɪkəl ɪfɛkts**

Gefahrenschalter	emergency switch ɪmɜːdʒənsɪ swɪtʃ
gefährlicher Körperstrom	shock current ʃɒk kʌrənt
geflickte Sicherung	rewired fuse rɪwaɪəd fjuz
geflochtene Litze	braided lead breɪdəd lɛd
gefüllte, entladene Batterie	filled, discharged battery fɪld, dɪstʃɑdʒd bætəri
gegen Wiedereinschalten sichern	immobilise in the open position ɪməʊbəlaɪz ɪn ðɪ əʊpən pəzɪʃn
Gegenbetrieb	full duplex operation fʊl djuplɛks ɒpəreɪʃn
Gegendrehrichtung	reverse direction of rotation rɪvɜs daɪrɛkʃn ɒv rəʊteɪʃn
gegenläufiges Drehfeld	negative-sequence field nɛgətɪv sikwəns fild
gegenseitige Induktion	mutual induction mjutʃʊəl ɪndʌkʃn
Gegenstrombremsung	plug braking plʌg breɪkɪŋ
Gegenwindung	back turn bæk tɜn
Gegenzelle (Batterie)	counter-cell kaʊntə sɛl
gegurtete Bauteile	taped components teɪpt kəmpəʊnənts
gemeinsam geschirmtes Kabel	collectively shielded cable kəlɛktɪvlɪ ʃildəd keɪbl
gemeinsame Stromversorgung	common powering kɒmən paʊwərɪŋ
gemischtpaariges Kabel	combined cable kɒmbaɪnd keɪbl
Generatorbetrieb	generator operation dʒɛnəreɪtə ɒpəreɪʃn
generieren	generate dʒɛnəreɪt
genormte Bezugsspannungen	standard reference voltages stændəd rɛfərənts vɒltədʒəz
geöffnete Stellung	open position əʊpən pəzɪʃn
gepolter Kondensator	polarised capacitor pəʊləraɪzd kəpæsɪtə
gepoltes Relais	polarised relay pɒləraɪzd rɪleɪ
gepuffert	battery-backed bætəri bækt
Gerät der Schutzklasse I	class I appliance klas wʌn əplaɪəns
Gerät mit veränderlicher Leistungsaufnahme	variable consumption apparatus vəraɪəbəl kənsʌmptʃn əpærətəs
Geräteanschlussleitung	unit connecting cable jʊnɪt kənɛktɪŋ keɪbl
Geräteeinschub	withdrawable unit wɪədrɔəbəl jʊnɪt
Gerätekategorie	equipment category ɪkwɪpmənt kætəgərɪ
Gerätekennzeichnung	item designation aɪtəm dɛzɪgneɪʃn
Geräteschalter	apparatus switch əpærətəs swɪtʃ
Gerätesicherheitsgesetz	equipment and product safety act ɪkwɪpmənt ænd prɒdʌkt seɪftɪ ækt
Gerätestecker	appliance inlet əplaɪəns ɪnlət
Geräteverdrahtungsplan	unit wiring diagram jʊnɪt waɪrɪŋ daɪəgræm
Geräuschabstand	signal noise ratio (SNR) sɪgnəl nɔɪs reɪʃəʊ
Geräuschpegel	noise level nɔɪs lɛvəl
Geräuschspannung	noise voltage nɔɪs vɒltədʒ
geregelte Maschine	automatically regulated machine ɔtəmætɪklɪ rɛgjʊleɪtəd məʃin

Gesamtanschlusswert	total connected load təʊtəl kənɛktəd ləʊd
Gesamterdungswiderstand	total earthing resistance təʊtəl ɜθɪŋ rɪzɪstəns
Gesamtklirrfaktor	total harmonic distortion təʊtəl həmɒnɪk dɪstɔʃn
Gesamtstromlaufplan	overall circuit diagram əʊvəɔl sɜkɪt daɪəgræm
Gesamtverfügbarkeit	overall availability əʊvəɔl əveɪləbɪləti
Gesamtwindungszahl	total number of ampere-turns təʊtəl nʌmbə ɒv æmpɪə tɜns
gesättigt	saturated sætjəreɪtəd
gescherter Kern	gapped core gæpt kɔ
geschirmete verdrillte Doppelader	shielded twisted pair ʃildəd twɪstəd pɛə
geschirmter Steckverbinder	shielded connector ʃildəd kənɛktə
geschlossene Bauform	enclosed assembly ɛnkləʊzd əsɛmblɪ
geschlossene Zelle (Batterie)	vented cell vɛntəd sɛl
geschlossener Stromkreis	closed circuit kləʊzd sɜkɪt
Gesetz, Coulombsches	law, Coulomb's lɔ kulɒmbz
gespeicherte Energie	stored energy stɔd ɛnədʒɪ
gesteuertes Stillsetzen	controlled stopping kəntrəʊld stɒpɪŋ
getaktetes Netzteil	switched-mode power supply unit swɪtʃd məʊd paʊwə səplaɪ jʊnɪt
gewickelte Isolierung	lapped insulation læpt ɪnsəleɪʃn
gewickelter Läufer	wound rotor waʊnd rəʊtə
gießharzisoliert	resin-encapsulated rɛzɪn ɛnkæpsəleɪtəd
glasierter Drahtwiderstand	vitreous enamel wire wound resistor vɪtrɪəs ənɛməl waɪə waʊnd rɪzɪstə
Glättung	smoothing smuθɪŋ
Glättungsdrossel	smoothing reactor filter choke smuθɪŋ rɪæktə fɪltə tʃəʊk
gleiche Polarität	same polarity seɪm pəʊlærəti
gleichnamige Pole	poles of same polarity pəʊlz ɒv seɪm pəʊlærəti
gleichphasig	in-phase ɪn feɪz
Gleichrichter	rectifier rɛktɪfaɪə
Gleichrichtergerät	rectifier unit rɛktɪfaɪə jʊnɪt
Gleichrichtung	rectification rɛktɪfɪkeɪʃn
Gleichspannung	direct voltage (d.c.) daɪrɛkt vɒltədʒ
Gleichspannungsumrichter	a.c. – d.c. voltage converter eɪsɪ dɪsɪ vɒltədʒ kənvɜtə
Gleichstromantriebe	d.c. drives dɪsɪ draɪvz
Gleichstrommotoren	d.c. motors dɪsɪ məʊtəz
Gleichstromsteller	d.c. chopper converter dɪsɪ tʃɒpə kənvɜtə
Gleichstromwiderstand	d.c. resistance, ohmic resistance dɪsɪ rɪzɪstəns, ɒmɪk rɪzɪstəns
Gleichstromzähler	d.c. electricity meter dɪsɪ ɪlɛktrɪsɪtɪ mitə
gleichzeitig berührbare Teile	simultaneously accessible parts sɪmjʊlteɪnɪəslɪ əksɛsəbəl pats

Glimmerkondensator	mica capacitor ˈmaɪkə kəˈpæsɪtə
Grenzdrehzahl	limit speed ˈlɪmɪt spid
Grenzlast	full load ˈfʊl ləʊd
Grenzschalter	limit switch ˈlɪmɪt swɪtʃ
Griffbereich	arm's reach ˈamz ritʃ
Grundladung	bias charge ˈbaɪəz tʃadʒ
Grundplatte	mounting plate ˈmaʊntɪŋ pleɪt
Grundschaltung	basic circuit ˈbeɪsɪk sɜkɪt
Grundverdrahtung	basic wiring ˈbeɪsɪk waɪrɪŋ
Gummistecker	rubber plug ˈrʌbə plʌg
Gurtung von Bauteilen	packaging of components on continuous tapes ˈpækədʒɪŋ ɒv kəmˈpəʊnənts ɒn kənˈtɪnjʊəs teɪps

H

Haftrelais	latching relay ˈlætʃɪŋ rɪleɪ
Halbleiter	semiconductor ˈsɛmɪkəndʌktə
Halbleiterbauelement	semiconductor device ˈsɛmɪkəndʌktə dɪvaɪs
Halbleiterkühlung	semiconductor cooling ˈsɛmɪkəndʌktə kulɪŋ
Halbleiterschütz	semiconductor contactor ˈsɛmɪkəndʌktə kənˈtæktə
Halbperiode	half-period ˈhaf pɪərɪəd
Halbwelle	half wave ˈhaf weɪv
Halleffekt	Hall effect ˈhɔl ɪfɛkt
Haltekontakt	locking contact ˈlɒkɪŋ kɒntækt
Haltewert (Relais)	non-release-value ˈnɒn rɪlis vælju
Haupterdungsschiene	main earthing bar ˈmeɪn ɜθɪŋ ba
Hauptfeldwicklung	main field winding ˈmeɪn fild waɪndɪŋ
Hauptplatine	motherboard, main board ˈmʌðəbɔd, meɪn bɔd
Hauptschaltgerät	main switching device ˈmeɪn swɪtʃɪŋ dɪvaɪs
Hauptsicherung	line fuse, main fuse ˈlaɪn fjuz, meɪn fjuz
Hautwiderstand	skin resistance ˈskɪn rɪzɪstəns
Heißleiter	NTC thermistor ɛntɪsɪ θɜmɪstə
Heizfaden	heating filament ˈhitɪŋ fɪləmənt
heruntertransformieren	step down ˈstɛp daʊn
Herzkammerflimmerschwelle	threshold of non-fibrillation ˈθrɛshəʊld ɒv nɒn fɪbrɪleɪʃn
Hilfsantrieb (Motor)	auxiliary drive ˈɔgzɪlɪərɪ draɪv
Hilfsbatterie	auxiliary battery ˈɔgzɪlɪərɪ bætəri
Hilfsmittel	auxiliary equipment ˈɔgzɪlɪərɪ ɪkwɪpmənt
Hin- und Rückleitung	go and return line ˈgəʊ ænd rɪtɜn laɪn
hitzebeständige Aderleitung	heat-resistant non-sheathed cable ˈhit rɪzɪstənt nɒn ʃɪðəd keɪbl
hochfrequente Störung	high frequency interference ˈhaɪ frɪkwənsi ɪntəfɪərəns

hochkoerzitiv	high-coercitive haɪ kəʊɜsɪtəv
hochohmig	high-resistance haɪ rɪzɪstəns
höchste Spannung für Betriebsmittel	highest voltage for equipment haɪəst vɒltədʒ fɔ ɪkwɪpmənt
höherintegrierte Schaltung	medium-scale integrated circuit mɪdɪəm skeɪl ɪntəgreɪtəd sɜkɪt
Hohlraumresonator	cavity resonator kævətɪ rɛzəneɪtə
Hot Plugging	hot plugging hɒt plʌgɪŋ
Hubmagnet	solenoid sɒlənɔɪd
Hutschiene	top-hat rail tɒp hæt reɪl
Hystereseschleife	hysteresis loop hɪstɛrɪzɪs lup
Hysteresiskurve	hysteresis curve hɪstɛrɪzɪs kɜv

I

IC-Gehäuse	IC packaging aɪsɪ pækədʒɪŋ
IEC-Stecker	IEC-connector aɪisɪ kənɛktə
Impedanz des Versorgungsnetzes	supply system impedance səplaɪ sɪstəm ɪmpidəns
Impedanzanpassung	impedance matching ɪmpidəns mætʃɪŋ
Impedanzwandler	impedance transformer ɪmpidəns trænsfɔmə
Impulsabfallzeit	pulse fall time pʌls fɔl taɪm
Impulsabstand	pulse spacing pʌls speɪsɪŋ
Impulsbetrieb	pulse operation pʌls ɒpəreɪʃn
Impulsbreite	pulse width pʌls wɪdə
Impulsdauer	pulse duration pʌls djʊreɪʃn
Impulsdiagramm	pulse timing diagram pʌls taɪmɪŋ daɪəgræm
Impulsform	pulse shape pʌls ʃeɪp
Impulsgeber	pulse generator pʌls dʒɛnəreɪtə
Impulszähler	pulse counter pʌls kaʊntə
indirekter Steckverbinder	two-part connector tupat kənɛktə
Induktion	induction ɪndʌkʃən
Induktionsarm	low-inductance ləʊ ɪndʌktəns
Induktionsschleife	induction loop ɪndʌkʃən lup
Induktionsspannung	induced voltage ɪndjust vɒltədʒ
Induktionsspule	induction coil ɪndʌkʃən kɔɪl
induktiv	reactive riæktɪv
induktive Belastung	inductive load ɪndʌktɪv ləʊd
induktive Näherungssensoren	inductive proximity sensors ɪndʌktɪv prɒksɪmɪti sɛnsəz
Induktivität (Bauteil)	inductance coil (component) ɪndʌktəns kɔɪl (kəmpəʊnənt)
Industrieelektronik	industrial electronics ɪndʌstrɪəl ɪlɛtrɒnɪks
Industriekraftwerk	industrial power station ɪndʌstrɪəl paʊwə steɪʃn

induzieren	induce ɪndjus
Infrarotschranke	infrared barrier ɪnfrərɛd bærɪə
inkrementaler Weggeber	incremental position resolver ɪnkrəmɛntəl pəzɪʃn rɪzɒlvə
Innenraumschaltgeräte	indoor switchgear and controlgear ɪndɔ swɪtʃgɪə ænd kəntrəʊlgɪə
Innenverdrahtung	internal wiring ɪntɜnəl waɪrɪŋ
Innenwiderstand	internal resistance ɪntɜnəl rɪzɪstəns
innere Isolierung	internal insulation ɪntɜnəl ɪnsəleɪʃn
innere Leitschicht	conductor screen kəndʌktə skrin
innerer Spannungsfall	internal voltage drop ɪntɜnəl vɒltədʒ drɒp
Installationskabel	wiring cable waɪrɪŋ keɪbl
Installationsleitung	building cable bɪldɪŋ keɪbl
Installationstechnik	wiring practice waɪrɪŋ præktɪs
Installationszonen	installation zones ɪnstəleɪʃn zəʊnz
installieren	install ɪnstɔl
Instrumentengehäuse	instrument case ɪnstrəmənt keɪs
integrierendes Messgerät	integrating instrument ɪntɪgreɪtɪŋ ɪnstrəmənt
integrierte Geräteelektronik	Integrated Device Electronic (IDE) ɪntɪgreɪtəd dɪvaɪs ɪlɛktrɒnɪk
integrierte Schaltung	integrated circuit ɪntɪgreɪtəd sɜkɪt
intelligentes Endgerät	intelligent terminal ɪntɛlɪdʒənt tɜmɪnəl
interne Synchronisierung	internal synchronisation ɪntɜnəl sɪnkrəʊnaɪzeɪʃn
invertierender Verstärker	inverting amplifier ɪvɜtɪŋ æmplɪfaɪə
Isolation (Eigenschaft)	insulation ɪnsjʊleɪʃn
Isolation gegen geerdete Teile	system voltage insulation sɪstəm vɒltədʒ ɪnsjʊleɪʃn
Isolationseigenschaften	dielectric properties daɪɪlɛktrɪk prɒpətɪz
Isolationserhalt	insulation preservation ɪnsjʊleɪʃn prɛzəveɪʃn
Isolationsfehler	insulation fault ɪnsjʊleɪʃn fɔlt
Isolationsprüfer	megohmmeter mɪgəʊmɪtə
Isolationsstrecke	insulating clearance ɪnsjʊleɪtɪŋ klɪərənts
Isolationswiderstand	insulation resistance ɪnsjʊleɪʃn rɪzɪstəns
Isolator	insulator ɪnsjʊleɪtə
Isolierband	insulating tape ɪnsjʊleɪtɪŋ teɪp
isolieren	insulate ɪnsjʊleɪt
Isolierschicht	insulating layer ɪnsjʊleɪtɪŋ leɪə
Isolierschlauch	insulating sleeving ɪnsjʊleɪtɪŋ slivɪŋ
isoliert aufgestellt	installed on insulating mountings ɪnstɔlt ɒn ɪnsjʊleɪtɪŋ maʊntɪŋz
Isolierunterlage	insulating pad ɪnsjʊleɪtɪŋ pæd
IT-Netz	IT system aɪ tɪ sɪstəm

J

Jahresbelastungsdauer	annual load duration ænjʊəl ləʊd djʊreɪʃn
Jahresbetriebsdauer	operating time per year ɒpəreɪtɪŋ taɪm pɜ jɪə
Jahresmittelwert	mean annual value min ænjʊəl vælju
Jahresschaltuhr	twelve-month time switch twɛlv mʌnθ taɪm swɪtʃ
Jahresspitze	annual peak ænjʊəl pik
Jahresverbrauch	annual consumption ænjʊəl kənsʌmptʃən
jahreszeitliche Schwankung	seasonal variation sizənəl værɪeɪʃn
Jahreszeittarif	seasonal tariff sizənəl tærɪf
JFET	junction field-effect transistor dʒʌŋktʃən fild ɪfɛkt trænzɪstə
Jochblech	yoke lamination dʒəʊk læmɪneɪʃn
Jumper	jumper dʒʌmpə
jungfräuliche Kurve	initial magnetisation curve ɪnɪʃl mægnətaɪzeɪʃn kɜv
Justierung der Nulllage	re-adjustment of zero rɪədʒʌsmənt ɒv zɪrəʊ

K

Kabel	cable keɪbl
Kabelader	strand strænd
Kabelarmierung	cable armour keɪbl amə
Kabelbaum	cable harness keɪbl hanəs
Kabeleinführung	cable entry keɪbl ɛntri
Kabelhülle	cable jacket keɪbl dʒækət
Kabelkanal	cable duct, cable channel keɪbl dʌkt, keɪbl tʃænəl
Kabelmantel	cable sheath keɪbl ʃiə
Kabelmesser	cable stripping knife keɪbl strɪpɪŋ naɪf
Kabelmontage	cable assembly keɪbl əsɛmbli
Kabelmuffe	cable joint keɪbl dʒɔɪnt
Kabelplan	cable running plan keɪbl rʌnɪŋ plæn
Kabelquerschnitt	cable cross-sectional area keɪbl krɒs sɛkʃənəl ɛərɪə
Kabelrohr	cable conduit keɪbl kɒndɪt
Kabelschuh	cable lug keɪbl lʌg
Kabelspleißstelle	cable splice keɪbl splaɪs
Kabelverbindung (mechanische)	cable joint (mechanical) keɪbl dʒɔɪnt
Kabelverteiler	cable distribution cabinet keɪbl dɪstrɪbjuʃn kæbɪnət
Käfigläufermotor	cage rotor motor keɪdʒ rəʊtə məʊtə
Käfigzugklemme	cage clamp terminal keɪdʒ klæmp tɜmɪnəl
kalte Lötstelle	dry joint draɪ dʒɔɪnt
Kaltleiter	PTC-thermistor, positive temperature coefficient pitɪsɪ θɜmɪstə, pɒzɪtɪv tɛmprətʃə kəʊɪfɪʃənt

kantenemittierende LED	edge-emitting LED ɛdʒ əmɪtɪŋ ɛlidi
Kapazität in Ah	ampere-hour capacity æmpɪə auə kəpæsəti
Kapazitätsdiode	variable capacitance diode vəraɪəbəl kəpæsɪtəns daɪəud
Kapazitäts-Spannungs-Kennlinie	capacitance-voltage characteristic kəpæsɪtəns vɒltədʒ kærəktərɪstɪk
kapazitive Last	capacitive load kəpæsɪtɪv ləud
kapazitive Näherungssensoren	capacitive proximity sensors kəpæsɪtɪv prɒksɪmɪti sɛnsəz
kapazitiver Spannungteiler	capacitor voltage divider kəpæsɪtə vɒltədʒ dɪvaɪdə
Karteneinschub	plug-in board plʌg ɪn bɔd
Kartenrelais	printed board relay prɪntəd bɔd rɪleɪ
Keramik-DIP-Gehäuse	ceramic DIP kəræmɪk dɪp
keramischer Drucksensor	ceramic pressure sensor kəræmɪk prɛʃə sɛnsə
Kern	core kɔ
Kippfrequenz	sweep rate swip reɪt
Kippgrenze (elektr. Maschine)	stability limit stəbɪləti lɪmɪt
Kleinleiterplatte	miniature printed circuit board mɪnɪətʃə prɪntəd sɜkɪt bɔd
Kleinmotor	small power motor smɔl pauwə məutə
Kleinspannung	extra-low voltage (e.l.v.) ɛkstrə ləu vɒltədʒ
Klemme (Anschluss)	terminal (connection) tɜmɪnəl
Klemmenanschlussplan	terminal diagram tɜmɪnəl daɪəgræm
Klemmenleiste	terminal strip tɜmɪnəl strɪp
Klemmkabelschuh	clamp-type cable lug klæmp taɪp keɪbl lʌg
Klemmprüfspitze	clamp-type test probe klæmp taɪp tɛst prəub
Klemmverbindung	clamping connection klæmpɪŋ kənɛkʃn
Klingel	bell bɛl
Koaxialbuchse	coaxial jack kəuæksɪəl dʒæk
Koerzitivfeldstärke	coercive field strength kəuɜsɪv fild strɛŋə
Kohlebürste	carbon brush kabən brʌʃ
Kohlenstoff-Zink-Batterie	carbon-zinc battery kabən zɪŋk bætəri
Kohleschichtwiderstand	carbon film resistor kabən fɪlm rɪzɪstə
Kollektor-Basis-Spannung	collector-base-voltage kəlɛktə beɪs vɒltədʒ
kollektorloser Gleichstrommotor	brushless d.c. motor brʌʃləs dɪsɪ məutə
Kollektorschaltung	common collector circuit kɒmən kəlɛktə sɜkɪt
kombinierter Messwandler	combined instrument transformer kəmbaɪnd ɪnstrumənt trænsfɔmə
Kommutatorbürste	commutator brush kɒmjuteɪtə brʌʃ
Kommutatorfeuer	commutator sparking kɒmjuteɪtə spakɪŋ
Kompoundierung	compounding kɒmpaundɪŋ
Kondensator, ungepolt	capacitor, nonpolarised kəpæsɪtə nɒnpəuləraɪzd
Kondensatorbatterie	capacitor bank kəpæsɪtə bæŋk

konfektionierter Stecker	moulded plug məʊldəd plʌg
Konstanthalter	constant voltage regulator kɒnstənt vɒltədʒ rɛgjəleɪtə
Konstantspannungsladung	constant voltage charge kɒnstənt vɒltədʒ tʃɑdʒ
Konstantspannungsquelle	constant voltage source kɒnstənt vɒltədʒ sɔs
Kontakt öffnet	contact opens kɒntækt əʊpəns
Kontakt schließt	contact closes kɒntækt kləʊzəs
Kontaktabnutzung	contact wear kɒntækt wɛə
Kontaktabstand	contact gap kɒntækt gæp
Kontaktbelastbarkeit	contact rating kɒntækt reɪtɪŋ
Kontakthub	contact travel kɒntækt trævəl
Kontaktprellen	contact bounce kɒntækt baʊns
Kontaktreiben	contact wipe kɒntækt waɪp
Kontaktstift	pin pɪn
Kontaktverschweißen	contact welding kɒntækt wɛldɪŋ
Kontakt-Werkstoffe	contact materials kɒntækt mətɪərɪəlz
kontinuierliche Drehzahlverstellung	stepless speed variation stɛpləs spid væɪeɪʃn
Kontrastsensor	contrast sensor kɒntræst sɛnsə
Kontrolllampe	pilot lamp paɪlət læmp
Kontrollschalter	switch with pilot lamp swɪtʃ wɪθ paɪlət læmp
Konverter	converter kənvɜtə
Korbwicklung	chain winding tʃeɪn waɪndɪŋ
Körperstrom (gefährlicher)	shock current ʃɒk kʌrənt
Körperwiderstand	body resistance bɒdɪ rɪzɪstəns
Kraftsensor, piezoelektrischer	force sensor, piezoelectric fɔs sɛnsə pɪɛtsəʊɪlɛktrɪk
Krampfschwelle (Stromunfall)	freezing current frizɪŋ kʌrənt
Kreuzspulinstrument	crossed-coil instrument krɒst kɔɪl ɪnstrʊmənt
Kriech- und Luftstrecken	creepage distances and clearances kripədʒ dɪstənsəs ænd klɪərəntsəs
Kriechstrom	leakage current likədʒ kʌrənt
kritische Drehzahl	critical torsional speed krɪtɪkəl tɔʃənəl spid
kritische Frequenz	critical frequency krɪtɪkəl frikwənsi
Krokodilklemme	alligator clip ælɪgeɪtə klɪp
kupferkaschiert	copper-laminated kɒpə læmɪneɪtəd
Kupfer-Konstantan-Thermoelement	copper-constantan thermocouple kɒpə kɒnstəntən θɜməʊkʌpl
Kupferlackdraht	enamelled copper wire ənɛməld kɒpə waɪə
Kupferoxid-Zink-Batterie	copper oxide-zinc battery kɒpə ɒksaɪd zɪŋk bætəri
Kupferverluste	copper loss kɒpə lɒs
Kurvenform der Spannung	voltage waveform vɒltədʒ weɪvfɔm
Kurzschluss	short circuit ʃɔt sɜkɪt
Kurzschlussdauer	duration of short-circuit djʊreɪʃn ɒv ʃɔt sɜkɪt
kurzschlussfester Ausgang	short-circuit-proof output ʃɔt sɜkɪt pruf aʊtpʊt

Kurzschlussläufermotor	squirrel cage motor skwɪrəl keɪdʒ məʊtə
Kurzschlusssicherung	back-up fuse bæk ʌp fjuz
Kurzschlussstrom	short circuit current ʃɔt sɜkɪt kʌrənt
Kurzzeitbeeinflussung	short term interference ʃɔt tɜm ɪntəfɪərənts
Kurzzeitbetrieb	short-time duty ʃɔt taɪm djuti
kurzzeitige Kontaktgabe	momentary contact making məʊmɛntərɪ kɒntækt meɪkɪŋ
Kurzzeit-Überlastbarkeit	short-time overload capacity ʃɔt taɪm əʊvələʊd kəpæsəti
kWh-Verbrauch	kWh consumption keɪwɪeɪdʒ kənsʌmptʃən

L

lackisolierter Draht	enamel-insulated wire ənɛməl ɪnsjʊleɪtəd waɪə
Ladegerät	battery charger bætəri tʃadʒə
laden (elektrisch)	charge (electricity) tʃadʒ
Ladeschlussspannung	end-of-charge voltage ɛnd ɒv tʃadʒ vɒltədʒ
Ladung, elektrische	electric charge ɪlɛktrɪk tʃadʒ
ladungsgekoppeltes Bauelement (CCD)	charge-coupled device (CCD) tʃadʒ kʌpld dɪvaɪs
Ladungsmenge (Elektrizitätsmenge)	quantity of electricity kwɒntəti ɒv ɪlɛktrɪsəti
Ladungsverstärker	charge amplifier tʃadʒ æmplɪfaɪə
Lagenisolation	layer insulation leɪə ɪnsjʊleɪʃn
Längskapazität	series capacitance sɪəriz kəpæsɪtəns
langverzögerter Überstromauslöser	thermally delayed overcurrent release θɜməli dɪleɪd əʊvəkʌrənt rɪlis
Lastdrehmoment	load torque ləʊd tɔk
Lastschalter	load switch ləʊd swɪtʃ
Lastschütz	load contactor ləʊd kəntæktə
lastseitig	load-side ləʊd saɪd
Lastspitze	peak load pik ləʊd
Lastträgheitsmoment	load inertia moment ləʊd ɪnɜʃə məʊmənt
Lastunsymmetrie	unbalanced load ʌnbælənst ləʊd
Laufeigenschaft	running property rʌnɪŋ prɒpəti
laufen	to be in operation tə bɪ ɪn ɒpəreɪʃn
Läufer	rotor rəʊtə
Läuferkäfig	rotor cage rəʊtə keɪdʒ
Läufersteller	rotor controller rəʊtə kəntrəʊlə
Läuferwicklung	rotor winding rəʊtə waɪndɪŋ
Laufwerk (Antrieb)	drive draɪv
LED	light-emitting diode laɪt ɪmɪtɪŋ daɪəd
Leerlauf-Ausgangsspannung	no-load output voltage nəʊ ləʊd aʊtpʊt vɒltədʒ
Leerlaufdrehzahl	no-load speed nəʊ ləʊd spid

leerlaufend	open-ended (line) əʊpən ɛndəd
Leerlaufspannung	no-load voltage nəʊ ləʊd vɒltədʒ
Leistung im Wechselstromkreis	power in a.c. circuit paʊwə ɪn eɪsɪ sɜkɪt
Leistungsabgabe	power output paʊwə aʊtpʊt
Leistungsaufnahme	applied power əplaɪd paʊwə
Leistungsbegrenzer	power limiter paʊwə lɪmɪtə
Leistungselektronik	power electronics paʊwə ɪlɛktrɒnɪks
Leistungsfaktor	power factor paʊwə fæktə
Leistungsfaktor-Messgerät	power factor meter paʊwə fæktə mitə
Leistungshalbleiter	power-semiconductor paʊwə sɛmɪkəndʌktə
Leistungsschild	rating plate reɪtɪŋ pleɪt
Leistungstransformator	power transformer paʊwə trænsfɔmə
Leistungsverstärker	power amplifier paʊwə æmplɪfaɪə
leitender Belag	conductive layer kəndʌktɪv leɪə
Leiter (elektr.)	conductor kəndʌktə
Leiter im Magnetfeld	conductor in magnetic field kəndʌktə ɪn mægnɛtɪk fild
Leiterbahn	conductor line kəndʌktə laɪn
Leiterbahn (gedruckte Schaltung)	circuit board conductor sɜkɪt bɔd kəndʌktə
Leiterbrücke	jumper dʒʌmpə
Leiterisolierung	conductor insulation kəndʌktə ɪnsjʊleɪʃn
Leiterpaar (verdrillt)	twisted pair wires twɪstəd pɛə waɪəz
Leiterplatte	printed circuit board (PCB) prɪntəd sɜkɪt bɔd
Leiterplatten-Montage	printed circuit board assembling prɪntəd sɜkɪt bɔd əsɛmblɪŋ
Leiterplatten-Steckverbinder	printed circuit board connector prɪntəd sɜkɪt bɔd kənɛktə
Leiterquerschnitt	conductor cross-section kəndʌktə krɒs sɛkʃən
leitfähige Schutzkleidung	conductive clothing kəndʌktəv kləʊəɪŋ
leitfähiges Teil	conductive part kəndʌktɪv pat
Leitfähigkeit, elektrische	conductibility kəndʌktəbɪləti
Leitlack	conducting varnish kəndʌktɪŋ vanɪʃ
Leitlineal	guide plate gaɪd pleɪt
Leitschiene	guide bar gaɪd ba
Leitung (elektr.)	wire waɪə
Leitung (Energieübertragung)	electric line ɪlɛktrɪk laɪn
Leitung (Kabel)	cable keɪbl
Leitungsanschlüsse	cable connections keɪbl kənɛkʃnz
Leitungsart	cable type keɪbl taɪp
Leitungsbearbeitung	cable handling keɪbl hændlɪŋ
Leitungsdraht	wire conductor waɪə kəndʌktə
Leitungsschutzschalter	circuit breaker sɜkɪt breɪkə
Leitungsschutzsicherung	fuse fjuz

Leitungsstecker	cable connector keɪbl kənɛktə
Leitungsstromdichte	conduction current density kəndʌktʃən kʌrənt dɛnsətɪ
Leitungsübertrager	line transformer laɪn trænsfɔmə
Leitungsverbindungen	conductor connections kəndʌktə kənɛkʃnz
Leitwert	conductance kəndʌktəns
Leuchtdiode	light-emitting diode (LED) laɪt əmɪtɪŋ daɪəʊd
lineare Verstärkung	linear amplification lɪnɛə æmplɪfɪkeɪʃn
linearer Spannungsregler	linear voltage controller lɪnɛə vɒltədʒ kəntrəʊlə
linearer Widerstand	linear resistor lɪnɛə rɪzɪstə
Linearmotor	linear motor lɪnɛə məʊtə
Linienstromschnittstelle	current-loop interface kʌrənt lup ɪntəfeɪs
Linke-Hand-Regel	left-hand rule lɛft hænd rul
Lithium-Batterie	lithium battery lɪθɪəm bætəri
Litze	litz wire lɪts waɪə
Löschkondensator	surge absorbing capacitor sɜdʒ əbzɔbɪŋ kəpæsɪtə
Lötabdecklack	solder resist səʊldə rɪzɪst
Lötanschluss	solder termination səʊldə tɜmɪneɪʃn
Lötauge	soldering eyelet səʊldərɪŋ aɪlət
Lötbad	solder bath səʊldə baθ
lötbar	solderable səʊldərəbl
löten	solder səʊldə
Löten, weich	soldering səʊldərɪŋ
lötfreie Verbindung	solder less connection səʊldə lɛs kənɛkʃn
Lötfuge	soldering gap səʊldərɪŋ gæp
Lötkolben	soldering iron səʊldərɪŋ aɪən
Lötmittel	soldering flux səʊldərɪŋ flʌks
Lötöse	soldering tag səʊldərɪŋ tæg
Löttemperatur	soldering temperature səʊldərɪŋ tɛmprətʃə
Lötverbindung	soldering connection səʊldərɪŋ kənɛkʃn
Lötverfahren	soldering process səʊldərɪŋ prəʊsɛs
Lötverteiler	solder tag strip səʊldə tæg strɪp
Lötzeit	soldering time səʊldərɪŋ taɪm
Lötzinn	tin-lead solder tɪn lɛd səʊldə
luftisoliert	air-insulated ɛə ɪnsjʊleɪtəd
luftspaltloser Magnetkreis	closed magnetic circuit kləʊzd mægnɛtɪk sɜkɪt
Luftstrecke	clearance in air klɪərənts ɪn ɛə
Luftstrecke zwischen den Polen	clearance between poles klɪərənts bɪtwin pəʊlz
Lufttransformator	air-core transformer ɛə kɔ trænsfɔmə
Lüsterklemme	lamp-wire connector læmp waɪə kənɛktə

M

Mäander	meander mɛændə
Magnetanker	magnet armature mægnət amətʃə
magnetfeldabhängige Bauelemente	magnetic field dependent components mægnɛtɪk fild dɪpɛndənt kəmpəʊnənts
Magnetfeldstärke	magnetic field strength mægnɛtɪk fild strɛŋə
Magnetfluss	magnetic flux mægnɛtɪk flʌks
magnetische Abschirmung	magnetic shielding mægnɛtɪk ʃildɪŋ
magnetische Auslösung	magnetic tripping mægnɛtɪk trɪpɪŋ
magnetische Beeinflussung	magnetic effects mægnɛtɪk ɪfɛkts
magnetische Sättigung	magnetic saturation mægnɛtɪk sætʃəreɪʃn
magnetische Vorzugsrichtung	preferred direction of magnetisation prɪfɜd daɪrɛkʃən ɒv mægnətaɪzeɪʃn
magnetisches Feld	magnetic field mægnɛtɪk fild
magnetisches Haftrelais	magnetically latched relay mægnɛtɪkəlɪ lætʃt rɪleɪ
magnetisches Streufeld	magnetic stray field mægnɛtɪk streɪ fild
magnetisch-induktive Durchflussmessung	magnetic-inductive flow measuring mægnɛtɪk ɪndʌktɪv fləʊ mɛʒərɪŋ
Magnetisierungs-Kennlinien	magnetisation characteristics mægnətaɪzeɪʃn kærəktərɪstɪks
Magnetisierungsrichtung	direction of magnetisation daɪrɛkʃn ɒv mægnətaɪzeɪʃn
Magnetismus	magnetism mægnətɪzm
Magnetjoch	magnet yoke mægnət jəʊk
Magnetkern	magnetic core mægnɛtɪk kɔ
magnetoresistive Sensoren	magnetoresistive sensors mægnɪtəʊrɪzɪstɪv sɛnsəs
magnetostriktive Aktoren	magnetostrictive actuators mægnɪtəʊstrɪktɪv ækjʊeɪtəz
magnetostriktiver Effekt	magnetrostrictive effect mægnɪtəʊstrɪkstɪv ɪfɛkt
Magnetplatte	magnetic disc mægnɛtɪk dɪsk
Magnetspule	magnetic coil mægnɛtɪk kɔɪl
männlicher Kontakt	male contact meɪl kɒntækt
Mantelisolation	sheath ʃiə
Mantelleitung	sheated cable ʃiəed keɪbl
Mantelkern	sleeve core sliv kɔ
Maschine mit Fremderregung	separately excited machine sɛprətlɪ ɪksaɪtəd məʃin
Masseanschluss	bonding to frame bɒndɪŋ tə freɪm
Masseband	earthing strip ɜθɪŋ strɪp
massiver Leiter	solid conductor sɒlɪd kəndʌktə
maximal zulässige Leistung	maximum admissible power mæksɪməm ədmɪsəbəl paʊwə
Maximalausschlag	maximum deflection mæksɪməm dɪflɛktʃn
mechanische Endbegrenzung	mechanical end stop məkænɪkəl ɛnd stɒp
mehradrig	multi-core mʌltɪ kɔ

Mehrlagen-Leiterplatte	multi-layer printed circuit board mʌltɪ leɪə prɪntəd sɜːkɪt bɔd
mehrlagige Spule	multi-layer coil mʌltɪ leɪə kɔɪl
mehrpoliger Steckverbinder	multipole connector mʌltɪpəʊl kənɛktə
Mehrquadrantenantrieb	multi-quadrant drive mʌltɪ kwɒdrənt draɪv
mehrreihiger Steckverbinder	multi-row connector mʌltɪ rəʊ kənɛktə
Mehrspannungsnetzgerät	multi-voltage power supply unit mʌltɪ vɒltədʒ paʊwə səplaɪ juːnɪt
Mehrstrom-Generator	multi-current generator mʌltɪ kʌrənt dʒɛnəreɪtə
Meldeeinrichtung	annunciator ənʌnsɪeɪtə
Meldekontakt	signalling contact sɪgnəlɪŋ kɒntækt
Meldelampe	pilot lamp paɪlət læmp
Meldetafel	annunciator panel ənʌnsɪeɪtə pænəl
Messerleiste	male multipoint connector meɪl mʌltɪpɔɪnt kənɛktə
Messumformer	measuring transducer mɛʒərɪŋ trænsdjuːsə
Metallfilmwiderstand	metallic-film resistor mətælɪk fɪlm rɪzɪstə
metallische Dehnmessstreifen	metallic strain gauge mətælɪk streɪn geɪdʒ
metallischer Leiter	metallic conductor mətælɪk kəndʌktə
Metallschirm	metal screen mɛtəl skriːn
Metallwiderstand	metallic resistor mətælɪk rɪzɪstə
Mikroschalter	microswitch maɪkrəʊswɪtʃ
Mikrowellenbereich	microwave range maɪkrəʊweɪv reɪndʒ
Millimeterwelle	millimetre wave mɪlɪmɪtə weɪv
Mindestabstand	minimum clearance mɪnɪməm klɪərənts
Minuspol	negative pole nɛgətɪv pəʊl
Mischbestückung (SMD)	mixed assembly mɪkst əsɛmblɪ
Mischer	mixer mɪksə
Misch-Federleiste	hybrid socket connector haɪbrɪd sɒkət kənɛktə
Mischverdrahtung	combined wiring kəmbaɪnd waɪrɪŋ
Mittelleiter (Neutralleiter)	neutral conductor njuːtrəl kəndʌktə
Mittelpunktschaltung	centre tap connection sɛntə tæp kənɛkʃn
Mittelstellung	centre position sɛntə pəzɪʃn
Mittelwert der Leistung	mean value of power miːn vælju ɒv paʊwə
Modem	modulator-demodulator mɒdjəleɪtə dɪmɒdjəleɪtə
Motorarten	types of motors taɪps ɒv məʊtəz
Motorprinzip	motor principle məʊtə prɪnsɪpl
Motorschutz	motor protection məʊtə prətɛkʃn

N

nacheilende Kontaktgabe	late closing leɪt kləʊzɪŋ
nachtriggern	retrigger rɪtrɪgə

Näherungsschalter	proximity switch prɒksɪmɪtɪ swɪtʃ
Näherungssensor	proximity sensor prɒksɪmɪtɪ sɛnsə
NAMUR-Sensoren	NAMUR sensors næmə sɛnsəz
Natrium-Schwefel-Batterie	sodium-sulphur battery səʊdɪəm sʌlfə bætəri
nebeneinanderschalten	connect in parallel kənɛkt ɪn pærələl
Nebenschlussmaschine	shunt-wound machine ʃʌnt waʊnd məʃin
negativer Pol	negative pole nɛgətɪv pəʊl
Nennbelastung	nominal load nɒmɪnəl ləʊd
Nennbetrieb	operation at nominal value ɒpəreɪʃn æt nɒmɪnəl vælju
Nenndrehzahl	basic speed beɪsɪk spid
Nennfrequenz	nominal frequency nɒmɪnəl frikwənsi
Nennspannung, elektrische	nominal voltage nɒmɪnəl vɒltədʒ
Netzabschaltung	disconnection from line dɪskənɛkʃn frɒm laɪn
Netzanschluss	power connector paʊwə kənɛktə
Netzanschlusskabel	power line cord paʊwə laɪn kɔd
Netzausfall (elektrische Energie)	power failure (electrical power) paʊwə feɪljə
Netzbetreiber	network provider nɛtwɜk prəʊvaɪdə
Netzbetrieb	mains operation meɪns ɒpəreɪʃn
Netz-Ein-Schalter	power-on switch paʊwə ɒn swɪtʃ
Netzersatzaggregat	standby generating set stændbaɪ dʒɛnəreɪtɪŋ sɛt
Netzfilter	line-filter, mains-filter laɪn fɪltə, meɪns fɪltə
Netzfrequenz	system frequency sɪstəm frikwənsi
Netzgerät	power supply paʊwə səplaɪ
Netzkabel	power cord paʊwə kɔd
Netzlast	power system load paʊwə sɪstəm ləʊd
Netzschalter	mains switch meɪns swɪtʃ
Netzspannung	mains voltage meɪns vɒltədʒ
Netzspannungsfall	system voltage drop sɪstəm vɒltədʒ drɒp
Netzteil	power supply unit paʊwə səplaɪ jʊnɪt
Netztransformator	mains transformer meɪns trænsfɔmə
Netzumschalter	system selector switch sɪstəm sɪlɛktə swɪtʃ
Netzversorgung (USV)	prime power praɪm paʊwə
Neuanlauf	cold restart kəʊld ristat
N-Halbleiter	N-type semiconductor ɛntaɪp sɛmɪkəndʌktə
NH-Sicherung	low-voltage high-breaking-capacity fuse ləʊ vɒltədʒ haɪ breɪkɪŋ kəpæsəti fjuz
NiCD Batterien	NiCD battery ɛnaɪsidi bætəri
nicht ladbare Batterien	non-rechargeable batteries nɒn rɪtʃadʒəbəl bætəriz
nicht leitend	non-conductive nɒn kəndʌktəv
nicht umkehrbarer Motor	non-reversible motor nɒn rɪvɜsəbəl məʊtə
nichtelektrisch	non-electric nɒn ɪlɛktrɪk
Nichtleiter	insulator ɪnsjʊleɪtə

Nickel-Cadmium-Akkumulator	nickel-cadmium battery nɪkəl kædmɪəm bætəri
Niederfrequenz (NF)	audio frequency ɔdɪəu frikwɛnsi
Niederfrequenzübertrager	audio transformer ɔdɪəu trænsfɔmə
niederohmiger Widerstand	low-ohmic resistor ləu ɒmɪk rɪzɪstə
Niederspannungsanlage	low-voltage system ləu vɒltədʒ sɪstəm
Niederspannungslampe	low-volt lamp ləu vɒlt læmp
Niederspannungs-Sicherungen	low-voltage fuses ləu vɒltədʒ fjusəz
Ni-MH-Akkumulator	Ni-MH-battery ɛnaɪ ɛmeɪdʒ bætəri
Niveauwächter	level switch lɛvəl swɪtʃ
Nockenantrieb	cam-operated mechanism kæm ɒpəreɪtəd mɛkənɪzm
Nockenschalter	cam-operated switch kæm ɒpəreɪtəd swɪtʃ
Normalspannung	standard voltage stændəd vɒltədʒ
normierte Frequenz	normalised frequency nɔməlaɪzd frikwənsi
Normmotor	standard motor stændəd məutə
Normprofilschiene (Hutschiene)	top hat rail tɒp hæt reɪl
Notstromversorgung	back-up power supply bæk ʌp pauwə səplaɪ
n-polig	n-pole ɛn pəul
NTC-Halbleiterfühler	negative temperature coefficient thermistor detector nɛgətɪv tɛmprətʃə kəuɪfɪʃənt ɵɜmɪstə dɪtɛktə
NTC-Widerstand	NTC-resistor ɛntisi rɪzɪstə
n-te Harmonische	nth harmonic ɛnθ hamɒnɪk
Nullleiter	neutral conductor njutrəl kəndʌktə
Nullpunkt (Sternpunkt)	neutral point njutrəl pɔɪnt
Nullpunktdrift	zero drift zɪərəu drɪft

O

Oberflächenbestückung	surface mounting sɜfəs mauntɪŋ
Oberflächenleitung	surface conduction sɜfəs kəndʌktʃən
oberflächenmontierte Bauform	surface mounted type sɜfəs mauntəd taɪp
Oberspannungsseite	high voltage side haɪ vɒltədʒ saɪd
Oberwellenerzeugung	harmonic generation hamɒnɪk dʒɛnəreɪʃn
Öffner	break contact breɪk kɒntækt
Öffner vor Schließer	break-before-make contact breɪk bɪfɔ meɪk kɒntækt
Öffnungsverzögerungszeit	break delay time breɪk dɪleɪ taɪm
Ohm	ohm əum
Ohmmeter	ohmmeter əumitə
ohmsche	ohmic əumɪk
ohmsche Belastung	resistive load rɪzɪstɪv ləud
ohmsche Verluste	ohmic losses əumɪk lɒsəs
ohmscher Widerstand	ohmic resistance əumɪk rɪzɪstəns
ohmsches Gesetz	Ohm's law əumz lɔ

Ohm-Wert	Ohm-value əʊm vælju
ölisoliert	oil-insulated ɔɪl ɪnsjʊleɪtəd
optischer Distanzsensor	optical distance sensor ɒptɪkəl dɪstənts sɛnsə
optoelektronische Bauelemente	opto-electronic components ɒptəʊ ɪlɛktrɒnɪk kəmpəʊnənts
optoelektronische Sensoren	opto-electronic sensors ɒptəʊ ɪlɛktrɒnɪk sɛnsəz
Optokoppler	opto-coupler ɒptəʊ kʌplə
Ordnung einer Oberwelle	harmonic order hamɒnɪk ɔdə
ortsfeste elektrische Installation	fixed electrical installation fɪkst ɪlɛktrɪkl ɪnstəleɪʃn
Ortskurve des Frequenzganges	frequency response locus frikwənsi rɪspɒns ləʊkəs
ortsveränderliche Betriebsmittel	portable equipment pɔtəbəl ɪkwɪpmənt
ortsveränderliches Gerät	portable device pɔtəbəl dɪvaɪs
Oszillator, durchstimmbarer	variable-frequency oscillator vəraɪəbəl frikwənsi ɒsɪleɪtə
Oszillatorfrequenz	oscillator frequency ɒsɪleɪtə frikwənsi
Oszilloskop	oscilloscope ɒsɪləskəʊp

P

Paket (Kernblech)	packet (laminated core) pækət (læmɪneɪtəd kɔ)
Papierfolien-Kondensator	paper film capacitor peɪpə fɪlm kəpæsɪtə
parallel geschaltet	connected in parallel kənɛktəd ɪn pærələl
parallele Schnittstelle	parallel interface pærələl ɪntəfeɪs
Parallelschaltung	parallel connection pærələl kənɛkʃn
Parallelschwingkreis	parallel-resonant circuit pærələl rɛzənənt sɜkɪt
Parallel-Seriell-Umsetzung	parallel-serial conversion pærələl sɪrɪəl kənvɜʒən
passive Bauelemente	passive components pæsɪv kəmpəʊnənts
Pausendauer	off-period ɒf pɪrɪəd
Pausen-Impuls-Verhältnis	break-make ratio breɪk meɪk reɪʃəʊ
PE (Schutzerde)	protective earth prətɛktɪv ɜə
Peakhöhe	peak height pik haɪt
Pegel, absoluter	level, absolute lɛvəl æbzəlut
Pegelmesser	level meter lɛvəl mitə
Peltier-Effekt	Peltier effect pɛltjɪə ɪfɛkt
Periodendauer	cycle duration saɪkl djʊreɪʃn
periodische Betätigung	cyclic actuation saɪklɪk æktʃʊeɪʃn
periodischer Aussetzbetrieb	periodic duty pɛrɪɒdɪk djutɪ
periphere Baugruppe	peripheral module pərɪfərəl mɒdjul
Permanentmagnet	permanent magnet pɜmənənt mægnət
Phase (Versorgungsleitung)	phase wire (mains) feɪz waɪə
Phasenabgleich	phase adjustment feɪz ədʒʌsmənt
Phasenanschnittsteuerung	phase-fired control feɪz faɪəd kəntrəʊl

Phasendrehung — phase rotation feɪz rəʊteɪʃn

Phasenfolge — phase sequence feɪz sikwənts

phasengleich — in phase ɪn feɪz

Phasenschieber-Kondensator — power-factor correction capacitor pauwə fæktə kərɛkʃən kəpæsɪtə

Phasenumkehr — phase reversal feɪz rɪvɜːsəl

Photodiode — photodiode fəʊtəʊdaɪəd

Photoempfänger — photoreceiver fəʊtəʊrɪsivə

Photoempfindlichkeit — photosensitivity fəʊtəʊsɛnsɪvəti

Photosensor — photosensor fəʊtəʊsɛnsə

Phototransistor — phototransistor fəʊtəʊtrænzɪstə

piezoelektrische Aktoren — piezoelectric actuators pɪɛtsəʊɪlɛktrɪk ækjʊeɪtəz

Piezokristall — piezoelectric crystal pɪɛtsəʊɪlɛktrɪk krɪstəl

Pilotkontakt — pilot contact paɪlət kɒntækt

Pilztaster — mushroom button mʌʃrum bʌtən

pinkompatibel — pin-compatible pɪn kəmpatɪbl

Platin-Widerstandsthermometer — platinum resistance thermometer plætinəm rɪzɪstəns θɜːməʊmitə

Platz (im Baugruppenträger) — position pəzɪʃn

Pluspol — positive pole pɒzɪtɪv pəʊl

Pol — pole pəʊl

polarisiertes Relais — polarised relay pəʊləraɪzd rɪleɪ

Polaritätsanzeiger — polarity indicator pəʊlærəti ɪndɪkeɪtə

Polfläche — pole face pəʊl feɪs

Polkern — pole core pəʊl kɔ

Polpaarzahl — number of pole pairs nʌmbə ɒv pəʊl pɛəz

Polrad — rotor rəʊtə

Polschuh — pole shoe pəʊl ʃu

Polspannung — synchronous generated voltage sɪnkrɒnəs dʒɛnəreɪtəd vɒltədʒ

Polumkehr — polarity reversal pəʊlærəti rɪvɜːsəl

polumschaltbarer Motor — pole-changing motor pəʊl tʃeɪndʒɪŋ məʊtə

Polwechsler (Umpolung) — polarity reverser pəʊlærəti rɪvɜːsə

Polygonschaltung — polygon connection pɒlɪgən kənɛkʃn

Positionsschalter — position switch pəzɪʃn swɪtʃ

positive Flanke — positive edge pɒzɪtɪv ɛdʒ

Potenzialausgleich — equipotential bonding ɛkɪpəʊtɛnʃl bɒndɪŋ

potenzialfreier Kontakt — floating contact fləʊtɪŋ kɒntækt

Potenziometer — potentiometer pəʊtɛnʃəʊmitə

Prellen (Kontakt) — bounce (contact) baʊns

Presskabelschuh — compression type socket kəmprɛʃn taɪp sɒkət

Primärseite — primary side praɪmərɪ saɪd

Primärwicklung	primary winding praɪməɪ waɪndɪŋ
Prüfbuchse	test socket tɛst sɒkət
Prüfspitze	test pin tɛst pɪn
Pufferbatterie	buffer battery bʌfə bætəɪ
pull-down-Widerstand	pull-down resistor pʊl daʊn rɪzɪstə
Pulsbetrieb	pulse control operation pʌls kəntrəʊl ɒpəreɪʃn
Pulsfolgesteuerung	pulse frequency control pʌls frikwənsi kəntrəʊl
pulsierende Spannung	pulsating voltage pʌlseɪtɪŋ vɒltədʒ
punktförmiger Melder	point detector pɔɪnt dɪtɛktə
PVC-Aderleitung	PVC-insulated single-core non-sheathed cable pivisi ɪnsəleɪtəd sɪŋgl kɔ nɒn ʃɛəd keɪbl

Q

Quarzfilter	crystal filter krɪstəl fɪltə
Quarzgenerator	quartz oscillator kwɔts ɒsɪleɪtə
quarzgesteuert	quartz crystal-controlled kwɔts krɪstəl kəntrəʊld
Quarzhalter	crystal holder krɪstəl həʊldə
Quarzschwinger	quartz-resonator kwɔts rɛzəneɪtə
quarzstabilisiert	crystal-stabilised krɪstəl stæbəlaɪst
Quarzsteuerung	crystal control krɪstəl kəntrəʊl
Quarztaktgeber	quartz clock kwɔts klɒk
Quecksilberbatterie	mercury battery mɜkjəɪ bætəɪ
quecksilberbenetzter Kontakt	mercury-wetted contact mɜkjəɪ wɛtəd kɒntækt
Quellenimpedanz	source impedance sɔs ɪmpidənts
Querkopplung	cross coupling krɒs kʌplɪŋ
Quermagnetisierung	transverse magnetisation trænsvɜs mægnətaɪzeɪʃn
Querverdrahtung	cross wiring krɒs waɪrɪŋ
Quetschkabelschuh	crimping cable lug krɪmpɪŋ keɪbl lʌg
Quetschverbindung	crimp connection, crimp-type joint krɪmp kənɛkʃn, krɪmp taɪp dʒɔɪnt
Quotientenmessgerät	ratio meter reɪʃəʊ mitə

R

Radar-Sensor	radar sensor reɪda sɛnsə
Rangierdraht	jumper wire dʒʌmpə waɪə
Rangierverteiler	terminal block, patch panel tɜmɪnəl blɒk, pætʃ pænəl
rastender Schlagtaster	latching pushbutton lætʃɪŋ pʊʃbʌtən
Rastermaß (Steckverbinder)	contact spacing kɒntækt speɪsɪŋ
RC-Beschaltung	RC-circuit ʌrsi sɜkɪt
RC-Schaltung	RC circuit ʌrsi sɜkɪt

Rechteckimpuls	rectangular pulse, square-wave pulse rɛktæŋgjələ pʌls, skwɛə weɪv pʌls
Rechte-Hand-Regel	right hand rule raɪt hænd rul
Reedkontakt	reed contact rid kɒntækt
Reed-Relais	reed relay rid rɪleɪ
Referenzspannung	reference voltage rɛfərəns vɒltədʒ
Reflowlöten	reflow soldering rɪfləʊ səʊldərɪŋ
Reihen-Parallel-Schaltung	series-parallel connection sɪəriz pærələl kənɛkʃn
Reihenresonanzkreis	series resonant circuit sɪəriz rɛzənənt s3kɪt
Reihenschaltung	series connection sɪəriz kənɛkʃn
Reihenschlussgenerator	series wound generator sɪəriz waʊnd dʒɛnəreɪtə
Reihenschwingkreis	series resonant circuit sɪəriz rɛzənənt s3kɪt
Reihenstromkreis	series circuit sɪəriz s3kɪt
Relais	relay rɪleɪ
Relais mit Vormagnetisierung	biased relay baɪəst rɪleɪ
Relais, ungepoltes	relay, non-polarised rɪleɪ nɒn pəʊləraɪzd
Relais-Kontaktplan	relay ladder diagram rɪleɪ lædə daɪəgræm
Relaissteuerung	relay control rɪleɪ kəntrəʊl
relative Einschaltdauer (Relais)	operating factor ɒpəreɪtɪŋ fæktə
relative Einschaltdauer (Trafo)	duty ratio djutɪ reɪʃəʊ
remanente magnetische Erregung	residual magnetic polarisation rɪzɪdjʊəl mægnɛtɪk pəʊləraɪzeɪʃn
Reservebatterie	reserve battery rɪzɜv bætəri
Reservestromversorgung	standby power supply stændbaɪ paʊwə səplaɪ
resistiver Kraftsensor	resistive force sensor rɪzɪstɪv fɔs sɛnsə
Resonanzkurve	resonance curve rɛzənəns k3v
Restdämpfung	overall loss əʊvəɔl lɒs
Restkapazität (Batterie)	residual capacity rɪzɪdjʊəl kəpæsəti
Ringkern-Stromwandler	toroidal-core current transformer tərɔɪdəl kɔ kʌrənt trænsfɔmə
Röhre	electronic valve (tube) ɪlɛktrɒnɪk vælv
Rotor	rotor, inductor rəʊtə, ɪndʌktə
Rücklauf	reverse movement rɪvɜs muvmənt
Rückleiter	return conductor rɪtɜn kəndʌktə
rückseitiger Anschluss	back connection bæk kənɛkʃn
Rückwandverdrahtungsplatte	wiring backplane waɪrɪŋ bækpleɪn
Rückwärtssteilheit	reverse transfer admittance rɪvɜs trænsfɜ ədmɪtəns
Rückwärtswelle	backward wave bækwɔd weɪv
Ruhekontakt	normally-closed contact nɔməlɪ kləʊzd kɒntækt
ruhende elektrische Maschine	static electrical machine stætɪk ɪlɛktrɪkl məʃin
Ruhestellung	home position həʊm pəzɪʃn
Ruhestromschaltung	closed-circuit connection kləʊzd s3kɪt kənɛkʃn

S

Sägezahngenerator	saw tooth voltage generator sɔ tuə vʊltədʒ dʒɛnəreɪtə
Sandwichbauweise	sandwich construction sændwɪtʃ kənstrʌkʃn
Schalenkern (Magnetkern)	pot-type core pɒt taɪp kɔ
schalten	switching swɪtʃɪŋ
Schaltdraht	interconnecting wire ɪntəkənɛktɪŋ waɪə
Schaltgerät	switching device swɪtʃɪŋ dɪvaɪs
Schaltkontakt	switching contact swɪtʃɪŋ kɒntækt
Schaltkreis	circuit sɜkɪt
Schaltlitze	stranded wire strændəd waɪə
Schaltnetzteil	switched-mode power supply swɪtʃd məʊd paʊwə səplaɪ
Schaltplan	circuit diagram sɜkɪt daɪəgræm
Schaltregler	switching controller swɪtʃɪŋ kəntrəʊlə
Schalttransistor	switching transistor swɪtʃɪŋ trænzɪstə
Schaltuhr	clock timer klɒk taɪmə
Schaltungen, gedruckte	circuits, printed sɜkɪts prɪntəd
Schaltungsaufbau	circuit design sɜkɪt dɪzaɪn
Schirmgeflecht	braided screen breɪdəd skrin
Schirmung	screening skrinɪŋ
Schleifringläufermotoren	slip-ring motors slɪp rɪŋ məʊtəz
Schlupffrequenz	slip frequency slɪp frikwənsi
Schmelzdraht	fusible wire fjuzəbəl waɪə
Schnappschalter	snap-action switch snæp ækʃn swɪtʃ
Schneid-Klemm-Steckverbinder	insulation displacement connector ɪnsjʊleɪʃn dɪspleɪsmənt kənɛktə
Schnellladegerät	fast charger fast tʃadʒə
Schnellmontage-Schienensystem	snap-on track system snæp ɒn træk sɪstəm
Schraubanschlussleiste	screw-terminal connector skru tɜmɪnəl kənɛktə
schraubenlose Klemme	screwless terminal skruləs tɜmɪnəl
Schrittantrieb	step switching mechanism stɛp swɪtʃɪŋ mɛkənɪzm
Schrittmotorsteuerung	stepping motor control stɛpɪŋ məʊtə kəntrəʊl
Schütz	contactor kəntæktə
Schutz bei indirektem Berühren	protection against indirect contact prətɛkʃn əgɛnst ɪndaɪrɛkt kɒntækt
Schutzabdeckung	protection cap prətɛkʃn kæp
Schutzart des Gehäuses	degree of protection provided by enclosure dɪgri ɒv prətɛkʃn prəʊvaɪdəd baɪ ɛnkləʊʒə
Schutzgaskontakt	sealed contact sild kɒntækt
Schutzisolierung	total insulation təʊtəl ɪnsjʊleɪʃn
Schutzklasse	class of protection klas ɒv prətɛkʃn
Schutzkontakt-Stecker	earthing pin plug ɜɪŋ pɪn plʌg

Schwachstromrelais	light duty relay laɪt djutɪ rɪleɪ
Schwenkrahmen	hinged bay hɪnʃd beɪ
Schwingkreis	oscillating circuit ɒsɪleɪtɪŋ sɜkɪt
Seilzug-Notschalter	cable-operated emergency switch keɪbl ɒpəreɪtəd ɪmɜdʒənsɪ swɪtʃ
Selbstentladung (Batterie)	self-discharge sɛlf dɪstʃadʒ
Sensor	sensor sɛnsə
Serien-Parallel-Schaltung	series-parallel connection sɪəriz pærələl kənɛkʃn
Servoantrieb	servo-drive sɜvəʊ draɪv
Sicherung	fuse fjuz
Sicherungsausfall	blowing of fuse bləʊɪŋ ɒv fjuz
Siebdrossel	filter reactor fɪltə rɪæktə
Siliziumchip	silicon chip sɪlɪkən tʃɪp
SMD-Bauteil	SMD component ɛsɛmdi kəmpəʊnənt
Spaltmotor	split-pole motor splɪt pəʊl məʊtə
Spannungsanstieg	rate of voltage rise reɪt ɒv vɒltədʒ raɪz
Spannungsfestigkeit, Leiterbahnen	voltage strength, conductor tracks vɒltədʒ strɛŋə, kəndʌktə træks
Spannungsmesser	voltmeter vɒltmitə
Spannungsmessung	voltage metering vɒltədʒ mitərɪŋ
Spannungsreihe (galvanische)	electrochemical series of metals ɪlɛktrəʊkɛmɪkl sɪəriz ɒv mɛtəlz
Spannungstransformation	voltage transformation vɒltədʒ trænzfəmeɪʃn
Sperrschicht-Temperatur	junction temperature dʒʌŋktʃən tɛmprətʃə
Spule	coil kɔɪl
Stabilisierung	stabilisation stæbəlaɪzeɪʃn
Standard-Einbauplatz	standard slot stændəd slɒt
starr-flexible Leiterplatte	flex-rigid printed circuit board flɛks rɪdʒɪt prɪntəd sɜkɪt bɒd
steckbares Bauelement	plug-in component plʌg ɪn kəmpəʊnənt
Steckbaugruppe	plug-in module plʌg ɪn mɒdjul
Stecker	plug connector plʌg kənɛktə
Steckerbelegung	connector pin assignment kənɛktə pɪn əsaɪnmənt
Steckhülse mit Flachstecker	receptacle with tab rɪsɛptəkl wɪə tæb
Steckmodul	plug-in module plʌg ɪn mɒdjul
steckplatzcodiert	slot-coded slɒt kəʊdəd
Steckverbinder	plug-type connector plʌg taɪp kənɛktə
Stellantrieb	actuator æktʃʊeɪtə
Stellbereich (Drehzahl)	speed range spid reɪndʒ
Stelleinrichtung	actuating unit æktʃʊeɪtɪŋ junɪt
Stift (Verdrahtung)	post pəʊst
Stillstandsüberwachung	zero-speed monitoring zɪərəʊ spid mɒnɪtərɪŋ

Störung (Motor)	malfunction mælfʌŋktʃn
Streifenleiter	strip line strɪp laɪn
Stromaufnahme	current input kʌrənt ɪnpʊt
Strombelastbarkeit von Leiterbahnen	current carrying capacity of printed conductors kʌrənt kæriɪŋ kəpæsətɪ ɒv prɪntəd kəndʌktəz
Stromlaufplan	circuit diagram sɜkɪt daɪəgræm
stromlos	de-energised diɛnədʒaɪst
Stromquelle	current source kʌrənt sɔs
Strom-Spannungs-Kennlinie	current-voltage characteristic kʌrənt vɒltədʒ kærəktərɪstɪk
Stromsysteme	current systems kʌrənt sɪstəmz
Stromversorgung	power supply paʊwə səplaɪ
Stromwärme	Joule heat dʒul hit
stufenlose Drehzahleinstellung	stepless speed variation stɛpləs spid væːrɪeɪʃn
Stützbatterie	back-up battery bæk ʌp bætəri
Supraleiter	superconductor sjʊpəkəndʌktə
synchrone Drehzahl	synchronous speed sɪnkrɒnəs spid

T

Tachogenerator	tachometer generator tʌkəʊmɪtə dʒɛnəreɪtə
Takt	clock pulse klɒk pʌls
Taktdiagramm	timing diagram taɪmɪŋ daɪəgræm
Taktflanke	clock pulse edge klɒk pʌls ɛdʒ
Taktfrequenz	clock frequency klɒk frikwənsi
Taktgeber	clock generator klɒk dʒɛnəreɪtə
taktgesteuert	clock-controlled klɒk kəntrəʊld
Taktimpulsdauer	clock pulse duration klɒk pʌls djʊreɪʃn
taktsynchron	clock synchronous klɒk sɪnkrɒnəs
Tantal-Elektrolytkondensator	tantalum electrolytic capacitor tæntələm ɪlɛktrəʊlɪtɪk kəpæsɪtə
Tarifschaltuhr	multi-rate tariff switch mʌltɪ reɪt tærɪf swɪtʃ
Tastverhältnis	pulse duty factor pʌls djutɪ fæktə
Tastverhältnis (Impuls)	duty cycle (pulse) djutɪ saɪkl
Tauchspule	plunger coil plʌnʤə kɔɪl
Teilladung (Batterie)	partial load paʃl ləʊd
temperaturabhängige Widerstände	temperature dependent resistors tɛmprətʃə dɪpɛndənt rɪzɪstəz
Temperaturabhängigkeit von Kondensatoren	temperature dependability of capacitors tɛmprətʃə dɪpɛndəbɪləti ɒv kəpæsɪtəs
Temperaturbegrenzer	thermal relay ɵəməl rɪleɪ
Temperaturfühler	temperature detector tɛmprətʃə dɪtɛktə
Temperaturmessgerät	temperature meter tɛmprətʃə mitə

Testbaugruppe	test module tɛst mɒdjul
thermische Wirkung des Stromes	thermal effects of current ɵɜməl ɪfɛkts ɒv kʌrənt
thermisch-magnetischer Schutzschalter	miniature circuit breaker with combined thermal and electromagnetic release mɪnɪətʃə sɜkɪt breɪkə wɪɵ kəmbaɪnd ɵɜml ænd ɪlɛktrəumægnɛtɪk rɪlis
Thermistor-Motorschutz	thermistor motor protection ɵɜmɪstə məutə prətɛkʃn
Thermobimetalle	thermostatic bimetals ɵɜməustætɪk bimɛtəlz
thermoelektrische Spannungsreihe	thermoelectric series ɵɜməuɪlɛltrɪk sɪərɪz
Thyristoren	thyristors ɵaɪrɪstəs
tiefentladene Batterie	exhausted battery ɪkzɔstəd bætərɪ
Tiefpassfilter	low pass filter ləu pas fɪltə
TN-C-S-System	TN-C-S-System tɪɛn sɪ ɛs sɪstəm
Tongeber	tone generator təun dʒɛnəreɪtə
Topfkern	cup-type core kʌp taɪp kɔ
Trägerfrequenz	carrier frequency kærɪə frikwənsi
Trägerleiterplatte	mother board mʌðə bɔd
Tragprofil (Schiene)	mounting rail mauntɪŋ reɪl
Transformator	transformer trænsfɔmə
Transformatorabgang	transformer feeder trænsfɔmə fidə
Transformatoranzapfung	transformer tap trænsfɔmə tæp
Transformatorkern	transformer core trænsfɔmə kɔ
transiente Überspannung	transient voltage trænzɪənt vɒltədʒ
Transistorverstärker	transistor amplifier trænzɪstə æmplɪfaɪə
Transistor-Zeitrelais	transistorised time relay trænzɪstəraɪzd taɪm rɪleɪ
transportable Batterie	portable battery pɔtəbl bætərɪ
Treiber mit offenem Kollektor	open-collector driver əupən kəlɛktə draɪvə
Treiberschaltung	driver circuit draɪvə sɜkɪt
trennen (Stromversorgung)	disengage dɪsɛngeɪdʒ
Trennklemme	isolating terminal aɪsəleɪtɪŋ tɜmɪnəl
Trennsicherung	dropout fuse drɒpaut fjuz
Trennstelle	isolating point aɪsəleɪtɪŋ pɔɪnt
Trenntransformator	isolating transformer aɪsəleɪtɪŋ trænsfɔmə
Triac-Koppler	triac coupler traɪək kʌplə
triboelektrische Aufladung	tribo-electric charging traɪbəu ɪlɛktrɪk tʃadʒɪŋ
Triggerimpuls	trigger pulse trɪgə pʌls
trimmen	trim trɪm
Trimmer	trimmer trɪmə
trockene (geladene) Batterie	dry charged battery draɪ tʃadʒd bætərɪ
Trockentransformator mit vergossener Wicklung	encapsulated-winding dry-type transformer ɛnkæpsəleɪtəd waɪndɪŋ draɪ taɪp trænsfɔmə
Turbo-Generatorsatz	turbine generator unit tɜbɪn dʒɛnəreɪtə junɪt

U

überbrücken	short circuit (jumper) ʃɔt sɜːkɪt
Überbrückungsdraht	jumper dʒʌmpə
Überbrückungszeit (USV)	stored energy time stɔd ɛnədʒɪ taɪm
Übergangsmuffe	transition joint trænzɪʃn dʒɔɪnt
Übergangsstecker	adapter plug ədæptə plʌg
Überhöhung (Verstärkung)	peaking pikɪŋ
Überladung (Batterie)	overcharge əʊvətʃadʒ
überlappt geschichtete Bleche	overlapping laminations əʊvəlæpɪŋ læmɪneɪʃnz
Überlappung (Kontakt, Öffner)	break-before-make arrangement breɪk bɪfɔ meɪk əreɪndʒmənt
Überlastauslöser	overload release əʊvələʊd rɪlis
Überlast-Schutzeinrichtung	overload protective device əʊvələʊd prətɛktɪv dɪvaɪs
Überspannungskategorie	overvoltage category əʊvəvɒltədʒ kætəgɒri
Überspannungsschutz	overvoltage protection əʊvəvɒltədʒ prətɛkʃn
Überstromauslöser	overcurrent release əʊvəkʌrənt rɪlis
Überstrom-Schutzschalter	excess current circuit breaker ɪksɛs kʌrənt sɜːkɪt breɪkə
übertragbare Leistung (Kabel)	power rating paʊwə reɪtɪŋ
Übertragerblech	transformer magnetic steel sheet trænsfɔmə mægnətɪk stil ʃit
Übertragungseinrichtungen	transmission equipment trænsmɪʃn ɪkwɪpmənt
Übertragungskennlinie, Operationsverstärker	transfer characteristic, operational amplifier trænsfɜ kærəktərɪstɪk, ɒpəreɪʃənəl æmplɪfaɪə
Überwachungsrelais	monitoring relay mɒnɪtərɪŋ rɪleɪ
Ultraschall-Näherungsschalter	ultrasonic proximity switch ʌltrəsɒnɪk prɒksɪmətɪ swɪtʃ
Umdrehung pro Minute (min⁻¹)	revolutions per minute (r.p.m.) rɛvəluʃnz pɜ mɪnɪt
Umformer	rotary converter rəʊtərɪ kənvɜtə
umgesetzte Leistung (Trafo)	through rating θru reɪtɪŋ
umklemmen	reconnect rɪkənɛkt
umlaufende elektrische Maschine	electrical rotating machine ɪlɛktrɪkl rəʊteɪtɪŋ məʃin
umpolen	reverse the polarity rɪvɜs ðə pəʊlærəti
Umrangierung	relocation rɪləʊkeɪʃn
Umrichter, Gleichstrom	frequency converter, direct current frikwənsi kənvɜtə, daɪrɛkt kʌrənt
Umrichter, Wechselstrom	frequency converter, alternating current frikwənsi kənvɜtə, æltəneɪtɪŋ kʌrənt
Umschaltbetrieb (Batterie)	changeover operation tʃeɪndʒəʊvə ɒpəreɪʃn
Umsteuern der Drehrichtung	reversing of rotation rɪvɜsɪŋ ɒv rəʊteɪʃn
Umtastung (Frequenz-)	shift keying ʃɪft kiɪŋ
unabhängige Stromquelle	independent current source ɪndɪpɛndənt kʌrənt sɔs
unbelegte Klemme	unassigned terminal ʌnəsaɪnd tɜmɪnəl
unbestückter Platz	unequipped space ʌnɪkwɪpt speɪs

Unempfindlichkeit gegenüber elektromagnetischen Störungen
insensitiveness to electromagnetic interference ɪnsɛnsətɪvnəs tə ɪlɛktrəʊmægnətɪk ɪntəfɪərənts

ungeregelter Antrieb
uncontrolled drive ʌnkəntrəʊld draɪv

ungeschirmtes Kabel
unshielded cable ʌnʃiːldəd keɪbl

ungewolltes Schalten
unintended operation ʌnɪntɛndəd ɒpəreɪʃn

unipolare Ansteuerung (Schrittmotor)
unipolar control juːnɪpəʊlə kəntrəʊl

Universalmotor
universal motor juːnɪvɜːsl məʊtə

unmagnetisch
non-magnetic nɒn mægnətɪk

Unsymmetriegrad (Drehstrom)
unbalance factor ʌnbæləns fæktə

unter Spannung schalten
hot switching hɒt swɪtʃɪŋ

Unterbrechung bei Umschaltung
interruption on changeover ɪntərʌptʃn ɒn tʃeɪndʒəʊvə

unterbrechungsfreie Stromversorgung (USV)
uninterruptible power supply (UPS) ʌnɪntərʌptəbl paʊwə səplaɪ

Unterspannung
undervoltage ʌndəvɒltədʒ

Unterspannungsseite
low-side ləʊ saɪd

USV-Anlage
UPS installation juːpɪɛs ɪnstəleɪʃn

V

Varistor
varistor vərɪstə

Verbindung über Kabel
cable connection keɪbl kənɛkʃn

Verbindungsart
type of connection taɪp ɒv kənɛkʃn

Verbindungsklemme
connecting terminal unit kənɛktɪŋ tɜːmɪnl juːnɪt

Verbindungsmuffe
joint box dʒɔɪnt bɒks

Verbraucher-Pfeilsystem
load reference arrow system ləʊd rɛfərənts ærəʊ sɪstəm

Verdrahtungsplan
wiring plan waɪrɪŋ plæn

Verdrahtungsprüfung
wiring test waɪrɪŋ tɛst

verdrilltes Leiterpaar
twisted pair wires twɪstəd pɛə waɪəs

Verkabelung (Gerät)
cabling (device) keɪblɪŋ

Verlängerungskabel
extension cable ɪkstɛnʃn keɪbl

verlöten
solder səʊldə

Verlustleistung
power loss, power dissipation paʊwə lɒs, paʊə dɪsɪpeɪʃn

Verpolung
polarity reversal pəʊlærəti rɪvɜːsl

verpolungssicher
polarised pəʊləraɪzd

verschlossene Zelle (Batterie)
gas-tight sealed cell gæs taɪt siːld sɛl

verstärken
amplify æmplɪfaɪ

Verstärker
amplifier æmplɪfaɪə

Verstärkung (Verstärker)
gain geɪn

Verteiler, Schrank-
distribution cabinet dɪstrɪbjuʃn kæbɪnət

Verträglichkeit, elektromagnetische
electromagnetic compatibility ɪlɛktrəʊmægnɛtɪk kəmpatəbɪləti

Vervielfacher (Kontakt)	contact multiplier ˈkɒntækt ˈmʌltɪplaɪə
verzinnter Leiter	tinned conductor tɪnd kəndʌktə
verzögertes Relais	delayed relay dɪleɪd rɪleɪ
Verzögerungszeit	delay time dɪleɪ taɪm
Verzweigung (Leiter)	junction dʒʌŋktʃən
Vielfachmessgerät	multimeter mʌltɪmitə
vielpolig	multi-pole mʌltɪ pəʊl
Vierdrahtbetrieb	four-wire operation fɔ waɪə ɒpəreɪʃn
Vierpol-Netzwerk	four terminal network fɔ tɜmɪnəl nɛtwɜk
Viertakt-Stufenschalter	four position switch fɔ pəzɪʃn swɪtʃ
Vollgummistecker	solid rubber plug sɒlɪd rʌbə plʌg
vollisoliert	totally insulated təʊtəlɪ ɪnsjʊleɪtəd
Vollladung (Batterie)	full charge fʊl tʃadʒ
Voltmeter	voltmeter vɒltmitə
vorgefertigter Kabelsatz	preassembled cable set priəsɛmbld keɪbl sɛt
vorgeschaltete Sicherung	line-side fuse laɪn saɪd fjuz
Vormagnetisierung	magnetic bias mægnɛtɪk baɪəs
Vorsicherung	back-up fuse bæk ʌp fjuz

W

Wackelkontakt	loose contact luz kɒntækt
Wahrnehmbarkeitsschwelle (Strom)	threshold current ɵrɛʃəʊld kʌrənt
Wärmeleitpaste	thermolubricant ɵɜməʊlubrɪkənt
Warmschrumpfschlauch	heat-shrinkable sleeving hit ʃrɪŋkəbəl slivɪŋ
Wattstundenverbrauch	watt-hour consumption wɒt aʊə kənsʌmptʃn
Wattzahl	wattage wɒtədʒ
Wechselrichter	power inverter paʊwə ɪnvɜtə
Wechselschalter	two-way switch tu weɪ swɪtʃ
Wechselspannung, sinusförmige	alternating voltage, sinusoidal æltəneɪtɪŋ vɒltədʒ, saɪnəsɔɪdl
Wechselstrommagnet	a.c. solenoid eɪsɪ sɒlənɔɪd
Wechselstrommotoren	a.c. motors eɪsɪ məʊtəs
Weichlot	soft solder sɒft səʊldə
weichlöten	solder səʊldər
weichmagnetischer Stahl	electrical steel ɪlɛktrɪkl stil
Wellenform	wave form weɪv fɔm
Welligkeit (Filterkurve)	ripple (filter curve) rɪpl
Wende-Polumschalter	reversing pole-changing switch rɪvɜsɪŋ pəʊl tʃeɪndʒɪŋ swɪtʃ
Wickelsinn	winding direction waɪndɪŋ daɪrɛkʃn
Wicklungsanfang	line end of winding laɪn ɛnd ɒv waɪndɪŋ

Wicklungserwärmung	winding temperature rise waɪndɪŋ tɛmprətʃə raɪz
Wicklungskapazität	winding capacitance waɪndɪŋ kəpæsɪtəns
Wicklungsprüfung	separate-source voltage withstand test sɛprət sɔs vɒltədʒ wɪɛstɒnd tɛst
Wicklungssinn	winding sense waɪndɪŋ sɛns
Widerstand (Ohmscher)	ohmic resistance ɔmɪk rɪzɪstəns
Widerstand (Wirk-)	resistance rɪzɪstəns
Widerstand, Draht-	resistor, wire-wound rɪzɪstə waɪə waʊnd
Widerstand, Metallglasur-	resistor, metal glaze rɪzɪstə mɛtl gleɪz
Widerstand, spannungsabhängiger	resistor, voltage dependent rɪzɪstə vɒltədʒ dɪpɛndənt
Widerstand, temperaturabhängiger	resistor, temperature dependent rɪzɪstə tɛmprətʃə dɪpɛndənt
Widerstandsänderung	resistance change rɪzɪstəns tʃeɪndʒ
Widerstandsmessung	resistance measuring rɪzɪstəns mɛʒərɪŋ
Widerstandsthermometer	resistance thermometer rɪzɪstəns θəmɒmitə
Widerstands-Werkstoffe	resistance materials rɪzɪstəns mətɪərɪəlz
wiederaufladbare Batterien	rechargeable batteries rɪtʃadʒəbl bætəris
wiedereinschalten	reclosing rɪkləʊzɪŋ
wilde Verdrahtung	point-to-point wiring pɔɪnt tə pɔɪnt waɪrɪŋ
Windung (einzelne)	turn of winding tɜn ɒv waɪndɪŋ
Windungsfluss	flux linking turn flʌks lɪŋkɪŋ tɜn
Windungsspannung	turn-to-turn voltage tɜn tə tɜn vɒltədʒ
Windungszahl	number of turns in winding nʌmbə ɒv tɜns ɪn waɪndɪŋ
Winkelstecker	right angle plug raɪt æŋgl plʌg
Wirbelstromdämpfung	eddy current damping ɛdɪ kʌrənt dæmpɪŋ
Wirkfaktor	power factor paʊwə fæktə
Wirkleistung	active power, effective power æktɪv paʊwə, ɪfɛktɪv paʊwə
Wirkung des elektrischen Stroms	effects of current ɪfɛkts ɒv kʌrənt

X

X Kern	x-core ɛks kɔ
X-Spannungsteiler	X potentiometer ɛks pəʊtɛnʃəʊmitə
X-Verstärker	X-amplifier ɛks æmplɪfaɪə
X-Welle	X-wave ɛks weɪv

Y

YE (gelb)	yellow jɛləʊ
YEBU (gelb-blau)	yellow blue jɛləʊ blu
YEGY (gelb-grau)	yellow grey jɛləʊ greɪ

YEWH (weiß-gelb)	yellow white jɛləʊ waɪt
Y-Koppler	Y-coupler waɪ kʌplə
Y-Muffe	y-joint waɪ dʒɔɪnt
Y-Quarz	Y-cut quartz waɪ kʌt kwɔts
Y-Verzweiger	Y-junction waɪ dʒʌŋktʃn
Y-Vierpolparameter	y-parameter waɪ pəræmɪtə

Z

Zählimpuls	counting pulse kaʊntɪŋ pʌls
Zählpfeilsystem	reference arrow system rɛfərəns ærəʊ sɪstəm
Zählpfeilsystem (Erzeuger-)	generator reference-arrow system dʒɛnəreɪtə rɛfərəns ærəʊ sɪstəm
Zangenstromwandler	split-core type current transformer splɪt kɔ taɪp kʌrənt trænsfɔmə
Zeitablenkeinrichtung	time base taɪm beɪs
Zeitrelais	timing relay taɪmɪŋ rɪleɪ
Zeit-Strom-Kennlinie	time-current characteristic taɪm kʌrənt kærəktərɪstɪk
Zelle (Batterie)	cell sɛl
Zentraleinspeisung	centre feed unit sɛntə fid jʊnɪt
zugeführte Spannung	applied voltage əplaɪd vɒltədʒ
zugehöriges elektrisches Betriebsmittel	associated electrical apparatus əsəʊsɪeɪtɪd ɪlɛktrɪkl əpærətəs
zugfestes Kabel	cable for high tensile stresses keɪbl fɔ haɪ tɛnsaɪl strɛsəs
Zuleitung	supply line səplaɪ laɪn
Zungenfrequenzmessgerät	vibrating-reed frequency meter vaɪbreɪtɪŋ rid frikwənsi mitə
Zusammenschaltung	interconnection ɪntəkənɛkʃn
Zusatzleiterplatte	daughter board dɔtə bɔd
zwangsläufiges Öffnen	positive opening pɒzɪtɪv əʊpənɪŋ
Zweihand-Sicherheits-Schaltung	two-hand safety circuit tu hænd seɪftɪ sɜkɪt
zweipoliger Umschalter	double pole double throw switch dʌbl pəʊl dʌbl θrəʊ swɪtʃ
Zweiweggleichrichter	full-wave rectifier fʊl weɪv rɛktɪfaɪə
Zwischenfrequenz	intermediate frequency ɪntəmidɪət frikwənsi
Zwischenfrequenzstufe	intermediate frequency stage ɪntəmidɪət frikwənsi steɪdʒ
Zylinderwicklung	concentric winding kənsɛntrɪk waɪndɪŋ

electrical engineering

Elektrotechnik

englisch – deutsch

A

a.c. – d.c. voltage converter eɪsɪ dɪsɪ vɒltədʒ kənvɜːtə	Gleichspannungsumrichter
a.c. motors eɪsɪ məʊtəs	Wechselstrommotoren
a.c. solenoid eɪsɪ sɒlənɔɪd	Wechselstrommagnet
absolute level æbsəlut lɛvəl	absoluter Pegel
accumulator, battery əkjʊmələeɪtə, bætəri	Akkumulator
activate æktɪveɪt	aktivieren
active power, effective power æktɪv paʊwə, ɪfɛktɪv paʊwə	Wirkleistung
active sensor æktɪv sɛnsə	aktiver Sensor
active standby operation æktɪv stændbaɪ ɒpəreɪʃn	Bereitschaftsbetrieb
actuating unit æktʃʊeɪtɪŋ jʊnɪt	Stelleinrichtung
actuator æktʃʊeɪtə	Stellantrieb
actuator sensor interface æktʃʊeɪtə sɛnsə ɪntəfeɪs	Aktuator-Sensor-Interface
actuators, piezoelectric æktjʊeɪtəz, paɪɛtsəʊɪlɛktrɪk	Aktoren, piezoelektrische
adapter plug ədæptə plʌg	Übergangsstecker
adjustable resistors ədʒʌstəbəl rɪzɪstəs	einstellbare Widerstände
adjustment ədʒʌsmənt	Abgleich
air-core transformer ɛə kɔ trænsfɔmə	Lufttransformator
air-insulated ɛə ɪnsjʊleɪtəd	luftisoliert
alligator clip ælɪgeɪtə klɪp	Krokodilklemme
all-pole mains switch ɔlpəʊl meɪns swɪtʃ	allpoliger Netzschalter
alphanumeric display ælfənʊmɛrɪk dɪspleɪ	alphanumerische Anzeige
alternating current æltəneɪtɪŋ kʌrənt	Wechselstrom
alternating voltage, sinusoidal æltəneɪtɪŋ vɒltədʒ, saɪnəsɔɪdl	Wechselspannung, sinusförmige
aluminium electrolytic capacitor æljʊmɪnjəm ɪlɛktrəʊlɪtɪk kəpæsɪtə	Aluminium-Elektrolytkondensator
ampere meter æmpɪə mitə	Amperemeter
ampere-hour capacity æmpɪə aʊə kəpæsəti	Kapazität in Ah
amplifier æmplɪfaɪə	Verstärker
amplify æmplɪfaɪ	verstärken
amplitude æmplɪtjud	Amplitude
analog display ænəlɒg dɪspleɪ	Analoganzeige
analog input ænəlɒg ɪnpʊt	Analogeingang
analog output ænəlɒg aʊtpʊt	Analogausgang
annual consumption ænjʊəl kənsʌmptʃən	Jahresverbrauch
annual load duration ænjʊəl ləʊd djʊreɪʃn	Jahresbelastungsdauer
annual peak ænjʊəl pik	Jahresspitze
annunciator ənʌnsɪeɪtə	Meldeeinrichtung
annunciator panel ənʌnsɪeɪtə pænəl	Meldetafel
antistatic æntɪstætɪk	antistatisch

apparatus switch əpærətəs swɪtʃ	Geräteschalter
appliance inlet əplaɪəns ɪnlət	Gerätestecker
applied power əplaɪd paʊwə	Leistungsaufnahme
applied voltage əplaɪd vɒltədʒ	zugeführte Spannung
armature (relay) amətʃə	Anker (Relais)
armature stroke amətʃə strəʊk	Ankerhub
arm's reach amz riːtʃ	Griffbereich
associated electrical apparatus əsəʊsɪeɪtɪd ɪlɛktrɪkl əpærətəs	zugehöriges elektrisches Betriebsmittel
astable circuit eɪsteɪbl sɜːkɪt	astabile Schaltung
asynchronous motor eɪsɪnkrɒnəs məʊtə	Asynchronmotor
asynchronous operation eɪsɪnkrɒnəs ɒpəreɪʃn	Asynchronbetrieb
attenuation ətɛnjʊeɪʃn	Dämpfung
attenuation curve ətɛnjʊeɪʃn kɜːv	Dämpfungskurve
audio frequency ɔːdɪəʊ frikwɛnsi	Niederfrequenz (NF)
audio transformer ɔːdɪəʊ trænsfɔːmə	Niederfrequenzübertrager
automatically regulated machine ɔːtəmætɪklɪ rɛgjʊleɪtəd məʃin	geregelte Maschine
auxiliary battery ɔːgzɪlɪərɪ bætəri	Hilfsbatterie
auxiliary drive ɔːgzɪlɪərɪ draɪv	Hilfsantrieb (Motor)
auxiliary equipment ɔːgzɪlɪərɪ ɪkwɪpmənt	Hilfsmittel

B

back connection bæk kənɛkʃn	rückseitiger Anschluss
back turn bæk tɜːn	Gegenwindung
backlight principle bæklaɪt prɪnsɪpl	Durchlicht-Verfahren
back-up battery bæk ʌp bætəri	Stützbatterie
back-up fuse bæk ʌp fjuːz	Kurzschlusssicherung, Vorsicherung
back-up power supply bæk ʌp paʊwə səplaɪ	Notstromversorgung
backward wave bækwɔːd weɪv	Rückwärtswelle
banana plug bənænə plʌg	Bananenstecker
bandwidth-length-product (optical fibre) bændwɪdθ lɛŋə prɒdʌkt (ɒptɪkəl faɪbə)	Bandbreite-Länge-Produkt (Lichtwellenleiter)
barcode scanner bɑːkəʊd skænə	Barcodescanner
base-emitter voltage beɪs ɛmɪtə vɒltədʒ	Basis-Emitter-Spannung
basic circuit beɪsɪk sɜːkɪt	Grundschaltung
basic current beɪsɪk kʌrənt	Basisstrom
basic speed beɪsɪk spiːd	Nenndrehzahl
basic wiring beɪsɪk waɪrɪŋ	Grundverdrahtung
battery back-up power supply bætəri bækʌp paʊwə səplaɪ	batteriegestützte Stromversorgung

battery charger bætəri tʃadʒə
Batterieladegerät

battery-backed bætəri bækt
gepuffert

battery-operated equipment
bætəri ɒpəreɪtɪŋ ɪkwɪpmənt
batteriebetriebenes Gerät

Bayonet Neill Concelman connector baɪənət nil
kɒnsəlmən kənɛktə
BNC-Steckverbindung

BCD to decimal decoder bisidi tə dɛsɪməl dɪkəʊdə
BCD-Dezimal-Decoder

bell bɛl
Klingel

bias charge baɪəz tʃadʒ
Grundladung

biased relay baɪəst rɪleɪ
Relais mit Vormagnetisierung

bimetal relay bimɛtəl rɪleɪ
Bimetallrelais

bipolar control bipəʊlə kəntrəʊl
bipolare Ansteuerung (Schrittmotor)

bipolar transistor bipəʊlə trænzɪstə
Bipolartransistor

block terminal blɒk tɜmɪnəl
Anschlussklemme

blowing of fuse bləʊɪŋ ɒv fjuz
Sicherungsausfall

blow-out magnet bləʊ aʊt mægnət
Blasmagnet

body resistance bɒdɪ rɪzɪstəns
Körperwiderstand

bonding to frame bɒndɪŋ tə freɪm
Masseanschluss

bounce (contact) baʊns
Prellen (Kontakt)

braided lead breɪdəd lɛd
geflochtene Litze

braided screen breɪdəd skrin
Schirmgeflecht

brake fan breɪk fæn
Bremslüfter

braking of motors breɪkɪŋ ɒv məʊtəs
Bremsen von Motoren

branch terminal brænʃ tɜmɪnəl
Abzweigklemme

break contact breɪk kɒntækt
Öffner

break-before-make arrangement
breɪk bɪfɔ meɪk əreɪndʒmənt
Überlappung (Kontakt, Öffner)

break-before-make contact breɪk bɪfɔ meɪk kɒntækt
Öffner vor Schließer

break delay time breɪk dɪleɪ taɪm
Öffnungsverzögerungszeit

breakdown breɪkdaʊn
Durchbruch

break-make ratio breɪk meɪk reɪʃəʊ
Pausen-Impuls-Verhältnis

bridge brɪdʒ
Brücke (Mess-, Schaltung)

bridge circuit brɪdʒ sɜkɪt
Brückenschaltung

brushless brʌʃləs
bürstenlos

brushless d.c. motor brʌʃləs dɪsɪ məʊtə
kollektorloser Gleichstrommotor

buffer battery bʌfə bætəri
Pufferbatterie

building cable bɪldɪŋ keɪbl
Installationsleitung

built-in power supply bɪlt ɪn paʊwə səplaɪ
eingebaute Stromversorgung

bundle (wires) bʌndl waɪəz
Bündel (Drähte)

bushing-type current transformer
bʊʃɪŋtaɪp kʌrənt trænsfɔmə
Aufsteckstromwandler

bypass switch baɪpʌs swɪtʃ
Bypass-Schalter

C

cable keɪbl	Kabel, Leitung
cable armour keɪbl amə	Kabelarmierung
cable assembly keɪbl əsɛmbli	Kabelmontage
cable channel keɪbl tʃænəl	Kabelkanal
cable conduit keɪbl kɒndɪt	Kabelrohr
cable connections keɪbl kənɛkʃnz	Leitungsanschlüsse
cable connector keɪbl kənɛktə	Leitungsstecker
cable cross-sectional area keɪbl krɒs sɛkʃənəl ɛərɪə	Kabelquerschnitt
cable distribution cabinet keɪbl dɪstrɪbjuʃn kæbɪnət	Kabelverteiler
cable duct keɪbl dʌkt	Kabelkanal
cable entry keɪbl ɛntri	Kabeleinführung
cable for high tensile stresses keɪbl fɔ haɪ tɛnsaɪl strɛsəs	zugfestes Kabel
cable handling keɪbl hændlɪŋ	Leitungsbearbeitung
cable harness keɪbl hanəs	Kabelbaum
cable jacket keɪbl dʒækət	Kabelhülle
cable joint keɪbl dʒɔɪnt	Kabelmuffe
cable joint (mechanical) keɪbl dʒɔɪnt	Kabelverbindung (mechanische)
cable lug keɪbl lʌg	Kabelschuh
cable running plan keɪbl rʌnɪŋ plæn	Kabelplan
cable sheath keɪbl ʃiθ	Kabelmantel
cable splice keɪbl splaɪs	Kabelspleißstelle
cable stripping knife keɪbl strɪpɪŋ naɪf	Kabelmesser
cable type keɪbl taɪp	Leitungsart
cable-lug-type screw terminal keɪbl lʌg taɪp skru tɜmɪnəl	Flachklemme für Kabelschuh
cable-operated emergency switch keɪbl ɒpəreɪtəd ɪmɜdʒənsɪ swɪtʃ	Seilzug-Notschalter
cabling (device) keɪblɪŋ	Verkabelung (Gerät)
cadmium storage cell kædmɪəm stɒrədʒ sɛl	Cadmiumakkumulator
cage clamp terminal keɪdʒ klæmp tɜmɪnəl	Käfigzugklemme
cage rotor motor keɪdʒ rəʊtə məʊtə	Käfigläufermotor
cam-operated mechanism kæm ɒpəreɪtəd mɛkənɪzm	Nockenantrieb
cam-operated switch kæm ɒpəreɪtəd swɪtʃ	Nockenschalter
capacitance-voltage characteristic kəpæsɪtəns vɒltədʒ kærəktərɪstɪk	Kapazitäts-Spannungs-Kennlinie
capacitive load kəpæsɪtɪv ləʊd	kapazitive Last
capacitive proximity sensors kəpæsɪtɪv prɒksɪmɪtɪ sɛnsəz	kapazitive Näherungssensoren
capacitor bank kəpæsɪtə bæŋk	Kondensatorbatterie
capacitor voltage divider kəpæsɪtə vɒltədʒ dɪvaɪdə	kapazitiver Spannungsteiler

capacitor, nonpolarised kəpæsɪtə nɒnpəʊləraɪzd	Kondensator, ungepolt
capstan motor kæpstən məʊtə	Bandantriebsmotor
carbon brush kabən brʌʃ	Kohlebürste
carbon film resistor kabən fɪlm rɪzɪstə	Kohleschichtwiderstand
carbon-zinc battery kabən zɪŋk bætəri	Kohlenstoff-Zink-Batterie
card cage kad keɪdʒ	Baugruppenträger
carrier frequency kærɪə frikwənsi	Trägerfrequenz
cathode ray tube kæəəʊd reɪ tjub	CRT
cavity resonator kævətɪ rɛzəneɪtə	Hohlraumresonator
CEE-equipment plug siii ɪkwɪpmənt plʌg	CEE-Kragengerätestecker
cell sɛl	Zelle (Batterie)
centre feed unit sɛntə fid jʊnɪt	Zentraleinspeisung
centre position sɛntə pəzɪʃn	Mittelstellung
centre tap connection sɛntə tæp kənɛkʃn	Mittelpunktschaltung
centrifugal controller sɛntrɪfjʊgəl kəntrəʊlə	Fliehkraftregler
ceramic DIP kəræmɪk dɪp	Keramik-DIP-Gehäuse
ceramic pressure sensor kəræmɪk prɛʃə sɛnsə	keramischer Drucksensor
chain winding tʃeɪn waɪndɪŋ	Korbwicklung
changeover operation tʃeɪndʒəʊvə ɒpəreɪʃn	Umschaltbetrieb (Batterie)
characteristic forward values kærəktərɪstɪk fɔwəd væljus	Durchlasskennwerte
charge tʃadʒ	aufladen
charge (electricity) tʃadʒ	laden (elektrisch)
charge amplifier tʃadʒ æmplɪfaɪə	Ladungsverstärker
charge-coupled device (CCD) tʃadʒ kʌpld dɪvaɪs	ladungsgekoppeltes Bauelement (CCD)
chemical effect of current kɛmɪkl ɪfɛkt ɒv kʌrənt	chemische Wirkung des Stromes
chip assembly tʃɪp əsɛmbli	Chipmontage
chip bonding tʃɪp bɒndɪŋ	Chipbonden
chip carrier tʃɪp kærɪə	Chipträger
chip-card reader tʃɪpkad ridə	Chipkartenleser
chlophen filled transformer kləʊfin fɪld trænsfɔmə	Chlophen-Transformator
choke tʃəʊk	Drosselspule
chopper-converter tʃɒpə kənvɜtə	Chopper-Übertrager
chromium-nickel wire coil krəʊmiəm nɪkəl waɪə kɔɪl	Chromnickeldrahtwendel
circuit sɜkɪt	Schaltkreis
circuit board conductor sɜkɪt bɒd kəndʌktə	Leiterbahn (gedruckte Schaltung)
circuit breaker sɜkɪt breɪkə	Leitungsschutzschalter
circuit design sɜkɪt dɪzaɪn	Schaltungsaufbau
circuit diagram sɜkɪt daɪəgræm	Schaltplan, Stromlaufplan
circuits, printed sɜkɪts prɪntəd	Schaltungen, gedruckte
clamping connection klæmpɪŋ kənɛkʃn	Klemmverbindung
clamp-type cable lug klæmp taɪp keɪbl lʌg	Klemmkabelschuh

clamp-type test probe klæmp taɪp tɛst prəʊb — Klemmprüfspitze

class I appliance klas ʌn əplaɪəns — Gerät der Schutzklasse I

class of protection klas ɒv prətɛkʃn — Schutzklasse

clearance between poles klɪərənts bɪtwin pəʊlz — Luftstrecke zwischen den Polen

clearance in air klɪərənts ɪn ɛə — Luftstrecke

clock frequency klɒk frikwənsi — Taktfrequenz

clock generator klɒk dʒɛnəreɪtə — Taktgeber

clock pulse klɒk pʌls — Takt

clock pulse duration klɒk pʌls djʊreɪʃn — Taktimpulsdauer

clock pulse edge klɒk pʌls ɛdʒ — Taktflanke

clock synchronous klɒk sɪnkrɒnəs — taktsynchron

clock timer klɒk taɪmə — Schaltuhr

clock-controlled klɒk kəntrəʊld — taktgesteuert

closed circuit kləʊzd sɜːkɪt — geschlossener Stromkreis

closed magnetic circuit kləʊzd mægnɛtɪk sɜːkɪt — luftspaltloser Magnetkreis

closed-circuit connection kləʊzd sɜːkɪt kənɛkʃn — Ruhestromschaltung

closing operation kləʊzɪŋ ɒpəreɪʃn — Einschaltvorgang

coaxial jack kəʊksɪəl dʒæk — Koaxialbuchse

coding jumper kəʊdɪŋ dʒʌmpə — Codierbrücke

coding system kəʊdɪŋ sɪstəm — Codiersystem

coercive field strength kəʊɜːsɪv fild strɛŋθ — Koerzitivfeldstärke

coil kɔɪl — Spule

cold restart kəʊld rɪstat — Neuanlauf

collectively shielded cable kəlɛktɪvlɪ ʃildəd keɪbl — gemeinsam geschirmtes Kabel

collector-base-voltage kəlɛktə beɪs vɒltədʒ — Kollektor-Basis-Spannung

colour sensor kʌlə sɛnsə — Farbsensor

combined cable kɒmbaɪnd keɪbl — gemischtpaariges Kabel

combined instrument transformer kəmbaɪnd ɪnstrʊmənt trænsfɔmə — kombinierter Messwandler

combined wiring kəmbaɪnd waɪrɪŋ — Mischverdrahtung

common collector circuit kɒmən kəlɛktə sɜːkɪt — Kollektorschaltung

common emitter circuit kɒmən əmɪtə sɜːkɪt — Emitterschaltung

common powering kɒmən paʊwərɪŋ — gemeinsame Stromversorgung

commutator brush kəmjuteɪtə brʌʃ — Kommutatorbürste

commutator sparking kəmjuteɪtə spakɪŋ — Kommutatorfeuer

compensation kɒmpənzeɪʃn — Ausgleich

complementary metal-oxide semiconductor (CMOS) kɒmpləmɛntərɪ mɛtəl ɒksaɪd sɛmɪkəndʌktə — CMOS

component side kəmpəʊnənt saɪd — Bestückungsseite

compound coil kɒmpaʊnd kɔɪl — Doppelspule

compounding kɒmpaʊndɪŋ — Kompoundierung

compression type socket kəmprɛʃn taɪp sɒkət — Presskabelschuh

concentric winding	kənsɛntrɪk waɪndɪŋ	Zylinderwicklung
conductance	kəndʌktəns	Leitwert
conductibility	kəndʌktəbɪlətɪ	Leitfähigkeit, elektrische
conducting varnish	kəndʌktɪŋ vanɪʃ	Leitlack
conduction current density	kəndʌktʃən kʌrənt dɛnsətɪ	Leitungsstromdichte
conductive clothing	kəndʌktəv kləʊəɪŋ	leitfähige Schutzkleidung
conductive layer	kəndʌktɪv leɪə	leitender Belag
conductive part	kəndʌktɪv pat	leitfähiges Teil
conductor	kəndʌktə	Leiter (elekt.)
conductor connections	kəndʌktə kənɛkʃnz	Leitungsverbindungen
conductor cross-section	kəndʌktə krɒs sɛkʃən	Leiterquerschnitt
conductor in magnetic field	kəndʌktə ɪn mægnɛtɪk fild	Leiter im Magnetfeld
conductor insulation	kəndʌktə ɪnsjʊleɪʃn	Leiterisolierung
conductor line	kəndʌktə laɪn	Leiterbahn
conductor screen	kəndʌktə skrin	innere Leitschicht
conductor, colour code	kəndʌktə, kʌlə kəʊd	elektrischer Leiter, Kennfarbe
connect in parallel	kənɛkt ɪn pærələl	nebeneinanderschalten
connect to supply	kənɛkt tə səplaɪ	aufschalten
connected in parallel	kənɛktəd ɪn pærələl	parallel geschaltet
connecting box	kənɛktɪŋ bɒks	Anschlussdose
connecting terminal unit	kənɛktɪŋ tɜmɪnl jʊnɪt	Verbindungsklemme
connecting to earth	kənɛktɪŋ tə ɜθ	erden
connection	kənɛkʃn	Anschluss
connector pin assignment	kənɛktə pɪn əsaɪnmənt	Steckerbelegung
constant voltage charge	kɒnstənt vɒltədʒ tʃadʒ	Konstantspannungsladung
constant voltage regulator	kɒnstənt vɒltədʒ rɛgjəleɪtə	Konstanthalter
constant voltage source	kɒnstənt vɒltədʒ sɔs	Konstantspannungsquelle
contact bounce	kɒntækt baʊns	Kontaktprellen
contact closes	kɒntækt kləʊzəs	Kontakt schließt
contact gap	kɒntækt gæp	Kontaktabstand
contact materials	kɒntækt mətɪərɪəlz	Kontakt-Werkstoffe
contact multiplier	kɒntækt mʌltɪplaɪə	Vervielfacher (Kontakt)
contact opens	kɒntækt əʊpəns	Kontakt öffnet
contact point	kɒntækt pɔɪnt	Berührungspunkt
contact rating	kɒntækt reɪtɪŋ	Kontaktbelastbarkeit
contact separation	kɒntækt sɛpəreɪʃn	galvanische Trennung (Kontakte)
contact spacing	kɒntækt speɪsɪŋ	Rastermaß (Steckverbinder)
contact travel	kɒntækt trævəl	Kontakthub
contact wear	kɒntækt wɛə	Kontaktabnutzung
contact welding	kɒntækt wɛldɪŋ	Kontaktverschweißen
contact wipe	kɒntækt waɪp	Kontaktreiben
contactor	kəntæktə	Schütz

continuity tester kəntınjʊətı tɛstə	Durchgangsprüfer
continuous contact making kəntınjʊəs kʊntækt meıkıŋ	Dauerkontaktgabe
continuous load kəntınjʊəs ləʊd	Dauerbelastung
continuous load current kəntınjʊəs ləʊd kʌrənt	Dauerbetriebsstrom
continuous operation kəntınjʊəs ɒpəreıʃn	Dauerbetrieb
continuous rating kəntınjʊəs reıtıŋ	Dauerleistung
continuous running kəntınjʊəs rʌnıŋ	Dauerlauf
contracting scale kəntræktıŋ skeıl	gedämpfte Skala
contrast sensor kʊntræst sɛnsə	Kontrastsensor
control electro-magnet kəntrəʊl ılɛktrəʊ mægnət	Betätigungsmagnet
control electronics kəntrəʊl ılɛktrɒnıks	Ansteuerelektronik
controlled stopping kəntrəʊld stɒpıŋ	gesteuertes Stillsetzen
converter kənvɜːtə	Konverter
copper loss kʊpə lɒs	Kupferverluste
copper oxide-zinc battery kʊpə ɒksaıd zıŋk bætəri	Kupferoxid-Zink-Batterie
copper-constantan thermocouple kʊpə kɒnstəntən θɜːməʊkʌpl	Kupfer-Konstantan-Thermoelement
copper-laminated kʊpə læmıneıtəd	kupferkaschiert
core kɔː	Kern
core isolation kɔː aısəleıʃn	Aderisolation
Coulomb's law kʊlɒmbz lɔː	Coulombsches Gesetz
counter-cell kaʊntə sɛl	Gegenzelle (Batterie)
counting pulse kaʊntıŋ pʌls	Zählimpuls
creepage distances and clearances kriːpədʒ dıstənsəs ænd klıərəntsəs	Kriech- und Luftstrecken
crimp krımp	aufquetschen, crimpen
crimp connection krımp kənɛkʃn	Quetschverbindung
crimp contact krımp kʊntækt	Crimpkontakt
crimp tool krımp tuːl	Crimpwerkzeug
crimp-type joint krımp taıp dʒɔınt	Quetschverbindung
crimping cable lug krımpıŋ keıbl lʌg	Quetschkabelschuh
critical frequency krıtıkəl frikwənsi	kritische Frequenz
critical rotation speed krıtıkəl rəʊteıʃn spiːd	kritische Drehzahl
critical torsional speed krıtıkəl tɔːʃənəl spiːd	kritische Drehzahl
cross coupling krɒs kʌplıŋ	Querkopplung
cross section for connection krɒs sɛkʃn fɔː kənɛkʃn	Anschlussquerschnitt
cross wiring krɒs waırıŋ	Querverdrahtung
crossed-coil instrument krɒst kɔıl ınstrʊmənt	Kreuzspulinstrument
crystal control krıstəl kəntrəʊl	Quarzsteuerung
crystal filter krıstəl fıltə	Quarzfilter
crystal holder krıstəl həʊldə	Quarzhalter
crystal-stabilised krıstəl stæbəlaızt	quarzstabilisiert

cup-type core kʌp taɪp kɔ	Topfkern
current kʌrənt	(elektrischer) Strom
current carrying capacity of printed conductors kʌrənt kæriɪŋ kəpæsəti ɒv prɪntəd kəndʌktəz	Strombelastbarkeit von Leiterbahnen
current input kʌrənt ɪnpʊt	Stromaufnahme
current linkage kʌrənt lɪŋkədʒ	Durchflutung, elektrische
current source kʌrənt sɔs	Stromquelle
current systems kʌrənt sɪstəmz	Stromsysteme
current-loop interface kʌrənt lup ɪntəfeɪs	Linienstromschnittstelle
current-voltage characteristic kʌrənt vɒltədʒ kærəktərɪstɪk	Strom-Spannungs-Kennlinie
cut E core kʌt i kɔ	E-Schnittkern
cycle duration saɪkl djʊreɪʃn	Periodendauer
cyclic actuation saɪklɪk æktʃʊeɪʃn	periodische Betätigung

D

d.c. chopper converter dɪsɪ tʃɒpə kənvɜtə	Gleichstromsteller
d.c. drives dɪsɪ draɪvz	Gleichstromantriebe
d.c. electricity meter dɪsɪ ɪlɛktrɪsɪtɪ mitə	Gleichstromzähler
d.c. motors dɪsɪ məʊtəz	Gleichstrommotoren
d.c. resistance dɪsɪ rɪzɪstəns	Gleichstromwiderstand
damp and wet locations dæmp ænd wɛt ləʊkeɪʃnz	feuchte und nasse Räume
daughter board dɔtə bɔd	Zusatzleiterplatte
debounce dɪbaʊns	entprellen
decade switch dɪkeɪd swɪtʃ	Dekadenschalter
declaration of duty dɛkləreɪʃn ɒv djutɪ	Angabe des Betriebes
de-energised diɛnədʒaɪst	stromlos
degree of protection provided by enclosure dɪgri ɒv prətɛkʃn prəʊvaɪdəd baɪ ɛnkləʊʒə	Schutzart des Gehäuses
de-ionising di aɪənaɪzɪŋ	deionisieren
delay time dɪleɪ taɪm	Verzögerungszeit
delayed relay dɪleɪd rɪleɪ	verzögertes Relais
delta connection dɛltə kənɛkʃn	Dreieckschaltung
delta-star conversion dɛltə sta kənvɜʒn	Dreieck-Stern-Umwandlung
demagnetisation curve dɪmægnətaɪzeɪʃn kɜv	Entmagnetisierungskurve
design dɪzaɪn	Entwicklung (Leiterplatte)
desolder dɪsəʊldə	ablöten
die yield daɪ jild	Chipausbeute
dielectric daɪɪlɛkrɪk	Dielektrikum
dielectric properties daɪɪlɛktrɪk prɒpətiz	Isolationseigenschaften

differential magneto resistor potentiometer
  dɪfərɛnʃl mægnətəʊ rɪzɪstə pəʊtɛnʃəʊmɪtə

Differential-Feldplatten Potenziometer

diffuse dɪfuz

diffundieren

digital display dɪdʒɪtəl dɪspleɪ

Digitalanzeige

digital measurement technique
  dɪdʒɪtəl mɛʒəmənt tɛknɪk

digitale Messtechnik

digital-analog converter dɪdʒɪtəl ænəlɒɡ kənvstə

Digital-Analog-Wandler

diode daɪəʊd

Diode

diode laser daɪəʊd leɪzə

Diodenlaser

DIP switch dɪp swɪtʃ

DIP-Schalter

direct current daɪrɛkt kʌrənt

Gleichstrom

direct switching of three phase motors daɪrɛkt swɪtʃɪŋ
  ɒv θri feɪz məʊtəz

direktes Schalten von
  Drehstrommotoren

direct voltage (d.c.) daɪrɛkt vɒltədʒ

Gleichspannung

direction of armature rotation
  daɪrɛkʃn ɒv amətʃə rəʊteɪʃn

Ankerdrehrichtung

direction of magnetisation
  daɪrɛkʃn ɒv mægnətaɪzeɪʃn

Magnetisierungsrichtung

direction of rotation daɪrɛkʃn ɒv rəʊteɪʃn

Drehrichtung

discharge dɪstʃadʒ

entladen

discharging current dɪstʃadʒɪŋ kʌrənt

Entladestromstärke

discharging gap dɪstʃadʒɪŋ gæp

Entladefunkenstrecke

discharging voltage dɪstʃadʒɪŋ vɒltədʒ

Entladespannung

disconnection from line dɪskənɛkʃn frɒm laɪn

Netzabschaltung

disconnection in three poles dɪskənɛkʃn ɪn θri pəʊlz

dreipolige Abschaltung

disengage dɪsɛngeɪdʒ

trennen (Stromversorgung)

display range dɪspleɪ reɪndʒ

Anzeigebereich

distribution cabinet dɪstrɪbjuʃn kæbɪnət

Verteiler, Schrank-

doping dəʊpɪŋ

dotieren

double contact dʌbl kɒntækt

Doppelkontakt

double current operation dʌbl kʌrənt ɒpəreɪʃn

Doppelstrombetrieb

double height printed circuit board
  dʌbl haɪt prɪntəd sɜkɪt bɔd

doppelt hohe Flachbaugruppe

double pole double throw switch
  dʌbl pəʊl dʌbl θrəʊ swɪtʃ

zweipoliger Umschalter

double shunt wound motor dʌbl ʃʌnt waʊnd məʊtə

Doppelschlussmotor

double wave dʌbl weɪv

Doppelwelle (Löten)

double-pole dʌbl pəʊl

doppelpolig

double-wound dʌbl waʊnd

bifilar gewickelt

drain terminal dreɪn tɜmɪnəl

Drain-Anschluss

drive draɪv

Laufwerk (Antrieb)

drive engineering, electronic
  draɪv ɛndʒɪnɪərɪŋ, ɪlɛktrɒnɪk

Antriebstechnik, elektronische

drive motor draɪv məʊtə	Antriebsmotor
drive power draɪv paʊwə	Antriebsleistung
drive system draɪv sɪstəm	Antrieb
driver circuit draɪvə sɜkɪt	Treiberschaltung
dropout fuse drɒpaʊt fjuz	Trennsicherung
dry charged battery draɪ tʃadʒd bætəri	trockene (geladene) Batterie
dry joint draɪ dʒɔɪnt	kalte Lötstelle
duration of short-circuit djʊreɪʃn ɒv ʃɔt sɜkɪt	Kurzschlussdauer
duty class djutɪ klas	Belastungsklasse, Betriebsklasse
duty cycle (pulse) djutɪ saɪkl	Tastverhältnis (Impuls)
duty ratio djutɪ reɪʃəʊ	relative Einschaltdauer (Trafo)

E

earth electrode ɜθ ɪlɛktrəʊd	Erder
earth free environment ɜθ fri ənvaɪrənmənt	erdfreie Umgebung
earth leakage current ɜθ likədʒ kʌrənt	Erdableitstrom
earth loop ɜθ lup	Erdschleife
earth symbol (ground symbol) ɜθ sɪmbəl, graʊnd sɪmbəl	Erdungszeichen
earth-connected ɜθ kənɛktəd	geerdet
earthing pin plug ɜθɪŋ pɪn plʌg	Schutzkontakt-Stecker
earthing point ɜθɪŋ pɔɪnt	Erdungspunkt
earthing resistance ɜθɪŋ rɪzɪstəns	Erdungswiderstand
earthing strip ɜθɪŋ strɪp	Masseband
eddy current damping ɛdɪ kʌrənt dæmpɪŋ	Wirbelstromdämpfung
edge-emitting LED ɛdʒ əmɪtɪŋ ɛlidi	kantenemittierende LED
effectively conducting output circuit ɪfɛktəvlɪ kəndʌktɪŋ aʊtpʊt sɜkɪt	durchgeschalteter Ausgangkreis
effects of current ɪfɛkts ɒv kʌrənt	Wirkung des elektrischen Stroms
electric charge ɪlɛktrɪk tʃadʒ	Ladung, elektrische
electric circuit ɪlɛktrɪk sɜkɪt	elektrischer Stromkreis
electric current intensity ɪlɛktrɪk kʌrənt ɪntɛnsəti	elektrische Stromstärke
electric insulation ɪlɛktrɪk ɪnsjʊleɪʃn	elektrische Isolierung
electric line ɪlɛktrɪk laɪn	Leitung (Energieübertragung)
electric motor ɪlɛktrɪk məʊtə	Elektromotor
electric power source ɪlɛktrɪk paʊwə sɔs	elektrische Energiequelle
electric shock ɪlɛktrɪk ʃɒk	elektrischer Schlag
electric voltage ɪlɛktrɪk vɒltədʒ	elektrische Spannung
electrical ɪlɛktrɪkl	elektrisch
electrical circuit ɪlɛktrɪkl sɜkɪt	elektrische Schaltung
electrical energy ɪlɛktrɪkl ɛnədʒi	elektrische Arbeit

electrical engineering ɪlɛktrɪkl ɛndʒɪnɪərɪŋ — Elektrotechnik

electrical industry ɪlɛktrɪkl ɪndəstri — Elektroindustrie

electrical operating area ɪlɛktrɪkl ɒpəreɪtɪŋ ɛərɪə — elektrische Betriebsstätte

electrical power ɪlɛktrɪkl paʊwə — elektrische Leistung

electrical quantity ɪlɛktrɪkl kwʌntəti — elektrische Größe

electrical repair shop ɪlɛktrɪkl rɪpɛə ʃɒp — Elektroreparaturwerkstatt

electrical resistance ɪlɛktrɪkl rɪzɪstəns — elektrischer Widerstand

electrical resources, marks of conformity ɪlɛktrɪkl rɪsɔsəs, maks ɒv kənfɔməti — elektrische Betriebsmittel, Prüfzeichen

electrical rotating machine ɪlɛktrɪkl rəʊteɪtɪŋ məʃin — umlaufende elektrische Maschine

electrical signals ɪlɛktrɪkl sɪgnəlz — elektrische Signale

electrical skilled person ɪlɛktrɪkəl skɪld pɜsən — Elektrofachkraft

electrical steel ɪlɛktrɪkl stil — weichmagnetischer Stahl

electrical work ɪlɛktrɪkl wɜk — elektrische Arbeit

electrically conductive connection ɪlɛktrɪklɪ kəndʌktɪv kənɛkʃn — elektrisch leitende Verbindung

electrical skilled person ɪlɛktrɪkl skɪld pɜsən — Elektrofachkraft

electro acoustical transducer ɪlɛktrəʊ əkʊstɪkəl trænsdjusə — elektroakustischer Wandler

electromechanic drive ɪlɛktrəʊməkænɪk draɪv — elektromechanischer Antrieb

electro optics ɪlɛktrəʊ ɒptɪks — Elektrooptik

electrotechnical symbols ɪlɛktrəʊtɛknɪkəl sɪmbəlz — elektrotechnische Schaltzeichen

electrochemical series of metals ɪlɛktrəʊkɛmɪkl sɪərɪz ɒv mɛtəlz — Spannungsreihe (galvanische)

electroluminescence ɪlɛktrəʊlʊmɪnəsəns — Elektrolumineszenz

electrolyte ɪlɛktrəʊlɪt — Elektrolyt

electromagnet ɪlɛktrəʊmægnət — Elektromagnet

electromagnetic ɪlɛktrəʊmægnətɪk — elektromagnetisch

electromagnetic compatibility ɪlɛktrəʊmægnətɪk kɒmpʌtəbɪləti — elektromagnetische Verträglichkeit

electromagnetic environment ɪlɛktrəʊmægnətɪk ənvaɪrənmənt — elektromagnetische Umgebung

electromagnetic radiation hazards ɪlɛktrəʊmægnətɪk rædɪeɪʃn hæzəds — Gefährdungen durch elektromagnetische Strahlung

electromotive force (e.m.f.) ɪlɛktrəʊməʊtɪv fɔs — EMK

electron beam processing ɪlɛktrɒn bim prəʊsɛsɪŋ — Elektronenstrahlverfahren

electronic valve (tube) ɪlɛktrɒnɪk vælv — Röhre

electronics ɪlɛktrɒnɪks — Elektronik

electro-optical transducer ɪlɛktrəʊ ɒptɪkəl trænsdjusə — elektrooptischer Wandler

electrostatic sensitive devices (ESD) ɪlɛktrəʊstætɪk sɛnsɪtɪv dɪvaɪs — elektrostatisch gefährdete Bauteile

EMC iɛmsi — EMV

emergency switch ɪmɜdʒənsɪ swɪtʃ — Gefahrenschalter

enamel-insulated wire ənɛməl ɪnsjʊleɪtəd waɪə — lackisolierter Draht

enamelled copper wire ənɛmeld kɒpə waɪə — Kupferlackdraht

encapsulated-winding dry-type transformer ɛnkæpsəleɪtəd waɪndɪŋ draɪ taɪp trænsfɔmə — Trockentransformator mit vergossener Wicklung

enclosed assembly ɛnkləʊzd əsɛmblɪ — geschlossene Bauform

end position ɛnd pəzɪʃn — Endlagenstellung

end-of-charge voltage ɛnd ɒv tʃadʒ vɒltədʒ — Ladeschlussspannung

equalising current conductor ɪkwəlaɪzɪŋ kʌrənt kəndʌktə — Ausgleichsleiter

equipment and product safety act ɪkwɪpmənt ænd prɒdʌkt seɪftɪ ækt — Gerätesicherheitsgesetz

equipment category ɪkwɪpmənt kætəgərɪ — Gerätekategorie

equipotential bonding ɛkɪpəʊtɛnʃl bɒndɪŋ — Potenzialausgleich

equivalent circuit diagram ɪkwɪvələnt sɜkɪt daɪəgræm — Ersatzschaltbild

error voltage ɛrə vɒltədʒ — Differenzspannung

excess current circuit breaker ɪksɛs kʌrənt sɜkɪt breɪkə — Überstrom-Schutzschalter

exhausted battery ɪkzɔstəd bætəri — tiefentladene Batterie

explosion protection ɪkspləʊʒn prətɛkʃn — Explosionsschutz

extension cable ɪkstɛnʃn keɪbl — Verlängerungskabel

external fan ɪkstɜnəl fæn — Außenlüfter

extra-low voltage (e.l.v.) ɛkstrə ləʊ vɒltədʒ — Kleinspannung

F

falling edge fɔlɪŋ ɛdʒ — fallende Flanke

fast charger fast tʃadʒə — Schnellladegerät

FASTON terminal fæstən tɜmɪnəl — FASTON-Anschluss

ferroelectric fɛrəʊɪlɛktrɪk — ferroelektrisch

ferromagnetic fɛrəʊmægnɛtɪk — ferromagnetisch

field form fild fɔm — Feldlinienverlauf

field rheostat fild rɪəʊstət — Feldregler

field voltage fild vɒltədʒ — Erregerspannung

filled, discharged battery fɪld, dɪstʃadʒd bætəri — gefüllte, entladene Batterie

filling material fɪlɪŋ mətɪərɪəl — Füllmasse

filter reactor fɪltə rɪæktə — Siebdrossel

fine-wire fuse faɪn waɪə fjuz — Feinsicherung

fire resistance class faɪə rɪzɪstəns klas — Feuerwiderstandsklasse

fixed electrical installation fɪkst ɪlɛktrɪkl ɪnstəleɪʃn — ortsfeste elektrische Installation

fixed resistor fɪkst rɪzɪstə — Festwiderstand

fixed speed drive fɪkst spid draɪv — Festdrehzahlantrieb

fixed termination fɪkst tɜmɪneɪʃn	fester Anschluss
fixed voltage controller fɪkst vɒltədʒ kəntrəʊlə	Festspannungsregler
flange-mounting motor flænʃ maʊntɪŋ məʊtə	Flanschmotor
flasher flæʃə	Blinker
flashing rate flæʃɪŋ reɪt	Blinkfrequenz
flat-type relay flæt taɪp rɪleɪ	Flachrelais
flexible conductor flɛksɪbəl kəndʌktə	feindrähtiger Leiter
flexible printed board flɛksɪbəl prɪntəd bɔd	flexible Leiterplatte
flexible wiring cable flɛksɪbəl waɪrɪŋ keɪbl	bewegliche Anschlussleitung
flex-rigid printed circuit board flɛks rɪdʒɪt prɪntəd sɜkɪt bɔd	starr-flexible Leiterplatte
floating contact fləʊtɪŋ kɒntækt	potenzialfreier Kontakt
floating operation fləʊtɪŋ ɒpəreɪʃn	Erhaltungsladebetrieb
flow-solder fləʊ səʊldə	einschwallen
flux flʌks	Flussmittel
flux linking turn flʌks lɪŋkɪŋ tɜn	Windungsfluss
flux, magnetic flʌks, mægnɛtɪk	Fluss, magnetischer
foil insulation fɔɪl ɪnsjʊleɪʃn	Folienisolierung
force sensor, piezoelectric fɔs sɛnsə pɪɛtsəʊɪlɛktrɪk	Kraftsensor, piezoelektrischer
forced-ventilated machine fɔst vɛntɪleɪtəd məʃin	fremdbelüftete Maschine
forward direction fɔwəd daɪrɛkʃn	Durchlassrichtung
four position switch fɔ pəzɪʃn swɪtʃ	Viertakt-Stufenschalter
four terminal network fɔ tɜmɪnəl nɛtwɜk	Vierpol-Netzwerk
four-wire operation fɔ waɪə ɒpəreɪʃn	Vierdrahtbetrieb
freezing current frizɪŋ kʌrənt	Krampfschwelle (Stromunfall)
frequency frikwənsi	Frequenz
frequency band frikwənsi bænd	Frequenzband
frequency converter frikwənsi kənvɜtə	Umrichter
frequency response frikwənsi rɪspɒns	Frequenzgang
frequency response locus frikwənsi rɪspɒns ləʊkəs	Ortskurve des Frequenzganges
fuel cell fjʊəl sɛl	Brennstoffzelle
full charge fʊl tʃadʒ	Vollladung (Batterie)
full duplex operation fʊl djʊplɛks ɒpəreɪʃn	Gegenbetrieb
full load fʊl ləʊd	Grenzlast
full-scale deflection fʊl skeɪl dɪflɛktʃn	Endausschlag
full-wave rectifier fʊl weɪv rɛktɪfaɪə	Zweiweggleichrichter
functional extra low voltage fʌŋktʃənəl ɛkstrə ləʊ vɒltədʒ	FELV
fuse fjuz	Leitungsschutzsicherung, Sicherung
fusible link fjuzəbəl lɪŋk	Durchschmelzverbindung
fusible wire fjuzəbəl waɪə	Schmelzdraht

G

gain geɪn	Verstärkung (Verstärker)
gallium arsenide diode gæljəm asɛnɪd daɪəʊd	Gallium-Arsenid-Diode
gapped core gæpt kɔ	gescherter Kern
gas sensor gæs sɛnsə	Gassensor
gassing gæsɪŋ	gasen
gas-tight sealed cell gæs taɪt sild sɛl	verschlossene Zelle (Batterie)
gate-terminal geɪt tɜmɪnəl	Gate-Anschluss
general-purpose transformer dʒɛnərəl pɜpəs trænsfɔmə	Allzwecktransformator
generate dʒɛnəreɪt	generieren
generated power dʒɛnəreɪtəd pauwə	Betriebsleistung
generator operation dʒɛnəreɪtə ɒpəreɪʃn	Generatorbetrieb
generator reference arrow system dʒɛnəreɪtə rɛfərənts ærəʊ sɪstəm	Erzeuger-Pfeilsystem, Zählpfeilsystem (Erzeuger-)
go and return line gəʊ ænd rɪtɜn laɪn	Hin- und Rückleitung
guide bar gaɪd ba	Leitschiene
guide bead gaɪd bid	Führungsleiste
guide plate gaɪd pleɪt	Leitlineal
guide rod gaɪd rɒd	Führungsschiene

H

half wave haf weɪv	Halbwelle
half-period haf pɪərɪəd	Halbperiode
Hall effect hɔl ɪfɛkt	Halleffekt
Hall flux-density probe hɔl flʌks dɛnsətɪ prəʊb	Feldsonde (Hall)
harmonic generation hamɒnɪk dʒɛnəreɪʃn	Oberwellenerzeugung
harmonic order hamɒnɪk ɔdə	Ordnung einer Oberwelle
heating filament hitɪŋ fɪləmənt	Heizfaden
heat-resistant non-sheathed cable hit rɪzɪstənt nɒn ʃɪðəd keɪbl	hitzebeständige Aderleitung
heat-shrinkable sleeving hit ʃrɪŋkəbəl slivɪŋ	Warmschrumpfschlauch
high frequency interference haɪ frɪkwənsi ɪntəfɪərəns	hochfrequente Störung
high voltage side haɪ vɒltədʒ saɪd	Oberspannungsseite
high-coercitive haɪ kəʊɜsɪtəv	hochkoerzitiv
highest voltage for equipment haɪəst vɒltədʒ fɔ ɪkwɪpmənt	höchste Spannung für Betriebsmittel
high-resistance haɪ rɪzɪstəns	hochohmig
hinged bay hɪnʃd beɪ	Schwenkrahmen
home position həʊm pəzɪʃn	Ruhestellung
hot plugging hɒt plʌgɪŋ	Hot Plugging
hot switching hɒt swɪtʃɪŋ	unter Spannung schalten

humidity rating hjʊmɪdɪti reɪtɪŋ	Feuchtigkeitsklasse
hybrid socket connector haɪbrɪd sɒkət kənɛktə	Misch-Federleiste
hysteresis curve hɪstɛrɪzɪs kɜv	Hysteresiskurve
hysteresis loop hɪstɛrɪzɪs lup	Hystereseschleife

I

IC packaging aɪsɪ pækədʒɪŋ	IC-Gehäuse
IEC-connector aɪisɪ kənɛktə	IEC-Stecker
immobilise in the open position iməʊbəlaɪz ɪn ðɪ əʊpən pəzɪʃn	gegen Wiedereinschalten sichern
impedance matching ɪmpɪdəns mætʃɪŋ	Impedanzanpassung
impedance transformer ɪmpɪdəns trænsfɔmə	Impedanzwandler
in phase ɪn feɪz	phasengleich
incremental position resolver ɪnkrəmɛntəl pəzɪʃn rɪzɒlvə	inkrementaler Weggeber
independent current source ɪndɪpɛndənt kʌrənt sɔs	unabhängige Stromquelle
indicating element ɪndɪkeɪtɪŋ ɛləmənt	Anzeigeelement
indoor switchgear and controlgear ɪndɔ swɪtʃgɪə ænd kəntrəʊlgɪə	Innenraumschaltgeräte
induce ɪndjus	induzieren
induced voltage ɪndjust vɒltədʒ	Induktionsspannung
inductance coil (component) ɪndʌktəns kɔɪl (kəmpəʊnənt)	Induktivität (Bauteil)
induction ɪndʌkʃən	Induktion
induction coil ɪndʌkʃən kɔɪl	Induktionsspule
induction loop ɪndʌkʃən lup	Induktionsschleife
inductive load ɪndʌktɪv ləʊd	induktive Belastung
inductive proximity sensors ɪndʌktɪv prɒksɪmɪti sɛnsəz	induktive Näherungssensoren
inductor ɪndʌktə	Drossel, Rotor
industrial electronics ɪndʌstrɪəl ɪlɛtrɒnɪks	Industrieelektronik
industrial power station ɪndʌstrɪəl paʊwə steɪʃn	Industriekraftwerk
infrared barrier ɪnfrərɛd bærɪə	Infrarotschranke
initial magnetisation curve ɪnɪʃl mægnətaɪzeɪʃn kɜv	jungfräuliche Kurve
in-phase ɪn feɪz	gleichphasig
input configuration ɪnpʊt kənfɪgəreɪʃn	Eingangschaltung
input impedance ɪnpʊt ɪmpɪdəns	Eingangsimpedanz
input level ɪnpʊt lɛvəl	Eingangspegel
input offset voltage ɪnpʊt ɒfsɛt vɒltədʒ	Differenz-Eingangsspannung
input sensitivity ɪnpʊt sɛnsɪtɪvəti	Eingangsempfindlichkeit
input signal ɪnpʊt sɪgnəl	Eingangssignal
input speed ɪnpʊt spid	Antriebsdrehzahl

input stage ɪnpʊt steɪʤ	Eingangsstufe
insensitiveness to electromagnetic interference ɪnsɛnsətɪvnəs tə ɪlɛktrəʊmægnɛtɪk ɪntəfɪərənts	Unempfindlichkeit gegenüber elektromagnetischen Störungen
insulation stripping pliers ɪnsjʊleɪʃn strɪpɪŋ plaɪəz	Abisolierzange
install ɪnstɔl	installieren
installation of electrical systems ɪnstəleɪʃn ɒv ɪlɛktrɪkl sɪstəmz	Errichten elektrischer Anlagen
installation zones ɪnstəleɪʃn zəʊnz	Installationszonen
installed on insulating mountings ɪnstɔlt ɒn ɪnsjʊleɪtɪŋ maʊntɪŋz	isoliert aufgestellt
instantaneous value ɪnstənteɪnɪəs vælju	Augenblickswert
instrument case ɪnstrəmənt keɪs	Instrumentengehäuse
insulate ɪnsjʊleɪt	isolieren
insulating clearance ɪnsjʊleɪtɪŋ klɪərənts	Isolationsstrecke
insulating layer ɪnsjʊleɪtɪŋ leɪə	Isolierschicht
insulating pad ɪnsjʊleɪtɪŋ pæd	Isolierunterlage
insulating sleeving ɪnsjʊleɪtɪŋ slivɪŋ	Isolierschlauch
insulating tape ɪnsjʊleɪtɪŋ teɪp	Isolierband
insulation ɪnsjʊleɪʃn	Isolation (Eigenschaft)
insulation displacement connector ɪnsjʊleɪʃn dɪspleɪsmənt kənɛktə	Schneid-Klemm-Steckverbinder
insulation fault ɪnsjʊleɪʃn fɔlt	Isolationsfehler
insulation preservation ɪnsjʊleɪʃn prɛzəveɪʃn	Isolationserhalt
insulation resistance ɪnsjʊleɪʃn rɪzɪstəns	Isolationswiderstand
insulator ɪnsjʊleɪtə	Isolator, Nichtleiter
integrated circuit ɪntɪgreɪtəd sɜkɪt	integrierte Schaltung
Integrated Device Electronic (IDE) ɪntɪgreɪtəd dɪvaɪs ɪlɛktrɒnɪk	integrierte Geräteelektronik
integrating instrument ɪntɪgreɪtɪŋ ɪnstrəmənt	integrierendes Messgerät
intelligent terminal ɪntɛlɪʤənt tɜmɪnəl	intelligentes Endgerät
interconnecting wire ɪntəkənɛktɪŋ waɪə	Schaltdraht
interconnection ɪntəkənɛkʃn	Zusammenschaltung
interference current ɪntəfɪərənts kʌrənt	Fremdstrom
interference suppressor filter ɪntəfɪərənts səprɛsə fɪltə	Entstörfilter
intermediate frequency ɪntəmidɪət frikwənsi	Zwischenfrequenz
intermediate frequency stage ɪntəmidɪət frikwənsi steɪʤ	Zwischenfrequenzstufe
internal insulation ɪntɜnəl ɪnsjʊleɪʃn	innere Isolierung
internal resistance ɪntɜnəl rɪzɪstəns	Innenwiderstand
internal synchronisation ɪntɜnəl sɪnkrəʊnaɪzeɪʃn	interne Synchronisierung
internal voltage drop ɪntɜnəl vɒltəʤ drɒp	innerer Spannungsabfall
internal wiring ɪntɜnəl waɪrɪŋ	Innenverdrahtung
interruption on changeover ɪntərʌpʃn ɒn ʧeɪnʤəʊvə	Unterbrechung bei Umschaltung

inverting amplifier ɪvɜtɪŋ æmplɪfaɪə — invertierender Verstärker
iron core aɪən kɔ — Eisenkern
iron ribbon core aɪən rɪbən kɔ — Eisenbandkern
ironless zone aɪənləs zəʊn — eisenfreier Raum
isolating point aɪsəleɪtɪŋ pɔɪnt — Trennstelle
isolating terminal aɪsəleɪtɪŋ tɜmɪnəl — Trennklemme
isolating transformer aɪsəleɪtɪŋ trænsfɔmə — Trenntransformator
IT system aɪ tɪ sɪstəm — IT-Netz
item designation aɪtəm dɛzɪgneɪʃn — Gerätekennzeichnung

J

jacket stripper dʒækət strɪpə — Abmantelwerkzeug
joint box dʒɔɪnt bɒks — Verbindungsmuffe
Joule heat dʒul hit — Stromwärme
jumper dʒʌmpə — Jumper, Leiterbrücke, Überbrückungsdraht

jumper wire dʒʌmpə waɪə — Rangierdraht
junction dʒʌŋkʃən — Verzweigung (Leiter)
junction field-effect transistor dʒʌŋkʃən fild ɪfɛkt trænzɪstə — JFET

junction temperature dʒʌŋkʃən tɛmprətʃə — Sperrschicht-Temperatur

K

kWh consumption keɪwɪeɪdʒ kənsʌmptʃən — kWh-Verbrauch

L

laminated core with 45° corner cut læmɪneɪtəd kɔ wɪə fɔtɪfaɪf dɪgri kɔnə kʌt — geblechter Kern mit 45° Schnitt
amp-wire connector læmp waɪə kənɛktə — Lüsterklemme
apped insulation læpt ɪnsjʊleɪʃn — gewickelte Isolierung
atching pushbutton lætʃɪŋ pʊʃbʌtən — rastender Schlagtaster
atching relay lætʃɪŋ rɪleɪ — Haftrelais
ate closing leɪt kləʊzɪŋ — nacheilende Kontaktgabe
aw, Coulomb's lɔ kulɒmbz — Gesetz, Coulombsches
ayer insulation leɪə ɪnsjʊleɪʃn — Lagenisolation
ead-acid battery lɛd eɪsɪd bætəri — Bleiakkumulator
ead-in insulator lid ɪn ɪnsjʊleɪtə — Durchführungsisolator
eakage current likədʒ kʌrənt — Kriechstrom
eft-hand rule lɛft hænd rul — Linke-Hand-Regel

level measurement lɛvəl mɛʒəmənt	Füllstandsmessung
level meter lɛvəl mitə	Pegelmesser
level switch lɛvəl swɪtʃ	Niveauwächter
level, absolute lɛvəl æbzəlut	Pegel, absoluter
light duty relay laɪt djutɪ rɪleɪ	Schwachstromrelais
light-dependant resistor laɪt dɪpɛndənt rɪzɪstə	Fotowiderstand
light-emitting diode (LED) laɪt əmɪtɪŋ daɪəʊd	Leuchtdiode
lightning surge protection laɪtnɪŋ sɜdʒ prətɛkʃn	Blitzüberspannungsschutz
limit speed lɪmɪt spid	Grenzdrehzahl
limit switch lɪmɪt swɪtʃ	Endlagenschalter, Grenzschalter
limiter lɪmɪtə	Begrenzer
limiting value of mean on-state current lɪmətɪŋ vælju ɒv min ɒn steɪt kʌrənt	Dauergrenzstrom
line end of winding laɪn ɛnd ɒv waɪndɪŋ	Wicklungsanfang
line fuse laɪn fjuz	Hauptsicherung
line transformer laɪn trænsfɔmə	Leitungsübertrager
linear amplification lɪnɛə æmplɪfɪkeɪʃn	lineare Verstärkung
linear motor lɪnɛə məʊtə	Linearmotor
linear resistor lɪnɛə rɪzɪstə	linearer Widerstand
linear voltage controller lɪnɛə vɒltədʒ kəntrəʊlə	linearer Spannungsregler
line-filter laɪn fɪltə	Netzfilter
line-side fuse laɪn saɪd fjuz	vorgeschaltete Sicherung
lithium battery lɪθɪəm bætəri	Lithium-Batterie
litz wire lɪts waɪə	Litze
load carrying capacity of cables ləʊd kærɪɪŋ kəpæsɪtɪ ɒv keɪblz	Belastbarkeit von Leitungen
load contactor ləʊd kəntæktə	Lastschütz
load inertia moment ləʊd ɪnɜʃə məʊmənt	Lastträgheitsmoment
load period ləʊd pɪərɪəd	Belastungsdauer
load profile ləʊd prəʊfaɪl	Belastungskurve
load reference arrow system ləʊd rɛfərənts ærəʊ sɪstəm	Verbraucher-Pfeilsystem
load torque ləʊd tɔk	Lastdrehmoment
load-side ləʊd saɪd	lastseitig
load switch ləʊd swɪtʃ	Lastschalter
location exposed to fire hazards ləʊkeɪʃn ɪkspəʊzd tə faɪə hæzədz	feuergefährdete Betriebsstätte
locking contact lɒkɪŋ kɒntækt	Haltekontakt
loose contact luz kɒntækt	Wackelkontakt
low pass filter ləʊ pas fɪltə	Tiefpassfilter
low-inductance ləʊ ɪndʌktəns	induktionsarm
low-loss ləʊ lɒs	dämpfungsarm
low-ohmic resistor ləʊ ɒmɪk rɪzɪstə	niederohmiger Widerstand

low-side ləʊ saɪd   Unterspannungsseite

low-volt lamp ləʊ vɒlt læmp   Niederspannungslampe

low-voltage fuses ləʊ vɒltədʒ fjusəz   Niederspannungs-Sicherungen

low-voltage high-breaking-capacity fuse   NH-Sicherung
    ləʊ vɒltədʒ haɪ breɪkɪŋ kəpæsətɪ fjuz

low-voltage system ləʊ vɒltədʒ sɪstəm   Niederspannungsanlage

M

machine with brushes məʃin wɪə brʌʃəz   bürstenbehaftete Maschine

magnet armature mægnət amətʃə   Magnetanker

magnet yoke mægnət jəʊk   Magnetjoch

magnetic bias mægnɛtɪk baɪəs   Vormagnetisierung

magnetic coil mægnɛtɪk kɔɪl   Magnetspule

magnetic core mægnɛtɪk kɔ   Magnetkern

magnetic disc mægnɛtɪk dɪsk   Magnetplatte

magnetic effects mægnɛtɪk ɪfɛkts   magnetische Beeinflussung

magnetic field mægnɛtɪk fild   magnetisches Feld

magnetic field dependent components mægnɛtɪk   magnetfeldabhängige Bauelemente
    fild dɪpɛndənt kəmpəʊnənts

magnetic field sensitivity mægnɛtɪk fild sənsɪtɪvəti   Magnetfeldempfindlichkeit

magnetic field strength mægnɛtɪk fild strɛŋθ   Magnetfeldstärke

magnetic flux mægnɛtɪk flʌks   Magnetfluss

magnetic saturation mægnɛtɪk sætʃəreɪʃn   magnetische Sättigung

magnetic shielding mægnɛtɪk ʃildɪŋ   magnetische Abschirmung

magnetic steel sheet mægnɛtɪk stil ʃit   Elektroblech

magnetic stray field mægnɛtɪk streɪ fild   magnetisches Streufeld

magnetic tripping mægnɛtɪk trɪpɪŋ   magnetische Auslösung

magnetically latched relay mægnɛtɪkəlɪ lætʃt rɪleɪ   magnetisches Haftrelais

magnetic-inductive flow measuring   magnetisch-induktive
    mægnɛtɪk ɪndʌktɪv fləʊ mɛʒərɪŋ   Durchflussmessung

magnetisation characteristics   Magnetisierungs-Kennlinien
    mægnətaɪzeɪʃn kærəktərɪstɪks

magnetism mægnətɪzm   Magnetismus

magnetise mægnətaɪz   aufmagnetisieren

magneto resistive transducer   Feldplattenwandler
    mægnitəʊ rɪzɪstəv trænsdjusə

magnetoresistive sensors mægnitəʊrɪzɪstɪv sɛnsəs   magnetoresistive Sensoren

magnetostrictive actuators mægnitəʊstrɪktɪv   magnetostriktive Aktoren
    ækjʊeɪtəz

magnetostrictive effect mægnitəʊstrɪktɪv ɪfɛkt   magnetostriktiver Effekt

main board meɪn bɔd   Hauptplatine, Trägerleiterplatte

main earthing bar meɪn ɜθɪŋ ba   Haupterdungsschiene

main field winding meɪn fild waɪndɪŋ	Hauptfeldwicklung
main fuse meɪn fjuz	Hauptsicherung
main switching device meɪn swɪtʃɪŋ dɪvaɪs	Hauptschaltgerät
mains-filter meɪns fɪltə	Netzfilter
mains fuse meɪns fjuz	Eingangssicherung
mains operation meɪns ɒpəreɪʃn	Netzbetrieb
mains switch meɪns swɪtʃ	Netzschalter
mains transformer meɪns trænsfɔmə	Netztransformator
mains voltage meɪns vɒltədʒ	Netzspannung
making capacity meɪkɪŋ kəpæsəti	Einschaltleistung
male contact meɪl kɒntækt	männlicher Kontakt
male multipoint connector meɪl mʌltɪpɔɪnt kənɛktə	Messerleiste
malfunction mælfʌŋkʃn	Störung
manufacturing guidelines for industrial and power electronics mænjʊfæktʃərɪŋ gaɪdlaɪnz fɔ ɪndʌstrɪəl ænd pauwə ɪlɛktrɒnɪks	Ausführungsrichtlinien der Industrie- und Leistungselektronik
maximum admissible power mæksɪməm ədmɪsəbəl pauwə	maximal zulässige Leistung
maximum continuous rating mæksɪməm kəntɪnjʊəs reɪtɪŋ	Dauerhöchstleistung
maximum deflection mæksɪməm dɪflɛktʃn	Maximalausschlag
mean annual value min ænjʊəl vælju	Jahresmittelwert
mean value of power min vælju ɒv pauwə	Mittelwert der Leistung
meander mɛændə	Mäander
measuring transducer mɛʒərɪŋ trænsdjusə	Messumformer
mechanical end stop məkænɪkəl ɛnd stɒp	mechanische Endbegrenzung
medium-scale integrated circuit mɪdɪəm skeɪl ɪntəgreɪtəd sɜkɪt	höherintegrierte Schaltung
megohmmeter migəʊmɪtə	Isolationsprüfer
mercury battery mɜkjərɪ bætəri	Quecksilberbatterie
mercury-wetted contact mɜkjərɪ wɛtəd kɒntækt	quecksilberbenetzter Kontakt
metal screen mɛtəl skrin	Metallschirm
metallic conductor mətælɪk kənduktə	metallischer Leiter
metallic resistor mətælɪk rɪzɪstə	Metallwiderstand
metallic strain gauge mətælɪk streɪn geɪdʒ	metallische Dehnmessstreifen
metallic-film resistor mətælɪk fɪlm rɪzɪstə	Metallfilmwiderstand
mica capacitor maɪkə kəpæsɪtə	Glimmerkondensator
microswitch maɪkrəʊswɪtʃ	Mikroschalter
microwave range maɪkrəʊweɪv reɪndʒ	Mikrowellenbereich
millimetre wave mɪlɪmitə weɪv	Millimeterwelle
miniature circuit breaker with combined thermal and electromagnetic release mɪnɪətʃə sɜkɪt breɪkə wɪθ kəmbaɪnd θɜml ænd ɪlɛktrəʊmægnɛtɪk rɪlis	thermisch-magnetischer Schutzschalter

miniature printed circuit board
  mɪnɪətʃə prɪntəd sɜːkɪt bɔd　　　　　　Kleinleiterplatte

minimum clearance mɪnɪməm klɪərənts　　　　　　Mindestabstand

mixed assembly mɪkst əsɛmblɪ　　　　　　Mischbestückung (SMD)

mixer mɪksə　　　　　　Mischer

modular terminal mɒdjʊlə tɜːmɪnəl　　　　　　Anreihklemme

modulator-demodulator mɒdjəleɪtə dɪmɒdjəleɪtə　　　　　　Modem

momentary contact making
  məʊmɛntərɪ kɒntækt meɪkɪŋ　　　　　　kurzzeitige Kontaktgabe

monitoring relay mɒnɪtərɪŋ rɪleɪ　　　　　　Überwachungsrelais

monopulse mɒnəʊpʌls　　　　　　Einzelimpuls

mother board mʌðə bɔd　　　　　　Hauptplatine, Trägerleiterplatte

motor principle məʊtə prɪnsɪpl　　　　　　Motorprinzip

motor protection məʊtə prətɛkʃn　　　　　　Motorschutz

moulded plug məʊldəd plʌg　　　　　　konfektionierter Stecker

mounting plate maʊntɪŋ pleɪt　　　　　　Grundplatte

mounting rail maʊntɪŋ reɪl　　　　　　Tragprofil (Schiene)

multi-layer coil mʌltɪ leɪə kɔɪl　　　　　　mehrlagige Spule

multi-layer printed circuit board
  mʌltɪ leɪə prɪntəd sɜːkɪt bɔd　　　　　　Mehrlagen-Leiterplatte

multimeter mʌltɪmɪtə　　　　　　Vielfachmessgerät

multi-core mʌltɪ kɔ　　　　　　mehradrig

multi-current generator mʌltɪ kʌrənt dʒɛnəreɪtə　　　　　　Mehrstrom-Generator

multi-pole mʌltɪ pəʊl　　　　　　vielpolig

multipole connector mʌltɪpəʊl kənɛktə　　　　　　mehrpoliger Steckverbinder

multi-quadrant drive mʌltɪ kwɒdrənt draɪv　　　　　　Mehrquadrantenantrieb

multi-rate tariff switch mʌltɪ reɪt tærɪf swɪtʃ　　　　　　Tarifschaltuhr

multi-row connector mʌltɪ rəʊ kənɛktə　　　　　　mehrreihiger Steckverbinder

multi-voltage power supply unit
  mʌltɪ vɒltədʒ paʊwə səplaɪ jʊnɪt　　　　　　Mehrspannungsnetzgerät

mushroom button mʌʃrum bʌtən　　　　　　Pilztaster

mutual induction mjutʃʊəl ɪndʌkʃn　　　　　　gegenseitige Induktion

N

NAMUR sensors næmə sɛnsəz　　　　　　NAMUR-Sensoren

negative pole nɛgətəv pəʊl　　　　　　Minuspol, negativer Pol

negative temperature coefficient thermistor detector
  nɛgətəv tɛmprətʃə kəʊɪfɪʃənt θɜːmɪstə dɪtɛktə　　　　　　NTC-Halbleiterfühler

negative-sequence field nɛgətəv sikwəns fild　　　　　　gegenläufiges Drehfeld

network provider nɛtwɜːk prəʊvaɪdə　　　　　　Netzbetreiber

neutral conductor njutrəl kəndʌktə　　　　　　Mittelleiter (Neutralleiter),
　　　　　　Nullleiter (PEN)

neutral point njutrəl pɔɪnt	Erdpunkt, Nullpunkt (Sternpunkt)
NiCD battery ɛnaɪsidi bætəri	NiCD Batterien
nickel-cadmium battery nɪkəl kædmɪəm bætəri	Nickel-Cadmium-Akkumulator
Ni-MH-battery ɛnaɪ ɛm eɪdʒ bætəri	Ni-MH-Akkumulator
noise level nɔɪs lɛvəl	Geräuschpegel
noise voltage nɔɪs vʊltədʒ	Geräuschspannung
no-load output voltage nəʊ ləʊd aʊtpʊt vʊltədʒ	Leerlauf-Ausgangsspannung
no-load speed nəʊ ləʊd spid	Leerlaufdrehzahl
no-load voltage nəʊ ləʊd vʊltədʒ	Leerlaufspannung
nominal discharge current rate nɒmɪnəl dɪstʃadʒ kʌrənt reɪt	Entladenennstrom
nominal frequency nɒmɪnəl frikwənsi	Nennfrequenz
nominal load nɒmɪnəl ləʊd	Nennbelastung
nominal power nɒmɪnəl paʊwə	Bauleistung
nominal voltage nɒmɪnəl vʊltədʒ	Nennspannung, elektrische
non-conductive nɒn kəndʌktəv	nicht leitend
non-contact sensor nɒnkɒntækt sɛnsə	berührungsloser Sensor
non-electric nɒn ɪlɛktrɪk	nichtelektrisch
non-magnetic nɒn mægnɛtɪk	unmagnetisch
non-rechargeable batteries nɒn rɪtʃadʒəbəl bætəriz	nicht ladbare Batterien
non-release-value nɒn rɪlis vælju	Haltewert (Relais)
non-reversible motor nɒn rɪvɜsəbəl məʊtə	nicht umkehrbarer Motor
normalised frequency nɔməlaɪzd frikwənsi	normierte Frequenz
normally-closed contact nɔməlɪ kləʊzd kɒntækt	Ruhekontakt
normally-open contact nɔməlɪ əʊpən kɒntækt	Arbeitskontakt
n-pole ɛn pəʊl	n-polig
NTC thermistor ɛntɪsɪ θɜmɪstə	Heißleiter
NTC-resistor ɛntɪsɪ rɪzɪstə	NTC-Widerstand
nth harmonic ɛnə hamɒnɪk	n-te Harmonische
N-type semiconductor ɛntaɪp sɛmɪkəndʌktə	N-Halbleiter
number of pole pairs nʌmbə ɒv pəʊl pɛəz	Polpaarzahl
number of turns in winding nʌmbə ɒv tɜns ɪn waɪndɪŋ	Windungszahl

O

OFF delay ɒf dɪleɪ	Ausschaltverzögerung
OFF-button ɒf bʌtən	AUS-Taster
off-period ɒf pirɪəd	Pausendauer
off-position ɒf pəzɪʃn	Abschaltstellung
ohmic əʊmɪk	ohmsche
ohmic losses ɒmɪk lɒsəs	ohmsche Verluste

ohmic resistance əʊmɪk rɪzɪstəns	ohmscher Widerstand, Gleichstromwiderstand
ohmmeter əʊmitə	Ohmmeter
Ohm's law əʊmz lɔ	ohmsches Gesetz
Ohm-value əʊm vælju	Ohm-Wert
oil-insulated ɔɪl ɪnsjʊleɪtəd	ölisoliert
on line starting, direct ɒn laɪn statɪŋ, daɪrɛkt	Einschalten, direktes
one-minute power frequency test voltage wʌn mɪnət paʊwə frikwənsi tɛst vɒltədʒ	Ein-Minuten-Prüfwechselspannung
one-way operation wʌn weɪ ɒpəreɪʃn	Einwegbetrieb (Lichtschranken)
on-off ratio ɒn ɒf reɪʃəʊ	Ein / Aus-Verhältnis
on-off switch ɒn ɒf swɪtʃ	Ausschalter, Ein / Aus-Schalter
open circuit monitoring əʊpən sɜkɪt mɒnɪtɒrɪŋ	Drahtbruchüberwachung
open position əʊpən pəzɪʃn	geöffnete Stellung
open-collector driver əʊpən kəlɛktə draɪvə	Treiber mit offenem Kollektor
open-ended (line) əʊpən ɛndəd	leerlaufend
opening time of a break contact əʊpənɪŋ taɪm ɒv eɪ breɪk kɒntækt	Ansprechzeit eines Öffners
operating factor ɒpəreɪtɪŋ fæktə	relative Einschaltdauer (Relais)
operating force-distance-diagram ɒpəreɪtɪŋ fɔs dɪstəns daɪəgræm	Betätigungskraft-Weg-Diagramm
operating point ɒpəreɪtɪŋ pɔɪnt	Arbeitspunkt
operating residual current of capacitors ɒpəreɪtɪŋ rɪzɪdjʊəl kʌrənt ɒv kəpæsɪtəs	Betriebsreststrom von Kondensatoren
operating speed ɒpəreɪtɪŋ spid	Betriebsdrehzahl
operating time per year ɒpəreɪtɪŋ taɪm pɜ jɪə	Jahresbetriebsdauer
operating voltage ɒpəreɪtɪŋ vɒltədʒ	Betriebsspannung
operation at nominal value ɒpəreɪʃn æt nɒmɪnəl vælju	Nennbetrieb
operation display ɒpəreɪʃn dɪspleɪ	Betriebsanzeige
opposite polarity ɒpəsət pəʊlærəti	entgegengesetzte Polarität
optical distance sensor ɒptɪkəl dɪstəns sɛnsə	optischer Distanzsensor
opto-coupler ɒptəʊ kʌplə	Optokoppler
optoelectronic component ɒptəʊɪlɛktrɒnɪk kəmpəʊnənt	optoelektronisches Bauelement
opto-electronic sensors ɒptəʊ ɪlɛktrɒnɪk sɛnsəz	optoelektronische Sensoren
oscillating circuit ɒsɪleɪtɪŋ sɜkɪt	Schwingkreis
oscillator frequency ɒsɪleɪtə frikwənsi	Oszillatorfrequenz
oscilloscope ɒsɪləskəʊp	Oszilloskop
out of service aʊt ɒv sɜvɪs	außer Betrieb
output aʊtpʊt	Ausgang
output break circuit aʊtpʊt breɪk sɜkɪt	Ausgangkreis mit Öffnerfunktion
output power aʊtpʊt paʊwə	Ausgangsleistung
output speed aʊtpʊt spid	Abtriebsdrehzahl, Ausgangsdrehzahl

output terminal aʊtpʊt tɜmɪnəl — Ausgangsklemme

overvoltage category əʊvəvɒltədʒ kætəgɒri — Überspannungskategorie

overall availability əʊvəɔl əveɪləbɪləti — Gesamtverfügbarkeit

overall circuit diagram əʊvəɔl sɜkɪt daɪəgræm — Gesamtstromlaufplan

overall loss əʊvəɔl lɒs — Restdämpfung

overcharge əʊvətʃɑdʒ — Überladung (Batterie)

overcurrent release əʊvəkʌrənt rɪlis — Überstromauslöser

overlapping laminations əʊvəlæpɪŋ læmɪneɪʃnz — überlappt geschichtete Bleche

overload protective device əʊvələʊd prətɛktɪv dɪvaɪs — Überlast-Schutzeinrichtung

overload release əʊvələʊd rɪlis — Überlastauslöser

overvoltage protection əʊvɒvɒltədʒ prətɛkʃn — Überspannungsschutz

P

packaging of components on continuous tapes pækədʒɪŋ ɒv kəmpəʊnənts ɒn kəntɪnjuəs teɪps — Gurtung von Bauteilen

packet (laminated core) pækət (læmɪneɪtəd kɔ) — Paket (Kernblech)

paper film capacitor peɪpə fɪlm kəpæsɪtə — Papierfolien-Kondensator

parallel connection pærələl kənɛkʃn — Parallelschaltung

parallel interface pærələl ɪntəfeɪs — parallele Schnittstelle

parallel resonant circuit pærələl rɛzənənt sɛkɪt — Parallel-Schwingkreis

parallel-serial conversion pærələl sɪrɪəl kənvɜʒən — Parallel-Seriell-Umsetzung

partial load paʃl ləʊd — Teilladung (Batterie)

pass through pas θru — durchführen

passive components pæsɪv kəmpəʊnənts — passive Bauelemente

patch panel pætʃ pænəl — Rangierverteiler

peak height pik haɪt — Peakhöhe

peak load pik ləʊd — Lastspitze

peaking pikɪŋ — Überhöhung (Verstärkung)

Peltier effect pɛltjɪə ɪfɛkt — Peltier-Effekt

periodic duty pɛrɪɒdɪk djutɪ — periodischer Aussetzbetrieb

peripheral module pərɪfərəl mɒdjul — periphere Baugruppe

permanent current pɜmənənt kʌrənt — Dauerstrom

permanent magnet pɜmənənt mægnət — Dauermagnet, Permanentmagnet

phase adjustment feɪz ədʒʌsmənt — Phasenabgleich

phase reversal feɪz rɪvɜsəl — Phasenumkehr

phase rotation feɪz rəʊteɪʃn — Phasendrehung

phase sequence feɪz sikwənts — Phasenfolge

phase wire (mains) feɪz waɪə — Phase (Versorgungsleitung)

phase-fired control feɪz faɪəd kəntrəʊl — Phasenanschnittsteuerung

phase-sequence indicator feɪz sikwəns ɪndɪkeɪtə — Drehanzeiger

photodiode fəʊtəʊdaɪəʊd — Fotodiode

photoreceiver fəʊtəʊrɪsɪvə	Fotoempfänger
photosensitivity fəʊtəʊsɛnsɪtɪvəti	Fotoempfindlichkeit
photosensor fəʊtəʊsɛnsə	Fotosensor
phototransistor fəʊtəʊtrænzɪstə	Fototransistor
photo-voltaic installation fəʊtəʊ vɒltæɪk ɪnstəleɪʃn	Fotovoltaik-Anlage
pick-up delay pɪkʌp dɪleɪ	Anzugsverzögerung
piezoelectric actuators pɪɛtsəʊɪlɛktrɪk ækjʊeɪtəz	piezoelektrische Aktoren
piezoelectric crystal pɪɛtsəʊɪlɛktrɪk krɪstəl	Piezokristall
pilot contact paɪlət kɒntækt	Pilotkontakt
pilot lamp paɪlət læmp	Kontrolllampe, Meldelampe
pin pɪn	Kontaktstift
pin-compatible pɪn kɒmpatɪbl	anschlusskompatibel, pinkompatibel
plant control level plʌnt kəntrəʊl lɛvəl	Betriebsleitebene
platinum resistance thermometer plætinəm rɪzɪstəns əsməʊmitə	Platin-Widerstandsthermometer
plug braking plʌg breɪkɪŋ	Gegenstrombremsung
plug connector plʌg kənɛktə	Stecker
plug-in board plʌg ɪn bɔd	Karteneinschub
plug-in component plʌg ɪn kəmpəʊnənt	steckbares Bauelement
plug-in module plʌg ɪn mɒdjul	Steckbaugruppe, Steckmodul
plug-type connector plʌg taɪp kənɛktə	Steckverbinder
plunger coil plʌnʤə kɔɪl	Tauchspule
point detector pɔɪnt dɪtɛktə	punktförmiger Melder
point-to-point wiring pɔɪnt tə pɔɪnt waɪrɪŋ	wilde Verdrahtung
polarity indicator pəʊlærəti ɪndɪkeɪtə	Polaritätsanzeiger
polarity reversal pəʊlærəti rɪvɜsəl	Polumkehr, Verpolung
polarity reverser pəʊlærəti rɪvɜsə	Polwechsler (Umpolung)
polarised pəʊləraɪzd	verpolungssicher
polarised capacitor pəʊləraɪzd kəpæsɪtə	gepolter Kondensator
polarised relay pəʊləraɪzd rɪleɪ	gepoltes Relais, polarisiertes Relais
polarising guide pəʊləraɪzɪŋ gaɪd	Codier-Führungsleiste
pole pəʊl	Pol
pole core pəʊl kɔ	Polkern
pole face pəʊl feɪs	Polfläche
pole-changing motor pəʊl ʧeɪnʤɪŋ məʊtə	polumschaltbarer Motor
poles of same polarity pəʊlz ɒv seɪm pəʊlærəti	gleichnamige Pole
pole shoe pəʊl ʃu	Polschuh
polygon connection pɒlɪgən kənɛkʃn	Polygonschaltung
polyphase motors pəʊlɪfeɪz məʊtəz	Drehfeldmotoren
portable battery pɔtəbl bætəri	transportable Batterie
portable equipment pɔtəbəl ɪkwɪpmənt	ortsveränderliche Betriebsmittel
position pəzɪʃn	Platz (im Baugruppenträger)

position of normal use	pəzɪʃn ɒv nɔməl jus	Gebrauchslage
position switch	pəzɪʃn swɪtʃ	Positionsschalter
positive edge	pɒzɪtɪv ɛdʒ	positive Flanke
positive going edge	pɒzɪtɪv gəʊɪŋ ɛdʒ	ansteigende Flanke
positive opening	pɒzɪtɪv əʊpənɪŋ	zwangsläufiges Öffnen
positive pole	pɒzɪtɪv pəʊl	Pluspol
post	pəʊst	Stift (Verdrahtung)
potentiometer	pəʊtɛnʃəʊmɪtə	Potenziometer
pot-type core	pɒt taɪp kɔ	Schalenkern (Magnetkern)
power amplifier	paʊwə æmplɪfaɪə	Leistungsverstärker
power connector	paʊwə kənɛktə	Netzanschluss
power consumption	paʊwə kənsʌmptʃən	Eigenverbrauch
power cord	paʊwə kɔd	Netzkabel
power dissipation	paʊə dɪsɪpeɪʃn	Verlustleistung
power electronics	paʊwə ɪlɛktrɒnɪks	Leistungselektronik
power factor	paʊwə fæktə	Leistungsfaktor, Wirkfaktor
power factor meter	paʊwə fæktə mitə	cos φ-Messer, Leistungsfaktor-Messgerät
power failure (electrical power)	paʊwə feɪljə	Netzausfall (elektrische Energie)
power in a.c. circuit	paʊwə ɪn eɪsɪ sɜkɪt	Leistung im Wechselstromkreis
power inverter	paʊwə ɪnvɜtə	Wechselrichter
power limiter	paʊwə lɪmɪtə	Leistungsbegrenzer
power line cord	paʊwə laɪn kɔd	Netzanschlusskabel
power loss	paʊə lɒs	Verlustleistung
power on	paʊwə ɒn	eingeschaltet
power output	paʊwə aʊtpʊt	Abgabeleistung, Leistungsabgabe
power rating	paʊwə reɪtɪŋ	übertragbare Leistung (Kabel)
power supply	paʊwə səplaɪ	Netzgerät, Stromversorgung, Energiezuführung
power supply cables	paʊwə səplaɪ keɪblz	Energieversorgungsleitungen
power supply company	paʊwə səplaɪ kɒmpəni	Elektrizitätsversorgungsunternehmen
power supply unit	paʊwə səplaɪ jʊnɪt	Netzteil
power system load	paʊwə sɪstəm ləʊd	Netzlast
power transformer	paʊwə trænsfɔmə	Leistungstransformator
power-engineering	paʊwə ɛndʒɪnɪərɪŋ	Energietechnik
power-factor correction capacitor	paʊwə fæktə kərɛkʃən kəpæsɪtə	Phasenschieber-Kondensator
power-on switch	paʊwə ɒn swɪtʃ	Netz-Ein-Schalter
power-semiconductor	paʊwə sɛmɪkəndʌktə	Leistungshalbleiter
preassembled cable set	priəsɛmbld keɪbl sɛt	vorgefertigter Kabelsatz
precious metal film resistor	prɛʃəs mɛtəl fɪlm rɪzɪstə	Edelmetallschichtwiderstand

preferred direction of magnetisation
  prɪfɜd daɪrɛkʃən ɒv mægnətaɪzeɪʃn

press-fit diode prɛs fɪt daɪəd

primary side praɪmərɪ saɪd

primary winding praɪmərɪ waɪndɪŋ

prime power praɪm paʊwə

printed board relay prɪntəd bɔd rɪleɪ

printed circuit prɪntəd sɜkɪt

printed circuit board assembling
  prɪntəd sɜkɪt bɔd əsɛmblɪŋ

printed circuit board (PCB) prɪntəd sɜkɪt bɔd

printed circuit board connector
  prɪntəd sɜkɪt bɔd kənɛktə

printed conductor prɪntəd kəndʌktə

profile notching punch prəʊfaɪl nɒtʃɪŋ pʌnʃ

protection against accidental contact
  prətɛkʃn əgeɪnst æksɪdɛnʃl kɒntækt

protection against indirect contact prətɛkʃn əgɛnst
  ɪndaɪrɛkt kɒntækt

protection by fuses prətɛkʃn baɪ fjusəz

protection cap prətɛkʃn kæp

protective earth prətɛktɪv ɜθ

proximity sensor prɒksɪmɪtɪ sɛnsə

proximity switch prɒksɪmɪtɪ swɪtʃ

PTC-thermistor, positive temperature coefficient
  pɪtɪsɪ θɜmɪstə, pɒzɪtɪv tɛmprətʃə kəʊɪfɪʃənt

pull-down resistor pʊl daʊn rɪzɪstə

pulsating voltage pʌlseɪtɪŋ vɒltədʒ

pulse control operation pʌls kəntrəʊl ɒpəreɪʃn

pulse counter pʌls kaʊntə

pulse duration pʌls djʊreɪʃn

pulse duty factor pʌls djutɪ fæktə

pulse fall time pʌls fɔl taɪm

pulse frequency control pʌls frikwənsɪ kəntrəʊl

pulse generator pʌls dʒɛnəreɪtə

pulse operation pʌls ɒpəreɪʃn

pulse shape pʌls ʃeɪp

pulse spacing pʌls speɪsɪŋ

pulse timing diagram pʌls taɪmɪŋ daɪəgræm

pulse width pʌls wɪdə

PVC-insulated single-core non-sheathed cable
  pɪvɪsɪ ɪnsjʊleɪtəd sɪŋgl kɔ nɒn ʃeəəd keɪbl

magnetische Vorzugsrichtung

Einpressdiode

Primärseite

Primärwicklung

Netzversorgung (USV)

Kartenrelais

gedruckte Schaltung

Leiterplatten-Montage

Baugruppe, Leiterplatte,
  Flachbaugruppe

Leiterplatten-Steckverbinder

gedruckter Leiter

Formseitenschneider

Berührungsschutz

Schutz bei indirektem Berühren

Absicherung

Schutzabdeckung

PE (Schutzerde)

Näherungssensor

Näherungsschalter

Kaltleiter

pull-down-Widerstand

pulsierende Spannung

Pulsbetrieb

Impulszähler

Impulsdauer

Tastverhältnis

Impulsabfallzeit

Pulsfolgesteuerung

Impulsgeber

Impulsbetrieb

Impulsform

Impulsabstand

Impulsdiagramm

Impulsbreite

PVC-Aderleitung

Q

quantity of electricity kwɒntəti ɒv ɪlɛktrɪsəti	Ladungsmenge (Elektrizitätsmenge)
quartz clock kwɔts klɒk	Quarztaktgeber
quartz crystal-controlled kwɔts krɪstəl kəntrəʊld	quarzgesteuert
quartz oscillator kwɔts ɒsɪleɪtə	Quarzgenerator
quartz resonator kwɔts rɛzəneɪtə	Quarzschwinger
quick blow fuse kwɪk bləʊ fjuz	flinke Sicherung

R

rack system ræk sɪstəm	Aufbausystem
rate of voltage rise reɪt ɒv vɒltədʒ raɪz	Spannungsanstieg
rated operational voltage reɪtəd ɒpəreɪʃənəl vɒltədʒ	Bemessungs-Betriebsspannung
rating plate reɪtɪŋ pleɪt	Leistungsschild
ratio meter reɪʃəʊ mitə	Quotientenmessgerät
RC circuit ʌrsɪ sɜkɪt	RC-Schaltung, RC-Beschaltung
reactive riæktɪv	induktiv
reactive power factor riæktɪv paʊwə fæktə	Blindleistungsfaktor
reactive-current compensation riæktɪv kʌrənt kɒmpənzeɪʃn	Blindstromkompensation
re-adjustment of zero rɪədʒʌsmənt ɒv zirəʊ	Justierung der Nulllage
ready for connection rɛdi fɔ kənɛkʃn	anschlussfertig
receiver rɪsivə	Empfänger
receptacle with tab rɪsɛptəkl wɪə tæb	Steckhülse mit Flachstecker
rechargeable battery rɪtʃadʒəbəl bætəri	aufladbare Batterie
reclosing rɪkləʊzɪŋ	wiedereinschalten
reconnect rɪkənɛkt	umklemmen
recovery time rɪkʌvəri taɪm	Erholungszeit
rectangular pulse rɛktæŋɡjələ pʌls	Rechteckimpuls
rectification rɛktɪfɪkeɪʃn	Gleichrichtung
rectifier rɛktɪfaɪə	Gleichrichter
reed contact rid kɒntækt	Reedkontakt
reed relay rid rɪleɪ	Reed-Relais
reference arrow system rɛfərəns ærəʊ sɪstəm	Zählpfeilsystem
reference voltage rɛfərəns vɒltədʒ	Referenzspannung
reflow soldering rɪfləʊ səʊldərɪŋ	Reflowlöten
regenerative braking rɪdʒænəreɪtɪv breɪkɪŋ	Bremsung mittels Netzrückspeisung
relay rɪleɪ	Relais
relay control rɪleɪ kəntrəʊl	Relaissteuerung
relay ladder diagram rɪleɪ lædə daɪəgræm	Relais-Kontaktplan
relay, non-polarised rɪleɪ nɒn pəʊləraɪzd	Relais, ungepoltes

release rɪliz	auslösen
relocation rɪləʊkeɪʃn	Umrangierung
reserve battery rɪzɜv bætəri	Reservebatterie
residual capacity rɪzɪdjʊəl kəpæsəti	Restkapazität (Batterie)
residual current circuit breaker rɪzidjʊəl kʌrənt sɜkət breɪkə	FI-Schutzschalter, Fehlerstromschutzschalter
residual magnetic polarisation rɪzɪdjʊəl mægnɛtɪk pəʊləraɪzeɪʃn	remanente magnetische Erregung
resin-encapsulated rɛzɪn ɛnkæpsəleɪtəd	gießharzisoliert
resistance rɪzɪstəns	Widerstand (Wirk-)
resistance materials rɪzɪstəns mətɪərɪəlz	Widerstands-Werkstoffe
resistance thermometer rɪzɪstəns əˈməʊmɪtə	Widerstandsthermometer
resistive force sensor rɪzɪstɪv fɔs sɛnsə	resistiver Kraftsensor
resistive load rɪzɪstɪv ləʊd	ohmsche Belastung
resistor, metal glaze rɪzɪstə mɛtl gleɪz	Widerstand, Metallglasur-
resistor, temperature dependent rɪzɪstə tɛmprətʃə dɪpɛndənt	Widerstand, temperaturabhängiger
resistor, voltage dependent rɪzɪstə vɒltədʒ dɪpɛndənt	Widerstand, spannungsabhängiger
resistor, wire-wound rɪzɪstə waɪə waʊnd	Widerstand, Draht-
resonance curve rɛzənəns kɜv	Resonanzkurve
retrigger rɪtrɪgə	nachtriggern
return conductor rɪtɜn kəndʌktə	Rückleiter
reversal (reversing) rɪvɜsəl (rɪvɜsɪŋ)	Drehrichtungsumkehr
reverse rɪvɜs	entgegengesetzt
reverse direction of rotation rɪvɜs daɪrɛkʃn ɒv rəʊteɪʃn	Gegendrehrichtung
reverse movement rɪvɜs muvmənt	Rücklauf
reverse the polarity rɪvɜs ðə pəʊlærəti	umpolen
reverse transfer admittance rɪvɜs trænsfɜ ədmɪtəns	Rückwärtssteilheit
reversing of rotation rɪvɜsɪŋ ɒv rəʊteɪʃn	Umsteuern der Drehrichtung
reversing pole-changing switch rɪvɜsɪŋ pəʊl tʃeɪndʒɪŋ swɪtʃ	Wende-Polumschalter
revolutions per minute (r.p.m.) rɛvəʊluʃnz pɜ mɪnət	Umdrehungen pro Minute (min⁻¹)
rewired fuse rɪwaɪəd fjuz	geflickte Sicherung
ribbon cable connector rɪbən keɪbl kənɛktə	Flachleitungsstecker
right angle plug raɪt æŋgl plʌg	Winkelstecker
right hand rule raɪt hænd rul	Rechte-Hand-Regel
ripple (filter curve) rɪpl	Welligkeit (Filterkurve)
ripple voltage rɪpl vɒltədʒ	Brummspannung
rotary contact rəʊtəri kɒntækt	Drehkontakt
rotary converter rəʊtəri kənvɜtə	Umformer
rotary knob rəʊtəri nɒb	Drehknopf
rotary selector switch rəʊtəri sɪlɛktə swɪtʃ	Drehwahlschalter
rotating electrical machine rəʊteɪtɪŋ ɪlɛktrɪkəl məʃin	drehende elektrische Maschine

rotating frequency rəʊteɪtɪŋ frikwənsi — Drehfrequenz
rotatory force rəʊtətəri fɔs — Drehkraft
rotor rəʊtə — Läufer, Polrad, Rotor
rotor cage rəʊtə keɪʤ — Läuferkäfig
rotor controller rəʊtə kəntrəʊlə — Läufersteller
rotor winding rəʊtə waɪndɪŋ — Läuferwicklung
rubber plug rʌbə plʌg — Gummistecker
running property rʌnɪŋ prɒpəti — Laufeigenschaft

S

safety isolation seɪfti ɪnsjʊleɪʃn — freischalten
sample and hold circuit sæmpl ænd həʊld sɜkɪt — Abtast-Halteschaltung
sampling frequency sæmplɪŋ frikwənsi — Abtastfrequenz
sandwich construction sændwɪtʃ kənstrʌkʃn — Sandwichbauweise
sandwich-type Euro card sændwɪtʃ taɪp jʊərəʊ kad — Doppel-Europakarte
saturated sætjəreɪtəd — gesättigt
saw tooth voltage generator sɔ tuə vɒltəʤ ʤenəreɪtə — Sägezahngenerator
screening skrinɪŋ — Schirmung
screwless terminal skruləs tɜmɪnəl — schraubenlose Klemme
screw-terminal connector skru tɜmɪnəl kənektə — Schraubanschlussleiste
sealed contact sild kɒntækt — Schutzgaskontakt
seasonal tariff sizənəl tærɪf — Jahreszeittarif
seasonal variation sizənəl væɪrɪeɪʃn — jahreszeitliche Schwankung
section circuit-breaker sekʃn sɜkɪtbreɪkə — Bereichsschalter
self-discharge self dɪstʃaʤ — Selbstentladung (Batterie)
self-test self test — Eigentest
semiconductor semɪkəndʌktə — Halbleiter
semiconductor contactor semɪkəndʌktə kəntæktə — Halbleiterschütz
semiconductor cooling semɪkəndʌktə kulɪŋ — Halbleiterkühlung
semiconductor device semɪkəndʌktə dɪvaɪs — Halbleiterbauelement
sensor sensə — Fühler, Sensor
separately excited machine seprətlɪ ɪksaɪtəd məʃin — fremderregte Maschine
separate-source voltage withstand test
  seprət sɔs vɒltəʤ wɪəstɒnd test — Wicklungsprüfung
series capacitance sɪərɪz kəpæsɪtəns — Längskapazität
series circuit sɪərɪz sɜkɪt — Reihenstromkreis
series connection sɪərɪz kənekʃn — Reihenschaltung
series resonant circuit sɪərɪz rezənənt sɜkɪt — Reihenresonanzkreis, -schwingkreis
series wound generator sɪərɪz waʊnd ʤenəreɪtə — Reihenschlussgenerator
series-parallel connection sɪərɪz pærələl kənekʃn — Reihen-Parallel-Schaltung
servo-drive sɜvəʊ draɪv — Servoantrieb

shaft encoder ʃaft ɛnkəʊdə	Drehgeber
sheated cable ʃitəd keɪbl	Mantelleitung
sheath ʃiə	Mantelisolation
sheath removing ʃiə rɪmuvɪŋ	abmanteln
shield ʃild	Abschirmung
shielded connector ʃildəd kənɛktə	geschirmter Steckverbinder
shielded twisted pair ʃildəd twɪstəd pɛə	geschirmete verdrillte Doppelader
shift keying ʃɪft kiɪŋ	Umtastung (Frequenz-)
shock current ʃɒk kʌrənt	gefährlicher Körperstrom
short circuit ʃɔt sɜkɪt	Kurzschluss
short circuit (jumper) ʃɔt sɜkɪt	überbrücken
short circuit to earth ʃɔt sɜkɪt tə ɜə	Erdkurzschluss
short circuited ʃɔt sɜkjətəd	gebrückt
short-circuit-proof output ʃɔt sɜkɪt pruf aʊtpʊt	kurzschlussfester Ausgang
short term interference ʃɔt tɜm ɪntəfɪərənts	Kurzzeitbeeinflussung
short-time duty ʃɔt taɪm djuti	Kurzzeitbetrieb
short-time overload capacity ʃɔt taɪm əʊvələʊd kəpæsəti	Kurzzeit-Überlastbarkeit
shunt-wound machine ʃʌnt waʊnd məʃin	Nebenschlussmaschine
signal noise ratio (SNR) sɪgnəl nɔɪs reɪʃəʊ	Geräuschabstand
signalling contact sɪgnəlɪŋ kɒntækt	Meldekontakt
silicon chip sɪlɪkən tʃɪp	Siliziumchip
simultaneously accessible parts sɪmjʊlteɪnɪəslɪ əksɛsəbəl pats	gleichzeitig berührbare Teile
single contact sɪŋgl kɒntækt	Einfachkontakt
single height printed circuit board (p.c.b.) sɪŋgl haɪt prɪntəd sɜkɪt bɔd	einfachhohe Flachbaugruppe
single phase transformer sɪŋgl feɪz trænsfɔmə	Einphasentransformator
single wire sɪŋgl waɪə	eindrähtig
single wound sɪŋgl waʊnd	einfach gewickelt
single-core cable sɪŋgl kɔ keɪbl	einadrige Leitung
single-leg sɪŋgl lɛg	einschenklig (Trafo)
single-phase commutator motor sɪŋgl feɪz kɒmjəteɪtə məʊtə	Einphasen-Reihenschlussmotor
single-pole circuit-breaker sɪŋgl pəʊl sɜkɪt breɪkə	einpoliger Leitungsschutzschalter
single-row connector sɪŋgl rəʊ kənɛktə	einreihiger Steckverbinder
skin resistance skin rɪzɪstəns	Hautwiderstand
sleeve core sliv kɔ	Mantelkern
slip frequency slɪp frikwənsi	Schlupffrequenz
slip-ring motors slɪp rɪŋ məʊtəz	Schleifringläufermotoren
slot slɒt	Einbauplatz
slot-coded slɒt kəʊdəd	steckplatzcodiert
small power motor smɔl paʊwə məʊtə	Kleinmotor

smart card smɑt kɑd	Chipkarte
SMD component ɛsɛmdɪ kəmpəʊnənt	SMD-Bauteil
smoothing smuɵɪŋ	Glättung
smoothing reactor filter choke smuɵɪŋ rɪæktə fɪltə tʃəʊk	Glättungsdrossel
snap-action switch snæp ækʃn swɪtʃ	Schnappschalter
snap-on track system snæp ɒn træk sɪstəm	Schnellmontage-Schienensystem
socket sɒkət	Fassung, Buchse
socket connector for soldered connections sɒkət kənɛktə fɔ səʊldəd kənɛkʃnz	Federleiste für Lötverdrahtung
sodium-sulphur battery səʊdɪəm sʌlfə bætəri	Natrium-Schwefel-Batterie
soft solder sɒft səʊldə	Weichlot
solder səʊldə	löten, verlöten
solder bath səʊldə bɑθ	Lötbad
solder less connection səʊldə lɛs kənɛkʃn	lötfreie Verbindung
solder resist səʊldə rɪzɪst	Lötabdecklack
solder tag strip səʊldə tæg strɪp	Lötverteiler
solder termination səʊldə tɜmɪneɪʃn	Lötanschluss
solderable səʊldərəbl	lötbar
soldering səʊldərɪŋ	weichlöten
soldering connection səʊldərɪŋ kənɛkʃn	Lötverbindung
soldering eyelet səʊldərɪŋ aɪlət	Lötauge
soldering flux səʊldərɪŋ flʌks	Lötmittel
soldering gap səʊldərɪŋ gæp	Lötfuge
soldering iron səʊldərɪŋ aɪən	Lötkolben
soldering process səʊldərɪŋ prəʊsɛs	Lötverfahren
soldering tag səʊldərɪŋ tæg	Lötöse
soldering temperature səʊldərɪŋ tɛmprətʃə	Löttemperatur
soldering time səʊldərɪŋ taɪm	Lötzeit
solenoid sɒlənɔɪd	Hubmagnet
solid conductor sɒlɪd kəndʌktə	massiver Leiter
solid rubber plug sɒlɪd rʌbə plʌg	Vollgummistecker
solid state relay sɒlɪd steɪt rɪleɪ	elektronisches Lastrelais
solid state time relay sɒlɪd steɪt taɪm rɪleɪ	elektronisches Zeitrelais
source impedance sɔs ɪmpidənts	Quellenimpedanz
speed range spid reɪndʒ	Stellbereich (Drehzahl)
speed-torque characteristic spid tɔk kærəktərɪstɪk	Drehmoment-Drehzahl-Kennlinie
speed-torque curve spid tɔk kɜv	Drehzahl-Drehmoment-Kennlinie
split-core type current transformer splɪt kɔ taɪp kʌrənt trænsfɔmə	Zangenstromwandler
split-pole motor splɪt pəʊl məʊtə	Spaltmotor
square-wave pulse skwɛə weɪv pʌls	Rechteckimpuls

squirrel cage motor skwɪrəl keɪʤ məʊtə	Kurzschlussläufermotor
stabilisation stəbɪlaɪzeɪʃn	Stabilisierung
stability limit stəbɪləti lɪmɪt	Kippgrenze (elektr. Maschine)
stalled motor stɔld məʊtə	festgebremster Motor
standard motor stændəd məʊtə	Normmotor
standard reference voltages stændəd rɛfərənts vɒltəʤəz	genormte Bezugsspannungen
standard slot stændəd slɒt	Standard-Einbauplatz
standard voltage stændəd vɒltəʤ	Normalspannung
standby generating set stændbaɪ dʒɛnəreɪtɪŋ sɛt	Netzersatzaggregat
standby power supply stænbaɪ paʊwə səplaɪ	Reservestromversorgung
star connection equivalent to delta connection sta kənɛkʃn ɪkwɪvələnt tə dɛltə kənɛkʃn	Ersatzsternschaltung einer Dreieckschaltung
starter statə	Anlasser
starting current statɪŋ kʌrənt	Anfahrstrom
start-up mode stat ʌp məʊd	Anlaufart
static electrical machine stætɪk ɪlɛktrɪkl məʃin	ruhende elektrische Maschine
step down stɛp daʊn	heruntertransformieren
step switching mechanism stɛp swɪtʃɪŋ mɛkənɪzm	Schrittantrieb
stepless speed variation stɛpləs spid værɪeɪʃn	stufenlose Drehzahleinstellung
stepping motor control stɛpɪŋ məʊtə kəntrəʊl	Schrittmotorsteuerung
stored energy stɔd ɛnəʤɪ	gespeicherte Energie
stored energy time stɔd ɛnəʤɪ taɪm	Überbrückungszeit (USV)
strain gauge streɪn geɪʤ	Dehnungsmessstreifen
strand strænd	Kabelader
stranded wire strændəd waɪə	Drahtlitzenleiter, Schaltlitze
strip strɪp	abisolieren
strip line strɪp laɪn	Streifenleiter
superconductor sjʊpəkəndʌktə	Supraleiter
supply line səplaɪ laɪn	Zuleitung
supply system impedance səplaɪ sɪstəm ɪmpidəns	Impedanz des Versorgungsnetzes
surface conduction sɜfəs kəndʌktʃən	Oberflächenleitung
surface mounted type sɜfəs maʊntəd taɪp	oberflächenmontierte Bauform
surface mounting sɜfəs maʊntɪŋ	Oberflächenbestückung
surface mounting device sɜfəs maʊntɪŋ dɪvaɪs	Bauelement für Oberflächenbestückung
surge absorbing capacitor sɜʤ əbzɔbɪŋ kəpæsɪtə	Löschkondensator
sweep rate swip reɪt	Kippfrequenz
switch off swɪtʃ ɒf	ausschalten
switch on swɪtʃ ɒn	anschalten
switch with pilot lamp swɪtʃ wɪə paɪlət læmp	Kontrollschalter
switched-mode power supply swɪtʃd məʊd paʊwə səplaɪ	Schaltnetzteil

switched-mode power supply unit ˈswɪtʃd məʊd paʊwə səplaɪ jʊnɪt	getaktetes Netzteil
switching ˈswɪtʃɪŋ	schalten
switching contact ˈswɪtʃɪŋ kɒntækt	Schaltkontakt
switching controller ˈswɪtʃɪŋ kəntrəʊlə	Schaltregler
switching device ˈswɪtʃɪŋ dɪvaɪs	Schaltgerät
switching transistor ˈswɪtʃɪŋ trænzɪstə	Schalttransistor
synchronous generated voltage ˈsɪnkrɒnəs dʒenəreɪtəd vɒltədʒ	Polspannung
synchronous speed ˈsɪnkrɒnəs spid	synchrone Drehzahl
system configuration ˈsɪstəm kɒnfɪgjəreɪʃn	Anlagenkonfiguration
system frequency ˈsɪstəm frikwənsi	Netzfrequenz
system selector switch ˈsɪstəm sɪlɛktə swɪtʃ	Netzumschalter
system voltage drop ˈsɪstəm vɒltədʒ drɒp	Netzspannungsfall
system voltage insulation ˈsɪstəm vɒltədʒ ɪnsjʊleɪʃn	Isolation gegen geerdete Teile

T

tachometer generator tʌkəʊmɪtə dʒenəreɪtə	Tachogenerator
tantalum electrolytic capacitor ˈtæntələm ɪlɛktrəʊlɪtɪk kəpæsɪtə	Tantal-Elektrolytkondensator
taped components teɪpt kəmpəʊnənts	gegurtete Bauteile
telecontrol systems tɛləkəntrəʊl sɪstəm	Fernwirksysteme
temperature dependability of capacitors tɛmprətʃə dɪpɛndəbɪləti ɒv kəpæsɪtəs	Temperaturabhängigkeit von Kondensatoren
temperature dependent resistors tɛmprətʃə dɪpɛndənt rɪzɪstə	temperaturabhängige Widerstände
temperature detector tɛmprətʃə dɪtɛktə	Temperaturfühler
temperature meter tɛmprətʃə mitə	Temperaturmessgerät
terminal (connection) tɜmɪnəl kənɛkʃn	Klemme (Anschluss)
terminal block tɜmɪnəl blɒk	Rangierverteiler
terminal diagram tɜmɪnəl daɪəgræm	Klemmenanschlussplan
terminal strip tɜmɪnəl strɪp	Klemmenleiste
test module tɛst mɒdjul	Testbaugruppe
test pin tɛst pɪn	Prüfspitze
test socket tɛst sɒkət	Prüfbuchse
thermal effects of current əˈɜməl ɪfɛkts ɒv kʌrənt	thermische Wirkung des Stroms
thermal relay əˈɜməl rɪleɪ	Temperaturbegrenzer
thermally delayed overcurrent release əˈɜməli dɪleɪd əʊvəkʌrənt rɪlis	langverzögerter Überstromauslöser
thermistor motor protection əˈɜmɪstə məʊtə prətɛkʃn	Thermistor-Motorschutz
thermoelectric series əˈɜməʊɪlɛltrɪk sɪəriz	thermoelektrische Spannungsreihe
thermolubricant əˈɜməʊlubrɪkənt	Wärmeleitpaste

thermostatic bimetals ɵɜməʊstætɪk bɪmɛtəlz	Thermobimetalle
thick-film circuit ɵɪk fɪlm sɜkɪt	Dickschichtschaltung
thin-film wave guide ɵɪn fɪlm weɪv gaɪd	Dünnschichtwellenleiter
three wire method ɵri waɪə mɛɵəd	Dreileitertechnik
three-limb core ɵri lɪmb kɔ	Dreischenkelkern
three-phase current ɵri feɪz kʌrənt	Drehstrom
three-phase generator ɵri feɪz ʤɛnəreɪtə	Drehstromgenerator
three-phase induction motor ɵri feɪz ɪndʌkʃən məʊtə	Drehstrom-Asynchronmotor
three-phase transformers ɵri feɪz trænsfɔmə	Drehstromtransformatoren
threshold current ɵrɛshəʊld kʌrənt	Wahrnehmbarkeitsschwelle (Strom)
threshold of non-fibrillation ɵrɛshəʊld ɒv nɒn fɪbrɪleɪʃn	Herzkammerflimmerschwelle
through hole mounted type ɵru həʊl maʊntəd taɪp	durchkontaktierte Bauform
through rating ɵru reɪtɪŋ	umgesetzte Leistung (Trafo)
through-connection ɵru kənɛkʃn	Durchkontaktierung
thumb wheel ɵʌmb wil	Daumenrad
thyristors ɵaɪrɪstəs	Thyristoren
time base taɪm beɪs	Zeitablenkeinrichtung
time-current characteristic taɪm kʌrənt kærəktərɪstɪk	Zeit-Strom-Kennlinie
timing diagram taɪmɪŋ daɪəgræm	Taktdiagramm
timing relay taɪmɪŋ rɪleɪ	Zeitrelais
tin-lead solder tɪn lɛd səʊldə	Lötzinn
tinned conductor tɪnd kəndʌktə	verzinnter Leiter
TN-C-S-System tiɛn sɪ ɛs sɪstəm	TN-C-S-System
tone generator təʊn ʤɛnəreɪtə	Tongeber
top hat rail tɒp hæt reɪl	Normprofilschiene, Hutschiene
toroidal-core current transformer tərɔɪdəl kɔ kʌrənt trænsfɔmə	Ringkern-Stromwandler
torque tɔk	Drehmoment
torque-dependent tɔk dɪpɛndənt	drehmomentabhängig
total connected load təʊtəl kənɛktəd ləʊd	Gesamtanschlusswert
total earthing resistance təʊtəl ɜɵɪŋ rɪzɪstəns	Gesamterdungswiderstand
total harmonic distortion təʊtəl həmɒnɪk dɪstɔʃn	Gesamtklirrfaktor
total insulation təʊtəl ɪnsjʊleɪʃn	Schutzisolierung
total number of ampere-turns təʊtəl nʌmbə ɒv æmpɪə tɜns	Gesamtwindungszahl
totally insulated təʊtəlɪ ɪnsjʊleɪtəd	vollisoliert
transfer characteristic, operational amplifier trænsfɜ kærəktərɪstɪk, ɒpərcɪʃənəl æmplɪfaɪə	Übertragungskennlinie, Operationsverstärker
transformer trænsfɔmə	Transformator
transformer core trænsfɔmə kɔ	Transformatorkern
transformer feeder trænsfɔmə fidə	Transformatorabgang

transformer magnetic steel sheet
  trænsfɔmə mægnɛtɪk stil ʃit — Übertragerblech

transformer tap trænsfɔmə tæp — Transformatoranzapfung

transient voltage trænzɪənt vɒltədʒ — transiente Überspannung

transistor amplifier trænzɪstə æmplɪfaɪə — Transistorverstärker

transistorised time relay trænzɪstəraɪzd taɪm rɪleɪ — Transistor-Zeitrelais

transition joint trænzɪʃn dʒɔɪnt — Übergangsmuffe

transmission equipment trænsfɔmə ɪkwɪpmənt — Übertragungseinrichtungen

transverse magnetisation trænsvɜs mægnətaɪzeɪʃn — Quermagnetisierung

triac coupler traɪək kʌplə — Triac-Koppler

triangular signal traɪæŋgjələ sɪgnəl — Dreiecksignal

tribo-electric charging traɪbəʊ ɪlɛktrɪk tʃadʒɪŋ — triboelektrische Aufladung

trigger pulse trɪgə pʌls — Triggerimpuls

trim trɪm — trimmen

trimmer trɪmə — Trimmer

trimming potentiometer trɪmɪŋ pəʊtɛnʃəʊmitə — Abgleichpotenziometer

true root-mean-square value (r.m.s.) measurement
  tru rut min skwɛə vælju mɛʒəmənt — Echt-Effektivwertmessung

turbine generator unit tɜbɪn dʒɛnəreɪtə jʊnɪt — Turbo-Generatorsatz

turn of winding tɜn ɒv waɪndɪŋ — Windung (einzelne)

turn-to-turn voltage tɜn tə tɜn vɒltədʒ — Windungsspannung

twelve-month time switch twɛlv mʌnθ taɪm swɪtʃ — Jahresschaltuhr

twin cord twɪn kɔd — doppeladrige Leitung

twisted pair wires twɪstəd pɛə waɪəs — verdrilltes Leiterpaar

two-frequency flashing light tu frikwənsi flæʃɪŋ laɪt — Doppelblinklicht

two-hand safety circuit tu hænd seɪftɪ sɜkɪt — Zweihand-Sicherheits-Schaltung

two-part connector tu pat kənɛktə — indirekter Steckverbinder

two-way switch tu weɪ swɪtʃ — einpoliger Wechselschalter

U

ultrasonic proximity switch ʌltrəsɒnɪk prɒksɪmətɪ swɪtʃ — Ultraschall-Näherungsschalter

unassigned slot ʌnəsaɪnd slɒt — freier Steckplatz

unassigned terminal ʌnəsaɪnd tɜmɪnəl — unbelegte Klemme

unbalance factor ʌnbæləns fæktə — Unsymmetriegrad (Drehstrom)

unbalanced load ʌnbælənst ləʊd — Lastunsymmetrie

uncontrolled drive ʌnkəntrəʊld draɪv — ungeregelter Antrieb

undervoltage ʌndəvɒltədʒ — Unterspannung

unequipped space ʌnɪkwɪpt speɪs — unbestückter Platz

unintended operation ʌnɪntɛndəd ɒpəreɪʃn — ungewolltes Schalten

uninterruptible power supply (UPS) ʌnɪntərʌptəbl
  paʊwə səplaɪ — unterbrechungsfreie Stromversorgung (USV)

unipolar control jʊnɪpəʊlə kəntrəʊl   unipolare Ansteuerung (Schrittmotor)
unit connecting cable jʊnɪt kənɛktɪŋ keɪbl   Geräteanschlussleitung
unit wiring diagram jʊnɪt waɪrɪŋ daɪəgræm   Geräteverdrahtungsplan
universal motor jʊnɪvɜːsl məʊtə   Universalmotor
unshielded cable ʌnʃildəd keɪbl   ungeschirmtes Kabel
UPS installation jʊpiɛs ɪnstəleɪʃn   USV-Anlage

V

valve regulated sealed cell vælv rɛgjəleɪtəd sild sɛl   gasdichte Zelle
variable capacitance diode   Kapazitätsdiode
  vəraɪəbəl kəpæsɪtəns daɪəʊd
variable consumption apparatus   Gerät mit veränderlicher
  vəraɪəbəl kənsʌmptʃn əpærətəs   Leistungsaufnahme
variable-frequency oscillator   durchstimmbarer Oszillator
  vəraɪəbəl frikwənsi ɒsɪleɪtə
varistor vərɪstə   Varistor
vented cell vɛntəd sɛl   geschlossene Zelle (Batterie)
vibrating-reed frequency meter   Zungenfrequenzmessgerät
  vaɪbreɪtɪŋ rid frikwənsi mitə
vitreous enamel wire wound resistor vɪtrɪəs ənɛməl   glasierter Drahtwiderstand
  waɪə waʊnd rɪzɪstə
voltage metering vɒltəʤ mitərɪŋ   Spannungsmessung
voltage strength, conductor tracks vɒltəʤ strɛŋə,   Spannungsfestigkeit, Leiterbahnen
  kəndʌktə træks
voltage transformation vɒltəʤ trænzfəmeɪʃn   Spannungstransformation
voltage waveform vɒltəʤ weɪvfɔm   Kurvenform der Spannung
voltaic cell vɒltæɪk sɛl   galvanisches Element
voltmeter vɒltmitə   Spannungsmesser, Voltmeter
volume resistivity vɒljum rɪzɪstɪvəti   Durchgangswiderstand (spezifischer)

W

wattage wɒtəʤ   Wattzahl
watt-hour consumption wɒt aʊə kənsʌmptʃn   Wattstundenverbrauch
wave form weɪv fɔm   Wellenform
winding capacitance waɪndɪŋ kəpæsɪtəns   Wicklungskapazität
winding direction waɪndɪŋ daɪrɛkʃn   Wickelsinn
winding sense waɪndɪŋ sɛns   Wicklungssinn
winding temperature rise waɪndɪŋ tɛmprətʃə raɪz   Wicklungserwärmung
wire waɪə   Leitung (elektr.), Ader (Kabel)
wire conductor waɪə kəndʌktə   Leitungsdraht
wire end ferrule waɪə ɛnd fɛrul   Aderendhülse

wire jumper waɪə dʒʌmpə — Drahtbrücke
wire termination waɪə tɜmɪneɪʃn — Drahtanschluss
wire-wound coil waɪə waʊnd kɔɪl — Drahtspule
wire-wound potentiometer waɪə waʊnd pəʊtɛnʃəʊmɪtə — Drahtpotenziometer
wire-wound resistor waɪə waʊnd rɪzɪstə — Drahtwiderstand
wiring backplane waɪrɪŋ bækpleɪn — Rückwandverdrahtungsplatte
wiring cable waɪrɪŋ keɪbl — Installationskabel
wiring plan waɪrɪŋ plæn — Verdrahtungsplan
wiring practice waɪrɪŋ præktɪs — Installationstechnik
wiring test waɪrɪŋ tɛst — durchklingeln, Verdrahtungsprüfung
withdrawable unit wɪədrɔəbəl jʊnɪt — Geräteeinschub
work wɜk — Arbeit
workload wɜkləʊd — Belastung
wound rotor waʊnd rəʊtə — gewickelter Läufer
wrapping ræpɪŋ — Bewicklung

X

X potentiometer ɛks pəʊtɛnʃəʊmɪtə — X-Spannungsteiler
X-amplifier ɛks æmplɪfaɪə — X-Verstärker
x-core ɛks kɔ — X Kern
X-wave ɛks weɪv — X-Welle

Y

Y-coupler waɪ kʌplə — Y-Koppler
Y-cut quartz waɪ kʌt kwɔts — Y-Quarz
yellow jɛləʊ — YE (gelb)
yellow blue jɛləʊ blu — YEBU (gelb-blau)
yellow grey jɛləʊ greɪ — YEGY (gelb-grau)
yellow white jɛləʊ waɪt — YEWH (weiß-gelb)
y-joint waɪ dʒɔɪnt — Y-Muffe
Y-junction waɪ dʒʌŋktʃn — Y-Verzweiger
yoke lamination dʒəʊk læmɪneɪʃn — Jochblech
y-parameter waɪ pəræmɪtə — Y-Vierpolparameter

Z

zero drift zɪərəʊ drɪft — Nullpunktdrift
zero-speed monitoring zɪərəʊ spid mɒnɪtərɪŋ — Stillstandsüberwachung
zones of physiological effects
   zəʊnz ɒv fɪzɪəʊlɒdʒɪkəl ɪfɛkts — Gefährdungsbereiche bei Wechselstrom

Hydraulik/Pneumatik

hydraulics/pneumatics

deutsch – englisch

3/2 Magnetwegeventil	3/2 solenoid way valve əri haf sɒlənɔɪd weɪ vælv
3/2 Wegeventil	3/2 way valve əri haf weɪ vælv

A

Ablassventil	drain valve dreɪn vælv
absoluter Druck	absolute pressure æbsəlut preʃə
Absperrventil	stop valve stɒp vælv
Anlagendruck	unit pressure jʊnɪt preʃə
Anschlusskennzeichnung, Ventile	port identification, valves pɔt aɪdɛntɪfɪkeɪʃn, vælvz
Arbeitsdruck	working pressure wɜkɪŋ preʃə
Arbeitsglied, pneumatisches	operating component, pneumatic ɒpəreɪtɪŋ kəmpɒnənt pnɔɪmætɪk
Aufbereitungseinheit	processing unit prəʊsɛsɪŋ junit
Axialkolbenmotor	axial piston motor æksɪəl pɪstən məʊtə
Axialkolbenpumpe	axial piston pump æksɪəl pɪstən pʌmp

B

Befüllventil	filling valve fɪlɪŋ vælv
Betätigung von Ventilen	operating of valves ɒpəreɪtɪŋ ɒv vælvz
Betriebsdruck	working pressure wɜkɪŋ preʃə
bistabiles Ventil	bistable valve bisteɪbl vælv
Blasenspeicher	bladder accumulator blædər əkjʊməleɪtə
Blende	orifice ɒrɪfɪs

C

Coriolis-Durchflussmessung	Coriolis flow measuring kɒrɪəʊlɪs fləʊ mɛʒərɪŋ

D

Dampfabscheider	steam separator stim sɛpəreɪtə
Dampfdruck	steam pressure stim preʃə
Differenzdruck	differential pressure dɪfərɛnʃl preʃə
Differenzialzylinder	differential cylinder dɪfərɛnʃl sɪlɪndə
doppeltwirkender Zylinder	double acting cylinder dʌbl æktɪŋ sɪlɪndə
Drehzylinder	rotary cylinder rəʊtəri sɪlɪndə
Drossel	throttle θrɒtl
Drosselrückschlagventil	one-way flow control valve, throttle check valve wʌn weɪ fləʊ kəntrəʊl vælv, θrɒtl tʃɛk vælv
Drosselventil	flow control valve fləʊ kəntrəʊl vælv

Druck in Flüssigkeiten und Gasen	pressure within fluids and gases prɛʃə wɪθɪn fluɪds ænd gæsəz
Druck, absoluter	pressure, absolute prɛʃə, æbsəlut
druckabhängige Steuerung	pressure depended control prɛʃə dɪpɛndənd kəntrəul
Druckbegrenzungsventil	pressure control valve prɛʃə kəntrəul vælv
Druckbereich	pressure range prɛʃə reɪndʒ
Druckerzeugungsanlage	compressor kəmprɛsər
Druckluftaufbereitung	compressed-air preparation kəmprɛst ɛə prɛpəreɪʃn
Druckluftfilter	compressed-air filter kəmprɛst ɛə fɪltə
Druckluftflasche	compressed-air bottle kəmprɛst ɛə bɒtl
druckluftgesteuert	compressed-air controlled kəmprɛst ɛə kəntrəuld
Druckluftmotor	compressed-air motor kəmprɛst ɛə məutə
Druckluftwerkzeug	pneumatic tool pneumætɪk tul
Druckluftzylinder	pneumatic cylinder pneumætɪk sɪlɪndə
Druckminderer	pressure reducer prɛʃə rɪdjusə
Druckquelle	point of pressure pɔɪnt ɒv prɛʃə
Druckregelung	pressure control prɛʃə kəntrəul
Druckregelventil	pressure regulating valve prɛʃə rɛgjəleɪtɪŋ vælv
Druckschalter	pressure switch prɛʃə swɪtʃ
Druckschaltventil	pressure sequence valve prɛʃə sikwəns vælv
Drucksensor, piezoelektrischer	pressure sensor, piezoelectric prɛʃə sɛnsə, pɪɛtsəuɪlɛktrɪk
Druckspüler	flushing valve flʌʃɪŋ vælv
Druckstoß	pressure surge prɛʃə sɜdʒ
Druckventile, pneumatische	pressure valves, pneumatic prɛʃə vælvz, pneumætɪk
Druckverlust	pressure drop prɛʃə drɒp
Durchflussmesser	flow meter fləu mitə
Durchflussmessung, Wirbelzähler-	flow measuring, vortex counter fləu mɛʒərɪŋ, vɔtɛks kauntə

E

einfach wirkender Zylinde	single acting cylinder sɪŋgl æktɪŋ sɪlɪndə
Einschraubverschraubungen	male stud coupling meɪl stʌd kuplɪŋ
Ejektor	ejector ɪdʒɛktə
Elektropneumatik	electropneumatics ɪlɛktrəupneumætɪks
elektropneumatische Steuerung	electropneumatic control system ɪlɛktrəupneumætɪk kəntrəul sɪstəm
elektropneumatischer Schaltplan	electropneumatic circuit diagram ɪlɛktrəupneumætɪk sɜkɪt daɪəgræm
Endlagendämpfung	end position cushioning ɛnd pəzɪʃn kuʃnɪŋ
externe Steuerhilfsluft	external auxiliary pilot air ɪkstɜnəl ɔgzɪlɪərɪ paɪlət ɛə

F

Filter	filter fɪltə
Flügelzellenmotor	vane motor veɪn məʊtə
Flügelzellenpumpe	vane pump veɪn pʌmp
Fluidtechnik	fluid technology fluɪd tɛknɒlədʒi
Flüssigkeitsdruck	fluid pressure fluɪd prɛʃə
Folgeventil	sequence valve sikwəns vælv
Führungseinheit	guide unit gaɪd jʊnɪt
Führungszylinder	guided cylinder gaɪdəd sɪlɪndə

G

Gegenhaltung	counter pressure kaʊntə prɛʃə
Gleichgangzylinder	double acting cylinder dʌbl æktɪŋ sɪlɪndə
Gleichlaufzylinder	synchronised cylinder sɪnkrənaɪzd sɪlɪndə
Greifer	gripper grɪpə
Grundplattenventil	sub-base valve sʌb bæz vælv

H

Hahn (Drehschieber)	cock kɒk
Hublänge	stroke length strəʊk lɛŋə
Hubverdrängungsmaschine	axial positive displacement machine æksɪəl pɒzɪtɪv dɪspleɪsmənt məʃin
Hubzylinder	lifting cylinder lɪftɪŋ sɪlɪndə
Hydraulik	hydraulics haɪdrɔlɪks
Hydraulikaggregat	hydraulic power unit haɪdrɔlɪk paʊwə jʊnɪt
Hydraulikflüssigkeit	hydraulic fluid haɪdrɔlɪk fluɪd
Hydraulikmotoren	hydraulic motors haɪdrɔlɪk məʊtəz
Hydrauliköl	hydraulic oil haɪdrɔlɪk ɔɪl
Hydraulikpumpen	hydraulic pumps haɪdrɔlɪk pʌmps
hydraulische Druckübersetzung	hydraulic pressure intensifier haɪdrɔlɪk prɛʃə ɪntensɪfeɪə
hydraulische Leistung	hydraulic power haɪdrɔlɪk paʊwə
hydraulische Presse	hydraulic press haɪdrɔlɪk prɛs
hydraulische Steuerung	hydraulic system haɪdrɔlɪk sɪstəm
hydraulischer Zylinder	hydraulic cylinder haɪdrɔlɪk sɪlɪndə
Hydrodynamik	hydrodynamics haɪdrəʊdaɪnæmɪks
hydrodynamisches Lager	hydrodynamic bearing haɪdrəʊdaɪnæmɪk bɛrɪŋ
Hydromotor	fluid power motor fluɪd paʊwə məʊtə
Hydropumpe	fluid power pump fluɪd paʊwə pʌmp
Hydrospeicher	hydraulic reservoir haɪdrɔlɪk rezəvwɑ

hydrostatische Streckumformung — hydrostatic stretch forming haɪdrəʊstætɪk strɛtʃ fɔmɪŋ

hydrostatisches Lager — hydrostatic bearing haɪdrəʊstætɪk bɛrɪŋ

Hydrozylinder — hydraulic cylinder haɪdrɒlɪk sɪlɪndə

K

kinematische Viskosität — kinematic viscosity kɪnəmætɪk vɪskɒsəti

Kleinsteuerung — mini control system mɪnɪ kəntrəʊl sɪstəm

Kolben — piston pɪstən

Kolbengeschwindigkeit — piston speed pɪstən spid

Kolbenkraft — piston force pɪstən fɔs

Kolbenmotor — piston motor pɪstən məʊtə

Kompaktzylinder — compact cylinder kɒmpækt sɪlɪndə

Kompressor — compressor kəmprɛsə

Kondensatabscheider — condensate separator kɒndənseɪt sɛprətə

Konstantpumpe — constant-displacement pump kɒnstənt dɪspleɪsmənt pʌmp

Kugelsitzventil — ball poppet valve bɔl pɒpət vælv

Kupplungsmuffe — coupling sleeve kʊplɪŋ sliv

Kupplungsstecker — quick coupling plug kwɪk kʊplɪŋ plʌg

L

Lageregelung — position control pəzɪʃn kəntrəʊl

Lamellenmotor — vane motor veɪn məʊtə

laminare Strömung — laminar flow læmɪnə fləʊ

Lineareinheit — linear unit lɪnɛə junɪt

Luftdrosselung — air throttling ɛə θrɒtlɪŋ

Luftdruck — air pressure ɛə prɛʃə

Luftverbrauch — air consumption ɛə kənsʌmptʃən

Luftverdichter — air compressor ɛə kəmprɛsə

Luftwiderstand — air resistance ɛə rɪzɪstəns

M

Magnetventil — solenoid valve sɒlənɔɪd vælv

Manometer — manometer mænəʊmitə

Massenstrom — mass flow rate mæs fləʊ reɪt

Membranspeicher — diaphragm accumulator dɪəfræm əkjʊmələeɪtə

Mindestdruck — minimum pressure mɪnɪməm prɛʃə

Muffenventil — sleeve valve sliv vælv

N

Nenndurchfluss	nominal flow rate nɒmɪnəl fləʊ reɪt
Normzylinder	standard cylinder stændəd sɪlɪndə
Nutzlänge	effective length ɪfɛktɪv lɛŋə

P

Pläne, pneumatische	diagrams, pneumatic daɪəgræms pnɔɪmætɪk
Pneumatik	pneumatics pnɔɪmætɪks
Pneumatikplan	pneumatic circuit diagram pnɔɪmætɪk sɜkɪt daɪəgræm
pneumatische Steuerung	pneumatic open loop control pnɔɪmætɪk əʊpən lup kəntrəʊl
pneumatische Wegeventile	pneumatic way valves pnɔɪmætɪk weɪ vælvz
pneumatischer Zylinder	pneumatic cylinder pnɔɪmætɪk sɪlɪndə
Presse, hydraulische	press, hydraulic prɛs, haɪdrɔlɪk
pressen	compressing kəmprɛsɪŋ
Proportionaldruckbegrenzungsventil	proportional pressure relief valve prəpɔʃənəl prɛʃə rɪlif vælv
Proportionaldruckregelventil	proportional pressure regulator prəpɔʃənəl prɛʃə rɛgjəleɪtə
Proportionalventil	proportional valve prəpɔʃənəl vælv
Pumpenleistung	pump capacity pʌmp kəpæsəti

R

Radialkolbenmotor	radial piston motor rædɪəl pɪstən məʊtə
Radialkolbenpumpe	radial piston pump rædɪəl pɪstən pʌmp
Regelventil	control valve kəntrəʊl vælv
Relais	relay rɪleɪ
Ringleitungssystem, Druckluft	ring main system, compressed air rɪŋ meɪn sɪstəm, kəmprɛst ɛə
Rohrleitung	tubing tjubɪŋ
Rohrverschraubung	screwed pipe joint skruəd paɪp dʒɔɪnt
Rückschlagventil	non-return valve nɒn rɪtɜn vælv
Ruhestellung, Ventile	neutral position, valves njutrəl pəzɪʃn vælvz

S

Sauger	suction cup sʌkʃn kʌp
Saugnapf	suction cup sʌkʃn kʌp
Schaltstellung	switching position swɪtʃɪŋ pəzɪʃn
Schaltungsanalyse	circuit analysis sɜkɪt ənælɪsɪs

Schieber	gate valve geɪt vælv
Schieberventil	slide valve slaɪd vælv
Schlauchleitung	hose line həʊz laɪn
Schneidringverschraubung	cutting ring connection kʌtɪŋ rɪŋ kənɛkʃn
Schnellentlüftungsventil	quick exhaust valve kwɪk ɪkzɔst vælv
Schnelltrennkupplung	quick separate coupler kwɪk sɛprət kʌplə
Schrägachsenpumpe	angular axes pump æŋgjələ æksɪs pʌmp
Schrägscheibenpumpe	swash plate pump swɔʃ pleɪt pʌmp
Schraubenpumpe	screw pump skru pʌmp
Sitzventil	seat valve sit vælv
Sperrventil, pneumatisches	shut-off valve, pneumatic ʃʌt ɒf vælv pnɔɪmætɪk
Stellglieder, pneumatische	final control elements, pneumatic faɪnəl kəntrəʊl ɛləmənts pnɔɪmætɪk
Steuerglied, pneumatisches	controlling element, pneumatic kəntrəʊlɪŋ ɛləmənt pnɔɪmætɪk
Steuerhilfsluft	auxiliary pilot air ɔgzɪlɪərɪ paɪlət ɛə
strömende Flüssigkeit	flowing fluid fləʊɪŋ fluɪd
Stromregelventil	flow control valve fləʊ kəntrəʊl vælv
Strömung, laminare	flow, laminar fləʊ læmɪnə
Strömungsformen	flow types fləʊ taɪps
Strömungsgeschwindigkeit	fluid velocity fluɪd vəlɒsɪti

T

Tandemzylinder	tandem cylinder tændəm sɪlɪndə
Teleskopzylinder	telescopic cylinder tɛləskɒpɪk sɪlɪndə
Tellersitzventil	disc poppet valve dɪsk pɒpət vælv
turbulente Strömung	turbulent flow tɜbələnt fləʊ

U

Überdruck	pressure above atmospheric prɛʃə əbʌv ætməsfɪərɪk
Ultraschall-Durchflussmessung	ultrasonic flow measuring ʌltrəsɒnɪk fləʊ mɛʒərɪŋ
Umlaufverdrängungsmaschine	radial positive displacement machine rædɪəl pɒzɪtɪv dɪspleɪsmənt məʃin

V

Ventil, pneumatisches	valve, pneumatic vælv pnɔɪmætɪk
Ventilbetätigung	valve operation vælv ɒpəreɪʃn
Ventilinsel	valve terminal vælv tɜmɪnəl
verdichten	compressing kəmprɛsɪŋ

Verdichter — compressor kəmprɛsə

Versorgungsglieder, pneumatische — supply units, pneumatic səplaɪ jʊnɪts, pnɔɪmætɪk

Verstellpumpe — variable displacement pump vərɪəbəl dɪspleɪsmənt pʌmp

Vorsteuerventil — piloted valve paɪləʊtd vælv

Volumenstrom — volume flow vɒljum fləʊ

W

Wechselventil — shuttle valve ʃʌtl vælv

Wechselwegventil — selector way valve sɪlɛktə weɪ vælv

Wegeventile, pneumatische — way valves, pneumatic weɪ vælvz pnɔɪmætɪk

Wegmesstechnik — motion measurement məʊʃn mɛʒəmənt

weiches Anlaufen — smooth starting smuθ statɪŋ

Widerstand, hydraulischer — resistance, hydraulic rɪzɪstəns haɪdrɔlɪk

Wirbelzähler-Durchflussmessung — vortex counter flow measuring vɔtɛks kaʊntə fləʊ mɛʒərɪŋ

Z

Zahnradmotor, außen-/innen verzahnt — gear motor, external toothed/internal toothed gɪə məʊtə, ɪkstɜnəl tuθd/ɪntɜnəl tuθd

Zahnradpumpe — gear pump gɪə pʌmp

Zeitverzögerungsventil, pneumatisches — time delay valve, pneumatic taɪm dɪleɪ vælv pnɔɪmætɪk

Zustandsdiagramm — status diagram stətus daɪəgræm

Zweidruckventil — two pressure valve tu prɛʃə vælv

Zweihand-Sicherheitsssschaltung — two-hand safety control tu hænd seɪftɪ kəntrəʊl

Zylinder — cylinder sɪlɪndə

hydraulics/pneumatics

Hydraulik/Pneumatik

englisch – deutsch

3/2 solenoid way valve ərɪ haf sɒlənɔɪd weɪ vælv   3/2 Magnetwegeventil
3/2 way valve ərɪ haf weɪ vælv   3/2 Wegeventil

A

absolute pressure æbsəlut prɛʃə   absoluter Druck
air compressor ɛə kəmprɛsə   Luftverdichter
air consumption ɛə kənsʌmptʃən   Luftverbrauch
air pressure ɛə prɛʃə   Luftdruck
air resistance ɛə rɪzɪstəns   Luftwiderstand
air throttling ɛə ərɒtlɪŋ   Luftdrosselung
angular axes pump æŋgjələ æksɪs pʌmp   Schrägachsenpumpe
auxiliary pilot air ɔgzɪlɪərɪ paɪlət ɛə   Steuerhilfsluft
axial piston motor æksɪəl pɪstən məʊtə   Axialkolbenmotor
axial piston pump æksɪəl pɪstən pʌmp   Axialkolbenpumpe
axial positive displacement machine æksɪəl pɒzɪtɪv   Hubverdrängungsmaschine
    dɪspleɪsmənt məʃin

B

ball poppet valve bɔl pɒpət vælv   Kugelsitzventil
bistable valve bisteɪbl vælv   bistabiles Ventil
bladder accumulator blædər ækjʊmələɪtə   Blasenspeicher

C

circuit analysis sɜkɪt ənælɪsɪs   Schaltungsanalyse
cock kɒk   Hahn (Drehschieber)
compact cylinder kɒmpækt sɪlɪndə   Kompaktzylinder
compressed-air bottle kəmprɛst ɛə bɒtl   Druckluftflasche
compressed-air controlled kəmprɛst ɛə kəntrəʊld   druckluftgesteuert
compressed-air filter kəmprɛst ɛə fɪltə   Druckluftfilter
compressed-air motor kəmprɛst ɛə məʊtə   Druckluftmotor
compressed-air preparation kəmprɛst ɛə prɛpəreɪʃn   Druckluftaufbereitung
compressing kəmprɛsɪŋ   pressen, verdichten
compressor kəmprɛsə   Kompressor, Verdichter,
    Druckerzeugungsanlage
condensate separator kɒndənseɪt sɛprətə   Kondensatabscheider
constant-displacement pump kɒnstənt dɪspleɪsmənt   Konstantpumpe
    pʌmp
control valve kəntrəʊl vælv   Regelventil

controlling element, pneumatic kən'trəʊlɪŋ ɛləmənt pnɔɪmætɪk — Steuerglied, pneumatisches

Coriolis flow measuring kɒrɪəʊlɪs fləʊ mɛʒərɪŋ — Coriolis-Durchflussmessung

coupling sleeve kʊplɪŋ sliv — Kupplungsmuffe

counter pressure kaʊntə prɛʃə — Gegenhaltung

cutting ring connection kʌtɪŋ rɪŋ kənɛkʃn — Schneidringverschraubung

D

diagrams, pneumatic daɪəgræms pnɔɪmætɪk — Pläne, pneumatische

diaphragm accumulator dɪəfrəm ækjʊmələɪtə — Membranspeicher

differential cylinder dɪfərɛnʃl sɪlɪndə — Differenzialzylinder

differential pressure dɪfərɛnʃl prɛʃə — Differenzdruck

disc poppet valve dɪsk pɒpət vælv — Tellersitzventil

double acting cylinder dʌbl æktɪŋ sɪlɪndə — doppelt wirkender Zylinder, Gleichgangzylinder

drain valve dreɪn vælv — Ablassventil

E

effective length ɪfɛktɪv lɛŋə — Nutzlänge

ejector ɪdʒɛktə — Ejektor

electropneumatics ɪlɛktrəʊpnɛʊmætɪks — Elektropneumatik

electropneumatic circuit diagram ɪlɛktrəʊpnɛʊmætɪk sɜkɪt daɪəgræm — elektropneumatischer Schaltplan

electropneumatic control system ɪlɛktrəʊpnɛʊmætɪk kəntrəʊl sɪstəm — elektropneumatische Steuerung

end position cushioning ɛnd pəzɪʃn kʊʃnɪŋ — Endlagendämpfung

external auxiliary pilot air ɪkstɜnəl ɔgzɪlɪərɪ paɪlət ɛə — externe Steuerhilfsluft

F

filling valve fɪlɪŋ vælv — Befüllventil

final control elements, pneumatic faɪnəl kəntrəʊl ɛləmənts pnɔɪmætɪk — Stellglieder, pneumatische

filter fɪltə — Filter

flow control valve fləʊ kəntrəʊl vælv — Drosselventil, Stromregelventil

flow measuring, vortex counter fləʊ mɛʒərɪŋ, vɔtɛks kaʊntə — Durchflussmessung, Wirbelzähler-

flow meter fləʊ mɪtə — Durchflussmesser

flow types fləʊ taɪps — Strömungsformen

flow, laminar fləʊ læmɪnə — Strömung, laminare

flowing fluid fləʊɪŋ fluɪd — strömende Flüssigkeit

fluid power motor flʊɪd paʊwə məʊtə	Hydromotor
fluid power pump flʊɪd paʊwə pʌmp	Hydropumpe
fluid pressure flʊɪd prɛʃə	Flüssigkeitsdruck
fluid technology flʊɪd tɛknɒlədʒi	Fluidtechnik
fluid velocity flʊɪd vəlɒsɪti	Strömungsgeschwindigkeit
flushing valve flʌʃɪŋ vælv	Druckspüler

G

gate valve geɪt vælv	Schieber
gear pump gɪə pʌmp	Zahnradpumpe
gear motor, external toothed/internal toothed gɪə məʊtə, ɪkstɜnəl tuəd/ɪntɜnəl tuəd	Zahnradmotor, außen-/innen verzahnt
gripper grɪpə	Greifer
guide unit gaɪd jʊnɪt	Führungseinheit
guided cylinder gaɪdəd sɪlɪndə	Führungszylinder

H

hose line həʊz laɪn	Schlauchleitung
hydraulic cylinder haɪdrɔlɪk sɪlɪndə	hydraulischer Zylinder, Hydrozylinder
hydraulic fluid haɪdrɔlɪk flʊɪd	Hydraulikflüssigkeit
hydraulic motors haɪdrɔlɪk məʊtəz	Hydraulikmotoren
hydraulic oil haɪdrɔlɪk ɔɪl	Hydrauliköl
hydraulic power haɪdrɔlɪk paʊwə	hydraulische Leistung
hydraulic power unit haɪdrɔlɪk paʊwə jʊnɪt	Hydraulikaggregat
hydraulic press haɪdrɔlɪk prɛs	hydraulische Presse
hydraulic pressure intensifier haɪdrɔlɪk prɛʃə ɪntensɪfeɪə	hydraulische Druckübersetzung
hydraulic pumps haɪdrɔlɪk pʌmps	Hydraulikpumpen
hydraulic reservoir haɪdrɔlɪk rezəvwɑ	Hydrospeicher
hydraulic system haɪdrɔlɪk sɪstəm	hydraulische Steuerung
hydraulics haɪdrɔlɪks	Hydraulik
hydrodynamic bearing haɪdrəʊdaɪnæmɪk bɛrɪŋ	hydrodynamisches Lager
hydrodynamics haɪdrəʊdaɪnæmɪks	Hydrodynamik
hydrostatic bearing haɪdrəʊstætɪk bɛrɪŋ	hydrostatisches Lager
hydrostatic stretch forming haɪdrəʊstætɪk strɛtʃ fɔmɪŋ	hydrostatische Streckumformung

K

kinematic viscosity kɪnəmætɪk vɪskɒsəti	kinematische Viskosität

L

laminar flow ˈlæmɪnə fləʊ — laminare Strömung

lifting cylinder ˈlɪftɪŋ ˈsɪlɪndə — Hubzylinder

linear unit ˈlɪnɪə ˈjuːnɪt — Lineareinheit

M

male stud coupling meɪl stʌd ˈkʊplɪŋ — Einschraubverschraubungen

manometer ˈmænəʊmɪtə — Manometer

mass flow rate mæs fləʊ reɪt — Massenstrom

mini control system ˈmɪnɪ kənˈtrəʊl ˈsɪstəm — Kleinsteuerung

minimum pressure ˈmɪnɪməm ˈprɛʃə — Mindestdruck

motion measurement ˈməʊʃn ˈmɛʒəmənt — Wegmesstechnik

N

neutral position, valves ˈnjuːtrəl pəˈzɪʃn vælvz — Ruhestellung, Ventile

nominal flow rate ˈnɒmɪnəl fləʊ reɪt — Nenndurchfluss

non-return valve nɒn rɪˈtɜːn vælv — Rückschlagventil

O

one-way flow control valve — Drosselrückschlagventil
    wʌn weɪ fləʊ kənˈtrəʊl vælv

operating component, pneumatic ˈɒpəreɪtɪŋ kəmˈpɒnənt — Arbeitsglied, pneumatisches
    pnɔːˈmætɪk

operating of valves ˈɒpəreɪtɪŋ ɒv vælvz — Betätigung von Ventilen

orifice ˈɒrɪfɪs — Blende

P

piloted valve ˈpaɪləʊtd vælv — Vorsteuerventil

piston ˈpɪstən — Kolben

piston force ˈpɪstən fɔːs — Kolbenkraft

piston motor ˈpɪstən ˈməʊtə — Kolbenmotor

piston speed ˈpɪstən spiːd — Kolbengeschwindigkeit

pneumatic circuit diagram pnɔːˈmætɪk ˈsɜːkɪt ˈdaɪəgræm — Pneumatikplan

pneumatic cylinder pnɔːˈmætɪk ˈsɪlɪndə — pneumatischer Zylinder, Druckluftzylinder

pneumatic open loop control — pneumatische Steuerung
    pnɔːˈmætɪk ˈəʊpən luːp kənˈtrəʊl

pneumatic tool pneʊˈmætɪk tuːl — Druckluftwerkzeug

pneumatic way valves pnɔɪmætɪk weɪ vælvz	pneumatische Wegeventile
pneumatics pnɔɪmætɪks	Pneumatik
point of pressure pɔɪnt ɒv prɛʃə	Druckquelle
port identification, valves pɔt aɪdɛntɪfɪkeɪʃn, vælvz	Anschlusskennzeichnung, Ventile
position control pəzɪʃn kəntrəʊl	Lageregelung
pressure above atmospheric prɛʃə əbʌv ætməsfɪərɪk	Überdruck
pressure control prɛʃə kəntrəʊl	Druckregelung
pressure control valve prɛʃə kəntrəʊl vælv	Druckbegrenzungsventil
pressure depended control prɛʃə dɪpɛndənd kəntrəʊl	druckabhängige Steuerung
pressure drop prɛʃə drɒp	Druckverlust
pressure range prɛʃə reɪndʒ	Druckbereich
pressure reducer prɛʃə rɪdjusə	Druckminderer
pressure regulating valve prɛʃə rɛgjəleɪtɪŋ vælv	Druckregelventil
pressure sensor, piezoelectric prɛʃə sɛnsə, pɪɛtsəʊɪlɛktrɪk	Drucksensor, piezoelektrischer
pressure sequence valve prɛʃə sikwəns vælv	Druckschaltventil
pressure surge prɛʃə sɜdʒ	Druckstoß
pressure switch prɛʃə swɪtʃ	Druckschalter
pressure valves, pneumatic prɛʃə vælvz, pneʊmætɪk	Druckventile, pneumatische
pressure within fluids and gases prɛʃə wɪθɪn fluɪds ænd gæsəz	Druck in Flüssigkeiten und Gasen
processing unit prəʊsɛsɪŋ junit	Aufbereitungseinheit
proportional pressure relief valve prəpɔʃənəl prɛʃə rɪlif vælv	Proportionaldruckbegrenzungsventil
proportional pressure regulator prəpɔʃənəl prɛʃə rɛgjəleɪtə	Proportionaldruckregelventil
proportional valve prəpɔʃənəl vælv	Proportionalventil
pump capacity pʌmp kəpæsəti	Pumpenleistung

Q

quick coupling plug kwɪk kʊplɪŋ plʌg	Kupplungsstecker
quick exhaust valve kwɪk ɪkzɔst vælv	Schnellentlüftungsventil
quick separate coupler kwɪk sɛprət kʌplə	Schnelltrennkupplung

R

radial piston motor rædɪəl pɪstən məʊtə	Radialkolbenmotor
radial piston pump rædɪəl pɪstən pʌmp	Radialkolbenpumpe
radial positive displacement machine rædɪəl pɒzɪtɪv dɪspleɪsmənt məʃin	Umlaufverdrängungsmaschine
relay rɪleɪ	Relais

resistance, hydraulic rɪzɪstəns haɪdrɔlɪk — Widerstand, hydraulischer
ring main system, compressed air
  rɪŋ meɪn sɪstəm, kəmprɛst ɛə — Ringleitungssystem, Druckluft

rotary cylinder rəʊtəri sɪlɪndə — Drehzylinder

S

screw pump skru pʌmp — Schraubenpumpe
screwed pipe joint skruəd paɪp dʒɔɪnt — Rohrverschraubung
seat valve sit vælv — Sitzventil
selector way valve sɪlɛktə weɪ vælv — Wechselwegventil
sequence valve sikwəns vælv — Folgeventil
shut-off valve, pneumatic ʃʌt ɒf vælv pnɔɪmætɪk — Sperrventil, pneumatisches
shuttle valve ʃʌtl vælv — Wechselventil
single acting cylinder sɪŋgl æktɪŋ sɪlɪndə — einfach wirkender Zylinder
sleeve valve sliv vælv — Muffenventil
slide valve slaɪd vælv — Schieberventil
smooth starting smuə statɪŋ — weiches Anlaufen
solenoid valve sɒlənɔɪd vælv — Magnetventil
standard cylinder stændəd sɪlɪndə — Normzylinder
status diagram stətus daɪəgræm — Zustandsdiagramm
steam pressure stim prɛʃə — Dampfdruck
steam separator stim sɛpəreɪtə — Dampfabscheider
stroke length strəʊk lɛŋə — Hublänge
stop valve stɒp vælv — Absperrventil
sub-base valve sʌb bæz vælv — Grundplattenventil
suction cup sʌkʃn kʌp — Sauger, Saugnapf
supply units, pneumatic səplaɪ jʊnɪts, pnɔɪmætɪk — Versorgungsglieder, pneumatische
swash plate pump swɒʃ pleɪt pʌmp — Schrägscheibenpumpe
switching position swɪtʃɪŋ pəzɪʃn — Schaltstellung
synchronised cylinder sɪnkrənaɪzd sɪlɪndə — Gleichlaufzylinder

T

tandem cylinder tændəm sɪlɪndə — Tandemzylinder
telescopic cylinder tɛləskɒpɪk sɪlɪndə — Teleskopzylinder
throttle ɵrɒtl — Drossel
throttle check valve ɵrɒtl tʃɛk vælv — Drosselrückschlagventil
time delay valve, pneumatic taɪm dɪleɪ vælv pnɔɪmætɪk — Zeitverzögerungsventil, pneumatisches
tubing tjubɪŋ — Rohrleitung
turbulent flow tɜbələnt fləʊ — turbulente Strömung

two-hand safety control tu hænd seɪftɪ kəntrəʊl
Zweihand-Sicherheitsssschaltung

two pressure valve tu prɛʃə vælv
Zweidruckventil

U

ultrasonic flow measuring ʌltrəsɒnɪk fləʊ mɛʒərɪŋ
Ultraschall-Durchflussmessung

unit pressure jʊnɪt prɛʃə
Anlagendruck

V

valve operation vælv ɒpəreɪʃn
Ventilbetätigung

valve, pneumatic vælv pnɔɪmætɪk
Ventil, pneumatisches

valve terminal vælv tɜmɪnəl
Ventilinsel

vane motor veɪn məʊtə
Flügelzellenmotor, Lamellenmotor

vane pump veɪn pʌmp
Flügelzellenpumpe

variable displacement pump
  vəraɪəbəl dɪspleɪsmənt pʌmp
Verstellpumpe

volume flow vɒljum fləʊ
Volumenstrom

vortex counter flow measuring
  vɔtɛks kaʊntə fləʊ mɛʒərɪŋ
Wirbelzähler-Durchflussmessung

W

way valves, pneumatic weɪ vælvz pnɔɪmætɪk
Wegeventile, pneumatische

working pressure wɜkɪŋ prɛʃə
Arbeitsdruck, Betriebsdruck

Optik

optics

deutsch – englisch

A

Abtastung	scanning ˈskænɪŋ
Abtastzeit	sampling time ˈsæmplɪŋ taɪm
analoges Signal	analog signal ˈænəlɒg ˈsɪgnəl
Auflösung	resolution ˌrɛzəˈuluʃn
Augenempfindlichkeit	eye sensitivity aɪ ˌsɛnsɪˈtɪvəti
Austrittsöffnung (LWL)	aperture ˈæpətʃə

B

Beleuchtungsstärke	illumination ɪˌlumɪˈneɪʃn
bestrahlen	irradiate ɪˈreɪdieɪt
Beugungsmuster	diffraction pattern dɪˈfrækʃn ˈpætən
Blankfaser	bare fibre bɛə ˈfaɪbə
Bogen (Wellenleiter)	bend (waveguide) bɛnd ˈweɪvgaɪd
Bragg-Beugung	Bragg diffraction bræg dɪˈfrækʃn
Brechungsgesetz	refraction law rɪˈfrækʃn lɔ
Brechungsindex (Brechzahl)	refraction index rɪˈfrækʃn ˈɪndɛks
Brennpunkt	focal point, focus ˈfəʊkəl pɔɪnt, ˈfəʊkəs

C

Candela	candela ˈkændələ
Codierung	coding ˈkəʊdɪŋ

D

Dauerlicht	steady light ˈstɛdɪ laɪt
digitales Signal	digital signal ˈdɪdʒɪtəl ˈsɪgnəl
Dispersion	dispersion dɪsˈpɜʒn
DMD (Mikrospiegel-Anzeige)	DMD (Dense Mirror Display) diɛmdi
durchsichtig	transparent trænsˈpærənt

E

einfallender Strahl	incident ray ˈɪnsɪdənt reɪ
Einfallswinkel	angle of incidence ˈæŋgl ɒv ˈɪnsɪdəns
Einfügungsverlust	extrinsic joint loss ɛkˈstrɪnsɪk dʒɔɪnt lɒs
Einkoppelverlust	source-to-fibre loss sɔs tə ˈfaɪbə lɒs
Einmoden-Lichtwellenleiter	single-mode optical fibre ˈsɪŋgl məʊd ˈɒptɪkəl ˈfaɪbə

Einmoden-Stufenfaser — single-mode step index fibre sɪŋgl məʊd stɛp ɪndɛks faɪbə

Einweglichtschranke — one-way light barrier wʌn weɪ laɪt bærɪə

elliptische Polarisation — elliptical polarisation ɪlɪptɪkəl pəʊləraɪzeɪʃn

Empfänger — receiver rɪsivə

erbiumdotierter Faserverstärker — Erbium-doped fibre amplifier (EDFA) ɜbɪəm dəʊpt faɪbə æmplɪfaɪə

F

Farbkennzeichen — colour code kʌlə kəʊd

Faser (optisch) — fibre (optical fibre) faɪbə (ɒptɪkəl faɪbə)

Faserhülse — ferrule fərul

Faserkern — fibre core faɪbə kɔ

Faserschweißverbindung — fused fibre splice fjuzd faɪbə splaɪs

Faserverlauf — fibre orientation faɪbə ɒrɪənteɪʃn

Festkörper-Laser — solid-state laser sɒlɪd steɪt leɪzə

Fotosensor — photo sensor fəʊtəʊ sɛnsə

G

gebündelter Laserstrahl — collimated laser beam kɒlɪmeɪtəd leɪzə bim

geführte Moden — guided modes gaɪdəd məʊds

geführter Strahl — guided ray gaɪdəd reɪ

Genauigkeit — accuracy əkjʊrəsɪ

Glasfaser — fibre optic faɪbə ɒptɪk

Gradientenfaser (LWL) — graded index fibre greɪdəd ɪndɛks faɪbə

Grenzfläche Kern-Mantel — core-cladding interface kɔ klædɪŋ ɪntəfeɪs

H

Halogenglühlampe — tungsten-halogen lamp tʌŋstən hælədʒən læmp

I

infrarotes Licht — infrared light ɪnfrərɛd laɪt

Installation — installation ɪnstəleɪʃn

Interferenz — interference ɪntəfɪərənts

J

Justierung	adjustment ədʒʌsmənt
Justierwellenlänge	alignment wavelength əlaɪnmənt weɪvlɛŋə

K

Kernglas	core glass kɔ glas
Klebespleiß (LWL)	glue splice glu splaɪs
kohärentes Licht	coherent light kəʊhɪərənt laɪt
kohärente Strahlung	coherent radiation kəʊhɪərənt rædɪeɪʃn
Konkavlinse	concave lens kɒnkeɪv lɛns
Konvexlinse	convex lens kɒnvɛks lɛns
Koppelhülse	alignment sleeve əlaɪnmənt sliv
Koppler (LWL)	optical-fibre coupler ɒptɪkəl faɪbə kʌplə
Kunststoff-Lichtwellenleiter	all-plastic optical fibre ɔl plæstɪk ɒptɪkəl faɪbə

L

Lampenleistung	lamp wattage læmp wɒtədʒ
Laser	light amplification by stimulated emission of radiation laɪt æmplɪfɪkeɪʃn baɪ stɪmjəleɪtəd əmɪʃn ɒv rædɪeɪʃn
Laserbereich	laser area leɪzə ɛərɪə
Laserdiode	laser diode leɪzə daɪəʊd
Laserdistanz	laser distance leɪzə dɪstəns
Laserdistanzsensor	laser distance sensor leɪzə dɪstəns sɛnsə
Lasereinrichtung der Klasse I	class I laser product klʌs wʌn leɪzə prɒdʌkt
Laserimpuls	laser pulse leɪzə pʌls
laseroptisches Ausrichtsystem	laser-optical aligment system leɪzə ɒptɪkəl əlaɪnmənt sɪstəm
Laserquelle	laser source leɪzə sɔs
Laser-Scanner	laser scanner leɪzə skænə
Laserstrahl	laser beam leɪzə bim
Leuchtdichte	luminance lʊmɪnənts
Leuchtenwirkungsgrad	light output ratio laɪt aʊtpʊt reɪʃəʊ
Licht	light laɪt
Lichtaufnehmer	light sensor laɪt sɛnsə
lichtbeständig	resistant to light rɪzɪstənt tə laɪt
Lichtbrechung	light refraction laɪt rɪfrækʃən
Lichtempfänger	opto-receiver ɒptəʊ rɪsivə
Lichtgitter	light grid laɪt grɪd

Lichtimpuls	light pulse laɪt pʌls
Lichtkante	light edge laɪt ɛdʒ
Lichtleistung	light power laɪt paʊwə
Lichtleitfaser	optical waveguide ɒptɪkəl weɪvgaɪd
Lichtpolarisation	light polarisation laɪt pəʊlərɪzeɪʃn
Lichtquelle	light source laɪt sɔs
Lichtschranke	light barrier laɪt bærɪə
Lichtspaltverfahren	light gap process laɪt gæp prəʊsɛs
Lichtstärke	luminous intensity lʊmɪnəs ɪntɛnsətɪ
Lichtstrahl	light beam laɪt bim
lichttechnische Größen	photometric quantities fəʊtəʊmɛtrɪk kwɒntətiz
Lichtvorhang	light curtain laɪt kɜtɪn
Lichtwellenleiter	optical fibre waveguide, fibre optic cable ɒptɪkəl faɪbə weɪvgaɪd, faɪbə ɒptɪk keɪbl
Lichtwellenleiter mit loser Ummantelung	loose-jacket optical fibre luz dʒækət ɒptɪkəl faɪbə
Lichtwellenleiterfaser	optical fibre guide ɒptɪkəl faɪbə gaɪd
Lichtwellenleiter-Kabel	optical fibre cable ɒptɪkəl faɪbə keɪbl
Lichtwellenleiter-Montage	fibre optics mounting faɪbə ɒptɪks maʊntɪŋ
Lichtwellenleiterspleiß	fibre optic splice faɪbə ɒptɪk splaɪs
Lichtwellenleiter-Steckverbinder	fibre optic connector faɪbə ɒptɪk kənɛktə
Lichtwellenleitertechnik	fibre optic technology faɪbə ɒptɪk tɛknɒlədʒɪ
linear polarisierter Wellentyp	linear polarised mode lɪnɛə pəʊləraɪzd məʊd
lineare Polarisation	linear polarisation lɪnɛə pəʊləraɪzeɪʃn
linksdrehende Polarisation	counter clockwise polarisation kaʊntə klɒkwaɪz pəʊləraɪzeɪʃn
Linsen	lenses lɛnsəs
linsenoptische Lichtschranken	light barriers with lenses laɪt bærɪəz wɪθ lɛnsəs
Lumen	Lumen lumən
Lumineszenz	luminescence lʊmɪnɪsəns
Lumineszenzabtastung	luminescence scanning lʊmɪnɪsəns skænɪŋ
Lumineszenzdiode	luminescence diode lʊmɪnɪsəns daɪəʊd
LWL-Koppler	optical-fibre coupler ɒptɪkəl faɪbə kʌplə
LWL-Spleiß	optical-fibre splice ɒptɪkəl faɪbə splaɪs
LWL-Steckverbinder	fibre optic connector faɪbə ɒptɪk kənɛktə

M

Mehrmodenwellenleiter	multi-mode waveguide mʌltɪməʊd weɪvgaɪd
Mindestbiegeradius	minimum bending radius mɪnɪməm bɛndɪŋ reɪdɪəs
Modendispersion	modal dispersion məʊdəl dɪspɜʒn
monochromatisches Licht	monochromatic light mɒnəʊkrəmætɪk laɪt

Monomode-Lichtwellenleiter	single-mode optical fibre sɪŋɡl məʊd ɒptɪkəl faɪbə
Multimoden-Lichtweilenleiter	multi-mode optical fibre mʌltɪməʊd ɒptɪkəl faɪbə

N

Näherungssensor, optisch	optical proximity sensor ɒptɪkəl prɒksɪmɪtɪ sɛnsə

O

Öffnungsfläche	aperture æpətʃə
Öffnungswinkel	angle of aperture æŋɡl ɒv æpətʃə
Optik	optics ɒptɪks
optische Abtastung	optical scanning ɒptɪkəl skænɪŋ
optische Anzeige	visual display vɪʒʊəl dɪspleɪ
optische Faser	optical fibre ɒptɪkəl faɪbə
optische Strahlung	optical radiation ɒptɪkəl rædɪeɪʃn
optische Wellenlänge	optical wavelength ɒptɪkəl weɪvlɛŋə
optischer Koppler	optical coupler ɒptɪkəl kʌplə
optischer Steckverbinder	optical fibre connector ɒptɪkəl faɪbə kənɛktə
optisches Fenster	optical window ɒptɪkəl wɪndəʊ
optischer Filter	optical filter ɒptɪkəl fɪltə
optoelektrischer Wandler	opto–electric receiver ɒptəʊ ɪlɛktrɪk rɪsivə

P

Plastik-LWL	all-plastic optical fibre ɔl plæstɪk ɒptɪkəl faɪbə
Polarisation	polarisation pəʊləraɪzeɪʃn
Polarisationsfilter	polarising filter pəʊləraɪzɪŋ fɪltə
polarisiertes Licht	polarised light pəʊləraɪzd laɪt
Positionserfassung	aquisition of position əkwɪzɪʃn ɒv pəzɪʃn
Prisma	prism prɪzm

Q

Quarzglasfaser	all-silica fibre ɔl sɪlɪkə faɪbə
quasioptische Ausbreitung	quasi optical propagation kwɒsɪ ɒptɪkəl prɒpəgeɪʃn
Quetschhülse	ferrule fərul

R

reflektiertes Licht — reflected light rɪflɛktɪv laɪt
Reflexion — reflection rɪflɛktʃn
Reflexionsbetrieb (Lichtschranke) — reflective operation (light barrier) rɪflɛktɪv ɒpəreɪʃn
Reflexionsgrad — reflection factor rɪflɛktʃn fæktə
Reflexionslichtschranke — reflection light barrier rɪflɛktʃn laɪt bərɪə
Reflexionslichttaster — reflection light scanner rɪflɛktʃn laɪt skænə
Reparaturverbinder — repair sleeve rɪpɛə sliv
Richtungskoppler (LWL) — direction coupler daɪrɛkʃn kʌplə
Rückstreudämpfung (LWL) — backscatter attenuation bækskætə ətɛnjʋeɪʃn

S

Sammellinsen — collecting lenses kəlɛktɪŋ lɛnsəs
Sender — emitter əmɪtə
sichtbares Licht — visible light vɪzɪbl laɪt
sichtbares Spektrum — visible spectrum vɪzɪbl spɛktrəm
Silikatglas-Lichtwellenleiter — silica optical fibre sɪlɪkə ɒptɪkəl faɪbə
Spektralbereich — spectral domain spɛktrəl dəmeɪn
Spleißmuffe — splice sleeve splaɪs sliv
Strahl — directed beam daɪrɛktəd bim
Strahlbündelung — beam focusing bim fəʊkəsɪŋ
Strahlstärke — beam density bim dɛnsəti
Strahlung, optische — radiation, optical rædɪeɪʃn ɒptɪkəl
strahlungsfest — radiation-resistant rædɪeɪʃn rɪzɪstənt

T

Tastabstand — sensing distance sɛnsɪŋ dɪstəns
thermisch gespleißter Lichtwellenleiter — fusion-spliced optical fibre fjuːʒn splaɪst ɒptɪkəl faɪbə
Totalreflexion — total reflection təʊtəl rɪflɛktʃn

U

ultravioletter Spektralbereich — ultraviolet region ʌltrəvaɪələt ridʒn
ultraviolettes Licht — ultraviolet light ʌltrəvaɪələt laɪt
Ultraviolettstrahlung — ultraviolet radiation ʌltrəvaɪələt rædɪeɪʃn
undurchsichtig — non-transparent nɒn trænspærənt

V

Verwendungsdauer	period of use pɛrɪɒd ɒv jus

W

Wandler	transformer trænsfɔmə
Wellenlänge	wavelength weɪvlɛŋə
Wellenwiderstand	wave impedance weɪv ɪmpidəns

Y

YAG-Laser	yttrium-aluminium-garnet laser jɪtrəm æljʊmɪnjəm ganət leɪzə
YIG (Lasermaterial)	yttrium iron garnet jɪtrəm aɪən ganət

Z

Zerstreuungslinse	divergent lens dɪvɜdʒənt lɛns
Zone	zone zəʊn

optics

Optik

englisch – deutsch

A

accuracy əkjʊrəsɪ	Genauigkeit
adjustment ədʒʌsmənt	Justierung
alignment sleeve (optical fibre) əlaɪnmənt sliv (ɒptɪkəl faɪbə)	Koppelhülse
alignment wavelength əlaɪnmənt weɪvlɛŋə	Justierwellenlänge
all-plastic optical fibre ɔl plæstɪk ɒptɪkəl faɪbə	Kunststoff-Lichtwellenleiter, Plastik-LWL
all-silica fibre ɔl sɪlɪkə faɪbə	Quarzglasfaser
analog signal ænəlɒg sɪgnəl	analoges Signal
angle of aperture æŋgl ɒv æpətʃə	Öffnungswinkel
angle of incidence æŋgl ɒv ɪnsɪdəns	Einfallswinkel
aperture æpətʃə	Austrittsöffnung (LWL), Öffnungsfläche
aquisition of position əkwɪzɪʃn ɒv pəzɪʃn	Positionserfassung

B

backscatter attenuation bækskætə ətɛnjʊeɪʃn	Rückstreudämpfung (LWL)
bare fibre bɛə faɪbə	Blankfaser
beam density bim dɛnsəti	Strahlstärke
beam focusing bim fəʊkəsɪŋ	Strahlbündelung
bend (waveguide) bɛnd weɪvgaɪd	Bogen (Wellenleiter)
bending loss bɛndɪŋ lɒs	Verlust durch Krümmung
Bragg diffraction bræg dɪfrækʃn	Bragg-Beugung

C

candela kændələ	Candela
class I laser product klʌs wʌn leɪzə prɒdʌkt	Lasereinrichtung der Klasse I
coding kəʊdɪŋ	Codierung
coherent light kəʊhɪərənt laɪt	kohärentes Licht
coherent radiation kəʊhɪərənt rædɪeɪʃn	kohärente Strahlung
collecting lenses kəlɛktɪŋ lɛnsəs	Sammellinsen
collimated laser beam kɒlɪmeɪtəd leɪzə bim	gebündelter Laserstrahl
colour code kʌlə kəʊd	Farbkennzeichen
concave lens kɒnkæv lɛns	Konkavlinse
convex lens kɒnvɛks lɛns	Konvexlinse
core glass kɔ glas	Kernglas
core-cladding interface kɔ klædɪŋ ɪntəfeɪs	Grenzfläche Kern-Mantel
counter clockwise polarisation kaʊntə klɒkwaɪz pəʊləraɪzeɪʃn	linksdrehende Polarisation

D

diffraction pattern dɪfrækʃn pætən — Beugungsmuster

digital signal dɪdʒɪtəl sɪgnəl — digitales Signal

directed beam daɪrɛktəd bim — Strahl

direction coupler daɪrɛkʃn kʌplə — Richtungskoppler (LWL)

dispersion dɪspɜʒn — Dispersion

divergent lens dɪvɜdʒənt lɛns — Zerstreuungslinsen

DMD (Dense Mirror Display) diɛmdi — DMD (Mikrospiegel-Anzeige)

E

elliptical polarisation ɪlɪptɪkəl pəʊləraɪzeɪʃn — elliptische Polarisation

emitter əmɪtə — Sender

Erbium-doped fibre amplifier (EDFA) ɜbɪəm dəʊpt faɪbə æmplɪfaɪə — erbiumdotierter Faserverstärker

extrinsic joint loss (optical fibre) ɛkstrɪnsɪk dʒɔɪnt lɒs (ɒptɪkəl faɪbə) — Einfügungsverlust (Lichtwellenleiter)

eye sensitivity aɪ sɛnsɪtɪvəti — Augenempfindlichkeit

F

ferrule fərul — Faserhülse, Quetschhülse

fibre (optical fibre) faɪbə (ɒptɪkəl faɪbə) — Faser (optisch)

fibre core faɪbə kɔ — Faserkern

fibre optic faɪbə ɒptɪk — Glasfaser

fibre optic cable faɪbə ɒptɪk keɪbl — Lichtwellenleiter

fibre optic connector faɪbə ɒptɪk kənɛktə — Lichtwellenleiter-Steckverbinder

fibre optic splice faɪbə ɒptɪk splaɪs — Lichtwellenleiterspleiß

fibre optic technology faɪbə ɒptɪk tɛknɒlədʒɪ — Lichtwellenleitertechnik

fibre optics mounting faɪbə ɒptɪks maʊntɪŋ — Lichtwellenleiter-Montage

fibre orientation faɪbə ɒrɪənteɪʃn — Faserverlauf

focal point fəʊkəl pɔɪnt — Brennpunkt

focus fəʊkəs — Brennpunkt

fused fibre splice fjuzd faɪbə splaɪs — Faserschweißverbindung

fusion-spliced optical fibre fjuʒn splaɪst ɒptɪkəl faɪbə — thermisch gespleißter Lichtwellenleiter

G

glue splice glu splaɪs — Klebespleiß (LWL)

graded index fibre greɪdəd ɪndɛks faɪbə — Gradientenfaser (LWL)

guided modes gaɪdəd məʊds   geführte Moden
guided ray gaɪdəd reɪ   geführter Strahl

I

illumination ɪlʊmɪneɪʃn   Beleuchtungsstärke
incident ray ɪnsɪdənt reɪ   einfallender Strahl
infrared light ɪnfrərɛd laɪt   infrarotes Licht
installation ɪnstəleɪʃn   Installation
interference ɪntəfɪərənts   Interferenz
irradiate ɪreɪdieɪt   bestrahlen

L

lamp wattage læmp wɒtədʒ   Lampenleistung
laser area leɪzə ɛərɪə   Laserbereich
laser beam leɪzə bim   Laserstrahl
laser diode leɪzə daɪəʊd   Laserdiode
laser distance leɪzə dɪstəns   Laserdistanz
laser distance sensor leɪzə dɪstəns sɛnsə   Laserdistanzsensor
laser-optical aligment system   laseroptisches Ausrichtsystem
    leɪzə ɒptɪkəl əlaɪnmənt sɪstəm
laser pulse leɪzə pʌls   Laserimpuls
laser scanner leɪzə skænə   Laser-Scanner
laser source leɪzə sɔs   Laserquelle
lenses lɛnsəs   Linsen
light laɪt   Licht
light amplification by stimulated emission of radiation   Laser
    laɪt æmplɪfɪkeɪʃn baɪ stɪmjəleɪtəd əmɪʃn ɒv
    rædɪeɪʃn
light barrier laɪt bærɪə   Lichtschranke
light barriers with lenses laɪt bærɪəz wɪə lɛnsəs   linsenoptische Lichtschranken
light beam laɪt bim   Lichtstrahl
light curtain laɪt kɜtɪn   Lichtvorhang
light edge laɪt ɛdʒ   Lichtkante
light gap process laɪt gæp prəʊsɛs   Lichtspaltverfahren
light grid laɪt grɪd   Lichtgitter
light output ratio laɪt aʊtpʊt reɪʃəʊ   Leuchtenwirkungsgrad
light polarisation laɪt pəʊlərɪzeɪʃn   Lichtpolarisation
light power laɪt paʊwə   Lichtleistung
light pulse laɪt pʌls   Lichtimpuls

light refraction laɪt rɪfrækʃən — Lichtbrechung
light sensor laɪt sɛnsə — Lichtaufnehmer
light source laɪt sɔs — Lichtquelle
linear polarisation lɪnɛə pəʊləraɪzeɪʃn — lineare Polarisation
linear polarised mode lɪnɛə pəʊləraɪzd məʊd — linear polarisierter Wellentyp
loose-jacket optical fibre luz dʒækət ɒptɪkəl faɪbə — Lichtwellenleiter mit loser Ummantelung

Lumen lumən — Lumen
luminance lʊmɪnənts — Leuchtdichte
luminescence lʊmɪnɪsənts — Lumineszenz
luminescence diode lʊmɪnɪsənts daɪəʊd — Lumineszenzdiode
luminescence scanning (light barrier) lʊmɪnɪsənts skænɪŋ — Lumineszenzabtastung (Lichtschranke)
luminous intensity lʊmɪnəs ɪntɛnsəti — Lichtstärke

M

minimum bending radius mɪnɪməm bɛndɪŋ reɪdɪəs — Mindestbiegeradius
modal dispersion məʊdəl dɪspɜʒn — Modendispersion
monochromatic light mɒnəʊkrəmætɪk laɪt — monochromatisches Licht
multi-mode optical fibre mʌltɪməʊd ɒptɪkəl faɪbə — Multimoden-Lichtweilenleiter
multi-mode waveguide mʌltɪməʊd weɪvgaɪd — Mehrmodenwellenleiter

N

non-transparent nɒn trænspærənt — undurchsichtig

O

one-way light barrier wʌn weɪ laɪt bærɪə — Einweglichtschranke
optical coupler ɒptɪkəl kʌplə — optischer Koppler
optical fibre ɒptɪkəl faɪbə — optische Faser
optical fibre cable ɒptɪkəl faɪbə keɪbl — Lichtwellenleiter-Kabel
optical fibre connector ɒptɪkəl faɪbə kənɛktə — optischer Steckverbinder
optical fibre guide ɒptɪkəl faɪbə gaɪd — Lichtwellenleiterfaser
optical fibre waveguide ɒptɪkəl faɪbə weɪvgaɪd — Lichtwellenleiter
optical filter ɒptɪkəl fɪltə — optisches Filter
optical proximity sensor ɒptɪkəl prɒksɪmɪti sɛnsə — optischer Näherungssensor
optical radiation ɒptɪkəl rædɪeɪʃn — optische Strahlung

optical scanning ɒptɪkəl skænɪŋ   optische Abtastung
optical waveguide ɒptɪkəl weɪvgaɪd   Lichtleitfaser
optical wavelength ɒptɪkəl weɪvlɛŋə   optische Wellenlänge
optical window ɒptɪkəl wɪndəʊ   optisches Fenster
optical-fibre coupler ɒptɪkəl faɪbə kʌplə   Koppler (LWL), LWL-Koppler
optical-fibre splice ɒptɪkəl faɪbə splaɪs   LWL-Spleiß
optics ɒptɪks   Optik
opto-electric receiver ɒptəʊ ɪlɛktrɪk rɪsivə   optoelektrischer Wandler
opto-receiver ɒptəʊ rɪsivə   Lichtempfänger

P

period of use pɛrɪɒd ɒv jus   Verwendungsdauer
photo sensor fəʊtəʊ sɛnsə   Fotosensor
photometric quantities fəʊtəʊmɛtrɪk kwɒntətiz   lichttechnische Größen
polarisation pəʊləraɪzeɪʃn   Polarisation
polarised light pəʊləraɪzd laɪt   polarisiertes Licht
polarising filter pəʊləraɪzɪŋ fɪltə   Polarisationsfilter
prism prɪzm   Prisma

Q

quasi optical propagation kwɒsɪ ɒptɪkəl prɒpəgeɪʃn   quasioptische Ausbreitung

R

radiation, optical rædɪeɪʃn ɒptɪkəl   Strahlung, optische
radiation-resistant rædɪeɪʃn rɪzɪstənt   strahlungsfest
receiver rɪsivə   Empfänger
reflected light rɪflɛktɪv laɪt   reflektiertes Licht
reflection (mirror) rɪflɛktʃn   Reflexion (Spiegel)
reflection factor rɪflɛktʃn fæktə   Reflexionsgrad
reflection light barrier rɪflɛktʃn laɪt bərɪə   Reflexionslichtschranke
reflection light scanner rɪflɛktʃn laɪt skænə   Reflexionslichttaster
reflective operation (light barrier) rɪflɛktɪv ɒpəreɪʃn   Reflexionsbetrieb (Lichtschranke)
refraction index rɪfrækʃn ɪndɛks   Brechungsindex
refraction law rɪfrækʃn lɔ   Brechungsgesetz
refractive index rɪfræktɪv ɪndɛks   Brechzahl
repair sleeve rɪpɛə sliv   Reparaturverbinder
resistant to light rɪzɪstənt tə laɪt   lichtbeständig
resolution rɛzəʊluʃn   Auflösung

S

sampling time sæmplɪŋ taɪm   Abtastzeit
scanning skænɪŋ   Abtastung
sensing distance sɛnsɪŋ dɪstəns   Tastabstand (Lichtschranke)
silica optical fibre sɪlɪkə ɒptɪkəl faɪbə   Silikatglas-Lichtwellenleiter
single-mode step index fibre   Einmoden-Stufenfaser
   sɪŋgl məʊd stɛp ɪndɛks faɪbə
single-mode optical fibre sɪŋgl məʊd ɒptɪkəl faɪbə   Einmoden-Lichtwellenleiter, Monomode-Lichtwellenleiter

solid-state laser sɒlɪd steɪt leɪzə   Festkörper-Laser
source-to-fibre loss sɔːs tə faɪbə lɒs   Einkoppelverlust
spectral domain spɛktrəl dəmeɪn   Spektralbereich
splice sleeve splaɪs sliv   Spleißmuffe
steady light stɛdɪ laɪt   Dauerlicht

T

total reflection təʊtəl rɪflɛktʃn   Totalreflexion
transformer trænsfɔmə   Wandler
transparent trænspærənt   durchsichtig
tungsten-halogen lamp tʌŋstən hælədʒən læmp   Halogenglühlampe

U

ultraviolet light ʌltrəvaɪələt laɪt   ultraviolettes Licht
ultraviolet radiation ʌltrəvaɪələt rædɪeɪʃn   Ultraviolettstrahlung
ultraviolet region ʌltrəvaɪələt ridʒn   ultravioletter Spektralbereich

V

visible light vɪzɪbl laɪt   sichtbares Licht
visible spectrum vɪzɪbl spɛktrəm   sichtbares Spektrum
visual display vɪʒʊəl dɪspleɪ   optische Anzeige

W

wave impedance weɪv ɪmpidəns   Wellenwiderstand
wavelength weɪvlɛŋθ   Wellenlänge

Y

yttrium-aluminium-garnet laser
  jɪtrəm æljumɪnjəm ganət leɪzə

YAG-Laser

yttrium iron garnet jɪtrəm aɪən ganət

YIG (Lasermaterial)

Z

zone zəʊn

Zone

Messen/Steuern/Regeln

measuring and control

deutsch – englisch

A

Abtastregelung, azyklisch	sampled data control, acyclic sæmpəld deɪtə kəntrəʊl, eɪsaɪklɪk
analoge Regelung	analog closed loop control ænəlɒg kləʊzd lup kəntrəʊl
analoge Steuerung	analog open loop control ænəlɒg əʊpən lup kəntrəʊl
Ansprechverhalten	response characteristic rɪspɒns kærəktərɪstɪk
Anstiegsantwort	ramp response ræmp rɪspɒns
Anstiegsflanke	rising edge raɪzɪŋ ɛdʒ
Anstiegszeit	rise time raɪz taɪm
Antwortfunktion	response function rɪspɒns fʌŋkʃn
Anweisungsliste (AWL)	instruction list (IL) ɪnstrʌkʃn lɪst
ausregeln	correct (compensate) kərɛkt (kɒmpənzeɪt)
Aussteuerbereich	control range kəntrəʊl reɪndʒ
Automatisierungstechnik	automation engineering ɔtəmeɪʃn ɛndʒɪnɪərɪŋ

B

Bahnsteuerung	continuous-path control kəntɪnjʊəs paθ kəntrəʊl
beeinflusste Größe	influenced variable ɪnflʊənst vəraɪəbl
Befehlscodierung für CNC-Maschinen	instruction code for CNC-machines ɪnstrʌkʃn kəʊd fɔ siɛnsi məʃinz
Beharrungswert	steady-state value stɛdɪsteɪt vælju
berührendes Messen	contacting measuring kɒntæktɪŋ mɛʒərɪŋ
Bildung der Führungsgröße	generation of reference variable dʒɛnəreɪʃn ɒv rɛfərəns vəraɪəbl
Brückenabgleich	bridge tuning brɪdʒ tjunɪŋ
Brückenmessgerät	bridge instrument brɪdʒ ɪnstrəmənt

C

CAA (rechnergestützte Montage)	Computer-Aided Assembling kəmpjutə eɪdəd əsɛmblɪŋ
CAD (rechnergestützter Entwurf)	Computer Aided Design (CAD) kəmpjutə eɪdəd dɪzaɪn
CADEM (rechnergestützter Entwurf, Engineering u. Fertigung)	Computer-Aided Design, Engineering and Manufacturing kəmpjutə eɪdəd dɪzaɪn, ɛndʒɪnɪərɪŋ ænd mænjʊfæktʃərɪŋ
CAD-Zeichnungsprogramm	CAD plotting program kæd plɒtɪŋ prəʊgræm
CAE (rechnergestützte Entwicklung)	Computer Aided Engineering kəmpjutə eɪdəd ɛndʒɪnɪərɪŋ
CAI (rechnergestützte Inspektion)	Computer Aided Inspection kəmpjutə eɪdəd ɪnspɛktʃn
CAM (rechnergestützte Fertigung)	Computer Aided Manufacturing kəmpjutə eɪdəd mænjʊfæktʃərɪŋ

CAP (rechnergestützte Planung)	Computer Aided Planning kəmpjutə eɪdəd plænɪŋ
CAQ (rechnergestützte Qualitätssicherung)	Computer Aided Quality Assurance kəmpjutə eɪdəd kwɒləti əʃurəns
CAR (rechnergestützter Roboter)	Computer-Aided Robotics kəmpjutə eɪdəd rəbɒtɪks
CASE (rechnergestütztes Softwareengineering)	Computer-Aided Software Engineering kəmpjutə eɪdəd sɒftwɛə ɛndʒɪnɪərɪŋ
CAT (rechnergestütztes Testen)	Computer Aided Testing kəmpjutə eɪdəd tɛstɪŋ
Chien-Hrones-Reswick-Verfahren	Chien-Hrones-Reswick-method tʃin rəuns rɛswɪk mɛəəd
CIM (Fertigungssteuerung im Rechnerverbund)	Computer Integrated Manufacturing kəmpjutə ɪntəgreɪtəd mænjufæktʃərɪŋ
CNC (rechnergeführte numerische Werkzeugsteuerung)	Computerised Numerical Control kəmpjutəraɪzd njumɛrɪkəl kəntrəul
CO_2-Laser	CO_2-laser siəutu leɪzə
Controller	controller kəntrəulə

D

digitale Regelung	digital closed loop control dɪdʒɪtəl kləuzd lup kəntrəul
digitaler Phasenregelkreis	digital phase locked loop (DPLL) dɪdʒɪtəl feɪz lɒkt lup
digitales Signal	digital signal dɪdʒɪtəl sɪgnəl
DNC (direkte numerische Steuerung)	Direct Numerical Control daɪrɛkt njumɛrɪkəl kəntrəul
D-Regler	derivative control unit dɪrɪvɪtɪv kəntrəul junɪt
Drehzahlerfassung	speed measurement spid mɛʒəmənt
Drehzahlgeber	tachometer generator tækəumɪtə dʒɛnəreɪtə
Drehzahlmessung	rotational speed measurement rəuteɪʃənəl spid mɛʒəmənt
Drehzahlregler	speed controller spid kəntrəulə
Dreipunktregler	three-level controller, three position controller θri lɛvəl kəntrəulə, θri pəzɪʃn kəntrəulə

E

Einflussgröße	influencing quantity ɪnfluənsɪŋ kwɒntəti
Eingangsgröße	basic variable beɪsɪk vəraɪəbl
Einstellung von Reglern	adjustment of controllers ədʒʌsmənt ɒv kəntrəuləs
Einstellwert	set value sɛt vælju
elektrische Steuerung	electric control system ɪlɛktrɪk kəntrəul sɪstəm
EMSR-Technik	electrical-, measuring-, and automatic control engineering ɪlɛktrɪkl, mɛʒərɪŋ, ænd ɔtəmætɪk kəntrəul ɛndʒɪnɪərɪŋ
Endlagengeber	end-of-travel transducer ɛnd ɒv trævəl trænsdjusə

F

Festwertregelung	set-point control sɛtpɔɪnt kəntrəʊl
Folgeregelung	follow-up control fɒləʊ ʌp kəntrəʊl
freiprogrammierbare Steuerung	programmable controller prəʊgræməbl kəntrəʊlə
Führungsgröße	reference variable rɛfərənts vəraɪəbl
Funktionsbaustein	function block fʌŋktʃn blɒk

G

Gegenkopplung	negative feedback nɛgətɪv fidbæk
Gelenkroboter	revolute coordinate robot rɛvəlut kəʊɔdɪnət rɒbət
geschlossener Wirkungsablauf	closed action flow kləʊzd ækʃn fləʊ
Geschwindigkeitsmesstechnik	velocity measurement vəlɒsɪtɪ mɛʒəmənt

H

halbautomatische Steuerung	semi-automatic control sɛmɪ ɔtəmætɪk kəntrəʊl
Halbleiterthermoelement	semiconductor thermo element sɛmɪkənanʌktə əɜməʊ ɛləmənt
Hall-Geber	Hall-effect sensor hɔl ɪfɛkt sɛnsə
Halt	stop stɒp
Haltepunkt	stop point stɒp pɔɪnt
handbetätigt	manually operated mænjuəlɪ ɒpəreɪtəd
Handhabungstechnik	handling technology hændlɪŋ tɛknɒlədʒi
Handregelung	manual control mænjuəl kəntrəʊl
Heißleiter	NTC thermistor ɛntɪsɪ əɜmɪstə
Hochlauffunktion	ramp function ræmp fʌŋkʃn

I

Impulsantwort	impulse response ɪmpʌls rɪspɒns
Industrieroboter	industrial robot ɪndʌstrɪəl rɒbət
integral wirkender Regler	integral-action controller ɪntɪgrəl ækʃən kəntrəʊlə
I_0-Strecke	I_0-controlled system aɪəʊ kəntrəʊld sɪstəm
I-Regelung	integral-action control ɪntɪgrəl ækʃn kəntrəʊl
I-Strecke	I-controlled system aɪ kəntrəʊld sɪstəm
Ist-Sollwert-Vergleich	comparison of actual and setpoint values kəmpærɪzən ɒv æktʃuəl ænd sɛtpɔɪnt væljuz
Istwert	actual value æktʃuəl vælju
I-T_1-Strecke	I-T_1-controlled system aɪ tɪ wʌn kəntrəʊld sɪstəm

K

Kalibirieren	calibrating kælɪbreɪtɪŋ
Kalibriernormal	calibration standard kælɪbreɪʃn stændəd
Knickarmroboter	anthropomorphic robot ænərəpəʊmɔfɪk rɒbət
Kommandoraum	control room kəntrəʊl rum
Kompaktregler	compact controller kɒmpækt kəntrəʊlə
kontaktlose Steuerung	solid-state control sɒlɪd steɪt kəntrəʊl
Kontaktplan (KOP)	ladder diagram (LD) lædə daɪəgræm

L

Lageinformation, geometrische	geometric positioning data dʒɪəʊmɛtrɪk pəzɪʃənɪŋ deɪtə
Lagemessgerät	position measuring device pəzɪʃn mɛʒərɪŋ dɪvaɪs
Lagerückführung	position feedback pəzɪʃn fidbæk
Lambda-Sonde	Lambda probe læmdə prəʊb
Längenmaßstab	linear scale lɪnɛə skeɪl
Lastregelfaktor	load regulation coefficient ləʊd rɛgjəleɪʃn kəʊɪfɪʃənt
Leittechnik	instrumentation and control engineering ɪnstrʊmənteɪʃn ænd kəntrəʊl ɛndʒɪnɪərɪŋ

M

maschinenorientierte Programmiersprache	computer-oriented language kəmpjutə ɒrɪɛntəd læŋgwɪdʒ
Mehrpunktregelung	multi-position control mʌltɪ pəzɪʃn kəntrəʊl
Mess-, Steuer- und Regelgeräte	measuring and control equipment mɛʒərɪŋ ænd kəntrəʊl əkwɪpmənt
Messanweisung	measuring instruction mɛʒərɪŋ ɪnstrʌktʃən
Messbereich	measuring range mɛʒərɪŋ reɪndʒ
Messdaten	measuring data mɛʒərɪŋ deɪtə
Messeinheit	unit of measurement jʊnɪt ɒv mɛʒəmənt
Messeinrichtung	measuring equipment mɛʒərɪŋ ɪkwɪpmənt
Messen	measurement mɛʒəmənt
Messen elektrischer Größen	measurement of electrical quantities mɛʒəmənt ɒv ɪlɛktrɪkl kwɒntətiz
Messen, direktes	direct measuring daɪrɛkt mɛʒərɪŋ
Messergebnisse	measurement results mɛʒəmənt rɪzʌlts
Messfehler	measuring error mɛʒərɪŋ ɛrə
Messgerät mit analoger Ausgabe	analog measuring instrument ænəlɒg mɛʒərɪŋ ɪnstrʊmənt
Messglied	measuring element mɛʒərɪŋ ɛləmənt

Messgröße — measured quantity mɛʒəd kwɒntəti

Messprotokoll — test record tɛst rɛkəd

Messtechnik — measurement technique mɛʒəmənt tɛknik

Messwert (gemessener Wert) — measured value mɛʒəd vælju

Messwert (zu messender Wert) — measurand mɛʒərənd

N

Nachlaufregelung — servo-control sɜvəʊ kəntrəʊl

Nachstellzeit — integral action time ɪntɪɡrəl ækʃən taɪm

NC-Maschine — numerically controlled machine njuːmɛrɪkəli kəntrəʊld məʃin

nominaler Skalenendwert — nominal full-scale value nɒmɪnəl fʊl skeɪl vælju

Null, auf ~ einstellen — adjust to zero ədʒʌst tə zɪrəʊ

Nullabgleich — balance to zero bæ</ənts tə zɪrəʊ

Nullpunkteinstellung — zero adjustment zɪrəʊ ədʒʌsmənt

Nullrad — X-zero gear ɛks zɪrəʊ ɡɪə

Nullstellung — zero position zɪrəʊ pəzɪʃn

numerisch gesteuerte Maschine — numerically controlled machine njuːmɛrɪkəlɪ kəntrəʊld məʃin

numerische Anzeige — numeric display njuːmɛrɪk dɪspleɪ

numerische Tastatur — numerical keypad njuːmɛrɪkəl kipæd

numerische Tasten — numerical keys njuːmɛrɪkəl kis

numerische Variable — numerical variable njuːmɛrɪkəl vəraɪəbəl

O

oberer Schaltpunkt (Regler) — higher switching value haɪə swɪtʃɪŋ vælju

offene Regelschleife — open control loop əʊpən kəntrəʊl lup

offener Wirkungsablauf — open action flow əʊpən ækʃn fləʊ

Operandenteil (SPS) — operand part ɒpərənt pat

Operation — operation ɒpəreɪʃn

P

Parallaxenfehler — parallax error pærələks ɛrə

Parameter — parameter pəræmɪtə

Parametrierung — parameterisation pəræmɪtəraɪzeɪʃn

PD-Regelung — proportional-plus-derivative control prəpɔʃənəl plʌs dɪrɪvɪtɪv kəntrəʊl

PD-Regler
proportional plus derivative controller
prəpɔʃənəl plʌs dɪrɪvɪtɪv kəntrəʊlə

P-Glied
P-element pɪ ɛləmənt

pH-Messgerät
pH-meter pieɪtʃ miːtə

PID-Regelung
proportional- plus integral- plus derivative-action control
prəpɔʃənəl plʌs ɪntɪgrəl plʌs dɪrɪvɪtɪv ækʃən kəntrəʊl

PID-Regler
proportional- plus integral- plus derivative-action controller prəpɔʃənəl plʌs ɪntɪgrəl plʌs dɪrɪvɪtɪv ækʃən kəntrəʊlə

PI-Regler
proportional-plus-integral controller prəpɔʃənəl plʌs ɪntɪgrəl kəntrəʊlə

Polarkoordinatensystem
system of polar coordinates sɪstəm ɒv pəʊlə kəʊɔdɪnəts

Portalroboter
portal robot pɔtəl rɒbət

P_0-Strecke
P_0-controlled system pəʊ kəntrəʊld sɪstəm

PPS (Produktions-Planungs- und Steuersystem)
production planning and control system prədʌkʃn plænɪŋ ænd kəntrəʊl sɪstəm

P-Regler
proportional action controller prəpɔʃənəl ækʃən kəntrəʊlə

Programmablaufplan
program flowchart prəʊgræm fləʊtʃɑt

Programmanweisung
statement steɪtmənt

Programmaufbau für CNC-Maschinen
program format for numerically controlled machines prəʊgræm fɔmət fɔ njuːmɛrɪkəlɪ kəntrəʊld məʃinz

programmgesteuert
program controlled prəʊgræm kəntrəʊld

programmierbare Ein-/Ausgabe
programmable input/output prəʊgræməbəl ɪnpʊt/aʊtpʊt

Programmiergerät (SPS)
programming device (PLC) prəʊgræmɪŋ dɪvaɪs

Programmiersprache
programming language prəʊgræmɪŋ læŋgwɪdʒ

Programmspeicher
program memory prəʊgræm mɛmri

Proportionalbeiwert
proportional action coefficient prəpɔʃənəl ækʃən kəʊɪfɪʃənt

Proportional-Integral-Diffential wirkender Regler
proportional-plus-integral-plus derivative controller prəpɔʃənəl plʌs ɪntɪgrəl plʌs dɪrɪvɪtɪv kəntrəʊlə

Prozessautomatisierung
process automation prəʊsɛs ɔtəmeɪʃn

Prozessleitsystem
process control system prəʊsɛs kəntrəʊl sɪstəm

Prozessleittechnik
process control engineering prəʊsɛs kəntrəʊl ɛndʒɪnɪərɪŋ

Prozessorbaugruppe
processor board prəʊsɛsə bɔd

Prozesssignal
process signal prəʊsɛs sɪgnəl

Prozesssteuerung
process control prəʊsɛs kəntrəʊl

P-T_1-Strecke
P-T_1 controlled system pɪ tɪ wʌn kəntrəʊld sɪstəm

P-T_t-T_1-Strecke
P-T_t-T_1 controlled system
pɪ tɪtɪ tɪ wʌn kəntrəʊld sɪstəm

R

Reaktionszeit	response time rɪspɒns taɪm
rechnerunterstützte Fertigung	computer aided manufacturing (CAM) kəmpjutə eɪdəd mənjʊfæktʃərɪŋ
rechnerunterstütztes Entwerfen	computer aided design (CAD) kəmpjutə eɪdəd dɪzaɪn
Regelalgorithmus	control algorithm kəntrəʊl ælgərɪəm
regelbar	adjustable ədʒʌstəbəl
regelbarer Antrieb	variable speed drive vəraɪəbəl spid draɪv
Regelbereich	control range, range of the controlled variable kəntrəʊl reɪndʒ, reɪndʒ ɒv ðə kəntrəʊld vəraɪəbəl
Regeldifferenz	system deviation sɪstəm dəvɪeɪʃn
Regeleinrichtung	control unit kəntrəʊl jʊnɪt
Regelgenauigkeit	control precision kəntrəʊl prɪsɪʒn
Regelgröße	controlled variable kəntrəʊld vəraɪəbəl
Regelkreis	control loop kəntrəʊl lup
regeln	control kəntrəʊl
Regeln	closed loop control kləʊzd lup kəntrəʊl
Regelschleife	closed loop kləʊzd lup
Regelstrecke	controlled system kəntrəʊld sɪstəm
Regelung	closed loop control kləʊzd lup kəntrəʊl
Regelungstechnik	control engineering, closed loop control engineering kəntrəʊl ɛndʒɪnɪərɪŋ, kləʊzd lup kəntrəʊl ɛndʒɪnɪərɪŋ
Regelverhalten	control response kəntrəʊl rɪspɒns
Regler, Einstellung	controller, adjustment kəntrəʊlə ədʒʌsmənt
Reglerstruktur (PI, PID, PD)	controller type kəntrəʊlə taɪp
Reglerverzögerungszeit	controller lag kəntrəʊlə læg
Regulierdrehzahl	governed overspeed gʌvənd əʊvəspid
Roboter	robot rɒbət
Robotertechnik	robotics technology rəbɒtɪks tɛknɒlədʒi
Rückführung	feedback fidbæk
Rückhubsteuerung	return stroke control rɪtɜn strəʊk kəntrəʊl
Rückmeldeeingang	checkback input tʃɛkbæk ɪnpʊt

S

Schaltfolgediagramm	switching sequence chart swɪtʃɪŋ sikwəns tʃat
Schnellrücklauf	quick return traverse kwɪk rɪtɜn trəvɜs
Schwenkarmroboter	swivelling robot swɪvəlɪŋ rɒbət
Schwenkbereich	swivelling range swɪvəlɪŋ reɪndʒ
Sequenz	sequence sikwəns
Skalenanfangswert	lower limit of scale ləʊə lɪmɪt ɒv skeɪl

Sollwert   set-point value, set value sɛt pɔɪnt vælju, sɛt vælju

Sollwertführung   set-point control sɛt pɔɪnt kəntrəʊl

Sollwertgeber   set-point adjuster sɛt pɔɪnt ədʒʌstə

Sollzustand   specified condition spɛsɪfaɪd kəndɪʃn

speicherprogrammierbare Steuerung (SPS)   programmable logic controller (PLC) prəʊgræməbəl lɒdʒɪk kəntrəʊlə

Sprungbefehl   jump instruction dʒʌmp ɪnstrʌktʃn

Stabilisierung durch Regelung   closed loop stabilisation kləʊzd lup stæbəlaɪzeɪʃn

Statusbit   status bit steɪtəs bɪt

Stellgröße   manipulated variable mənɪpjʊleɪtəd vəraɪəbəl

stetiger Regler   continuous-action controller kəntɪnjʊəs ækʃn kəntrəʊlə

Steuer- und Regeleinheiten   control and regulating units kəntrəʊl ænd rɛgjəleɪtɪŋ jʊnɪts

Steuerelektronik   control electronics kəntrəʊl ɪlɛktrɒnɪks

Strecken, Regelbarkeit von   controlled systems, controllability of kəntrəʊld sɪstəms, kəntrəʊləbɪləti ɒv

T

Tastkopf   probe prəʊb

Tastspitze   prod prɒd

Teilungsraster   indexing pitch ɪndɛksɪŋ pɪtʃ

Testhilfe   testing aid tɛstɪŋ eɪd

Testprobe   test sample tɛst sæmpl

Testprogramm   debugger, testprogram dibʌgə, tɛst prəʊgræm

Testvorgabe   test specification tɛst spɛsɪfɪkeɪʃn

thermische Schockprüfung   thermal shock test θɜməl ʃɒk tɛst

Totzeit   dead time dɛd taɪm

Totzeitglied   lag element læg ɛləmənt

U

Überlastbereich   overrange əʊvəreɪndʒ

Überlastgrenze   overrange limit əʊvəreɪndʒ lɪmɪt

Überprüfung   verification, review vɛrɪfɪkeɪʃn, rɪvju

Überprüfung vor der Inbetriebnahme   precommissioning check prɪkəmɪʃənɪŋ tʃɛk

Übersichtsbild   overview display əʊvəvju dɪspleɪ

Übersichtsschaltbild   block diagram blɒk daɪəgræm

Überwachung (Steuern und Überwachen)   monitoring mɒnɪtərɪŋ

Überwachung von Prüf- und Messmitteln — control of inspection, measuring and test equipment kəntrəʊl ɒv ɪnspɛktʃn, mɛʒərɪŋ ænd tɛst ɪkwɪpmənt

unstetiger Regler — discontinuous controller dɪskəntɪnjʊəs kəntrəʊlə

unterlagerte Regelung — underlayed control ʌndəleɪd kəntrəʊl

V

verbindungsprogrammierte Steuerung — wired program controller waɪəd prəʊgræm kəntrəʊlə

verteilte Steuerung — distributed control dɪstrɪbjutəd kəntrəʊl

Voreinstellgerät — presetting device prisɛtɪŋ dɪvaɪs

W

Wasserdichtheit, Prüfung auf — test for water tightness tɛst fɔ wɔtə taɪtnəs

Wasserströmungsmelder — water flow indicator wɔtə fləʊ ɪndɪkeɪtə

Wechselgröße — periodic quantity pɛrɪɒdɪk kwɒntəti

Wechselspannungsprüfanlage — power-frequency test station paʊə frikwənsi tɛst steɪʃn

Wegfühler — position sensor pəzɪʃn sɛnsə

Weggeber — position encoder pəzɪʃn ɛnkəʊdə

Welligkeitsfaktor — ripple factor rɪpl fæktə

Wirkungsablauf, geschlossener — closed action flow kləʊzd ækʃn fləʊ

Wirkungsweg, offener — open action path əʊpən ækʃn paθ

Z

Zweipunktregelung — on-off control ɒn ɒf kəntrəʊl

Zweipunktregler — two-position controller tu pəzɪʃn kəntrəʊlə

measuring and control

Messen/Steuern/Regeln

englisch – deutsch

A

actual value ˈæktʃuəl ˈvælju	Istwert
adjust to zero əˈdʒʌst tə ˈzɪrəu	Null, auf ~ einstellen
adjustable əˈdʒʌstəbəl	regelbar
adjustment of controllers əˈdʒʌsmənt ɒv kənˈtrəuləs	Einstellung von Reglern
analog measuring instrument ˈænəlɒg ˈmɛʒərɪŋ ˈɪnstrumənt	Messgerät mit analoger Ausgabe
analog closed loop control ˈænəlɒg ˈkləuzd lup kənˈtrəul	analoge Regelung
analog open loop control ˈænəlɒg ˈəupən lup kənˈtrəul	analoge Steuerung
anthropomorphic robot ˌænərəpəuˈmɔfɪk ˈrɒbət	Knickarmroboter
automation engineering ˌɔtəmeɪʃn ˈɛndʒɪnɪərɪŋ	Automatisierungstechnik

B

balance to zero ˈbælənts tə ˈzɪrəu	Nullabgleich
basic variable ˈbeɪsɪk ˈvərɑɪəbl	Eingangsgröße
block diagram ˈblɒk ˈdɑɪəgræm	Übersichtsschaltbild
bridge instrument ˈbrɪdʒ ˈɪnstrəmənt	Brückenmessgerät
bridge tuning ˈbrɪdʒ ˈtjunɪŋ	Brückenabgleich

C

CAD plotting program ˈkæd ˈplɒtɪŋ ˈprəugræm	CAD-Zeichnungsprogramm
calibrating ˈkælɪbreɪtɪŋ	Kalibrieren
calibration standard ˌkælɪbreɪʃn ˈstændəd	Kalibriernormal
checkback input ˈtʃɛkbæk ˈɪnput	Rückmeldeeingang
Chien-Hrones-Reswick-method ˈtʃin rəuns ˈrɛswɪk ˈmeəəd	Chien-Hrones-Reswick-Verfahren
closed action flow ˈkləuzd ˈækʃn ˈfləu	Wirkungsablauf, geschlossener
closed loop ˈkləuzd lup	geschlossener Wirkungsablauf, Regelschleife
closed loop control ˈkləuzd lup kənˈtrəul	Regeln, Regelung
closed loop control engineering ˈkləuzd lup kənˈtrəul ˈɛndʒɪnɪərɪŋ	Regelungstechnik
closed loop stabilisation ˈkləuzd lup ˌstæbəlɑɪzeɪʃn	Stabilisierung durch Regelung
CO_2-laser ˈsiəutu ˈleɪzə	CO_2-Laser
compact controller ˈkɒmpækt kənˈtrəulə	Kompaktregler
comparison of actual and setpoint values kəmˈpærɪzən ɒv ˈæktʃuəl ænd ˈsɛtpɔɪnt ˈvæljuz	Ist-Sollwert-Vergleich
Computer-Aided Assembling (CAA) kəmˈpjutə ˈeɪdəd əˈsɛmblɪŋ	rechnergestützte Montage
Computer Aided Design (CAD) kəmˈpjutə ˈeɪdəd dɪˈzaɪn	rechnergestützter Entwurf

Computer-Aided Design, Engineering and Manufacturing (CADEM) kəmpjutə eɪdəd dɪzaɪn, endʒɪnɪərɪŋ ænd mænjʊfæktʃərɪŋ	rechnergestützter Entwurf, Engineering u. Fertigung
Computer Aided Engineering (CAE) kəmpjutə eɪdəd endʒɪnɪərɪŋ	rechnergestützte Entwicklung
Computer Aided Inspection (CAI) kəmpjutə eɪdəd ɪnspektʃn	rechnergestützte Inspektion
Computer Aided Manufacturing (CAM) kəmpjutə eɪdəd mənjʊfæktʃərɪŋ	rechnerunterstützte Fertigung
Computer Aided Planning (CAP) kəmpjutə eɪdəd plænɪŋ	rechnergestützte Planung
Computer Aided Quality Assurance (CAQ) kəmpjutə eɪdəd kwɒləti əʃʊrəns	rechnergestützte Qualitätssicherung
Computer Aided Robotics (CAR) kəmpjutə eɪdəd rəbɒtɪks	rechnergestützter Roboter
Computer-Aided Software Engineering (CASE) kəmpjutə eɪdəd sɒftweə endʒɪnɪərɪŋ	rechnergestütztes Softwareengineering
Computer Aided Testing (CAT) kəmpjutə eɪdəd testɪŋ	rechnergestütztes Testen
Computer Integrated Manufacturing (CIM) kəmpjutə ɪntəgreɪtəd mænjʊfæktʃərɪŋ	Fertigungssteuerung im Rechnerverbund
Computerised Numerical Control (CNC) kəmpjutəraɪzd njumerɪkəl kəntrəʊl	rechnergeführte numerische Werkzeugsteuerung
computer-oriented language kəmpjutə ɒrɪentəd læŋgwɪdʒ	maschinenorientierte Programmiersprache
contacting measuring kɒntæktɪŋ meʒərɪŋ	berührendes Messen
continuous-action controller kəntɪnjʊəs ækʃn kəntrəʊlə	stetiger Regler
continuous-path control kəntɪnjʊəs paθ kəntrəʊl	Bahnsteuerung
control kəntrəʊl	regeln
control algorithm kəntrəʊl ælgərɪəm	Regelalgorithmus
control and regulating units kəntrəʊl ænd regjəleɪtɪŋ junɪts	Steuer- und Regeleinheiten
control electronics kəntrəʊl ɪlektrɒnɪks	Steuerelektronik
control engineering kəntrəʊl endʒɪnɪərɪŋ	Regelungstechnik
control loop kəntrəʊl lup	Regelkreis
control of inspection, measuring and test equipment kəntrəʊl ɒv ɪnspektʃn, meʒərɪŋ ænd test ɪkwɪpmənt	Überwachung von Prüf- und Messmitteln
control precision kəntrəʊl prɪsɪʒn	Regelgenauigkeit
control range kəntrəʊl reɪndʒ	Aussteuerbereich, Regelbereich
control response kəntrəʊl rɪspɒns	Regelverhalten
control room kəntrəʊl rum	Kommandoraum
control unit kəntrəʊl junɪt	Regeleinrichtung
controlled system kəntrəʊld sɪstəm	Regelstrecke
controlled systems, controllability of kəntrəʊld sɪstəms, kəntrəʊləbɪləti ɒv	Strecken, Regelbarkeit von
controlled variable kəntrəʊld vəraɪəbəl	Regelgröße
controller kəntrəʊlə	Controller

controller lag kəntrəʊlə læg   Reglerverzögerungszeit
controller type kəntrəʊlə taɪp   Reglerstruktur (PI, PID, PD)
controller, adjustment kəntrəʊlə ədʒʌsmənt   Regler, Einstellung
correct (compensate) kərɛkt (kɒmpənzeɪt)   ausregeln

D

dead time dɛd taɪm   Totzeit
debugger dibʌgə   Testprogramm
derivative control unit dərɪveɪtɪv kəntrəʊl jʊnɪt   D-Regler
digital closed loop control dɪdʒɪtəl kləʊzd lup kəntrəʊl   digitale Regelung
digital phase locked loop (DPLL) dɪdʒɪtəl feɪz lɒkt lup   digitaler Phasenregelkreis
digital signal dɪdʒɪtəl sɪgnəl   digitales Signal
direct measuring daɪrɛkt mɛʒərɪŋ   Messen, direktes
Direct Numerical Control (DNC)   direkte numerische Steuerung
   daɪrɛkt njʊmɛrɪkəl kəntrəʊl
discontinuous controller dɪskəntɪnjʊəs kəntrəʊlə   unstetiger Regler
distributed control dɪstrɪbjutəd kəntrəʊl   verteilte Steuerung

E

electric control system ɪlɛktrɪk kəntrəʊl sɪstəm   elektrische Steuerung
electrical-, measuring-, and automatic control engineering EMSR-Technik
   ɪlɛktrɪkl, mɛʒərɪŋ, ænd ɔtəmætɪk kəntrəʊl
   ɛndʒɪnɪərɪŋ
end-of-travel transducer ɛnd ɒv trævəl trænsdjusə   Endlagengeber

F

feedback fidbæk   Rückführung
follow-up control fɒləʊ ʌp kəntrəʊl   Folgeregelung
function block fʌŋktʃn blɒk   Funktionsbaustein

G

generation of reference variable   Bildung der Führungsgröße
   dʒɛnəreɪʃn ɒv rɛfərəns vəraɪəbl
geometric positioning data   Lageinformation, geometrische
   dʒɪəʊmɛtrɪk pəzɪʃənɪŋ deɪtə
governed overspeed gʌvənd əʊvəspid   Regulierdrehzahl

H

Hall-effect sensor hɔl ɪfɛkt sɛnsə   Hall-Geber
handling technology hændlɪŋ tɛknɒlədʒi   Handhabungstechnik
higher switching value haɪə swɪtʃɪŋ vælju   oberer Schaltpunkt (Regler)

I

I-controlled system aɪ kəntrəuld sɪstəm   I-Strecke
impulse response ɪmpʌls rɪspɒns   Impulsantwort
indexing pitch ɪndɛksɪŋ pɪtʃ   Teilungsraster
industrial robot ɪndʌstrɪəl rɒbət   Industrieroboter
influenced variable ɪnfluənst vəraɪəbl   beeinflusste Größe
influencing quantity ɪnfluənsɪŋ kwɒntəti   Einflussgröße
instruction code for CNC-machines ɪnstrʌkʃn kəud   Befehlscodierung für CNC-Maschinen
   fɔ siɛnsi məʃinz
instruction list (IL) ɪnstrʌkʃn lɪst   Anweisungsliste (AWL)
instrumentation and control engineering   Leittechnik
   ɪnstrumənteɪʃn ænd kəntrəul ɛndʒɪnɪərɪŋ
integral action time ɪntɪɡrəl ækʃən taɪm   Nachstellzeit
integral-action control ɪntɪɡrəl ækʃn kəntrəul   I-Regelung
integral-action controller ɪntɪɡrəl ækʃən kəntrəulə   integral wirkender Regler
I_0-controlled system aɪəu kəntrəuld sɪstəm I_0-Strecke
I-T_1-controlled system aɪ tɪ wʌn kəntrəuld sɪstəm I-T_1-Strecke

J

jump instruction dʒʌmp ɪnstrʌktʃn   Sprungbefehl

L

ladder diagram (LD) lædə daɪəɡræm   Kontaktplan (KOP)
lag element læɡ ɛləmənt   Totzeitglied
Lambda probe læmdə prəub   Lambda-Sonde
linear scale lɪnɛə skeɪl   Längenmaßstab
load regulation coefficient ləud rɛɡjəleɪʃn kəuɪfɪʃənt   Lastregelfaktor
lower limit of scale ləuə lɪmɪt ɒv skeɪl   Skalenanfangswert

M

manipulated variable mənɪpjuleɪtəd vəraɪəbəl   Stellgröße
manual control mænjuəl kəntrəul   Handregelung

manually operated mænjuəlı ɒpəreɪtəd   handbetätigt

measurand mɛʒərənd   Messwert (zu messender Wert)

measured quantity mɛʒəd kwɒntəti   Messgröße

measured value mɛʒəd vælju   Messwert (gemessener Wert)

measurement mɛʒəmənt   Messen

measurement of electrical quantities   Messen elektrischer Größen
    mɛʒəmənt ɒv ɪlɛktrɪkl kwɒntətiz

measurement results mɛʒəmənt rɪzʌlts   Messergebnisse

measurement technique mɛʒəmənt tɛknik   Messtechnik

measuring and control equipment mɛʒərɪŋ ænd   Mess-, Steuer- und Regelgeräte
    kəntrəʊl ɪkwɪpmənt

measuring data mɛʒərɪŋ deɪtə   Messdaten

measuring element mɛʒərɪŋ ɛləmənt   Messglied

measuring equipment mɛʒərɪŋ ɪkwɪpmənt   Messeinrichtung

measuring error mɛʒərɪŋ ɛrə   Messfehler

measuring instruction mɛʒərɪŋ ɪnstrʌktʃən   Messanweisung

measuring range mɛʒərɪŋ reɪndʒ   Messbereich

monitoring mɒnɪtərɪŋ   Überwachung (Steuern und
          Überwachen)

multi-position control mʌltɪ pəzɪʃn kəntrəʊl   Mehrpunktregelung

N

negative feedback negətɪv fidbæk   Gegenkopplung

nominal full-scale value nɒmɪnəl fʊl skeɪl vælju   nominaler Skalenendwert

NTC thermistor ɛntɪsɪ əsmɪstə   Heißleiter

numeric display njʊmɛrɪk dɪspleɪ   numerische Anzeige

numerical keypad njʊmɛrɪkəl kipæd   numerische Tastatur

numerical keys njʊmɛrɪkəl kis   numerische Tasten

numerical variable njʊmɛrɪkəl vəraɪəbəl   numerische Variable

numerically controlled machine   NC-Maschine,
    njʊmɛrɪkəlɪ kəntrəʊld məʃin   numerisch gesteuerte Maschine

O

on-off control ɒn ɒf kəntrəʊl   Zweipunktregelung

open action flow əʊpən ækʃn fləʊ   offener Wirkungsablauf

open action path əʊpən ækʃn paθ   offener Wirkungsweg

open control loop əʊpən kəntrəʊl lup   offene Regelschleife

operand part ɒpərənt pat   Operandenteil (SPS)

operation ɒpəreɪʃn   Operation

overrange əʊvəreɪndʒ   Überlastbereich

overrange limit əuvəreɪndʒ lɪmɪt — Überlastgrenze
overview display əuvəvju dɪspleɪ — Übersichtsbild

P

parallax error pærələks ɛrə — Parallaxenfehler
parameter pəræmɪtə — Parameter
parameterisation pəræmɪtəraɪzeɪʃn — Parametrierung
P-element pɪ ɛləmənt — P-Glied
periodic quantity pɛrɪɒdɪk kwɒntəti — Wechselgröße
pH-meter pieɪtʃ mitə — pH-Messgerät
P_0-controlled system pəu kəntrəuld sɪstəm — P_0-Strecke
position encoder pəzɪʃn ɛnkəudə — Weggeber
position feedback pəzɪʃn fidbæk — Lagerückführung
position measuring device pəzɪʃn mɛʒərɪŋ dɪvaɪs — Lagemessgerät
position sensor pəzɪʃn sɛnsə — Wegfühler
portal robot pɔtəl rɒbət — Portalroboter
power-frequency test station pauə frikwənsi tɛst steɪʃn — Wechselspannungsprüfanlage
precommissioning check prɪkəmɪʃənɪŋ tʃɛk — Überprüfung vor der Inbetriebnahme
presetting device prisɛtɪŋ dɪvaɪs — Voreinstellgerät
probe prəub — Tastkopf
process automation prəusɛs ɔtəmeɪʃn — Prozessautomatisierung
process control prəusɛs kəntrəul — Prozesssteuerung
process control engineering prəusɛs kəntrəul ɛndʒɪnɪərɪŋ — Prozessleittechnik
process control system prəusɛs kəntrəul sɪstəm — Prozessleitsystem
process signal prəusɛs sɪgnəl — Prozesssignal
processor board prəusɛsə bɔd — Prozessorbaugruppe
prod prɒd — Tastspitze
production planning and control system (PPS) prədʌkʃn plænɪŋ ænd kəntrəul sɪstəm — Produktions-Planungs- und Steuersystem
program controlled prəugræm kəntrəuld — programmgesteuert
program flowchart prəugræm fləutʃat — Programmablaufplan
program format for numerically controlled machines prəugræm fɔmət fɔ njumɛrɪkəlɪ kəntrəuld məʃinz — Programmaufbau für CNC-Maschinen
program memory prəugræm mɛmri — Programmspeicher
programmable controller prəugræməbl kəntrəulə — freiprogrammierbare Steuerung
programmable input/output prəugræməbəl ɪnput/autput — programmierbare Ein-/Ausgabe
programmable logic controller (PLC) prəugræməbəl lɒdʒɪk kəntrəulə — speicherprogrammierbare Steuerung (SPS)
programming device prəugræmɪŋ dɪvaɪs — Programmiergerät (SPS)

programming language prəugræmɪŋ læŋgwɪdʒ — Programmiersprache

proportional action coefficient
  prəpɔʃənəl ækʃən kəuɪfɪʃənt — Proportionalbeiwert

proportional action controller
  prəpɔʃənəl ækʃən kəntrəulə — P-Regler

proportional plus derivative controller
  prəpɔʃənəl plʌs dɪrɪvɪtɪv kəntrəulə — PD-Regler

proportional- plus integral- plus derivative-action control — PID-Regelung
  prəpɔʃənəl plʌs ɪntɪgrəl plʌs dɪrɪvɪtɪv ækʃən
  kəntrəul

proportional- plus integral- plus derivative-action — PID-Regler
  controller prəpɔʃənəl plʌs ɪntɪgrəl plʌs dɪrɪvɪtɪv
  ækʃən kəntrəulə

proportional plus reset integral controller — PI-Regler
  prəpɔʃənəl plʌs rɪzɛt ɪntɪgrəl kəntrəulə

proportional-plus-derivative control — PD-Regelung
  prəpɔʃənəl plʌs dɪrɪvɪtɪv kəntrəul

proportional-plus-integral controller prəpɔʃənəl plʌs — PI-Regler
  ɪntɪgrəl kəntrəulə

proportional-plus-integral-plus derivative controller — Proportional-Integral-Diffential
  prəpɔʃənəl plʌs ɪntɪgrəl plʌs dɪrɪvɪtɪv kəntrəulə   wirkender Regler

P-T_1 controlled system — P-T_1-Strecke
  pɪ tɪ wʌn kəntrəuld sɪstəm

P-T_t-T_1 controlled system — P-T_t-T_1-Strecke
  pɪ tɪtɪ tɪ wʌn kəntrəuld sɪstəm

Q

quick return traverse kwɪk rɪtɜn trəvɜs — Schnellrücklauf

R

ramp function ræmp fʌŋkʃn — Hochlauffunktion

ramp response ræmp rɪspɒns — Anstiegsantwort

range of the controlled variable — Regelbereich
  reɪdʒ ɒv ðə kəntrəuld vəraɪəbəl

reference variable rɛfərənts vəraɪəbl — Führungsgröße

response characteristic rɪspɒns kærəktərɪstɪk — Ansprechverhalten

response function rɪspɒns fʌŋkʃn — Antwortfunktion

response time rɪspɒns taɪm — Reaktionszeit

return stroke control rɪtɜn strəuk kəntrəul — Rückhubsteuerung

review rɪvju — Überprüfung

revolute coordinate robot rɛvəlut kəuɔdɪnət rɒbət — Gelenkroboter

ripple factor rɪpl fæktə — Welligkeitsfaktor

rise time raɪz taɪm — Anstiegszeit
rising edge raɪzɪŋ ɛdʒ — Anstiegsflanke
robot rɒbət — Roboter
robotics technology rəbɒtɪks tɛknɒlədʒi — Robotertechnik
rotational speed measurement rəʊteɪʃənəl spid mɛʒəmənt — Drehzahlmessung

S

semi-automatic control sɛmɪ ɔtəmætɪk kəntrəʊl — halbautomatische Steuerung
semiconductor thermo element sɛmɪkəndʌktə θəməʊ ɛləmənt — Halbleiterthermoelement
sampled data control, acyclic sæmpəld deɪtə kəntrəʊl, eɪsaɪklɪk — Abtastregelung, azyklisch
sequence sikwəns — Sequenz
servo-control sɜvəʊ kəntrəʊl — Nachlaufregelung
set value sɛt vælju — Einstellwert, Sollwert
set-point adjuster sɛt pɔɪnt ədʒʌstə — Sollwertgeber
set-point control sɛt pɔɪnt kəntrəʊl — Festwertregelung, Sollwertführung
set-point value sɛt pɔɪnt vælju — Sollwert
solid-state control sɒlɪd steɪt kəntrəʊl — kontaktlose Steuerung
specified condition spɛsɪfaɪd kəndɪʃn — Sollzustand
speed controller spid kəntrəʊlə — Drehzahlregler
speed measurement spid mɛʒəmənt — Drehzahlerfassung
statement steɪtmənt — Programmanweisung
status bit steɪtəs bɪt — Statusbit
steady-state value stɛdɪsteɪt vælju — Beharrungswert
stop stɒp — Halt
stop point stɒp pɔɪnt — Haltepunkt
switching sequence chart swɪtʃɪŋ sikwəns tʃat — Schaltfolgediagramm
swivelling range swɪvəlɪŋ reɪndʒ — Schwenkbereich
swivelling robot swɪvəlɪŋ rɒbət — Schwenkarmroboter
system deviation sɪstəm dəvɪeɪʃn — Regeldifferenz
system of polar coordinates sɪstəm ɒv pəʊlə kəʊɔdɪnəts — Polarkoordinatensystem

T

tachometer generator tækəʊmɪtə dʒɛnəreɪtə — Drehzahlgeber
test for water tightness tɛst fɔ wɔtə taɪtnəs — Wasserdichtheit, Prüfung auf
test pogramm tɛst prəʊgræm — Testprogramm

test record tɛst rɛkəd   Messprotokoll
test sample tɛst sæmpl   Testprobe
test specification tɛst spɛsɪfɪkeɪʃn   Testvorgabe
testing aid tɛstɪŋ eɪd   Testhilfe
thermal shock test əəməl ʃɒk tɛst   thermische Schockprüfung
three-level controller əri lɛvəl kəntrəʊlə   Dreipunktregler
three position controller əri pəzɪʃn kəntrəʊlə   Dreipunktregler
two-position controller tu pəzɪʃn kəntrəʊlə   Zweipunktregler

U

underlayed control ʌndəleɪd kəntrəʊl   unterlagerte Regelung
unit of measurement jʊnɪt ɒv mɛʒəmənt   Messeinheit

V

variable speed drive vəraɪəbəl spid draɪv   regelbarer Antrieb
velocity measurement vəlɒsɪti mɛʒəmənt   Geschwindigkeitsmesstechnik
verification vɛrɪfɪkeɪʃn   Überprüfung

W

water flow indicator wɔtə fləʊ ɪndɪkeɪtə   Wasserströmungsmelder
wired program controller waɪəd prəʊgræm kəntrəʊlə   verbindungsprogrammierte Steuerung

X

X-zero gear ɛks zɪrəʊ gɪə   Nullrad

Z

zero adjustment zɪrəʊ ədʒʌsmənt   Nullpunkteinstellung
zero position zɪrəʊ pəzɪʃn   Nullstellung

Metalltechnik

metal engineering

deutsch – englisch

A

abdrehen, auf Maß	turning to size tɜnɪŋ tə saɪs
abfräsen	milling off mɪlɪŋ ɒf
abgekantet	folded fəʊldəd
abgeschrägt	bevelled bɛvəld
abgestumpfter Körper	blunted body blʌntəd bɒdi
Abkantpresse	folding machine fəʊldɪŋ məʃin
Abmaß, oberes	upper deviation ʌpə dəvɪeɪʃn
abmeißeln	chiselling off tʃɪzəlɪŋ ɒf
Abnutzungserscheinung	wearing appearance wɛərɪŋ əpɪərəns
Abriebfestigkeit	abrasion resistance əbreɪʒn rɪzɪstəns
Abscherarbeit	shearing work ʃɪərɪŋ wɜk
Abscherbolzen	shearing pin ʃɪərɪŋ pɪn
abschmieren	greasing grizɪŋ
Abschreckhärten	quench hardening kwɛnʃ hadənɪŋ
Abziehvorrichtung	withdrawing device wɪədrɔɪŋ dɪvaɪs
Aceton	acetone æsətəʊn
Acetylen	acetylene æsətaɪlin
Achsen an CNC-Werkzeugmaschinen	axes on CNC-machine tools æksɪs ɒn sɪɛnsi məʃin tuls
Acrylharz	acrylic resin əkrɪlɪk rɛzɪn
Allgemeintoleranzen für Form und Lage	general geometrical tolerances for features dʒɛnərəl dʒɪəʊmɛtrɪkəl tɒlərənsəz fɔ fitʃɜz
Aluminiumband	aluminium strip æljʊmɪnjəm strɪp
Aluminiumlegierung	aluminium alloy æljʊmɪnjəm ælɔɪ
Amerikanische Drahtlehre	American-Wire-Gauge (AWG) əmɛrɪkən waɪə geɪdʒ
Ammoniak	ammonia əməʊnɪə
amorph	amorphous əmɔfəs
anaerober Kleber	anaerobic adhesive ænərɒbɪk ədhisɪv
anätzen	etching ɛtʃɪŋ
Angabe der Oberflächenbeschaffenheit	indication of the surface quality ɪndɪkeɪʃn ɒv ðə sɛfəs kwʌləti
angeflanscht	flanged flænʃd
angetriebenes Rad	driven wheel drɪvən wil
Anheften	fastening provisionally fasənɪŋ prəʊvɪʒənəli
Ankleben	pasting pastɪŋ
Ankörnen	centre punching sɛntə pʌnʃɪŋ
Anlassen	tempering tɛmpərɪŋ
Anodisieren	anodic oxidation ənɒdɪk ɒksɪdeɪʃn
anorganischer Werkstoff	inorganic work material ɪnɒgænɪk wɜk mətɪərɪəl
Anpressdruck	contact pressure kɒntækt prɛʃə
Anreißen	tracing treɪsɪŋ
Anreißwerkzeug	tracing tool treɪsɪŋ tul

Anschleiffehler	grinding defect graɪndɪŋ dɪfɛkt
Anschlussflansch	connecting flange kənɛktɪŋ flænʃ
anschrauben	fastening with screws fasənɪŋ wɪə skrus
anschweißen	welding on wɛldɪŋ ɒn
ansenken	countersinking kaʊntəsɪŋkɪŋ
Anwendungsgruppen, Werkzeuge	application groups, tools æplɪkeɪʃn grups, tulz
anziehen	tightening taɪtənɪŋ
Anziehmoment von Schrauben	tightening moment of screws taɪtənɪŋ məʊmənt ɒv skruz
Argon	argon agən
arithmetischer Mittenrauwert	arithmetic average peak-to-valley height ærɪəmɛtɪk ævərədʒ piktəvælɪ haɪt
Armaturenbau	fittings construction fɪtɪŋz kənstrʌkʃn
Armierung	reinforcement riːnfɔsmənt
Ätzen	etching ɛtʃɪŋ
auf Maß abdrehen	turning to size tɜnɪŋ tə saɪs
aufbiegen	bending up bɛndɪŋ ʌp
aufbohren	bore up bɔ ʌp
aufdampfen	vacuum metallising vækjuəm mɛtəlaɪzɪŋ
Auflagekraft	pressure by load prɛʃə baɪ ləʊd
Aufnahmebolzen	locating bolt ləʊkeɪtɪŋ bəʊlt
aufreiben	reaming rimɪŋ
aufschrumpfen	shrinking on ʃrɪŋkɪŋ ɒn
Auftragsschweißen	build-up welding bɪldʌp wɛldɪŋ
Auftriebskraft	force of buoyancy fɔs ɒv bɔɪənsi
Augenschraube	eye bolt aɪ bəʊlt
Ausbringung	yield jild
ausglühen	glowing out gləʊɪŋ aʊt
aushärten	precipitation hardening prɪsɪpɪteɪʃn hadənɪŋ
ausklinken	notching nɒtʃɪŋ
Ausklinkwerkzeug	notching tool nɒtʃɪŋ tul
Ausrichtungsfehler	misalignment mɪsəlaɪnmənt
Ausschneidstempel	blanking out punch blæŋkɪŋ aʊt pʌnʃ
Ausschussseite einer Grenzlehre	scrap side of a limit gauge skræp saɪd ɒv ə lɪmɪt geɪdʒ
Außendurchmesser	outer diameter aʊtə daɪæmitə
Außengewinde	outside thread aʊtsaɪd ərɛd
Außenmaß	boundary dimension baʊndəri daɪmɛnʃn
Außenzahnradmotor	external gear wheel motor ɪkstɜnəl gɪə wil məʊtə
außermittig	eccentric ɪksɛntrɪk
Austenit	austenite ɔsənaɪt
austenitischer Stahlguss	austenitic cast steel ɔsənɪtɪk kʌst stil
Autogenschweißen	gas welding gas wɛldɪŋ

Automatenstahl	free-cutting steel frikʌtɪŋ stil
Automatikgetriebe	automatic transmission ɔtəmætɪk trænsmɪʃn
axiales Widerstandsmoment	axial section modulus æksɪəl sɛkʃn mɒdjʊləs
Axiallager	thrust bearing ɵrʌst bɛrɪŋ
Axialspiel (im Lager)	bearing play bɛrɪŋ pleɪ

B

Band aus Stahl	steel strip stil strɪp
Bandschleifen	belt grinding bɛlt graɪndɪŋ
Basismaterial	base material beɪs mətɪərɪəl
Baustahl	structural steel strʌkʃərəl stil
Beanspruchung	stress strɛs
Beanspruchung, zulässige	safety load seɪftɪ ləʊd
Bearbeitbarkeit	workability wɜkəbɪləti
Bearbeitungsfolge	processing sequence prəʊsɛsɪŋ sikwəns
Bearbeitungszugabe	machining allowance məʃinɪŋ əlaʊəns
Befestigungsart	fastening mode fasənɪŋ məʊd
Befestigungsgewinde	fastening thread fasənɪŋ ɵrɛd
Befestigungsvorrichtung	fastening device fasənɪŋ dɪvaɪs
Behandlungsfolge, Kennziffern	treatment order, characteristic numbers tritmənt ɔdə, kærəktərɪstɪk nʌmbəz
Beilage	shim ʃɪm
Beißzange	end cutting pliers ɛnd kʌtɪŋ plaɪəz
Benennung von Eisen und Stahl	designation of iron and steel dɛzɪgneɪʃn ɒv aɪən ænd stil
beruhigt vergossener Stahl	killed steel kɪld stil
Berührungspunkt zweier Zahnräder	pitch point of two mating gears pɪtʃ pɔɪnt ɒv tu meɪtɪŋ gɪəs
beschichtetes Hartmetall	coated hard metal kəʊtəd had mɛtəl
Beschichtung	coating kəʊtɪŋ
besonders beruhigt vergossener Stahl	fully killed steel fʊlɪ kɪld stil
beständig	resistant rɪzɪstənt
Bettfräsmaschine	bed-type milling machine bɛd taɪp mɪlɪŋ məʃin
Bewegungsfuge	joint for motion dʒɔɪnt fɔ məʊʃn
Bewegungsreibung	motional friction məʊʃənəl frɪkʃn
Bewegungsrichtungen von CNC-Maschinen	motion directions of CNC machines məʊʃn daɪrɛkʃnz ɒv sɪɛnsɪ məʃinz
Bezugsbemaßung	base line dimensioning beɪs laɪn daɪmɛnʃənɪŋ
Bezugskante	reference edge rɛfərəns ɛdʒ
Bezugspunkt	reference point rɛfərəns pɔɪnt
Biegeachse	neutral axis njutrəl æksɪz

Biegefestigkeit	bending strength bɛndɪŋ strɛŋə
Biegefließgrenze	bending liquid limit bɛndɪŋ lɪkwɪd lɪmɪt
Biegelinie	bending line bɛndɪŋ laɪn
Biegemoment	bending moment bɛndɪŋ məʊmənt
biegen	bending bɛndɪŋ
Biegeprobe	bending test bɛndɪŋ tɛst
Biegeradius	bending radius bɛndɪŋ reɪdɪəs
Biegespannung	bending stress bɛndɪŋ strɛs
biegesteif	resistant to bending rɪzɪstənt tə bɛndɪŋ
Biegeumformen	forming under bending conditions fɔmɪŋ ʌndə bɛndɪŋ kəndɪʃənz
Biegevorrichtung	bending attachment bɛndɪŋ ətætʃmənt
biegsam	flexible flɛksɪbəl
Bindemittel (Schleifscheibe)	bonding material bʊndɪŋ mətɪərɪəl
blank gezogen	bright drawn braɪt drɔn
blanker Draht	bare wire bɛə waɪə
Blankstahlerzeugnisse	bright steel products braɪt stil prɒdʌkts
Blattfeder	leaf spring lif sprɪŋ
Blattgröße	size of sheet saɪs ɒv ʃɪt
Blech aus Aluminium	aluminium sheet æljʊmɪnjəm ʃɪt
Blech, Elektro-	steel sheet, magnetic stil ʃɪt, mægnɛtɪk
Blechdicke	steel sheet thickness stil ʃɪt θɪknəs
Blecherzeugnisse	sheet metal goods ʃɪt mɛtəl gʊds
Blechlehre	Birmingham gauge for sheets bɜmɪŋhæm geɪdʒ fɔ ʃɪts
Blechschere	plate shears pleɪt ʃɪəz
Blechschraube	sheet metal screw ʃɪt mɛtəl skru
Blechschrott	sheet scraps ʃɪt skræps
Blechverarbeitung	sheet metal working ʃɪt mɛtəl wɜkɪŋ
bleibende Dehnung	permanent elongation pɜmənənt ɪlɒŋgeɪʃn
Blindniet	blind rivet blaɪnd rɪvət
Blindzone	blind zone blaɪnd zəʊn
blockgießen	ingotting ɪŋgɒtɪŋ
Bohren	drilling drɪlɪŋ
Bohrer	drill drɪl
Bohrer mit Hartmetallschneide	carbide-tipped drill kabaɪd tɪpt drɪl
Bohrfutter	drill chuck drɪl tʃʌk
Bohrhülse	drill sleeve drɪl sliv
Bohrlochtiefe	depth of drill hole dɛpə ɒv drɪl həʊl
Bohrmaschine	drilling machine drɪlɪŋ məʃin
Bohrschablone	drilling jig drɪlɪŋ dʒɪg
Bohrung	bore bɔ
Bohrungsdurchmesser	hole diameter həʊl daɪæmɪtə

Bohrvorschub	drill feed drɪl fid
Bohrwasser	diluted soluble oil dɪlutəd sɒljʊbəl ɔɪl
Bolzen mit Kopf	clevis pin with head klɛvɪs pɪn wɪə hɛd
Bolzenverbindung	bolt connection bəʊlt kənɛkʃn
Bördeln	beading bidɪŋ
Borkarbid	boron carbide bɒrən kabaɪd
Brachzeit	idle machine time aɪdl məʃin taɪm
Brenner	burner bɜnə
Brenngas	fuel gas fjʊəl gæs
brennschneiden	cutting autogenously kʌtɪŋ ɔtədʒɪnɪəslɪ
Brinell Härteprüfung	Brinell test of hardness brɪnɛl tɛst ɒv hadnəs
Bronze	bronze brɒnz
Bruchdehnung	elongation at rupture ɪlɒŋgeɪʃn æt rʌptʃə
Brucheinschnürung	reduction area when breaking rɪdʌkʃn ɛərɪə wɛn breɪkɪŋ
bruchempfindlich	rupture sensitive rʌptʃə sɛnsɪtɪv
Bruchkante	fold fəʊld
Bruchstauchung	compressive failure kəmprɛsɪv feɪljə
Brünieren	black finishing blæk fɪnɪʃɪŋ
Buchse für Gleitlager	bush for plain bearings bʊʃ fɔ pleɪn bɛrɪŋz
Buckelschweißen	projection welding prəʊdʒɛktʃn wɛldɪŋ
Bundlager	flange bearing flænʃ bɛrɪŋ

C

Cermet	ceramic metal kəræmɪk mɛtəl
chemisches Abtragen	chemical machining kɛmɪkl məʃinɪŋ
Chrom	chromium krəʊmɪəm
Chubb-Schloss	chubb lock tʃʌb lɒk
CO₂-Schweißen	CO₂-shielded metal-arc welding sɪəʊtu ʃildəd mɛtəl ak wɛldɪŋ
CVD-Verfahren (chemische Gasphasenabscheidung)	chemical vapour deposition kɛmɪkl veɪpə dɪpəzɪʃn

D

Dauerstrichlaser	continuous-wave laser kəntɪnjʊəs weɪv leɪzə
Dehngrenze, 0,2 %	permanent elongation limit, 0,2 % pɜmənənt ɪlɒŋgeɪʃn lɪmɪt, zɪərəʊ pɔɪnt tu pəsɛnt
Dehnschraube	reduced-shaft bolt rɪdjust ʃaft bəʊlt
Dehnspannung	strain stress streɪn strɛs
Dehnung	elongation ɪlɒŋgeɪʃn

Dehnungsfuge	expansion gap ɪkspænʃn gæp
Desoxidation	desoxydation dɛsɒksɪdeɪʃn
Dichte	density dɛnsəti
Dichtmittel	sealer silə
Dichtung	seal sil
Dichtungsband	sealing strip silɪŋ strɪp
Differentialgetriebe	differential wheel-work dɪfərɛnʃl wil wɜk
Diffusionsglühen	homogenising hɒməʊdʒɪnaɪzɪŋ
Digitalmessschieber	digital vernier calliper dɪdʒɪtəl vənɪə kælɪpə
Digitalmessuhr	digital dial gauge dɪdʒɪtəl daɪəl geɪdʒ
Dispersionskleber	dispersion adhesive, dispersion binder dɪspɜʒn ədhisɪv, dɪspɜʒn baɪndə
Distanzhülse	distance sleeve dɪstəns sliv
Distanzstück	spacer block speɪcə blɒk
doppelter Feilenhieb	double cut of a file dʌbl kʌt ɒv ə faɪl
Döpper	rivet header rɪvət hɛdə
Dorn	mandrel mændrəl
Dosiergerät	dosing apparatus dəʊzɪŋ əpærətəs
Drahtelektrode	wire electrode waɪə ɪlɛktrəʊd
Drahterodieren	wiring-EDM (electrical discharge machining) waɪrɪŋ ɪdiɛm
Drehautomat	automatic lathe ɔtəmætɪk læɵ
Drehen	turning tɜnɪŋ
Dreherei	turnery tɜnəri
Drehmaschine	turning machine tɜnɪŋ məʃin
Drehmeißel	turning tool tɜnɪŋ tul
Drehmoment	torque, torsional moment tɔk, tɔʒənəl məʊmənt
Drehmomentschlüssel	torque wrench, dynamometric key tɔk wrɛnʃ, daɪnæməʊmɛtrɪk ki
Drehverschluss	turn-lock fastener tɜn lɒk fasənə
Dreibackenfutter	three-jaw scroll chuck ɵri dʒɔ skrɒl tʃʌk
Druckbeanspruchung	compressive stress kəmprɛsɪv strɛs
Druckbehälterstahl	steel for pressure purpose stil fɔ prɛʃə pɜpəs
Druckfeder	compressed spring kəmprɛst sprɪŋ
Druckfestigkeit	compressive strength kəmprɛsɪv strɛŋɵ
Druckgasflasche	compressed gas cylinder kəmprɛst gæs sɪlɪndə
Druckgießen	pressure die casting prɛʃə daɪ kʌstɪŋ
Druckspannung	compressive strain kəmprɛsɪv streɪn
Druckumformen	forming under compressive conditions fɔmɪŋ ʌndə kəmprɛsɪv kəndɪʃnz
Druckversuch	stress test strɛs tɛst
Druckzone	zone subject to compressive forces zəʊn sʌbdʒɛkt tə kəmprɛsɪv fɔsəz

Durchbiegung	deflexion dɪflɛktʃn
Durchgangsloch	through hole ɵru həʊl
Durchsteckschraube	through bolt ɵru bəʊlt
Durchstrahlungsprüfung	radiographic test reɪdɪəʊgræfɪk tɛst
Durchzugswinkel	pass through angle pas ɵru æŋgl
Duroplast	duroplastic djʊrəʊplæstɪk
duroplastische Formmasse	duroplastic moulding material djʊrəʊplæstɪk məʊldɪŋ mətɪərɪəl
dynamische Beanspruchung	dynamic stress daɪnæmɪk strɛs
dynamische Belastung	dynamic load daɪnæmɪk ləʊd
dynamische Testverfahren	dynamic test methods daɪnæmɪk tɛst mɛɵədz
dynamische Viskosität	dynamic viscosity daɪnæmɪk vɪskɒsəti

E

Eckdrehmeißel	tool for corner work tul fɔ kɔnə wɜk
Eckenfase	corner chamfer kɔnə tʃæmfə
Eckenradius	corner radius kɔnə reɪdɪəs
Eckenwinkel	corner angle kɔnə æŋgl
Edelstahl	special steel spɛʃəl stil
Eigenschaften von Werkstoffen	properties of work materials prɒpətiz ɒv wɜk mətɪərɪəlz
Eilgang	rapid feed ræpɪd fid
Einbaumaße für Wälzlager	assembly dimensions of rolling bearings əsɛmblɪ daɪmɛnʃnz ɒv rəʊlɪŋ bɛrɪŋz
Eindringverfahren	penetration method pɛnətreɪʃn mɛɵəd
Eindruckdurchmesser	diameter of the impression daɪæmɪtə ɒv ðɪ ɪmprɛʃn
Eindruckoberfläche	surface of the impression sɜfəs ɒv ðɪ ɪmprɛʃn
einfacher Feilenhieb	simple cut of a file sɪmpl kʌt ɒv ə faɪl
Einguss	mouth of the ingot mould maʊɵ ɒv ðɪ ɪngət məʊld
einhaken	hooking on hʊkɪŋ ɒn
Einhärtetiefe	effective hardening depth ɪfɛktɪv hadənɪŋ dɛpɵ
Einheitsbohrung, Passungssystem	basic hole, system of fits beɪsɪk həʊl, sɪstəm ɒv fɪts
Einheitskreis	unit circle jʊnɪt sɜkl
Einheitswelle, Passungssystem	basic shaft, system of fits beɪsɪk ʃaft, sɪstəm ɒv fɪts
Einkomponentenklebstoff	one component adhesive wʌn kəmpəʊnənt ədhisəv
Einkristall	monocrystal mɒnəʊkrɪstəl
Einlagerungsmischkristall	interstitial isomorphous mixture ɪntəstɪʃl aɪzəʊmɔfəs mɪkstʃə
Einlegekeil	round-ended sunk-key raʊnd ɛndəd sʌŋk ki
einsatzhärten	case-hardening keɪs hadənɪŋ
Einsatzstahl	case-hardening steel keɪs hadənɪŋ stil

Einschraubtiefe	reach of screw riʧ ɒv skru
einsetzen	carbonising kabənaɪzɪŋ
Einspannzapfen	spigot of a die spɪgət ɒv ə daɪ
Einspritzdüse	injection nozzle ɪndʒekʃn nɒzl
Einstechdrehmeißel	recessing tool rɪsesɪŋ tul
Einstelllehre	setting gauge setɪŋ geɪdʒ
Einstellmaß	setting size setɪŋ saɪz
Einstellschraube	adjusting screw ədʒʌstɪŋ skru
Einstellwinkel	setting angle setɪŋ æŋgl
Einteilung der Werkstoffe	classification of work materials klæsɪfɪkeɪʃn ɒv wɜk mətɪərɪəlz
Einzelanfertigung	single piece work sɪŋgl pis wɜk
Eisen, Benennung	designation of iron dezɪgneɪʃn ɒv aɪən
Eisen-Gusswerkstoff	cast iron kʌst aɪən
Eisenkarbid	cementite seməntɪt
Eisen-Kohlenstoff-Diagramm	iron-carbon diagram aɪən kabən daɪəgræm
Eisenwerkstoffe	ferrous products ferəs prɒdʌkts
elastische Verformung	elastic deformation ɪlæstɪk dɪfɔmeɪʃn
Elastizität	elasticity ɪlæstɪsɪti
Elastizitätsmodul	modulus of elasticity mɒdjuləs ɒv ɪlæstɪsɪti
Elastomer	elastomer ɪlæstəʊmeə
elektrochemische Korrosion	electrochemical corrosion ɪlektrəʊkemɪkl kərəʊʒn
elektrochemische Spannungsreihe	electrochemical series ɪlektrəʊkemɪkl sɪəriz
elektrochemisches Abtragen	electro chemical machining (ECM) ɪlektrəʊ kemɪkl məʃinɪŋ
Elektrode, nackte	bare electrode beə ɪlektrəʊd
Elektrodenabschmelzzeit	electrode flash off time ɪlektrəʊd flæʃ ɒf taɪm
Elektrodenabstand	electrode spacing ɪlektrəʊd speɪsɪŋ
Elektrodenhalter	electrode holder ɪlektrəʊd həʊldə
Elektrolyse	electrolysis ɪlektrəʊlɪsəz
Elektrolytkupfer	electrolytic copper ɪlektrəʊlɪtɪk kɒpə
Elektrostahl-Verfahren	electric steel processing ɪlektrɪk stil prəʊsəsɪŋ
Eloxal-Verfahren	anodising process ænəʊdaɪzɪŋ prəʊses
Eloxieren	anodising ænəʊdaɪzɪŋ
Emaille, Schutzschicht	enamel, protective layer ɪnæməl, prəʊtektɪv leɪə
Endlos-Keilriemen	endless V-belts endləs vi belts
Endmaß-Normalsatz	normal set of gauge blocks nɔməl set ɒv geɪdʒ blɒks
Entformen	removing from the mould rɪmuvɪŋ frɒm ðə məʊld
Entgasung	degassing dɪgæsɪŋ
Entgratungssenker	deburring drill dɪbɜrɪŋ drɪl
Entschwefelung	desulphurisation dɪsʌlfəraɪzeɪʃn

Entstehung eines Metallgefüges	origination of metal structure ɒrɪdʒɪneɪʃn ɒv mɛtəl strʌktʃə
Epoxidharz-Glashartgewebe	epoxy resin glass reinforced laminate ɛpɒksɪ rɛzɪn glas riɪnfɔst læmɪneɪt
erkennen von Kunststoffen	recognising plastics rɛkəgnaɪzɪŋ plæstɪks
Ermüdungsanriss	fatigue crack fətig kræk
Ermüdungsbruch	fatigue fracture fətig fræktʃə
Erodieren	eroding ɪrəʊdɪŋ
Erstarrungspunkt	solidification point sɒlɪdɪfɪkeɪʃn pɔɪnt
Erzaufbereitung	ore dressing ɔ drɛsɪŋ
Erzverhüttung	metallurgical working of ores mɛtəlɜdʒɪkəl wɜkɪŋ ɒv ɔz
Eutektikum	eutectic alloy system jutɛktɪk ælɔɪ sɪstəm
Evolventenverzahnung	involute toothing ɪnvəlut tuəɪŋ
Extrudieren	extruding ɪkstrudɪŋ
Exzenterpresse	eccentric press ɪksɛntrɪk prɛs
Exzenterscheibe	eccentric plate ɪksɛntrɪk pleɪt

F

Fächerscheibe	serrated lock washer səreɪtəd lɒk wɒʃə
Fallhammer	drop hammer drɒp hæmə
Fallhärteprüfung	hardness drop test hadnəs drɒp tɛst
Fallschnecke	drop worm drɒp wɔm
Faltenbildung	formation of wrinkles fɔmeɪʃn ɒv rɪŋklz
Falz	seam sim
falzen	lock-seaming lɒk simɪŋ
Fase	chamfer ʃæmfə
Federarbeit	spring work sprɪŋ wɜk
Federkennlinie	spring characteristic sprɪŋ kærəktərɪstɪk
Federscheibe	spring washer sprɪŋ wɒʃə
Federstahl	spring steel sprɪŋ stil
Federverbindung	key connection ki kənɛkʃn
Feile	file faɪl
feilen	filing faɪlɪŋ
Feilenhieb, doppelter	double cut of a file dʌbl kʌt ɒv ə faɪl
Feilkloben	hand vice hænd vaɪs
Feilmaschine	filing machine faɪlɪŋ məʃin
Feinbearbeitung	fine machining faɪn məʃin
Feingewinde	fine-pitch thread faɪn pɪtʃ θrɛd
Feingießverfahren	investment casting ɪnvɛstmənt kastɪŋ
Feinguss	precision casting prɪsɪʒn kastɪŋ
Feinkornbaustahl	fine grain structural steel faɪn greɪn strʌktʃərəl stil

Feinkornbildung	fine grain formation faɪn greɪn fɔmeɪʃn
feinkörnig	fine grained faɪn greɪnd
Feinmechanik	precision engineering prɪsɪʒn ɛndʒɪnɪərɪŋ
Feinschneiden	fine blanking faɪn blæŋkɪŋ
Feinstblech	thin sheet metal θɪn ʃit mɛtəl
Feinwerktechnik	precision engineering prɪsɪʒn ɛndʒɪnɪərɪŋ
Ferrit	ferrite fɛrɪt
ferritischer Stahl	ferritic steel fɛrɪtɪk stil
Fertigdrehen	finish turning fɪnɪʃ tɜnɪŋ
Fertigfräsen	finish milling fɪnɪʃ mɪlɪŋ
Fertigschneider	third tap θɜd tæp
feste Rolle	fast pulley fast pʊlɪ
feste Stoffe	solid materials sɒlɪd mətɪərɪəlz
Festigkeitsberechnung	calculation of strength kælkjəleɪʃn ɒv strɛŋθ
Festigkeitsklasse	class of strength klʌs ɒv strɛŋθ
Festigkeitslehre	science of strength of materials saɪəns ɒv strɛŋθ ɒv mətɪərɪəlz
Festigkeitswerte, maximale	maximum mechanical strength properties mæksɪməm məkænɪkəl strɛŋθ prɒpətiz
Festlager	fast bearing fast bɛrɪŋ
Fettpresse	grease gun griz gʌn
Feuerschweißen	forge welding fɔdʒ wɛldɪŋ
feuerverzinkt	hot-dip galvanised hɒt dɪp gælvənaɪzd
Filzring	felt ring fɛlt rɪŋ
Finite-Elemente-Methode	finite elements method fɪnit ɛləmənts mɛθəd
Fitting	pipe fitting paɪp fɪtɪŋ
Flächenkorrosion	surface corrosion sɜfəs kəurəuʒn
Flächenmoment, axiales	axial surface modulus æksɪəl sɜfəs mɒdjuləs
Flächenpressung	surface pressure sɜfəs prɛʃə
Flächenschwerpunkt	centre of gravity sɛntə ɒv grævəti
Flacherzeugnis	flat product flæt prɒdʌkt
Flachkeil	flat key flæt ki
Flachkopfschraube	pan head screw pæn hɛd skru
Flachriemengetriebe	flat belt transmission flæt bɛlt trænsmɪʃn
Flachrundschraube	saucer-head screw sɔsə hɛd skru
Flachschleifmaschine	surface grinding machine sɜfəs graɪndɪŋ məʃin
Flachsenker	counter bore kaʊntə bɔ
Flachstumpffeile	hand file hænd faɪl
Flammhärten	flame hardening fleɪm hadənɪŋ
Flanschlöcher, Darstellung	flange holes, representation flænʃ həulz, rɛprɪzɛnteɪʃn
Flanschverbindung	flanged joint flænʃd dʒɔɪnt
Flaschenzug	pulley block pʊlɪ blɒk

fliegend gelagert	cantilevered kæntɪlɪvəd
Fliehkraftgießen	centrifugal casting sɛntrɪfjʊgəl kʌstɪŋ
Fließkurve	flow curve fləʊ kɜv
Fließpressen	impact extruding ɪmpækt ɪkstrudɪŋ
Fließspan	flowing chip fləʊɪŋ tʃɪp
fluchten	aligning əlaɪnɪŋ
Flügelmutter	wing nut wɪŋ nʌt
Fluorchlorkohlenwasserstoff	chlorofluorocarbon klɔrəʊfləʊrəʊkabən
fokussierter Strahl	focused beam fəʊkəst bim
Folien aus Aluminium	aluminium foils æljʊmɪnjəm fɔɪlz
Formabweichung	geometrical deviation dʒɪəʊmɛtrɪkəl dəvɪeɪʃn
Formänderungsvermögen	formability fɔməbɪləti
Formbarkeit	mouldability məʊldəbɪləti
Formbeständigkeit	deformation resistance dɪfɔmeɪʃn rɪzɪstəns
Formgedächtnis-Legierung	shape memory alloys ʃeɪp mɛmrɪ ælɔɪs
Formlehre	form gauge fɔm geɪdʒ
formloser Stoff	amorphous material əmɔfəs mətɪərɪəl
Formpressen	compression moulding kəmprɛʃn məʊldɪŋ
Formsand	moulding sand məʊldɪŋ sænd
formschlüssig	positive locking pɒzɪtɪv lɒkɪŋ
Formstahl	profile steel prəʊfaɪl stil
Formtoleranz	tolerance of form tɒlərəns ɒv fɔm
Formverfahren	moulding process məʊldɪŋ prəʊsɛs
Fräsen	milling mɪlɪŋ
Fräser	milling cutter mɪlɪŋ kʌtə
Fräserei	milling shop mɪlɪŋ ʃɒp
Fräsmaschine	milling machine mɪlɪŋ məʃin
Frässpindel	milling spindle mɪlɪŋ spɪndl
Fräsvorgang	milling process mɪlɪŋ prəʊsɛs
Fräswerkzeug	milling cutter mɪlɪŋ kʌtə
Freiflächenverschleiß	flank wear flæŋk wɛə
Freiformschmieden	free forming fri fɔmɪŋ
Freiheitsgrad	degree of freedom dɪgri ɒv fridəm
freischneiden	cutting free kʌtɪŋ fri
Freischneidwerkzeug	free punch fri pʌnʃ
Freistich	undercut ʌndəkʌt
Freiwinkel	clearance angle klɪərəns æŋgl
Frontdrehmaschine	front turning machine frɒnt tɜnɪŋ məʃin
Fügen	joining dʒɔɪnɪŋ
Fühlerlehre	feeler gauge filə geɪdʒ
Funkenerosionsmaschine	electrical discharge machine (EDM) ɪlɛktrɪkl dɪstʃadʒ məʃin

Funkenprobe — spark test spak tɛst
Futterschlüssel — chuck key tʃʌk ki

G

galvanischer Überzug — electroplated coating ɪlɛktrəʊpleɪtəd kəʊtɪŋ
Galvanisieren — galvanising gælvənaɪzɪŋ
Gammaeisen — gamma iron gæmə aɪən
Gasbrenner — gas burner gæs bɜnə
Gasdruckfeder — gas spring gæs sprɪŋ
Gasflasche — gas cylinder gæs sɪlɪndə
gasförmige Stoffe — gaseous materials gæsəs mətɪərɪəlz
Gaslaser — gas laser gæs leɪzə
Gasschmelzschweißen — gas welding gæs wɛldɪŋ
Gasschweißen — gas welding gæs wɛldɪŋ
gebogener Eckdrehmeißel — angular tool for corner work æŋgjələ tul fɔ kɔnə wɜk
gebrochenes Härten — step hardening stɛp hadənɪŋ
Gefüge — microstructure maɪkrəʊstrʌktʃə
Gefügeumwandlung — structural transformation strʌkʃərəl trænsfəmeɪʃn
Gegengewicht — balancing weight bælənsɪŋ weɪt
Gegenkraft — countervailing force kaʊntəveɪlɪŋ fɔs
Gegenlauffräsen — milling in reverse rotation mɪlɪŋ ɪn rɪvɜs rəʊteɪʃn
Gegenschlaghammer — counterblow hammer kaʊntəbləʊ hæmə
Gegenstück — counterpart kaʊntəpat
Gehrungslade — mitre box maɪtə bɒks
Gehrungssäge — mitre box saw maɪtə bɒks sɔ
Gelenkkette — roller chain rəʊlə tʃeɪn
Gelenkwelle — cardan shaft kadən ʃaft
Gemenge — mechanical mixture məkænɪkəl mɪkstʃə
Gemische, Stoff- — mixtures, substance mɪkstʃəs, sʌbstəns
gemittelte Rautiefe Rz — average surface roughness Rz avərɪdʒ sɜfəs rʌfnəs
genau fluchtend — true aligned tru əlaɪnd
geometrisch bestimmte Schneide — geometrically determinated cutting edge dʒɪəʊmɛtrɪkəlɪ dɪtɜmɪneɪtəd kʌtɪŋ ɛdʒ
gerader Drehmeißel — straight turning tool streɪt tɜnɪŋ tul
Gesamtschneidwerkzeug — combination shearing tool kɒmbɪneɪʃn ʃɪərɪŋ tul
geschweißtes Stahlrohr — welded steel pipe wɛldəd stil paɪp
Gesenk — forging die fɔdʒɪŋ daɪ
Gesenkschmiede — stamp shop stæmp ʃɒp
Gestaltabweichung — form deviation fɔm dəvɪeɪʃn
Getriebegehäuse — transmission box trænsmɪʃn bɒks
Getriebeleistung — gear power gɪə paʊwə

Getriebemotor	geared motor grəd məutə
getriebenes Rad	driven wheel drɪvən wil
Getriebeöl	gear lubricant oil gɪə lubrɪkənt ɔɪl
Gewaltbruch	fast burst fast bɜst
Gewebeband	textile tape tɛkstaɪl teɪp
Gewinde	thread ɵrɛd
Gewindearten	types of thread taɪps ɒv ɵrɛd
Gewindeauslauf	thread runout ɵrɛd rʌnaʊt
Gewindebohren	tapping tæpɪŋ
Gewindebohrer	screw-tap skru tæp
Gewindedrehen	thread turning ɵrɛd tɜnɪŋ
Gewindedrücken	thread pressing ɵrɛd prɛsɪŋ
Gewindeende	thread end ɵrɛd ɛnd
Gewindeflanke	flank of thread flænk ɒv ɵrɛd
Gewindefräsen	thread milling ɵrɛd mɪlɪŋ
gewindefurchende Schraube	thread-grooving screw ɵrɛd gruvɪŋ skru
Gewindekernlochdurchmesser	core diameter kɔ daɪæmɪtə
Gewinde-Kurzzeichen	symbols of threads sɪmbəlz ɒv ɵrɛdz
Gewinderohr	threaded pipe, threaded tube ɵrɛdəd paɪp ɵrɛdəd tjub
Gewindeschablone	screw pitch gauge skru pɪtʃ geɪʤ
Gewindeschleifen	thread grinding ɵrɛd graɪndɪŋ
Gewindeschneidschraube	thread-forming screw ɵrɛd fɔmɪŋ skru
Gewindespindel	threaded spindle ɵrɛdəd spɪndl
Gewindesteigung	thread pitch ɵrɛd pɪtʃ
Gewindesteigungslehre	thread pitch gauge ɵrɛd pɪtʃ geɪʤ
GFK (Glasfaserverstärkter Kunststoff)	glass fibre reinforced plastic glas faɪbə riɪnfɔst plæstɪk
Gießereitechnik	foundry technology faʊndrɪ tɛknɒləʤi
glaskeramische Werkstoffe	glass ceramics materials glas kəræmɪks mətɪərɪəlz
Gleichlauffräsen	milling in synchronous rotation; cut-down milling mɪlɪŋ ɪn sɪnkrɒnəs rəʊteɪʃn, kʌt daʊn mɪlɪŋ
Gleitebene	sliding plane slaɪdɪŋ pleɪn
Gleitfähigkeit	gliding quality glaɪdɪŋ kwɒlətɪ
Gleitfeder	feather key fɛðə ki
Gleitlager	plain bearing pleɪn bɛrɪŋ
Gleitlager-Werkstoff	plain bearing material pleɪn bɛrɪŋ mətɪərɪəl
Gleitreibungszahl	coefficient of sliding friction kəʊɪfɪʃənt ɒv slaɪdɪŋ frɪktʃən
Globoidschnecke	enveloping worm ɛnvələʊpɪŋ wɔm
Glühen	annealing ənilɪŋ
Glühfarbe	heat colour hit kʌlə
Gold	gold gəʊld
Grafit	graphite græfaɪt

Grat	burr bər
Gravur	engraving ɛngreɪvɪŋ
Grenzabmaß	limit deviation lɪmɪt dəvɪeɪʃn
Grenzabscherkraft	limit shearing force lɪmɪt ʃɪərɪŋ fɔs
Grenzlehrdorn	limit plug gauge lɪmɪt plʌg geɪdʒ
Grenzlehre	limit gauge lɪmɪt geɪdʒ
Grenzmaß für Gewinde	limit of threads lɪmɪt ɒv θrɛdz
Grenzrachenlehre	limit gap gauge lɪmɪt gæp geɪdʒ
Grenzzugkraft	limit tensible force lɪmɪt tɛnsɪbl fɔs
Grobblech	thick plate θɪk pleɪt
Grobkornbildung	coarse grain formation kɔs greɪn fɔmeɪʃn
grobkörnig	coarse grained kɔs greɪnd
Grundabmaß	fundamental deviation fʌndəmɛntəl dəvɪeɪʃn
Grundloch	blind hole blaɪnd həʊl
Grundstahl	ordinary low-carbon steel ɔdənrɪ ləʊ kabən stil
Grundtoleranz	fundamental tolerance fʌndəmɛntəl tɒlərənts
Grünspan	cupric oxide kʌprɪk ɒksaɪd
Gummihammer	rubber-mallet rʌbə mælət
Gusseisen	cast iron kast aɪən
Gusseisenwerkstoffe	cast iron materials kast aɪən mətɪərɪəlz
Gussstück	casting kastɪŋ
Gusswerkstoff	material for casting mətɪərɪəl fɔ kastɪŋ
Gutseite einer Grenzlehre	standard side of a limit gauge stændəd saɪd ɒv ə lɪmɪt geɪdʒ

H

Haarlineal	knife-edge ruler knaɪf ɛdʒ rulə
Haarwinkel	knife-edge square knaɪf ɛdʒ skwɛə
Hakenschlüssel	sickle spanner sɪkl spænə
Halbrundfeile	half-round file haf raʊnd faɪl
Halbrundniet	mushroom head rivet mʌʃrum hɛd rɪvət
Halbrundschaber	half-round scraper haf raʊnd skreɪpə
Halbzeug	half-finished part haf fɪnɪʃd pat
Hammer	hammer hæmə
Hammerschraube	hammer head bolt hæmə hɛd bəʊlt
Handantrieb	manually operated mænjʊəlɪ ɒpəreɪtəd
Handbetrieb	manual operation mænjʊəl ɒpəreɪʃn
Handformverfahren	hand moulding hænd məʊldɪŋ
Handsägeblatt	hand saw blade hænd sɔ bleɪd
Handschere	hand shear hænd ʃɪə
Härtbarkeit	hardenability hadənəbɪləti

Härte	hardness hɑdnəs
Härteangabe	indication of hardness ɪndɪkeɪʃn ɒv hɑdnəs
Härten	hardening hɑdənɪŋ
Härteprüfverfahren	hardness test methods hɑdnəs tɛst mɛθəds
Härteriss	hardening crack hɑdənɪŋ kræk
Härtetemperatur	hardening temperature hɑdənɪŋ tɛmprətʃə
Hartgewebe	laminated plastic læmɪneɪtəd plæstɪk
Hartgummi	hard rubber hɑd rʌbə
Hartguss	chilled casting tʃɪld kɑstɪŋ
Hartlot	hard solder hɑd səʊldə
Hartmetall	hard metal hɑd mɛtəl
hauchvergoldet	gold-flashed gəʊld flæʃt
Hauptgüteklassen der Stähle	main grade of steels meɪn greɪd ɒv stils
Hauptschneide	major cutting edge meɪdʒə kʌtɪŋ ɛdʒ
Hauptspindel	main spindle meɪn spɪndl
Heißpressen	hot-pressing hɒt prɛsɪŋ
Heizelementschweißen	heated tool welding hitəd tul wɛldɪŋ
Heizleiter-Werkstoffe	heating conductor materials hitɪŋ kəndʌktə mətɪərɪəlz
Hiebart	type of cut taɪp ɒv kʌt
Hiebzahl	number of cuts per cm nʌmbə ɒv kʌts pɜ sɛntimitə
Hinterschneidung	undercut ʌndəkʌt
hitzebeständiger Stahl	heat-resistant steel hit rɪzɪstənt stil
Hobelmaschine	planing machine plænɪŋ məʃin
Hobeln	planing plænɪŋ
hochlegierter Stahl	high alloy steel haɪ ælɒɪ stil
Hochofen	blast furnace blɑst fɜnɪs
Höchstspiel	maximum clearance mæksɪməm klɪərənts
hochwarmfester Stahl	high-temperature resistant steel haɪ tɛmprətʃə rɪzɪstənt stil
Höhenreißer	scribing block skraɪbɪŋ blɒk
Höhenwinkel	angle of elevation æŋgl ɒv ɛləveɪʃn
Hohlkehle	groove of the shaft gruv ɒv ðə ʃɑft
Hohlkeil	hollow key hɒləʊ ki
Hohlniet	full tubular rivet fʊl tjubjʊlə rɪvət
Hohlprofil	hollow section hɒləʊ sɛkʃn
Hohlwelle	hollow shaft hɒləʊ ʃɑft
Hohlzylinder	hollow cylinder hɒləʊ sɪlɪndə
Holzschraube	wood screw wʊd skru
Honen	honing həʊnɪŋ
Honstein	honing stone həʊnɪŋ stəʊn
Hubsäge	power hack sawing machine paʊwə hæk sɔwɪŋ məʃin
Hubtisch	elevating platform ɛləveɪtɪŋ plætfɔm

Hülse	sleeve sliv
Hutmutter	cap nut kæp nʌt
Imprägnierung	impregnation ɪmprɛgneɪʃn

I

Induktionshärten	induction hardening ɪndʌkʃən hadənɪŋ
Innen-Drehmeißel	internal turning tool ɪntɜnəl tɜnɪŋ tul
Innengewinde	inside thread ɪnsaɪd θrɛd
Innenmessschraube	internal micrometer ɪntɜnəl maɪkrəʊmitə
Innenpassfläche	internal fit surface ɪntɜnəl fɪt sɜfəs
Innenpassteil	internal part of fit ɪntɜnəl pat ɒv fɪt
Innensechskantschlüssel	hexagon socket screw key hɛksəgən sɒkət skru ki
interkristalline Korrosion	intercrystalline corrosion ɪntəkrɪstəlin kərəʊʒn
Isolierstoff	insulating material ɪnsjʊleɪtɪŋ mətɪərɪəl
Isolierstoffklasse	insulation material class ɪnsjʊleɪʃn mətɪərɪəl klas
ISO-Passung für Einheitsbohrung	ISO fit for basic hole aɪzəʊ fɪt fɔ beɪsɪk həʊl
ISO-Passung für Einheitswelle	ISO fit for basic shaft aɪzəʊ fɪt fɔ beɪsɪk ʃaft
Istabmaß	actual deviation æktʃʊəl dəvɪeɪʃn
Istmaß	actual size æktʃʊəl saɪs
Istpassung	actual fit æktʃʊəl fɪt
Istprofil	actual profile æktʃʊəl prəʊfaɪl

J

Justiergitter	alignment grid əlaɪnmənt grɪd
Justiermarke	adjusting mark ədʒʌstɪŋ mak
Justieroptik	aligner optics əlaɪnə ɒptɪks

K

Kadmium	cadmium kædmɪəm
Kaltarbeitsstahl	cold work steel kəʊld wɜk stil
Kaltfließpressstahl	steel for cold extrusion stil fɔ kəʊld ɪkstruʒn
kaltgewalzte Flacherzeugnisse	cold rolled low carbon steel kəʊld rəʊld ləʊ kabən stil
kaltgezogen	cold drawn kəʊld drɔn
Kaltpressen	cold-pressing kəʊld prɛsɪŋ
Kaltumformtechnik	cold forming technology kəʊld fɔmɪŋ tɛknɒlədʒi
Kante	edge ɛdʒ
Kantenband	edge band ɛdʒ bænd
Kantenpressung	compression across the edges kəmprɛʃn əkrɒs ðɪ ɛdʒəz

Kantentaster	edge feeler ɛdʒ filə
Kardangelenk	cardan joint kadən dʒɔɪnt
Kardanwelle	cardan shaft kadən ʃaft
Karuselldrehmaschine	vertical boring and drilling machine vɜtɪkəl bɔrɪŋ ænd drɪlɪŋ məʃin
kathodischer Korrosionsschutz	cathodic protection against corrosion kəɒɒdɪk prətɛkʃn əgɛnst kərəuʒn
Kegeldrehvorrichtung	taper turning attachment teɪpə tɜnɪŋ ətætʃmənt
Kegelgriff	tapered handle teɪpəd hændl
Kegelhülse	taper socket teɪpə sɒkət
kegeliges Außengewinde	tapered outside thread teɪpəd autsaɪd ɵrɛd
Kegelkerbstift	length taper grooved dowel pin lɛŋə teɪpə gruvd dauəl pɪn
Kegellehrdorn	taper plug gauge teɪpə plʌg geɪdʒ
Kegelrad, bogenverzahnt	spiral bevel wheel spɪrəl bɛvəl wil
Kegelradgetriebe	bevel gear pair bɛvəl gɪə pɛə
Kegelreibahle	taper reamer teɪpə rimə
Kegelstifte	taper pins teɪpə pɪns
Kehlnaht	hollow weld hɒləu wɛld
Keil	key ki
Keilfläche	side of the cutting wedge saɪd ɒv ðə kʌtɪŋ wɛdʒ
Keilnabe	spline bore hub splaɪn bɔ hʌb
Keilriemengetriebe	V-belt transmission vibɛlt trænsmɪʃn
Keilriemenscheibe	V-belt pulley vibɛlt puli
Keilverbindung	key connection ki kənɛkʃn
Keilwelle	spline shaft splaɪn ʃaft
Keramik	ceramics kəræmɪks
Keramikbindung	ceramic bond kəræmɪk bɒnd
keramische Isolierstoffe	ceramic insulation materials kəræmɪk ɪnsjuleɪʃn mətɪərɪəlz
Kerbnagel	grooved drive stud gruvd draɪv stʌd
Kerbschlagbiegeversuch	notched bar impact bending test nɒtʃt ba ɪmpækt bɛndɪŋ tɛst
Kerbspannung	notching stress nɒtʃɪŋ strɛs
Kerbverzahnung	groove toothing gruv tuɵɪŋ
Kerbwirkung	notch effect nɒtʃ ɪfɛkt
Kerbwirkungszahl	fatigue notch factor fətig nɒtʃ fæktə
Kerndurchmesser	minor diameter maɪnə daɪæmɪtə
Kernformen	core styles kɔ staɪlz
Kernlochbohrung	core hole kɔ həul
Kernlochdurchmesser	core diameter kɔ daɪæmɪtə
Kettengetriebe	chain transmission tʃeɪn trænsmɪʃn
Kettenrad	chain wheel tʃeɪn wil

Klebeflächenvorbehandlung	glued surface preparation glud sɜfɪs prɛpəreɪʃn
kleben	glue glu
Klebeverbindung	adhesive connection ədhisəv kənɛkʃn
Klebstoff	adhesive ədhisəv
Klebstoffarten	types of adhesive taɪps ɒv ədhisəv
Klebvorgang	bonding process bɒndɪŋ prəusɛs
klemmen	clamp klæmp
Klemmhalter für Wendeschneidplatten	tool holder for indexable inserts tul həuldə fɔ ɪndɛksəbəl ɪnsɜts
Knabberschneiden	nibbling nɪblɪŋ
Knebelkerbstift	centre-grooved dowel pin sɛntə gruvd dauəl pɪn
Knick	kink kɪŋk
Knickfestigkeit	buckling resistance bʌklɪŋ rɪzɪstəns
Knickung	buckle bʌkl
Kniehebelpresse	toggle press tɒgl prɛs
Kobalt	cobalt kəubəlt
Kohlenmonoxid	carbon monoxide kabən mɒnəksaɪd
kohlenstoffabgebend	yielding carbon jildɪŋ kabən
kohlenstoffarm	low carbon ləu kabən
Kohlenstoffdioxid	carbon dioxide kabən daɪəksaɪd
Kohlenstoffentziehung	decarbonisation dɪkabənaɪzeɪʃn
kohlenstofffaserverstärkter Kunststoff	carbon fibre reinforced plastic kabən faɪbə riɪnfɔst plæstɪk
Kohlenstoffstahl	carbon steel kabən stil
Kohlenwasserstoff	hydrocarbon haɪdrəukabən
Kokillengießverfahren	gravity die-casting grævətɪ daɪ kastɪŋ
Komponente (Teilkraft)	component kəmpəunənt
Konsolfräsmaschine	knee type milling machine ni taɪp mɪlɪŋ məʃin
Konstruktionsklebstoff	structural adhesive strʌkʃərəl ədhisəv
Kontaktfeder	contact spring kɒntækt sprɪŋ
Kontaktklebstoff	contact adhesive kɒntækt ədhisəv
Kontaktkorrosion	contact corrosion kɒntækt kərəuʒn
Kopfschraube	cap screw kæp skru
Kopfspiel	bottom clearance bɒtəm klɪərənts
Kopierfräsen	copy-milling kɒpɪ mɪlɪŋ
Körner	centre punch sɛntə pʌnʃ
Körnerpunkt	centre mark sɛntə mak
Körnerspitze, mitlaufende	revolving centre rɪvɒlvɪŋ sɛntə
Korngrenze	grain boundary greɪn baundərɪ
Korngröße	grain size greɪn saɪz
kornorientiert	grain oriented greɪn ɒrɪɛntəd

Korrekturfaktor beim Biegen	correction value when bending kərɛkʃn væljʊ wɛn bɛndɪŋ
Korrosionsart	type of corrosion taɪp ɒv kərəʊʒn
korrosionsbeständiger Stahl	corrosion resisting steel kərəʊʒn rɪzɪstɪŋ stil
Korrosionsbeständigkeit	corrosion-proof kərəʊʒn pruf
Korrosionsschutz	protection against corrosion prətɛkʃn əgeɪnst kərəʊʒn
Korrosionsschutzmittel	corrosion preventive kərəʊʒn prɪvɛntəv
Korund	corundum kɒrəndəm
Kraftschluss	non-positive locking nɒn pɒzətɪv lɒkɪŋ
kraftschlüssige Verbindung	non-positive connection nɒn pɒzətɪv kənɛkʃn
Kreissägemaschine	circular sawing machine sɜkjələ sɔɪŋ məʃin
kreuzendes Schneiden	cross cutting krɒs kʌtɪŋ
Kreuzgelenk	cardan joint kadən dʒɔɪnt
Kreuzhieb	cross cut krɒs kʌt
Kreuzlochmutter	capstan nut kæpstən nʌt
Kreuzmeißel	groove cutting chisel gruv kʌtɪŋ tʃɪzəl
Kristallgemisch	crystal mixture krɪstəl mɪkstʃə
Kristallgitter	molecular lattice məlɛkjʊlə lætɪs
Kristallisation	crystallisation krɪstəlaɪzeɪʃn
Kronenmutter	castle nut kasl nʌt
Kugeldruckhärte	indentation hardness ɪndənteɪʃn hadnəs
Kugelfräser	spherical milling cutter sfɛrɪkəl mɪlɪŋ kʌtə
Kugelführung	telescopic type ball bearing traveller tɛlɪskɒpɪk taɪp bɔl bɛrɪŋ trævələ
Kugelgewindetrieb	ball screw drive bɔl skru draɪv
Kugelgrafit	nodular graphite nɒdjʊlə græfaɪt
Kugelgrafitguss	nodular graphite cast iron nɒdjʊlə græfaɪt kast aɪən
Kugelkäfig	ball bearing cage bɔl bɛrɪŋ keɪdʒ
Kugellagerstahl	ball bearing steel bɔl bɛrɪŋ stil
Kühlschmierstoff	cooling lubricant kulɪŋ lubrɪkənt
Kunstguss	art casting at kastɪŋ
Kunstharzbindung	resin bond rɛzɪn bɒnd
Kunststoffe	plastics plæstɪks
Kunststoffmuffe	plastic joint plæstɪk dʒɔɪnt
Kunststoffrohr	plastic pipe plæstɪk paɪp
Kunststofftechnik	plastics engineering plæstɪks ɛndʒɪnɪərɪŋ
Kupfer	copper kɒpə
Kupferblech	copper sheet kɒpə ʃit
Kupferdraht	copper wire kɒpə waɪə
Kupfer-Gusslegierung	copper cast alloy kɒpə kast ælɔɪ
Kupfer-Knetlegierung	copper wrought alloy kɒpə raʊt ælɔɪ
Kupferrohr	copper pipe kɒpə paɪp

Kupplung, formschlüssige	positive interlocking clutch pɒzətɪv ɪntəlɒkɪŋ klʌtʃ
Kupplung, kraftschlüssige	friction clutch frɪktʃən klʌtʃ
Kupplungsgehäuse	clutch case klʌtʃ keɪs
Kupplungsscheibe	clutch disk klʌtʃ dɪsk
Kurbelgehäuse	crank case kræŋk keɪs
Kurbelpresse	crank press kræŋk prɛs
Kurbeltrieb	crank mechanism kræŋk mɛkənɪzm
Kurbelwelle	crankshaft kræŋkʃaft
Kurvenscheibe	cam disc kæm dɪsk
Kurzhubhonen	superfinishing sjʊpəfɪnɪʃɪŋ
Kurzzeichen der Toleranzklasse	symbol of tolerance class sɪmbəl ɒv tɒlərənts klas

L

Lagerbauart	type of bearing taɪp ɒv bɛrɪŋ
Lagerbuchse	bearing bush bɛrɪŋ bʊʃ
Lagerdichtung	bearing seal bɛrɪŋ sil
Lagergehäuse	bearing housing bɛrɪŋ haʊzɪŋ
Lagerluft	bearing clearance bɛrɪŋ klɪərənts
Lagermetall	bearing metal bɛrɪŋ mɛtəl
Lagerschale	bearing bush bɛrɪŋ bʊʃ
Lagetoleranz	tolerance of position tɒlərənts ɒv pəzɪʃn
Lamellenkupplung	multi-disc clutch mʌltɪ dɪsk klʌtʃ
Laminat	laminate læmɪneɪt
Langloch	long hole lɒŋ həʊl
Langlochfräser	long-hole milling cutter lɒŋ həʊl mɪlɪŋ kʌtə
Längsführung	linear rolling bearing lɪnɛə rəʊlɪŋ bɛrɪŋ
Längsrunddrehen	longitudinal cylindrical turning lɒŋgɪtjudɪnəl sɪlɪndrɪkəl tɜnɪŋ
Läppen	lapping læpɪŋ
Läppmaschine	lapping machine læpɪŋ məʃin
Läppmittel	lapping abrasive læpɪŋ əbreɪsəv
Laserstrahlschneiden	laser beam cutting leɪzə bim kʌtɪŋ
Laserstrahlschweißen	laser beam welding leɪzə bim wɛldɪŋ
Laserstrahlverfahren	laser beam processing leɪzə bim prəʊsɛsɪŋ
Laufrolle	trolley trɒleɪ
legierter Edelstahl	alloyed stainless steel ælɔɪd steɪnləs stil
legierter Stahl	alloyed steel ælɔɪd stil
Legierung	alloy ælɔɪ
Legierungsbestandteil	alloying constituent ælɔɪɪŋ kənstɪtjʊənt
Lehre	gauge geɪdʒ
Lehrenbohrwerk	jig boring machine dʒɪg bɔrɪŋ məʃin

Leichtmetall	light metal laɪt mɛtəl
Leitspindel	leading spindle lidɪŋ spɪndl
Lichtbogenhandschweißen	manual arc welding mænjʊəl ak wɛldɪŋ
Lichtbogenschmelzschweißen	electric arc welding ɪlɛktrɪk ak wɛldɪŋ
Linearantrieb	linear-motion drive, linear drives lɪnɛə məʊʃn draɪv, lɪnɛə draɪvz
Linksgewinde	left-handed thread lɛft hændəd ərɛd
Linsenschraube	oval head screw əʊvəl hɛd skru
Lochabstand	hole pitch həʊl pɪtʃ
Lochdurchmesser	diameter of hole daɪæmɪtə ɒv həʊl
Loch-Durchmesser (gedr. Schaltungen)	hole diameter həʊl daɪæmɪtə
Locheisen	hollow punch hɒləʊ pʌntʃ
Lochen	punching pʌntʃɪŋ
Lochleibung	bearing stress bɛrɪŋ strɛs
Lochstempel	punching die pʌntʃɪŋ daɪ
Löffelschaber	hollow-ground scraper hɒləʊ graʊnd skreɪpə
lose Rolle	loose pulley luz pʊlɪ
Loslager	movable bearing muvəbəl bɛrɪŋ
Löslichkeit im festen Zustand	solid solubility sɒlɪd sɒljʊbɪlətɪ
Lösungsmittel	solvent sɒlvənt
Lösungsmitteldämpfe	solvent vapours sɒlvənt veɪpəz
Lösungsmittelklebstoff	solvent adhesive sɒlvənt ədhisəv
Löten, hart	brazing breɪzɪŋ
Lünette	back rest, steady rest bæk rɛst, stædɪ rɛst
Lunker	contraction cavity kəntrækʃən kævətɪ
lunkerfrei	free from cavities fri frɒm kævətiz

M

Magnesium	magnesium mægnizɪəm
Magnesium-Gusslegierung	magnesium cast alloy mægnizɪəm kast ælɔɪ
Magnetpulverprüfung	magnetic particle testing mægnɛtɪk patɪkl tɛstɪŋ
Magnetstahl	magnet steel mægnət stil
Magnet-Werkstoffe	magnetic materials mægnɛtɪk mətɪərɪəlz
MAG-Schweißen	metal active gas welding mɛtəl æktɪv gæs wɛldɪŋ
Mangan	manganese mængəniz
manuelles Spanen	manual machining mænjʊəl məʃinɪŋ
martensitischer Stahl	martensitic steel matɛnsətɪk stil
maschinelles Spanen	machining məʃinɪŋ
Maschinen zur Formänderung	machines to alter dimensions məʃinz tə ɔltə daɪmɛnʃnz
Maschinenformverfahren	machine moulding məʃin məʊldɪŋ
Maschinengewindebohrer	chucking tap tʃʌkɪŋ tæp

Maschinennullpunkt	machine zero point məʃin zɪərəu pɔɪnt
Maschinenreibahle	machine chucking reamer məʃin tʃʌkɪŋ rimə
Maschinenschraubstock	machine vice məʃin vaɪs
Maschinenschutz	machine protection məʃin prətɛkʃn
Maskenformverfahren	shell mould casting ʃɛl məuld kastɪŋ
Massenstahl	ordinary steel ɔdənrɪ stil
Massivgleitlager	solid plain bearing sɒlɪd pleɪn bɛrɪŋ
Massivsilberauflage	solid-silver facing sɒlɪd sɪlvə feɪsɪŋ
Massivumformen	massive forming mæsɪv fɔmɪŋ
Maulschlüssel	open-jawed spanner əupən dʒɔd spænə
maximale Festigkeitswerte	maximum mechanical strength properties mæksɪməm məkænɪkəl strɛŋə prɒpətiz
Maximum-Material-Maß	maximum material size mæksɪməm mətɪərɪəl saɪz
mechanische Beanspruchung	mechanical stress məkænɪkəl strɛs
mechanische Eigenschaften	mechanical properties məkænɪkəl prɒpətiz
Meehanite-Guss	Meehanite cast mihænət kast
mehrgängiges Gewinde	multiple-start thread mʌltɪpl stat ərɛd
Mehrspindelbohrmaschine	multi-spindle drilling machine mʌltɪ spɪndl drɪlɪŋ məʃin
Meißel	chisel tʃɪzəl
meißeln	chiselling tʃɪzəlɪŋ
Messerkopf	milling head mɪlɪŋ hɛd
Messerschneiden	cutting with a single blade kʌtɪŋ wɪə ə sɪŋgl bleɪd
Messing	brass bræs
Messschieber	vernier calliper vənɪə kælɪpə
Messschraube	micrometer maɪkrəumɪtə
Messuhr	dial gauge daɪəl geɪdʒ
Metallbindung	metallic bond mətælɪk bɒnd
Metalle	metals mɛtəlz
Metallgefüge	metal structure mɛtəl strʌktʃə
metallisch blank	bright braɪt
metallographische Untersuchung	metallographic investigation method mətæləugræfɪk ɪnvɛstɪgeɪʃn mɛəəd
Meterriss	measuring reference mɛʒərɪŋ rɛfərənts
metrisches ISO-Gewinde	ISO metric screw thread aɪzəu mɛtrɪk skru ərɛd
MIG-Schweißen	metal electrode inert gas welding mɛtəl ɪlɛktrəud ɪnɜt gæs wɛldɪŋ
Mindesteinschraubtiefe	minimum reach of screw mɪnɪməm ritʃ ɒv skru
Mindestmaß	minimum limit of size mɪnɪməm lɪmɪt ɒv saɪz
Mindestspiel	minimum clearance mɪnɪməm klɪərənts
Mindestwert	lower limiting value ləuə lɪmɪtɪŋ vælju
Mindestzugfestigkeit	minimum tensile strength mɪnɪməm tɛnsaɪl strɛŋə
Mineralöl	mineral oil mɪnərəl ɔɪl

Miniaturkugellager	miniature ball bearing mɪnɪtʃə bɔl bɛrɪŋ
Mischgasschweißen	gas-mixture-shielded welding gæs mɪkstʃə ʃildəd wɛldɪŋ
Mischkristall	isomorphous mixture aɪzəumɔfəz mɪkstʃə
mitlaufende Körnerspitze	revolving centre rɪvɒlvɪŋ sɛntə
Mitnehmer	driving feature draɪvɪŋ fitʃə
Mitnehmerlappen	flat tang flæt tæŋ
Mittenabstand	centre distance sɛntə dɪstəns
Mittenrauwert, arithmetischer	arithmetic average peak-to-valley height ærɪəmætɪk ævərədʒ pik tə vælɪ haɪt
Modelltischler	pattern maker pætən meɪkə
Modulfräser	module milling cutter mɒdjul mɪlɪŋ kʌtə
Mohr'sche Härtetabelle	Mohrs's hardness scale mɔs hadnəs skeɪl
Molybdändisulfid	molybdenum disulphide mɒləbdɛnjəm dɪsʌlfaɪd
Molybdänstahl	molybdenum steel mɒləbdɛnjəm stil
Mutter für T-Nuten	nut for T-slots nʌt fɔ tɪslɒts
Mutter mit Bund	flanged nut flænʃd nʌt
Muttergewinde	nut thread nʌt ərɛd
Muttergewindebohrer	nut tap nʌt tæp
Muttersicherung	lock washer lɒk wɒʃə

N

Nabe-Welle-Verbindung	hub-shaft connection hʌb ʃaft kənɛkʃn
Nachformfräsmaschine	copy milling machine kɒpɪ mɪlɪŋ məʃin
Nachführautomatik	automatic guidance system ɔtəmætɪk gaɪdənts sɪstəm
Nachrechtsschweißen	rightward welding raɪtwɒd wɛldɪŋ
nachschleifen	resharpening rɪʃapənɪŋ
Nachschneidwerkzeug	shaving die ʃeɪvɪŋ daɪ
Nachstellmutter	adjusting nut ədʒʌstɪŋ nʌt
Nachstellschraube	adjusting screw ədʒʌstɪŋ skru
nackte Elektrode	bare electrode bɛə ɪlɛktrəud
Nadellager	needle bearing nidl bɛrɪŋ
Nahtart	type of weld taɪp ɒv wɛld
nahtloses Stahlrohr	seamless steel pipe (tube) sɪəmləs stil paɪp (tjub)
Nasenkeil	nose key nəuz ki
Nassklebstoff	wet adhesive wɛt ədhisəv
Naturhärte	natural hardness nætʃərəl hadnəs
Naturharz	natural resin nætʃərəl rɛzɪn
Nebenschneide	minor cutting edge maɪnə kʌtɪŋ ɛdʒ
Nebenspanfläche	second land of the face sɛkənd lænd ɒv ðə feɪs

Neigung, Bemaßung	gradient of inclination, dimensioning greɪdɪənt ɒv ɪnklaɪneɪʃn, daɪmenʃənɪŋ
NE-Metall	nonferrous metal nɒnfɛrəs mɛtəl
Nenndurchmesser	nominal diameter nɒmɪnəl daɪæmɪtə
Nennweite	nominal width nɒmɪnəl wɪdə
neutrale Faser	neutral fibre njutrəl faɪbə
Nibbelmaschine	nibbling machine nɪblɪŋ məʃin
Nichteisenmetall (NE-Metall)	nonferrous metal nɒnfɛrəs mɛtəl
Nichtmetalle	non-metals nɒn mɛtəlz
nichtmetallische Schutzschicht	non-metallic protective layer nɒn mətælɪk prəʊtɛktɪv leɪə
nichtmetallischer Werkstoff	non-metallic material nɒn mətælɪk mətɪərɪəl
nichtrostender Stahl	stainless steel steɪnləs stil
Nickel-Eisen-Blech	nickel-iron sheet nɪkəl aɪən ʃit
Niederdruck-Kokillengießverfahren	low-pressure chill casting ləʊ prɛʃə tʃɪl kastɪŋ
Niederhalterkraft	holding-down force həʊldɪŋ daʊn fɔs
niedriglegierter Stahl	low alloy steel ləʊ ælɔɪ stil
niedrigschmelzend	low melting ləʊ mɛltɪŋ
Niet, Randabstände	rivet, distances from edge rɪvət, dɪstənsəz frɒm ɛdʒ
Nietdöpper	rivet set rɪvət sɛt
Nietkopf	rivet head rɪvət hɛd
Nietlochreibahle	bridge reamer brɪdʒ rimə
Nietverbindung	rivet connection rɪvət kənɛkʃn
Nitrierstahl	nitrided steel nɪtraɪdəd stil
Nitrolack	nitrocellulose lacquer naɪtrəʊsɛlələʊz lækə
Nitroverdünnung	diluent for cellulose lacquer dɪlʊənt fɔ sɛlələʊz lækə
Nockenscheibe	cam plate kæm pleɪt
Nockenwelle	camshaft kæmʃaft
Noniuswert	vernier interval vənɪə ɪntəvəl
Normalglühen	normalise nɔməlaɪz
Nute für Passfedern	groove for feather keys gruv fɔ fɛðə kis
Nute für Scheibenfedern	groove for Woodruff keys gruv fɔ wʊdrʌf kis
Nutenfräser	groove milling cutter gruv mɪlɪŋ kʌtə
Nutenmeißel	grooving chisel gruvɪŋ tʃɪzəl
Nutmutter	groove nut, lock nut gruv nʌt, lɒk nʌt
Nutzquerschnitt	effective cross section ɪfɛktɪv krɒs sɛkʃən

O

oberes Abmaß	upper deviation ʌpə dəvɪeɪʃn
Oberflächenangaben	specifications for surfaces spɛsɪfɪkeɪʃnz fɔ sɜfəsəz
Oberflächenbehandlung	surface treatment sɜfəs tritmənt

Oberflächenhärtung	superficial hardening sjʊpəfɪʃəl hadənɪŋ
Oberflächenmesstechnik	surface measurement sɜfəs mɛʒəmənt
Oberflächenprüfgerät	surface analyser sɜfəs ænəlaɪzə
Oberflächenschutz	surface protection sɜfəs prətɛkʃn
Oberflächenspannung	surface tension sɜfəs tɛnʃən
Oberflächenstruktur	surface structure sɜfəs strʌktʃə
Oberflächenverschleiß	scuffing skʌfɪŋ
Oberflächenzeichen	surface finish marking sɜfəs fɪnɪʃ makɪŋ
Obergesenk	upper die ʌpə daɪ
Obergurt	upper boom ʌpə bum
Oberhieb	up-cut ʌp kʌt
Obermesser	upper cutter ʌpə kʌtə
Oberschlitten	top slide tɒp slaɪd
Oberwalze	top roller tɒp rəʊlə
Ölablassschraube	waste oil screw weɪst ɔɪl skru
Ölabscheider	oil separator ɔɪl sɛprətə
Ölbedarf	oil flow rate ɔɪl fləʊ reɪt
öldicht	oil-tight ɔɪl taɪt
ölen	lubricate lubrɪkeɪt
Öler	oiler ɔɪlə
Ölkanne	oil can ɔɪl kæn
Opferanode	sacrificial anode sækrɪfɪʃəl ænəʊd
organischer Werkstoff	organic work material ɔgænɪk wɜk mətɪərɪəl
O-Ring, Einbauraum	O-ring, assembly space əʊ rɪŋ, əsɛmblɪ speɪs
OW	oil-water cooling ɔɪl wɔtə kulɪŋ
Oxid	oxide ɒksaɪd
Oxidation	oxidation ɒksaɪdeɪʃn
Oxidationsbeständigkeit	oxidation stability ɒksaɪdeɪʃn stəbɪləti
Oxideinschluss	oxide inclusion ɒksaɪd ɪnkluʒn
oxidkeramischer Werkstoff	oxide ceramic material ɒksaɪd kəræmɪk mətɪərɪəl
Oxidschicht	oxide film ɒksaɪd fɪlm

P

PAL-Drehmaschine	PAL turning machine pæl tɜnɪŋ məʃin
Parallelendmaß	parallel block gauge pærələl blɒk geɪʤ
Parallelreißer	marking gauge makɪŋ geɪʤ
Parallelschraubstock	parallel vice pærələl vaɪs
Passfederverbindung	feather key connection fɛðə ki kənɛkʃn
Passfläche	fit surface fɪt sɜfɪs
Passkerbstift	half length taper-grooved dowel pin haf lɛŋə teɪpə gruvd daʊəl pɪn

Passscheibe	adjusting washer ədʒʌstɪŋ wɒʃə
Passschraube	close-tolerance bolt kləʊz tɒlərənts bəʊlt
Passsystem	fit system fɪt sɪstəm
Passteil	fit part fɪt pat
Passtoleranz	fit tolerance fɪt tɒlərənts
Passung	fit fɪt
Pendelkugellager	self-aligning ball bearing sɛlf əlaɪnɪŋ bɔl bɛrɪŋ
Perlit	perlite pɜlɪt
Petroleum	paraffin oil pærəfən ɔɪl
Pfeilverzahnung	double helical gearing dʌbl hɛlɪkəl gɪərɪŋ
Phenolharz-Hartpapier	phenolic resin hard paper fənɒlɪk rɛzɪn had peɪpə
Phosphatieren	phosphatising fɒsfətaɪzɪŋ
Phosphor	phosphor fɒsfə
Pilgerschrittwalzwerk	Pilger cross-rolling mill pɪlgə krɒs rəʊlɪŋ mɪl
Pinole	centre sleeve sɛntə sliv
PKB (polykristallines Bornitrid)	polycrystalline boron nitride (PCB) pɒlɪkrɪstəlɪn bɒrən naɪtrɪd
PKD (polykristalliner Diamant)	polycrystalline diamond (PCD) pɒlɪkrɪstəlɪn daɪəmənd
Plandrehen	facing feɪsɪŋ
Planetengetriebe	planetary wheel-work plænətrɪ wil wɜk
Planfräser	surface milling cutter sɜfəs mɪlɪŋ kʌtə
Planscheibe	flanged chuck flænʃd tʃʌk
Plansenken	spot facing spɒt feɪsɪŋ
Plasmalichtbogenschweißen	plasma-arc welding plæsmə ak wɛldɪŋ
Plastifizierschnecke	melting worm mɛltɪŋ wɔm
plastische Verformung	plastic deformation plæstɪk dɪfɔmeɪʃn
Plastizität	plasticity plæstɪsɪti
Plattenführungsschneidwerkzeug	guided punch gaɪdəd pʌnʃ
Plattieren	plating pleɪtɪŋ
Polyamid	polyamide pɒlɪəmid
Polycarbonat	polycarbonate pɒlɪkabənət
Polyester	polyester pɒlɪɛstə
Polyesterglasmatte	polyester glass mat pɒlɪɛstə glæs mæt
Polyethylen	polyethylene pɒlɪɛθəlin
Polygonwelle	polygonal shaft pɒlɪgən ʃaft
Polykondensat	polycondensation product pɒlɪkɒndənzeɪʃn prɒdʌkt
polykristallin	polycrystalline pɒlɪkrɪstəlɪn
Polymer	polymer pɒlɪmɛə
Polymerisation	polymerisation pɒlɪməraɪzeɪʃn
Polytetrafluorethylen (PTFE)	polytetrafluor ethylene pɒlɪtɛtrəfluə ɛθəlin
Polyurethan	polyurethane pɒlɪjurəθeɪn
Polyvinylchlorid	polyvinyl chloride pɒlɪvənɪl klɔʊraɪd

Porosität	porosity pərɒsəti
Portalfräsmaschine	portal milling machine pɔtəl mɪlɪŋ məʃin
Prägen	stamp stæmp
Präzisionsstahlrohr	precision steel pipe prɪsɪʒn stil paɪp
Presspassung	press fit prɛs fɪt
Pressschweißen	pressure welding prɛʃə wɛldɪŋ
Pressverbindung	compression connection kəmprɛʃn kənɛkʃn
Prismenfräser	milling cutter for vee-guides mɪlɪŋ kʌtə fɔ vi gaɪds
Prismenführung	vee-guide vi gaɪd
Profil aus Kupfer	copper profile kɒpə prəʊfaɪl
Profil für Keilwellen und -naben	profile of splines and spline bore hubs prəʊfaɪl ɒv splaɪnz ænd splaɪn bɔ hʌbs
Profilbiegemaschine	profiler prəʊfaɪlə
Profilbohren	profile drilling prəʊfaɪl drɪlɪŋ
Profilfräsen	profile milling prəʊfaɪl mɪlɪŋ
Profilschleifen	profile grinding prəʊfaɪl graɪndɪŋ
Profilsenken	profile facing prəʊfaɪl feɪsɪŋ
Prüfgas	test gas tɛst gæs
Pulverbeschichtung	powder coating paʊdə kəʊtɪŋ
Punktlast	lumped load lʌmpt ləʊd
Punktschweißen	spot welding spɒt wɛldɪŋ
PVD-Verfahren (physikalische Gasphasenabscheidung)	physical vapour deposition fɪzɪkəl veɪpə dɪpəzɪʃn

Q

Qualitätsstahl	quality steel kwɒlətɪ stil
Quecksilber	mercury mɜkjəri
Querkraft	lateral force lætərəl fɔs
Querplandrehen	transverse turning trænsvɜs tɜnɪŋ
Querpressverbindung	transverse compression connection trænsvɜs kəmprɛʃn kənɛkʃn
Querschlitten	cross slide krɒs slaɪd
Querschneide	chisel edge tʃɪzəl ɛdʒ
Querschneidenwinkel	chisel edge angle tʃɪzəl ɛdʒ æŋgl
Quetschgrenze	crushing yield point krʌʃɪŋ jild pɔɪnt

R

Rachenlehre	snap gauge snæp geɪdʒ
Rädergetriebe	wheel gear wil gɪə
Räderwinde	gear wind, wheel winch gɪə wɪnd, wil wɪnʃ

Radialbohrmaschine	radial drilling machine rædɪəl drɪlɪŋ məʃin
Radialgleitlager	plain journal bearing pleɪn dʒɜnəl bɛrɪŋ
Radiallager	radial bearing rædɪəl bɛrɪŋ
Radial-Pendelrollenlager	radial self-aligning roller bearing rædɪəl sɛlf əlaɪnɪŋ rəʊlə bɛrɪŋ
Radialspiel	radial play rædɪəl pleɪ
Radial-Wellendichtring	rotary shaft seal rəʊtərɪ ʃaft sil
Radiuslehre	radius gauge rædɪəs geɪdʒ
Rändelmutter	knurled nut nɜld nʌt
Randversteifung	strengthened border strɛŋənd bɔdə
Rattermarke	chatter mark tʃætə mak
Rauheitskenngröße	surface roughness parameter sɜfəs rʌfnəs pəræmɪtə
Rauheitsklasse	roughness class rʌfnəs klas
räumen	broaching brɔtʃɪŋ
Räummaschine	broaching machine brɔtʃɪŋ məʃin
Rautiefe, maximale	roughness depth, maximum rʌfnəs dɛpə mæksɪməm
Reaktionsklebstoff	mixed adhesive mɪkst ədhisəv
Rechtsgewinde	right-handed thread raɪt hændəd ɵrɛd
rechtwinkliges Stahlrohr	rectangular steel tube rɛktæŋgjələ stil tjub
Reduktion	reduction rɪdʌkʃən
Reduzierhülse	reducing bush rɪdjusɪŋ bʊʃ
Regelgewinde	coarse-pitch thread kɔs pɪtʃ ɵrɛd
Reibahle	reamer rimə
Reiben	reaming rimɪŋ
Reibradgetriebe	friction transmission frɪktʃən trænsmɪʃn
Reibschweißen	friction welding frɪktʃən wɛldɪŋ
reine Stoffe	pure materials pjʊə mətɪərɪəlz
reines Element	pure element pjʊə ɛləmənt
Reißfestigkeit	crack resistance kræk rɪzɪstəns
Reißnadel	scribing iron skraɪbɪŋ aɪən
Reitstockspitze	tailstock centre teɪlstɒk sɛntə
Rekristallisationsglühen	process annealing prəʊsɛs ənilɪŋ
Revolverbohrmaschine	turret drilling machine tʌrɪt drɪlɪŋ məʃin
Reynolds-Zahl	Reynolds number reɪnɒlds nʌmbə
Riemengetriebe	belt transmission bɛlt trænsmɪʃn
Rillenkugellager	deep groove ball bearing dip gruv bɔl bɛrɪŋ
Ringfeder-Spannelement	annular spring fastening device ænjələ sprɪŋ fasənɪŋ dɪvaɪs
Ringschlüssel	ring spanner rɪŋ spænə
Ringschraube	eye bolt aɪ bəʊlt
Rissprüfung	crack detection kræk dɪtɛktʃn
Ritzelwelle	pinion shaft pɪnjən ʃaft

Ritzhärte	scratch hardness skrætʃ hadnəs
Rockwell Härteprüfung	Rockwell test of hardness rɒkwəl tɛst ɒv hadnəs
Roheisenerzeugung	pig iron production pɪg aɪən prədʌkʃn
Rohguss	unfinished casting ʌnfɪnɪʃt kastɪŋ
Rohlänge von Schmiedestücken	base length of forged pieces beɪs lɛŋə ɒv fɔdʒd pisəs
Rohmaß	base size beɪs saɪs
Rohöl	crude oil krud ɔɪl
Rohprodukt	crude product krud prɒdʌkt
Rohr aus Aluminium	aluminium pipe æljʊmɪnjəm paɪp
Rohr aus Kunststoff	synthetic material pipe sɪnɵɛtɪk mətɪərɪəl paɪp
Rohr, geschweißtes	welded pipe wɛldəd paɪp
Rohrbiegewerkzeug	tube bender tjub bɛndə
Rohrgewinde	pipe thread paɪp ɵrɛd
Rohrumformung	tube forming tjub fɔmɪŋ
Rohrverbindung	tube connection tjub kənɛkʃn
Rohrweite	diameter of pipes daɪæmɪtə ɒv paɪps
Rohrzange	pipe tongs paɪp tɒŋs
Rohstahl	crude steel krud stil
Rohzustand	state of crudeness steɪt ɒv krudnəs
Rolle	pulley pʊlɪ
Rollenhebel	roller lever rəʊlə lɛvə
Rollennahtschweißen	roll seam welding rəʊl sim wɛldɪŋ
Ronde	round blank raʊnd blæŋk
Rondendurchmesser	round blank diameter raʊnd blæŋk daɪæmɪtə
rost- und säurebeständiger Stahl	stainless steel steɪnləs stil
Rostschicht	coating of rust kəʊtɪŋ ɒv rʌst
Rückfederung beim Biegen	resilience when bending rɪzɪlɪənts wɛn bɛndɪŋ
Rückprallhärte	rebound hardness rɪbaʊnd hadnəs
Rundbiegemaschine	rounding machine raʊndɪŋ məʃin
Rundbiegen	rolling round rəʊlɪŋ raʊnd
Runddraht-Sprengring	round wire snap ring raʊnd waɪə snæp rɪŋ
Runddrehen	cylindric turning sɪlɪndrɪk tɜnɪŋ
Rundfeile	round file raʊnd faɪl
Rundgewinde	round thread raʊnd ɵrɛd
Rundlauf	concentricity kɒnsɛntrɪsəti
Rundlaufabweichung	radial run-out rædɪəl rʌn aʊt
Rundschleifmaschine	circular grinding machine sɜkjələ graɪndɪŋ məʃin
Rundstahl	round steel raʊnd stil
Rutschkupplung	safety clutch seɪftɪ klʌtʃ

S

Sackloch	blind hole blaɪnd həʊl
Sägeblatt (Kreissäge)	disc of a circular saw dɪsk ɒv ə sɜːkjələ sɔ
Sammelbehälter	collecting tank kəlɛktɪŋ tæŋk
Sandguss	sand casting sænd kʌstɪŋ
Satzfräser	gang cutter gæŋ kʌtə
Säulenbohrmaschine	upright drilling machine ʌpraɪt drɪlɪŋ məʃin
Säulenführung	pillar guide pɪlə gaɪd
säurebeständig	acid-proof æsɪdpruf
Schaber	scraper skreɪpə
Schablone	mask mæsk
Schaftfräser	end milling cutter ɛnd mɪlɪŋ kʌtə
Schaftlänge	shank length ʃæŋk lɛŋə
Schalenkupplung	shaft coupling ʃaft kʌplɪŋ
schärfen	sharpening ʃapənɪŋ
scharfkantig	sharp-edged ʃap ɛdʒd
Scharnier	hinge hɪnʃ
Schaumstoff	foamed material fəʊmd mətɪərɪəl
Scheibe	washer wɒʃə
Scheibenfeder	woodruff key wʊdrʌf ki
Scheibenfräser	disc milling cutter dɪsk mɪlɪŋ kʌtə
Scheibenkupplung	disc clutch dɪsk klʌtʃ
Scherbeanspruchung	shearing stress ʃɪərɪŋ strɛs
Scherfestigkeit	shearing strength ʃɪərɪŋ strɛŋə
Scherfläche	shearing surface ʃɪərɪŋ sɜfɪs
Scherkraft	shearing force ʃɪərɪŋ fɔs
Scherspan	shearing chip ʃɪərɪŋ tʃɪp
Schichtpressstoff	laminated plastic læmɪneɪtəd plæstɪk
Schlagfestigkeit	resistance to shock rɪzɪstəns tə ʃɒk
Schlagschere	guillotine shears gɪjəʊtin ʃɪəz
Schlauchanschluss	hose connection həʊz kənɛkʃn
Schlauchklemme	hose clip həʊz klɪp
Schleifbock	floor stand grinder flɔ stænd graɪndə
Schleifmaschine	grinding machine graɪndɪŋ məʃin
Schleifscheibe	grinding wheel graɪndɪŋ wil
Schleudergießen	centrifugal casting sɛntrɪfjugəl kastɪŋ
Schlichten	smoothing smuθɪŋ
Schlichtfeile	bastard file bæstəd faɪl
Schliffbilduntersuchung	micrograph test maɪkrəʊgraf tɛst
Schlitzschraube	slotted screw slɒtəd skru
Schlossmutter	lead-screw nut lɛd skru nʌt

Schlüsselweite	wrench size across flats rɛnʃ saɪs əkrɒs flæts
Schmelzklebstoff	hot-melt-type adhesive hɒt mɛlt taɪp ədhisəv
Schmieden	forging fɔdʒɪŋ
Schmiege	bevel bɛvəl
Schmierfett	lubricating grease lubrɪkeɪtɪŋ gris
Schmiernippel	lubricating nipple; lubricator lubrɪkeɪtɪŋ nɪpl; lʌbrɪkeɪtə
Schmieröl	lubricating oil lubrɪkeɪtɪŋ ɔɪl
Schmierstoff	lubricant lubrɪkənt
Schmirgelpapier	emery paper ɛmərɪ peɪpə
Schneckengetriebe	worm gear wɔm gɪə
Schneckenrad	worm wheel wɔm wil
Schneidbrenner	flame cutter fleɪm kʌtə
Schneide	cutting edge kʌtɪŋ ɛdʒ
Schneideisen	screwing die skruɪŋ daɪ
Schneidhärte	cutting hardness of a tool kʌtɪŋ hadnəs ɒv ə tul
Schneidkeramik	ceramic cutting material kəræmɪk kʌtɪŋ mətɪərɪəl
Schneidkraft	cutting force kʌtɪŋ fɔs
Schneidschraube	self-tapping screw sɛlf tæpɪŋ skru
Schneidstoff	cutting material kʌtɪŋ mətɪərɪəl
Schneidwerkzeug	cutting tool kʌtɪŋ tul
Schnellarbeitsstahl	high-speed steel haɪ spid stil
Schnellspannfutter	quick-action chuck kwɪk ækʃn tʃʌk
Schnellvorschub	rapid feed ræpɪd fid
Schnittgeschwindigkeit	cutting speed kʌtɪŋ spid
Schnittkante	sheared edge ʃɪəd ɛdʒ
Schnitttiefe	depth of cut dɛpθ ɒv kʌt
Schrägkugellager	angular ball bearing æŋgjələ bɔl bɛrɪŋ
schrägverzahntes Stirnrad	spurwheel with helical gearing spɜwil wɪə hɛlɪkəl gɪərɪŋ
Schraube	screw skru
Schraubenlinie	helical line hɛlɪkəl laɪn
Schraubenschlüssel	spanner spænə
Schraubenverbindung	screw connection skru kənɛkʃn
Schraubstock	vice vaɪs
Schrumpfverbindung	shrink fit ʃrɪŋk fɪt
Schruppdrehmeißel	roughing turning tool rʌfɪŋ tɜnɪŋ tul
Schubmodul	modulus of transverse elasticity mɒdjuləs ɒv trænsvɜs ɪlɛstɪsɪti
Schutzatmosphäre	protective atmosphere prətɛktɪv ætməsfɪə
Schutzgasschweißen	inert gas shielded arc welding ɪnɜt gæs ʃildəd ak wɛldɪŋ
Schwalbenschwanzführung	dovetail guide dʌvteɪl gaɪd
Schweißbarkeit	weldability wɛldəbɪləti

Schweißbrenner	welding torch wɛldɪŋ tɔtʃ
Schweißelektrode	welding electrode wɛldɪŋ ɪlɛktrəʊd
Schweißen	welding wɛldɪŋ
Schweißnahtprüfung	weld seam testing wɛld sɪəm tɛstɪŋ
Schweißverbindung	welding connection wɛldɪŋ kənɛkʃn
Schwenkbohrmaschine	radial drilling machine rædɪəl drɪlɪŋ məʃin
Schwermetall	heavy metal hævɪ mɛtəl
Schwingschleifer	vibrating grinder vaɪbreɪtɪŋ graɪndə
Schwungrad	fly wheel flaɪ wil
Sechskantmutter	hexagon nut hɛksəgən nʌt
Sechskantstiftschlüssel	hexagon key hɛksəgən ki
Seil	rope rəʊp
Seilrolle	rope pulley rəʊp pʊlɪ
Senkdurchmesser	diameter of counterbore daɪæmɪtə ɒv kaʊntəbɔ
Senken	sinking sɪŋkɪŋ
Senkerodieren	cavity sinking by EDM (electrical discharge machining) kævətɪ sɪŋkɪŋ baɪ ɪdɪɛm
Senkniet	countersunk head rivet kaʊntəsʌŋk hɛd rɪvət
Senkrechtfräsmaschine	vertical milling machine vɜtɪkəl mɪlɪŋ məʃin
Senkschraube	countersunk screw kaʊntəsʌŋk skru
Senkung	countersinking kaʊntəsɪŋkɪŋ
Sicherungsblech	safety plate seɪftɪ pleɪt
Sicherungsdraht	locking wire lɒkɪŋ waɪə
Sicherungsring	circlip sɜklɪp
Sicherungsstift	locking pin lɒkɪŋ pɪn
Sickenwalze	beading roller bidɪŋ rəʊlə
Silberauflage	silver facing sɪlvə feɪsɪŋ
Silberlot	silver solder sɪlvə səʊldə
Silikonharz	silicone resin sɪlɪkən rɛzɪn
Simmering	radial seal ring rædɪəl sil rɪŋ
Sintererzeugnis	sintered product sɪntəd prɒdʌkt
Sinterlager	sintered bearing sɪntəd bɛrɪŋ
Sintermetall	sintered metal sɪntəd mɛtəl
Snap-in-Sicken	snap-in beads snæp ɪn bids
Sollbruchstelle	predetermined breaking zone prɪdɪtɜmɪnd breɪkɪŋ zəʊn
spanabhebendes Werkzeug	metal-cutting tool mɛtəl kʌtɪŋ tul
Spanart	type of chip taɪp ɒv tʃɪp
Späneabfuhr	chip removal tʃɪp rɪmuvəl
spanende Werkzeugmaschine	cutting machine tool kʌtɪŋ məʃin tul
Spanform	form of chip fɔm ɒv tʃɪp
spanlose Bearbeitung	processing by non-cutting prəʊsɛsɪŋ baɪ nɒn kʌtɪŋ
Spannbacke	clamping jaw klæmpɪŋ dʒɔ

Spannexzenter	clamping eccentric device klæmpɪŋ ɪksɛntrɪk dɪvaɪs
Spannhülsen für Pendellager	clamping sleeves for self-aligning bearings klæmpɪŋ slivz fɔ sɛlf əlaɪnɪŋ bɛrɪŋz
Spannscheibe	clamping washer klæmpɪŋ wɒʃə
Spannschlüssel	chuck key tʃʌk ki
Spannstift	spring dowel pin sprɪŋ daʊəl pɪn
Spannungsarmglühen	stress-free annealing strɛs fri ənilɪŋ
Spannungs-Dehnungs-Diagramm	stress-strain-diagram strɛs streɪn daɪəgræm
Spannvorrichtung	chucking device tʃʌkɪŋ dɪvaɪs
Spannzange	collet chuck kɒlət tʃʌk
Spanwinkel	effective cutting angle ɪfɛktɪv kʌtɪŋ æŋgl
Sphäroguss	spheroidal graphite cast iron sfɪərɔɪdəl græfaɪt kast aɪən
Spiel (einer Passung)	clearance klɪərənts
spielfrei	free from play fri frəm pleɪ
Spindeldrehzahl	spindle speed spɪndl spid
Spindellagerung	spindle bearing arrangement spɪndl bɛrɪŋ əreɪndʒmənt
Spiralbohrer	twist drill twɪst drɪl
Spiralfeder	spiral spring spɪrəl sprɪŋ
Spiralsenker	core drill kɔ drɪl
Spitzkegel	pointed cone pɔɪntəd kəʊn
Splint	split-pin splɪt pɪn
Spreizdorn	expanding arbor ɪkspændɪŋ abə
Sprengring	snap ring snæp rɪŋ
Spritzgussteil	injection moulded part ɪndʒɛkʃn məʊldəd pat
Sprödbruch	brittle fracture brɪtl fræktʃə
Stabelektrode	stick electrode stɪk ɪlɛktrəʊd
Stahl für Federn	steel for springs stil fɔ sprɪŋz
Stahl, beruhigt vergossener	killed steel kɪld stil
Stahl, legierter	alloyed steel ælɔɪd stil
Stahl, nichtrostender	rustproof steel rʌstpruf stil
Stahlband	steel strip stil strɪp
Stahldraht	steel wire stil waɪə
Stahlguss	cast steel kast stil
Stahlrohr	steel tube stil tjub
Ständerbohrmaschine	column-type drilling machine kɒləm taɪp drɪlɪŋ məʃin
Standzeit	tool life tul laɪf
Stanzwerkzeuge	punching dies pʌnʃɪŋ daɪs
Stauchen	upsetting ʌpsɛtɪŋ
Stechdrehmeißel	parting-off turning tool patɪŋ ɒf tɜnɪŋ tul
Steckkerbstift	half length reserve taper grooved pin haf lɛŋə rɪzɜv teɪpə gruvd pɪn

Stirndrehmeißel, abgesetzt — offset face turning tool ɒfsɛt feɪs tɜːnɪŋ tul

Stirnfläche — end face ɛnd feɪs

Stirnfräser — face milling cutter feɪs mɪlɪŋ kʌtə

Stirnradgetriebe — spur gear spɜ gɪə

Stoffgemische — material mixtures mətɪərɪəl mɪkstʃəz

Stoffwerte chemischer Elemente — physical characteristics of chemical elements fɪzɪkəl kærəktərɪstɪks ɒv kɛmɪkl ɛləmənts

Stößel — tappet tæpət

Strahlläppen — liquid lapping lɪkwɪd læpɪŋ

Strangguss — continuous cast kəntɪnjʊəs kast

Strangpressen — extrusion moulding ɪkstruːʒn məʊldɪŋ

Streckgrenze — yield point jild pɔɪnt

Streckziehen — stretch-forming strɛtʃ fɔmɪŋ

Streifenbreite — strip width strɪp wɪdə

Stufengetriebe — multistep reduction transmission mʌltɪstep rɪdʌktʃn trænsmɪʃn

stufenloses Getriebe — infinitely variable change-speed transmission ɪnfɪnətlɪ vəraɪəbəl tʃeɪndʒ spid trænsmɪʃn

Stufenscheibenantrieb — cone pulley drive kəʊn pʊlɪ draɪv

Stumpfschweißen — butt-welding bʌt wɛldɪŋ

T

Tafelschere — plate shear pleɪt ʃɪə

Tangentkeil — tangential key təŋgɛntʃl ki

Tauchschmierung — splash lubrication splæʃ lubrɪkeɪʃn

Tellerfedern — disc springs dɪsk sprɪŋs

Temperguss — malleable cast iron məlibl kast aɪən

thermisches Abtragen — thermal removal operations θɜml rɪmuvl ɒpəreɪʃnz

thermisches Schneiden — thermal cutting θɜml kʌtɪŋ

Thermoplast — thermoplastic θɜməʊplæstɪk

thermoplastische Formmasse — thermoplastic moulding material θɜməʊplæstɪk məʊldɪŋ mətɪərɪəl

Tiefbohrmaschine — deep hole drilling machine dip həʊl drɪlɪŋ məʃin

Tiefenmessgerät — depth measuring instrument dɛpə mɛʒərɪŋ ɪnstrəmənt

Tiefenmessschraube — depth micrometer dɛpə maɪkrəʊmitə

Tiefziehblech — deep-drawing sheet dipdrɔɪŋ ʃit

Tiefziehen — deep-drawing dip drɔɪŋ

Tischbohrmaschine — bench drilling machine bɛnʃ drɪlɪŋ məʃin

Titan-Knetlegierung — titanium wrought alloy taɪtænjəm raʊt ælɔɪ

T-Nute — T-slot tɪ slɒt

Topfzeit — potlife pɒtlaɪf

Torsion	torsion tɔ:ʒn
Torsionsfestigkeit	torsional stability tɔ:ʒənəl stəbɪləti
Torsionsmoment	torque, moment of rotation, torsional moment tɔ:k, məumənt ɒv rəuteɪʃn, tɔ:ʒənəl məumənt
Torsionsspannung	torsional stress tɔ:ʒənəl strɛs
Toxizität	toxicity tɒksɪsəti
Tränkmittel	impregnant ɪmprɛgnənt
transkristalline Korrosion	transcrystalline corrosion trænskrɪstəlin kərəuʒn
Trapezgewinde	trapezoidal thread træpɪzɔɪdəl θrɛd
treibendes Rad	driving wheel draɪvɪŋ wil
Treibkeil	driving key draɪvɪŋ ki
Trennbruch	cleavage fracture klivədʒ fræktʃə
Trennfuge	split line splɪt laɪn
Trennschleifmaschine	abrasive cutting-off machine əbreɪsəv kʌtɪŋ ɒv məʃin
Trockenlauflager	dry bearing draɪ bɛrɪŋ
Tropföler	drip feed lubricator drɪp fid lubrɪkeɪtə
Tuschierplatte	surface plate sɜ:fəs pleɪt

U

übereutektoider Stahl	hypereutectoid steel haɪpəɔɪtɛktəuɪd stil
Überlappungsnietung	lap rivet joint læp rɪvət dʒɔɪnt
Übermaßpassung	press fit prɛs fɪt
Übersetzungsverhältnis, stufenlos verstellbares	continuously variable transmission ratio kəntɪnjuəslɪ vəraɪəbl trænsmɪʃn reɪʃəu
Ultraschallprüfung	ultrasonic testing ʌltrəsɒnɪk tɛstɪŋ
Ultraschallschweißen	ultrasonic welding ʌltrəsɒnɪk wɛldɪŋ
Umdrehungsfrequenzen für Werkzeugmaschinen	rotational frequencies for machine tools rəuteɪʃnəl frikwənsis fɔ məʃin tulz
Umdrehungsfrequenz-Schaubild	rotational frequency diagram rəuteɪʃənəl frikwənsi daɪəgræm
Umfangsfräsen	peripheral milling pərɪfərəl mɪlɪŋ
Umfangsschleifen	peripheral grinding pərɪfərəl graɪndɪŋ
Umformbarkeit	plasticity plæstɪsəti
Umformgeschwindigkeit	deformation ratio dɪfɔmeɪʃn reɪʃəu
Umformtechnik	metal forming mɛtəl fɔmɪŋ
umhüllte Elektrode	covered electrode kʌvəd ɪlɛktrəud
unberuhigt vergossener Stahl	unkilled steel ʌnkɪld stil
ungehärtet	unhardened ʌnhadənd
Universaldrehmaschine	universal lathe junɪvɜsl læə
Universalfräs- und Bohrmaschine	universal milling, drilling, and boring machine junɪvɜsl mɪlɪŋ drɪlɪŋ ænd bɔrɪŋ məʃin

unlegierter Edelstahl	non-alloy special steel, unalloyed special steel nɒn ælɔɪ spɛʃl stil, ʌnælɔɪd spɛʃl stil
unlegierter Stahl	non-alloy steel nɒn ælɔɪ stil
unlegierter Werkzeugstahl	carbon tool steel kabən tul stil
Unrundheitstoleranz	circularity tolerance sɜkjələræɪtɪ tɒlərəns
untereutektoider Stahl	hypoeutectoid steel haɪpəʊɔɪtɛktəʊɪd stil
Untergesenk	lower die ləʊə daɪ
Unterlegscheibe	washer wɔʃə
Unterpulverschweißen	submerged arc welding sʌbmɜdʒd ak wɛldɪŋ
Unterwalze	bottom roller bɒtəm rəʊlə
unverzinnt	untinned ʌntɪnd
Unwucht	unbalanced state ʌnbælənst steɪt
Urformen	primary shaping, processing of amorphous materials praɪmərɪ ʃeɪpɪŋ, prəʊsɛsɪŋ ɒv əmɔfəs mətɪərɪəlz

V

Vakuumbehandlung	vacuum treatment vækjʊəm tritmənt
Vakuumentgasung	vacuum degassing vækjʊəm dɪgæsɪŋ
Vakuumformverfahren	vacuum moulding vækjʊəm məʊldɪŋ
Vanadium	vanadium vəneɪdɪəm
Verbundwerkstoff	composite material kəmpɒzɪt mətɪərɪəl
Verchromen	chromium-plating krəʊmɪəm pleɪtɪŋ
Verdrehung	torsion tɔʒn
vergießen	embed əmbɛd
Vergüten	hardening and tempering hadənɪŋ ænd tɛmpərɪŋ
Vergütungsstahl	quenched and tempered steel kwɛnʃt ænd tɛmpəd stil
verlorene Form	dead mould dɛd məʊld
Verpackungsblecherzeugnisse	cold reduced tinmill products kəʊld rɪdjust tɪnmɪl prɒdʌkts
Verpackungsmaschine	packaging machine pækədʒɪŋ məʃin
Verschnitt	clipping klɪpɪŋ
versilbert	silver plated sɪlvə pleɪtəd
verstärkter Kunststoff	reinforced plastic riːnfɔst plæstɪk
verstellbare Reibahle	adjustable reamer ədʒʌstəbl rimə
verzahnen	interlace ɪntəleɪs
Verzahnung	toothed wheel-work tuəd wil wɜk
Verzahnungschleifmaschine	gear grinding machine gɪə graɪndɪŋ məʃin
Vickers Härteprüfung	Vickers test of hardness vɪkəs tɛst ɒv hadnəs
Vielfachmeißelhalter	multiple-tool block mʌltɪpl tul blɒk
Vierkant von Zylinderschäften	square of straight shanks skwɛə ɒv streɪt ʃæŋks
Vierkantfeile	square file skwɛə faɪl

Vierkantscheibe	square washer skwɛə wɒʃə
Vierkantschraube	square-head screw skwɛə hɛd skru
Vierkantstahl	square bar steel skwɛə ba stil
Viskosität, dynamische	viscosity, dynamic vɪskɒsətɪ daɪnæmɪk
Viskositätsklasse	viscosity class vɪskɒsətɪ klas
Vollformverfahren	full mould casting fʊl məʊld kastɪŋ
vollkantiges Schneiden	cropping krɒpɪŋ
Vollprofil	solid profile sɒlɪd prəʊfaɪl
Vorbehandlung von Klebeflächen	preparation of adherends prɛpəreɪʃn ɒv ədhirəns
Vordrehen	preturning prɪtɜnɪŋ
voreilender Riss	leading crack lidɪŋ kræk
Vorfräsen	premilling primɪlɪŋ
Vorgabezeit	time allowance taɪm əlaʊəns
Vorgelege	gear reducer unit gɪə rɪdjusə jʊnɪt
Vorhubsteuerung	pre-stroke control prɪstrəʊk kəntrəʊl
Vorschneider	taper tap teɪpə tæp
Vorschubantrieb	feed drive fid draɪv
Vorschubbewegung	feed motion fid məʊʃn
Vorschubgeschwindigkeit	rate of feed reɪt ɒv fid
Vorschubgetriebe	feed gear transmission fid gɪə trænsmɪʃn
Vorspannkraft für Schrauben	prestress force for screws prɪstrɛs fɔs fɔ skrus
Vorspannung	bias voltage, tensioning baɪəs vɒltədʒ, tɛnʃənɪŋ

W

Waagerecht-Bohr- und Fräsmaschine	horizontal boring and milling machine hɒrɪzɒntl bɔrɪŋ ænd mɪlɪŋ məʃin
Wachsausschmelzverfahren	lost-wax process lɒst wæks prəʊsɛs
Walzen	rolling rəʊlɪŋ
Walzenstirnfräser	shell end milling cutter ʃɛl ɛnd mɪlɪŋ kʌtə
Wälzfräsen	plain milling pleɪn mɪlɪŋ
Wälzführung	antifriction guideway æntɪfrɪktʃn gaɪdweɪ
Walzhaut	rolling skin rəʊlɪŋ skɪn
Wälzkörper	roller of the rolling bearing rəʊlə ɒv ðə rəʊlɪŋ bɛrɪŋ
Wälzlager	rolling bearing rəʊlɪŋ bɛrɪŋ
Wälzlagerstahl	rolling bearing steel rəʊlɪŋ bɛrɪŋ stil
Wälzreibung	combined sliding and rolling friction kəmbaɪnd slaɪdɪŋ ænd rəʊlɪŋ frɪktʃn
Walzwerk	rolling mill rəʊlɪŋ mɪl
Wandstärke	wall thickness wɔl ɵɪknəs
Warmarbeitsstahl	hot-work steel hɒt wɜk stil
Warmbadhärten	interrupted hardening ɪntərʌptəd hadənɪŋ

Wärmebehandlung von Aluminium und Aluminiumlegierungen	heat treatment of aluminium and aluminium alloys hɪt tritmənt ɒv æljuːmɪnjəm ænd æljuːmɪnjəm ælɔɪs
warmfester Stahl	creep resistant steel kriːp rɪzɪstənt stiːl
Wasserpumpenzange	water pump pliers wɔːtə pʌmp plaɪəs
Wasserstoff	hydrogen haɪdrəʊdʒɪn
Wechselräder	change gear wheels tʃeɪndʒ ɡɪə wiːlz
Weichglühen	soft annealing sɒft əniːlɪŋ
Weißblech	tinned sheet-iron tɪnd ʃiːt aɪən
weißer Temperguss	white malleable cast iron waɪt məliːbl kɑːst aɪən
Weiten	bulge forming bʌldʒ fɔːmɪŋ
Wellblech	corrugated sheet kɒrəɡeɪtəd ʃiːt
Welle	shaft ʃɑːft
Welle-Nabe-Verbindung, vorgespannt	shaft to hub connection, prestressed ʃɑːft tə hʌb kənekʃn prɪstrest
Wellendichtringe, radial	rotary shafts lip type rəʊtərɪ ʃɑːfts lɪp taɪp
Wellenende	shaft end ʃɑːft end
Wellenkupplung	shaft coupling ʃɑːft kʌplɪŋ
Wendelspan	helical chip helɪkl tʃɪp
Wendeschneidplatte aus Schneidkeramik	indexable insert out of oxide ceramics ɪndeksɪbl ɪnsɜːt aʊt ɒv ɒksaɪd kəræmɪks
Werkstoff	material mətɪərɪəl
Werkstoff-Ausnutzungsgrad	material coefficient of utilisation mətɪərɪəl kəʊɪfɪʃənt ɒv juːtɪlaɪzeɪʃn
Werkstoffauswahl	selection of materials sɪlekʃn ɒv mətɪərɪəlz
Werkstoffprüfung	material test mətɪərɪəl test
Werkstofftechnik	materials technology mətɪərɪəlz teknɒlədʒi
Werkstück	work piece wɜːk piːs
Werkstückauflage	work support wɜːk səpɔːt
Werkstückdicke	work piece thickness wɜːk piːs θɪknəs
Werkstückeigenschaften	work piece properties wɜːk piːs prɒpətis
Werkstücknullpunkt	work piece zero point wɜːk piːs zɪərəʊ pɔɪnt
Werkstückwechselvorrichtung	automatic workloading device ɔːtəmætɪk wɜːkləʊdɪŋ dɪvaɪs
Werkzeugaufnahme	tool holding fixture tuːl həʊldɪŋ fɪkstʃə
Werkzeugbau	toolmaking tuːlmeɪkɪŋ
Werkzeug-Einstellwinkel	tool cutting edge angle tuːl kʌtɪŋ edʒ æŋɡl
Werkzeug-Freiwinkel	tool clearance tuːl klɪərənts
Werkzeugmacherei	toolmaker's shop tuːlmeɪkəs ʃɒp
Werkzeugmaschine, spanende	metal cutting machine metəl kʌtɪŋ məʃiːn
Werkzeugschlitten	tool carriage tuːl kærɪədʒ
Werkzeug-Seitenfreiwinkel	tool side clearance tuːl saɪd klɪərənts
Werkzeug-Seitenkeilwinkel	tool side wedge angle tuːl saɪd wedʒ æŋɡl

Werkzeug-Spanwinkel	tool rake angle tul reɪk æŋgl
Werkzeugstahl	tool steel tul stil
Werkzeugwechselsystem	tool change system tul tʃeɪndʒ sɪstəm
wetterfester Feinkornbaustahl	fine grain structural steel resistant to weathering faɪn greɪn strʌktʃərəl stil rɪzɪstənt tə wɛɵərɪŋ
Whitworth-Gewinde	British Standard Whitworth (B.S.W.) thread brɪtɪʃ stændəd wɪtwɜ ɵrɛd
Widerstandsmoment, axiales	axial section modulus æksɪəl sɛkʃn mɒdjʊləs
Widerstandsschweißen	resistance welding rɪzɪstəns wɛldɪŋ
WIG-Schweißen (Wolfram-Inertgas-Schweißen)	tungsten-inert gas shielded welding (TIG) tʌŋsten ɪnɜt gæs ʃildəd wɛldɪŋ
Windeisen	tap wrench tæp rɛnʃ
Wolframelektrode für das Schutzgasschweißen	tungsten electrode for inert-gas-shielded arc welding tʌŋstən ɪlɛktrəʊd fɔ ɪnɜt gæs ʃildəd ak wɛldɪŋ
Wolfram-Schutzgasschweißen	gas-shielded tungsten arc-welding gæs ʃildəd tʌŋstən ak wɛldɪŋ
Wulst	bead bid

X

X-Schnitt-Kristall	X-cut crystal ɛks kʌt krɪstl
X-Schweißnaht	double V-groove weld dʌbl vi gruv wɛld
X-Stoß	double V-butt weld dʌbl vi bʌt wɛld

Y

YAG-Laser	yttrium-aluminium-garnet laser jɪtrəm æljʊmɪnjəm ganət leɪzə
YIG (Lasermaterial)	yttrium iron garnet jɪtrəm aɪən ganət
Yttriumferrit	yttrium ferrite jɪtrəm fɛrɪt

Z

zähflüssig	viscous vɪskəʊs
Zähigkeit	tenacity tənæsəti
Zahnformfräser	tooth form cutter tuɵ fɔm kʌtə
Zahnlücke	tooth space tuɵ speɪs
Zahnrad mit Innenverzahnung	internally toothed wheel ɪntɜnəlɪ tuɵd wil
Zahnräder, geradverzahnt	gears, straight gɪəs streɪt
Zahnradfräsmaschine	gear milling machine gɪə mɪlɪŋ məʃin
Zahnradgetriebe	gear box, toothed wheel-work gɪə bɒks, tuɵd wil wɜk
Zahnradmotor	gear-type motor gɪə taɪp məʊtə

Zahnriemenantrieb	belt drive bɛlt draɪv
Zahnscheibe	tooth lock washer tuθ lɒk wɒʃə
Zahnstangengetriebe	rack and pinion gear ræk ænd pɪnjən gɪə
Zahnteilung	circular pitch sɜːkjələ pɪtʃ
Zeitspanungsvolumen	time-cutting volume taɪm kʌtɪŋ vɒljəm
Zeitstandversuch	time-to-rupture test taɪm tə rʌptʃə tɛst
Zeit-Temperatur-Umwandlungsschaubild (ZTU-Schaubild)	time-temperature-transformation curve (TTT-curve) taɪm tɛmprətʃə trænsfɔmeɪʃn kɜv
Zementit, kugelförmig	cementite, globular sɛməntit glɒbjʊlə
Zentralschmierung	centralised lubrication system sɛntrəlaɪzd lubrɪkeɪʃn sɪstəm
Zentrierbohrer	centre drill sɛntə drɪl
Zentrieren	centring sɛntrɪŋ
Zentrierkörner	centre punch sɛntə pʌnʃ
Zentrierspitze	lath centre læθ sɛntə
Zentrierwinkel	centering L-bar sɛntərɪŋ ɛlba
Zentrifugalgießen	centrifugal casting sɛntrɪfjugəl kʌstɪŋ
Zerreißmaschine	tension testing machine tɛnʃn tɛstɪŋ məʃin
Zerspanbarkeit	cutting property kʌtɪŋ prɒpəti
Zerspanen	machining məʃinɪŋ
Zerspanen von Kunststoffen	cutting of synthetic materials kʌtɪŋ ɒv sɪnθɛtɪk mətɪərɪəlz
Zerspanwerkzeug	chip removing tool tʃɪp rɪmuvɪŋ tul
zerstörungsfreie Werkstoffprüfung	non-destructive material testing nɒn dɪstrʌktɪv mətɪərɪəl tɛstɪŋ
Ziehspalt	drawing gap drɔɪŋ gʌp
Ziehstempel	drawing punch drɔɪŋ pʌnʃ
Ziehverhältnis	drawing ratio drɔɪŋ reɪʃəu
Zink	zinc zɪŋk
Zink-Gusslegierungen	zinc cast alloy zɪŋk kʌst ælɒɪ
Zinn	tin tɪn
Zinnlot	tin solder tɪn səuldə
Zuführrinne	chute ʃut
Zug	tension tɛnʃn
Zugabe	overmeasure əuvəmɛʒə
Zugbeanspruchung	tensile load tɛnsaɪl ləud
Zugdruckumformen	forming under combination of tensile and compressive conditions fɔmɪŋ ʌndə kɒmbɪneɪʃn ɒv tɛnsaɪl ænd kəmprɛsɪv kəndɪʃnz
Zugfeder	driving spring draɪvɪŋ sprɪŋ
Zugfestigkeit	tensile strength tɛnsaɪl strɛŋθ
Zugkraft	tensile force tɛnsaɪl fɔs
Zugprobe	specimen for tensile test spɪsɪmən fɔ tɛnsaɪl tɛst

Zugspannung	tensile stress tɛnsaɪl strɛs
Zugversuch	tensile test tɛnsaɪl tɛst
Zugzone	zone subject to tensile forces zəʊn sʌbjɛkt tə tɛnsaɪl fɔːsəs
zulässige Beanspruchung	safety load seɪftɪ ləʊd
Zunder	forging scales fɔdʒɪŋ skeɪls
Zusatz	admixture ədmɪkstʃə
Zusatzwerkstoff	weld metal wɛld mɛtəl
Zuschnitt für Tiefziehteile	blank of deep-drawing work pieces blæŋk ɒv dip drɔɪŋ wɜk pisəs
zweigängiges Gewinde	two-start thread tu stat θrɛd
Zweikomponentenklebstoff	mixed adhesive mɪkst ədhisəv
Zweischeiben-Läppmaschine	twin wheel lapping machine twɪn wil læpɪŋ məʃin
Zwischenrad	intermediate wheel ɪntəmidɪət wil
Zykloidenzahnrad	cycloid gear wheel saɪklɔɪd gɪə wil
Zylinderkerbstift	full length parallel grooved dowel pin fʊl lɛŋθ pærələl gruvd daʊəl pɪn
Zylinderkopfschraube	cheese head screw tʃiz hɛd skru
Zylinderlager	cylindrical bearing sɪlɪndrɪkl bɛrɪŋ
Zylinderrollenlager	cylindrical roller bearing sɪlɪndrɪkl rəʊlə bɛrɪŋ
Zylinderschnecke	cylinder worm sɪlɪndə wɔm
Zylinderschraube mit Schlitz	slotted cheese head screw slɒtəd tʃiz hɛd skru
Zylinderstift	straight pin streɪt pɪn

metal engineering

Metalltechnik

englisch – deutsch

A

abrasion resistance əbreɪʒn rɪzɪstəns	Abriebfestigkeit
abrasive cutting-off machine əbreɪsəv kʌtɪŋ ɒv məʃin	Trennschleifmaschine
acetone æsətəʊn	Aceton
acetylene æsətaɪlin	Acetylen
acid-proof æsɪdpruf	säurebeständig
acrylic resin əkrɪlɪk rɛzɪn	Acrylharz
actual deviation æktʃʊəl dəvɪeɪʃn	Istabmaß
actual fit æktʃʊəl fɪt	Istpassung
actual profile æktʃʊəl prəʊfaɪl	Istprofil
actual size æktʃʊəl saɪs	Istmaß
adhesive ədhisəv	Klebstoff
adhesive connection ədhisəv kənɛkʃn	Klebeverbindung
adjusting mark ədʒʌstɪŋ mak	Justiermarke
adjusting nut ədʒʌstɪŋ nʌt	Nachstellmutter
adjusting screw ədʒʌstɪŋ skru	Einstellschraube, Nachstellschraube
adjusting washer ədʒʌstɪŋ wɒʃə	Passscheibe
admixture ədmɪkstʃə	Zusatz
aligner optics əlaɪnə ɒptɪks	Justieroptik
aligning əlaɪnɪŋ	fluchten
alignment grid əlaɪnmənt grɪd	Justiergitter
alloy ælɔɪ	Legierung
alloyed stainless steel ælɔɪd steɪnləs stil	legierter Edelstahl
alloyed steel ælɔɪd stil	legierter Stahl
alloying constituent ælɔɪɪŋ kənstɪtjʊənt	Legierungsbestandteil
aluminium alloy æljʊmɪnjəm ælɔɪ	Aluminiumlegierung
aluminium foils æljʊmɪnjəm fɔɪlz	Folien aus Aluminium
aluminium pipe æljʊmɪnjəm paɪp	Rohr aus Aluminium
aluminium sheet æljʊmɪnjəm ʃit	Blech aus Aluminium
aluminium strip æljʊmɪnjəm strɪp	Aluminiumband
American-Wire-Gauge (AWG) əmɛrɪkən waɪə geɪdʒ	Amerikanische Drahtlehre
ammonia əməʊnɪə	Ammoniak
amorphous əmɔfəs	amorph
amorphous material əmɔfəs mətɪərɪəl	formloser Stoff
anaerobic adhesive ænərɒbɪk ədhisɪv	anaerober Kleber
angle of elevation æŋgl ɒv ɛləveɪʃn	Höhenwinkel
angular ball bearing æŋgjələ bɔl bɛrɪŋ	Schrägkugellager
angular tool for corner work æŋgjələ tul fɔ kɔnə wɜk	gebogener Eckdrehmeißel
annealing ənilɪŋ	Glühen
annular spring fastening device æ ænjələ sprɪŋ fasənɪŋ dɪvaɪs	Ringfeder-Spannelement

anodic oxidation ənɒdɪk ɒksɪdeɪʃn	Anodisieren
anodising ænəʊdaɪzɪŋ	Eloxieren
anodising process ænəʊdaɪzɪŋ prəʊsɛs	Eloxal-Verfahren
antifriction guideway æntɪfrɪktʃn gaɪdweɪ	Wälzführung
application groups, tools æplɪkeɪʃn grups, tulz	Anwendungsgruppen, Werkzeuge
argon agən	Argon
arithmetic average peak-to-valley height ærɪəmɛtɪk ævərədʒ piktəvælɪ haɪt	arithmetischer Mittenrauwert
art casting at kastɪŋ	Kunstguss
assembly dimensions of rolling bearings əsɛmblɪ daɪmɛnʃnz ɒv rəʊlɪŋ bɛrɪŋz	Einbaumaße für Wälzlager
austenite ɔsənaɪt	Austenit
austenitic cast steel ɔsənɪtɪk kʌst stil	austenitischer Stahlguss
automatic guidance system ɔtəmætɪk gaɪdənts sɪstəm	Nachführautomatik
automatic lathe ɔtəmætɪk læə	Drehautomat
automatic transmission ɔtəmætɪk trænsmɪʃn	Automatikgetriebe
automatic workloading device ɔtəmætɪk wɜkləʊdɪŋ dɪvaɪs	Werkstückwechselvorrichtung
average surface roughness Rz avərɪdʒ sɜfəs rʌfnəs	gemittelte Rautiefe Rz
axes on CNC-machine tools æksɪs ɒn sɪɛnsɪ məʃin tuls	Achsen an CNC-Werkzeugmaschinen
axial section modulus æksɪəl sɛkʃn mɒdjʊləs	axiales Widerstandsmoment
axial surface modulus æksɪəl sɜfəs mɒdjʊləs	Flächenmoment, axiales

B

back rest bæk rɛst	Lünette
balancing weight bæ\lənsɪŋ weɪt	Gegengewicht
ball bearing cage bɔl bɛrɪŋ keɪdʒ	Kugelkäfig
ball bearing steel bɔl bɛrɪŋ stil	Kugellagerstahl
ball screw drive bɔl skru draɪv	Kugelgewindetrieb
bare electrode bɛə ɪlɛktrəʊd	nackte Elektrode
base length of forged pieces beɪs lɛŋə ɒv fɔdʒd pisəs	Rohlänge von Schmiedestücken
base line dimensioning beɪs laɪn daɪmɛnʃənɪŋ	Bezugsbemaßung
base material beɪs mətɪərɪəl	Basismaterial
base size beɪs saɪs	Rohmaß
basic hole, system of fits beɪsɪk həʊl, sɪstəm ɒv fɪts	Einheitsbohrung, Passungssystem
basic shaft, system of fits beɪsɪk ʃaft, sɪstəm ɒv fɪts	Einheitswelle, Passungssystem
bastard file bæstəd faɪl	Schlichtfeile
bead bid	Wulst
beading bidɪŋ	Bördeln
beading roller bidɪŋ rəʊlə	Sickenwalze
bearing bush bɛrɪŋ bʊʃ	Lagerbuchse, Lagerschale

bearing clearance bɛrɪŋ klɪərənts	Lagerluft
bearing housing bɛrɪŋ haʊzɪŋ	Lagergehäuse
bearing metal bɛrɪŋ mɛtəl	Lagermetall
bearing play bɛrɪŋ pleɪ	Axialspiel (im Lager)
bearing seal bɛrɪŋ sil	Lagerdichtung
bearing stress bɛrɪŋ strɛs	Lochleibung
bed-type milling machine bɛd taɪp mɪlɪŋ məʃin	Bettfräsmaschine
belt drive bɛlt draɪv	Zahnriemenantrieb
belt grinding bɛlt graɪndɪŋ	Bandschleifen
belt transmission bɛlt trænsmɪʃn	Riemengetriebe
bench drilling machine bɛnʃ drɪlɪŋ məʃin	Tischbohrmaschine
bending bɛndɪŋ	biegen
bending attachment bɛndɪŋ ətætʃmənt	Biegevorrichtung
bending line bɛndɪŋ laɪn	Biegelinie
bending liquid limit bɛndɪŋ lɪkwɪd lɪmɪt	Biegefließgrenze
bending moment bɛndɪŋ məʊmənt	Biegemoment
bending radius bɛndɪŋ reɪdɪəs	Biegeradius
bending strength bɛndɪŋ strɛŋθ	Biegefestigkeit
bending stress bɛndɪŋ strɛs	Biegespannung
bending test bɛndɪŋ tɛst	Biegeprobe
bending up bɛndɪŋ ʌp	aufbiegen
bevel bɛvəl	Schmiege
bevel gear pair bɛvəl gɪə pɛə	Kegelradgetriebe
bevelled bɛvəld	abgeschrägt
bias voltage, tensioning baɪəs vɒltədʒ, tɛnʃənɪŋ	Vorspannung
Birmingham gauge for sheets bɜmɪŋhæm geɪdʒ fɔ ʃits	Blechlehre
black finishing blæk fɪnɪʃɪŋ	Brünieren
blank of deep-drawing work pieces blæŋk ɒv dip drɔɪŋ wɜk pisəs	Zuschnitt für Tiefziehteile
blanking out punch blæŋkɪŋ aʊt pʌnʃ	Ausschneidstempel
blast furnace blast fɜnɪs	Hochofen
blind hole blaɪnd həʊl	Grundloch, Sackloch
blind rivet blaɪnd rɪvət	Blindniet
blind zone blaɪnd zəʊn	Blindzone
blunted body blʌntəd bɒdi	abgestumpfter Körper
bolt connection bəʊlt kənɛkʃn	Bolzenverbindung
bonding material bɒndɪŋ mətɪərɪəl	Bindemittel
bonding process bɒndɪŋ prəʊsɛs	Klebvorgang
bore bɔ	Bohrung
bore up bɔ ʌp	aufbohren
boron carbide bɒrən kabaɪd	Borkarbid
bottom clearance bɒtəm klɪərənts	Kopfspiel

bottom roller   bɒtəm rəʊlə   Unterwalze

boundary dimension   baʊndəri daɪmenʃn   Außenmaß

brass   bræs   Messing

brazing   breɪzɪŋ   Löten, hart

bridge reamer   brɪdʒ rimə   Nietlochreibahle

bright   braɪt   metallisch blank

bright drawn   braɪt drɔn   blank gezogen

bright steel products   braɪt stil prɒdʌkts   Blankstahlerzeugnisse

Brinell test of hardness   brɪnɛl tɛst ɒv hadnəs   Brinell Härteprüfung

British Standard Whitworth (B.S.W.) thread   brɪtɪʃ stændəd wɪtwɜə θrɛd   Whitworth-Gewinde

brittle fracture   brɪtl fræktʃə   Sprödbruch

broaching   brɔtʃɪŋ   Räumen

broaching machine   brɔtʃɪŋ məʃin   Räummaschine

bronze   brɒnz   Bronze

buckle   bʌkl   Knickung

buckling resistance   bʌklɪŋ rɪzɪstəns   Knickfestigkeit

build-up welding   bɪldʌp wɛldɪŋ   Auftragsschweißen

bulge forming   bʌldʒ fɔmɪŋ   Weiten

burner   bɜnə   Brenner

burr   bɜr   Grat

bush for plain bearings   bʊʃ fɔ pleɪn bɛrɪŋz   Buchse für Gleitlager

butt-welding   bʌt wɛldɪŋ   Stumpfschweißen

C

cadmium   kædmɪəm   Kadmium

calculation of strength   kælkjəleɪʃn ɒv strɛŋθ   Festigkeitsberechnung

cam disc   kæm dɪsk   Kurvenscheibe

cam plate   kæm pleɪt   Nockenscheibe

camshaft   kæmʃaft   Nockenwelle

cantilevered   kæntɪlɪvəd   fliegend gelagert

cap nut   kæp nʌt   Hutmutter

cap screw   kæp skru   Kopfschraube

capstan nut   kæpstən nʌt   Kreuzlochmutter

carbide-tipped drill   kabaɪd tɪpt drɪl   Bohrer mit Hartmetallschneide

carbon dioxide   kabən daɪəksaɪd   Kohlenstoffdioxid

carbon fibre reinforced plastic   kabən faɪbə riɪnfɔst plæstɪk   kohlenstofffaserverstärkter Kunststoff

carbon monoxide   kabən mɒnəksaɪd   Kohlenmonoxid

carbon steel   kabən stil   Kohlenstoffstahl

carbon tool steel   kabən tul stil   unlegierter Werkzeugstahl

carbonising kabənaɪzɪŋ	einsetzen
cardan joint kadən dʒɔɪnt	Kardangelenk, Kreuzgelenk
cardan shaft kadən ʃaft	Gelenkwelle, Kardanwelle
case-hardening keɪs hadənɪŋ	einsatzhärten
case-hardening steel keɪs hadənɪŋ stil	Einsatzstahl
cast iron kast aɪən	Gusseisen
cast steel kast stil	Stahlguss
casting kastɪŋ	Gussstück
castle nut kasl nʌt	Kronenmutter
cathodic protection against corrosion kəəʊdɪk prətɛkʃn əgɛnst kərəʊʒn	kathodischer Korrosionsschutz
cavity sinking by EDM (electrical discharge machining) kævətɪ sɪŋkɪŋ baɪ ɪdɪɛm	Senkerodieren
cementite sɛməntɪt	Eisenkarbid
cementite, globular sɛməntit gləʊbjʊlə	Zementit, kugelförmig
centering L-bar sɛntərɪŋ ɛlba	Zentrierwinkel
centralised lubrication system sɛntrəlaɪzd lubrɪkeɪʃn sɪstəm	Zentralschmierung
centre distance sɛntə dɪstəns	Mittenabstand
centre drill sɛntə drɪl	Zentrierbohrer
centre mark sɛntə mak	Körnerpunkt
centre of gravity sɛntə ɒv grævəti	Flächenschwerpunkt
centre punch sɛntə pʌnʃ	Körner, Zentrierkörner
centre punching sɛntə pʌnʃɪŋ	Ankörnen
centre sleeve sɛntə sliv	Pinole
centre-grooved dowel pin sɛntə gruvd daʊəl pɪn	Knebelkerbstift
centrifugal casting sɛntrɪfjʊgəl kʌstɪŋ	Fliehkraftgießen, Schleudergießen, Zentrifugalgießen
centring sɛntrɪŋ	Zentrieren
ceramic bond kəræmɪk bɒnd	Keramikbindung
ceramic cutting material kəræmɪk kʌtɪŋ mətɪərɪəl	Schneidkeramik
ceramic insulation materials kəræmɪk ɪnsjʊleɪʃn mətɪərɪəlz	keramische Isolierstoffe
ceramic metal kəræmɪk mɛtəl	Cermet
ceramics kəræmɪks	Keramik
chain transmission tʃeɪn trænsmɪʃn	Kettengetriebe
chain wheel tʃeɪn wil	Kettenrad
chamfer ʃæmfə	Fase
change gear wheels tʃeɪndʒ gɪə wilz	Wechselräder
chatter mark tʃætə mak	Rattermarke
cheese head screw tʃiz hɛd skru	Zylinderkopfschraube
chemical machining kɛmɪkl məʃinɪŋ	chemisches Abtragen

chemical vapour deposition kɛmɪkl veɪpə dɪpəzɪʃn — CVD-Verfahren (chemische Gasphasenabscheidung)

chilled casting tʃɪld kastɪŋ — Hartguss

chip removal tʃɪp rɪmuvəl — Späneabfuhr

chip removing tool tʃɪp rɪmuvɪŋ tul — Zerspanwerkzeug

chisel tʃɪzəl — Meißel

chisel edge tʃɪzəl ɛdʒ — Querschneide

chisel edge angle tʃɪzəl ɛdʒ æŋgl — Querschneidenwinkel

chiselling tʃɪzəlɪŋ — meißeln

chiselling off tʃɪzəlɪŋ ɒf — abmeißeln

chlorofluorocarbon klɔrəʊfluərəʊkabən — Fluorchlorkohlenwasserstoff

chromium krəʊmiəm — Chrom

chromium-plating krəʊmiəm pleɪtɪŋ — Verchromen

chubb lock tʃʌb lɒk — Chubb-Schloss

chuck key tʃʌk ki — Futterschlüssel, Spannschlüssel

chucking device tʃʌkɪŋ dɪvaɪs — Spannvorrichtung

chucking tap tʃʌkɪŋ tæp — Maschinengewindebohrer

chute ʃut — Zuführrinne

circlip s3klɪp — Sicherungsring

circular grinding machine s3kjələ graɪndɪŋ məʃin — Rundschleifmaschine

circular pitch s3kjələ pɪtʃ — Zahnteilung

circular sawing machine s3kjələ sɔɪŋ məʃin — Kreissägemaschine

circularity tolerance s3kjələærətɪ tɒlərəns — Unrundheitstoleranz

clamp klæmp — klemmen

clamping eccentric device klæmpɪŋ ɪksɛntrɪk dɪvaɪs — Spannexzenter

clamping jaw klæmpɪŋ dʒɔ — Spannbacke

clamping sleeves for self-aligning bearings klæmpɪŋ slivz fɔ sɛlf əlaɪnɪŋ bɛrɪŋz — Spannhülsen für Pendellager

clamping washer klæmpɪŋ wɒʃə — Spannscheibe

class of strength klʌs ɒv strɛŋə — Festigkeitsklasse

classification of work materials klæsɪfɪkeɪʃn ɒv w3k mətɪərɪəlz — Einteilung der Werkstoffe

clearance klɪərənts — Spiel (einer Passung)

clearance angle klɪərəns æŋgl — Freiwinkel

cleavage fracture klivədʒ fræktʃə — Trennbruch

clevis pin with head klɛvɪs pɪn wɪə hɛd — Bolzen mit Kopf

clipping klɪpɪŋ — Verschnitt

close-tolerance bolt kləʊz tɒlərənts bəʊlt — Passschraube

clutch case klʌtʃ keɪs — Kupplungsgehäuse

clutch disk klʌtʃ dɪsk — Kupplungsscheibe

CO$_2$-shielded metal-arc welding siəʊtu ʃildəd mɛtəl ak wɛldɪŋ — CO$_2$-Schweißen

coarse grain formation kɔs greɪn fɔmeɪʃn — Grobkornbildung

coarse grained kɔs greɪnd — grobkörnig

coarse-pitch thread kɔs pɪtʃ θrɛd — Regelgewinde

coated hard metal kəʊtəd had mɛtəl — beschichtetes Hartmetall

coating kəʊtɪŋ — Beschichtung

coating of rust kəʊtɪŋ ɒv rʌst — Rostschicht

cobalt kəʊbəlt — Kobalt

coefficient of sliding friction
  kəʊɪfɪʃənt ɒv slaɪdɪŋ frɪktʃən — Gleitreibungszahl

cold drawn kəʊld drɔn — kaltgezogen

cold forming technology kəʊld fɔmɪŋ tɛknɒlədʒi — Kaltumformtechnik

cold reduced tinmill products
  kəʊld rɪdjust tɪnmɪl prɒdʌkts — Verpackungsblecherzeugnisse

cold rolled low carbon steel kəʊld rəʊld ləʊ kabən stil — kaltgewalzte Flacherzeugnisse

cold work steel kəʊld wɜk stil — Kaltarbeitsstahl

cold-pressing kəʊld prɛsɪŋ — Kaltpressen

collecting tank kəlɛktɪŋ tæŋk — Sammelbehälter

collet chuck kɒlət tʃʌk — Spannzange

column-type drilling machine kɒləm taɪp drɪlɪŋ məʃɪn — Ständerbohrmaschine

combination shearing tool kɒmbɪneɪʃn ʃɪərɪŋ tul — Gesamtschneidwerkzeug

combined sliding and rolling friction kəmbaɪnd slaɪdɪŋ
  ænd rəʊlɪŋ frɪktʃn — Wälzreibung

component kəmpəʊnənt — Komponente (Teilkraft)

composite material kəmpɒzɪt mətɪərɪəl — Verbundwerkstoff

compressed gas cylinder kəmprɛst gæs sɪlɪndə — Druckgasflasche

compressed spring kəmprɛst sprɪŋ — Druckfeder

compression across the edges kəmprɛʃn əkrɒs ðɪ ɛdʒəz — Kantenpressung

compression connection kəmprɛʃn kənɛkʃn — Pressverbindung

compression moulding kəmprɛʃn məʊldɪŋ — Formpressen

compressive strain kəmprɛsɪv streɪn — Druckspannung

compressive strength kəmprɛsɪv strɛŋθ — Druckfestigkeit

compressive stress kəmprɛsɪv strɛs — Druckbeanspruchung

concentricity kɒnsɛntrɪsəti — Rundlauf

cone pulley drive kəʊn pʊli draɪv — Stufenscheibenantrieb

connecting flange kənɛktɪŋ flænʃ — Anschlussflansch

contact adhesive kɒntækt ədhisəv — Kontaktklebstoff

contact corrosion kɒntækt kərəʊʒn — Kontaktkorrosion

contact pressure kɒntækt prɛʃə — Anpressdruck

contact spring kɒntækt sprɪŋ — Kontaktfeder

continuous cast kəntɪnjʊəs kast — Strangguss

continuously variable transmission ratio — stufenlos verstellbares
  kəntɪnjʊəsli vəraɪəbl trænsmɪʃn reɪʃəʊ — Übersetzungsverhältnis

contraction cavity kəntrækʃən kævəti — Lunker

cooling lubricant kulɪŋ lubrɪkənt — Kühlschmierstoff

copper kɒpə	Kupfer
copper cast alloy kɒpə kast ælɒɪ	Kupfer-Gusslegierung
copper pipe kɒpə paɪp	Kupferrohr
copper profile kɒpə prəʊfaɪl	Profil aus Kupfer
copper sheet kɒpə ʃit	Kupferblech
copper wire kɒpə waɪə	Kupferdraht
copper wrought alloy kɒpə raʊt ælɒɪ	Kupfer-Knetlegierung
copy milling machine kɒpɪ mɪlɪŋ məʃin	Nachformfräsmaschine
copy-milling kɒpɪ mɪlɪŋ	Kopierfräsen
core diameter kɔ daɪæmɪtə	Gewindekernlochdurchmesser, Kernlochdurchmesser
core drill kɔ drɪl	Spiralsenker
core hole kɔ həʊl	Kernlochbohrung
core styles kɔ staɪlz	Kernformen
corner angle kɔnə æŋgl	Eckenwinkel
corner chamfer kɔnə tʃæmfə	Eckenfase
corner radius kɔnə reɪdɪəs	Eckenradius
correction value when bending kərɛkʃn vælju wɛn bɛndɪŋ	Korrekturfaktor beim Biegen
corrosion preventive kərəʊʒn prɪvɛntəv	Korrosionsschutzmittel
corrosion resisting steel kərəʊʒn rɪzɪstɪŋ stil	korrosionsbeständiger Stahl
corrosion-proof kərəʊʒn pruf	Korrosionsbeständigkeit
corrugated sheet kɒrəgeɪtəd ʃit	Wellblech
corundum kɒrəndəm	Korund
counter bore kaʊntə bɔ	Flachsenker
counterblow hammer kaʊntəbləʊ hæmə	Gegenschlaghammer
counterpart kaʊntəpat	Gegenstück
countersinking kaʊntəsɪŋkɪŋ	ansenken, Senkung
countersunk head rivet kaʊntəsʌŋk hɛd rɪvət	Senkniet
countersunk screw kaʊntəsʌŋk skru	Senkschraube
countervailing force kaʊntəveɪlɪŋ fɔs	Gegenkraft
covered electrode kʌvəd ɪlɛktrəʊd	umhüllte Elektrode
crack detection kræk dɪtɛktʃn	Rissprüfung
crack resistance kræk rɪzɪstəns	Reißfestigkeit
crank case kræŋk keɪs	Kurbelgehäuse
crank mechanism kræŋk mɛkənɪzm	Kurbeltrieb
crank press kræŋk prɛs	Kurbelpresse
crankshaft kræŋkʃaft	Kurbelwelle
creep resistant steel krip rɪzɪstənt stil	warmfester Stahl
cropping krɒpɪŋ	vollkantiges Schneiden
cross cut krɒs kʌt	Kreuzhieb
cross cutting krɒs kʌtɪŋ	kreuzendes Schneiden

cross slide krɒs slaɪd	Querschlitten
crude oil krud ɔɪl	Rohöl
crude steel krud stil	Rohstahl
crushing yield point krʌʃɪŋ jild pɔɪnt	Quetschgrenze
crystal mixture krɪstəl mɪkstʃə	Kristallgemisch
crystallisation krɪstəlaɪzeɪʃn	Kristallisation
cupric oxide kʌprɪk ɒksaɪd	Grünspan
cut-down milling kʌt daʊn mɪlɪŋ	Gleichlauffräsen
cutting autogenously kʌtɪŋ ɔtədʒɪnɪəslɪ	Brennschneiden
cutting edge kʌtɪŋ ɛdʒ	Schneide
cutting force kʌtɪŋ fɔs	Schneidkraft
cutting free kʌtɪŋ fri	freischneiden
cutting hardness of a tool kʌtɪŋ hadnəs ɒv ə tul	Schneidhärte
cutting machine tool kʌtɪŋ məʃin tul	spanende Werkzeugmaschine
cutting material kʌtɪŋ mətɪərɪəl	Schneidstoff
cutting of synthetic materials kʌtɪŋ ɒv sɪnθɛtɪk mətɪərɪəlz	Zerspanen von Kunststoffen
cutting property kʌtɪŋ prɒpəti	Zerspanbarkeit
cutting speed kʌtɪŋ spid	Schnittgeschwindigkeit
cutting tool kʌtɪŋ tul	Schneidwerkzeug
cutting with a single blade kʌtɪŋ wɪə ə sɪŋgl bleɪd	Messerschneiden
cycloid gear wheel saɪkləʊɪd gɪə wil	Zykloidenzahnrad
cylinder worm sɪlɪndə wɔm	Zylinderschnecke
cylindric turning sɪlɪndrɪk tɜnɪŋ	Runddrehen
cylindrical bearing sɪlɪndrɪkl bɛrɪŋ	Zylinderlager
cylindrical roller bearing sɪlɪndrɪkl rəʊlə bɛrɪŋ	Zylinderrollenlager

D

dead mould dɛd məʊld	verlorene Form
deburring drill dɪbɜrɪŋ drɪl	Entgratungssenker
decarbonisation dɪkabənaɪzeɪʃn	Kohlenstoffentziehung
deep groove ball bearing dip gruv bɔl bɛrɪŋ	Rillenkugellager
deep hole drilling machine dip həʊl drɪlɪŋ məʃin	Tiefbohrmaschine
deep-drawing dip drɔɪŋ	Tiefziehen
deep-drawing sheet dipdrɔɪŋ ʃit	Tiefziehblech
deflexion dɪflɛktʃn	Durchbiegung
deformation ratio dɪfɔmeɪʃn reɪʃəʊ	Umformgeschwindigkeit
deformation resistance dɪfɔmeɪʃn rɪzɪstəns	Formbeständigkeit
degassing dɪgæsɪŋ	Entgasung
degree of freedom dɪgri ɒv fridəm	Freiheitsgrad
density dɛnsəti	Dichte

depth measuring instrument dɛpə mɛʒərɪŋ ɪnstrəmənt	Tiefenmessgerät
depth micrometer dɛpə maɪkrəumɪtə	Tiefenmessschraube
depth of cut dɛpə ɒv kʌt	Schnitttiefe
depth of drill hole dɛpə ɒv drɪl həʊl	Bohrlochtiefe
designation of iron and steel dɛzɪgneɪʃn ɒv aɪən ænd stil	Benennung von Eisen und Stahl
desoxydation dɛsɒksɪdeɪʃn	Desoxidation
desulphurisation dɪsʌlfəraɪzeɪʃn	Entschwefelung
dial gauge daɪəl geɪdʒ	Messuhr
diameter of counterbore daɪæmɪtə ɒv kaʊntəbɔ	Senkdurchmesser
diameter of hole daɪæmɪtə ɒv həʊl	Lochdurchmesser
diameter of pipes daɪæmɪtə ɒv paɪps	Rohrweite
diameter of the impression daɪæmɪtə ɒv ðɪ ɪmprɛʃn	Eindruckdurchmesser
differential wheel-work dɪfərɛnʃl wil wɜk	Differentialgetriebe
digital dial gauge dɪdʒɪtəl daɪəl geɪdʒ	Digitalmessuhr
digital vernier calliper dɪdʒɪtəl vənɪə kælɪpə	Digitalmessschieber
diluted soluble oil dɪlutəd sɒljubəl ɔɪl	Bohrwasser
disc clutch dɪsk klʌtʃ	Scheibenkupplung
disc milling cutter dɪsk mɪlɪŋ kʌtə	Scheibenfräser
disc of a circular saw dɪsk ɒv ə sɜkjələ sɔ	Sägeblatt (Kreissäge)
disc springs dɪsk sprɪŋs	Tellerfedern
dispersion adhesive dɪspɜʒn ədhisɪv	Dispersionskleber
dispersion binder dɪspɜʒn baɪndə	Dispersionskleber
distance sleeve dɪstəns sliv	Distanzhülse
dosing apparatus dəʊzɪŋ əpærətəs	Dosiergerät
double cut of a file dʌbl kʌt ɒv ə faɪl	doppelter Feilenhieb
double helical gearing dʌbl hɛlɪkəl gɪərɪŋ	Pfeilverzahnung
double V-butt weld dʌbl vi bʌt wɛld	X-Stoß
double V-groove weld dʌbl vi gruv wɛld	X-Schweißnaht
dovetail guide dʌvteɪl gaɪd	Schwalbenschwanzführung
drawing gap drɔɪŋ gʌp	Ziehspalt
drawing punch drɔɪŋ pʌnʃ	Ziehstempel
drawing ratio drɔɪŋ reɪʃəʊ	Ziehverhältnis
drill drɪl	Bohrer
drill chuck drɪl tʃʌk	Bohrfutter
drill feed drɪl fid	Bohrvorschub
drill sleeve drɪl sliv	Bohrhülse
drilling drɪlɪŋ	Bohren
drilling jig drɪlɪŋ dʒɪg	Bohrschablone
drilling machine drɪlɪŋ məʃin	Bohrmaschine
drip feed lubricator drɪp fid lubrɪkeɪtə	Tropföler
driven wheel drɪvən wil	angetriebenes Rad, getriebenes Rad

driving feature draɪvɪŋ fitʃə	Mitnehmer
driving key draɪvɪŋ ki	Treibkeil
driving spring draɪvɪŋ sprɪŋ	Zugfeder
driving wheel draɪvɪŋ wil	treibendes Rad
drop hammer drɒp hæmə	Fallhammer
drop worm drɒp wɔm	Fallschnecke
dry bearing draɪ bɛrɪŋ	Trockenlauflager
duroplastic djʊrəʊplæstɪk	Duroplast
duroplastic moulding material djʊrəʊplæstɪk məʊldɪŋ mətɪərɪəl	duroplastische Formmasse
dynamic load daɪnæmɪk ləʊd	dynamische Belastung
dynamic stress daɪnæmɪk strɛs	dynamische Beanspruchung
dynamic test methods daɪnæmɪk tɛst mɛθədz	dynamische Testverfahren
dynamic viscosity daɪnæmɪk vɪskɒsəti	dynamische Viskosität
dynamometric key daɪnæməʊmɛtrɪk ki	Drehmomentschlüssel

E

eccentric ɪksɛntrɪk	außermittig
eccentric plate ɪksɛntrɪk pleɪt	Exzenterscheibe
eccentric press ɪksɛntrɪk prɛs	Exzenterpresse
edge ɛdʒ	Kante
edge band ɛdʒ bænd	Kantenband
edge feeler ɛdʒ filə	Kantentaster
effective cross section ɪfɛktɪv krɒs sɛkʃən	Nutzquerschnitt
effective cutting angle ɪfɛktɪv kʌtɪŋ æŋgl	Spanwinkel
effective hardening depth ɪfɛktɪv hadənɪŋ dɛpθ	Einhärtetiefe
elastic deformation ɪlæstɪk dɪfɔmeɪʃn	elastische Verformung
elasticity ɪlæstɪsɪti	Elastizität
elastomer ɪlæstəʊmeə	Elastomer
electric arc welding ɪlɛktrɪk ak wɛldɪŋ	Lichtbogenschmelzschweißen
electric steel processing ɪlɛktrɪk stil prəʊsəsɪŋ	Elektrostahl-Verfahren
electrical discharge machine (EDM) ɪlɛktrɪkl dɪstʃadʒ məʃin	Funkenerosionsmaschine
electro chemical machining (ECM) ɪlɛktrəʊ kɛmɪkl məʃinɪŋ	elektrochemisches Abtragen
electrochemical corrosion ɪlɛktrəʊkɛmɪkl kərəʊʒn	elektrochemische Korrosion
electrochemical series ɪlɛktrəʊkɛmɪkl sɪəriz	elektrochemische Spannungsreihe
electrode flash off time ɪlɛktrəʊd flæʃ ɒf taɪm	Elektrodenabschmelzzeit
electrode holder ɪlɛktrəʊd həʊldə	Elektrodenhalter
electrode spacing ɪlɛktrəʊd speɪsɪŋ	Elektrodenabstand
electrolysis ɪlɛktrəʊlɪsəz	Elektrolyse

electrolytic copper ɪlɛktrəʊlɪtɪk kɒpə	Elektrolytkupfer
electroplated coating ɪlɛktrəʊpleɪtəd kəʊtɪŋ	galvanischer Überzug
elevating platform ɛləveɪtɪŋ plætfɔm	Hubtisch
elongation ɪlɒŋgeɪʃn	Dehnung
elongation at rupture ɪlɒŋgeɪʃn æt rʌptʃə	Bruchdehnung
embed əmbɛd	vergießen
emery paper ɛmərɪ peɪpə	Schmirgelpapier
enamel, protective layer ɪnæməl, prəʊtɛktɪv leɪə	Emaille, Schutzschicht
end cutting pliers ɛnd kʌtɪŋ plaɪəz	Beißzange
end face ɛnd feɪs	Stirnfläche
end milling cutter ɛnd mɪlɪŋ kʌtə	Schaftfräser
endless V-belts ɛndləs vi bɛlts	Endlos-Keilriemen
engraving ɛngreɪvɪŋ	Gravur
enveloping worm ɛnvələʊpɪŋ wɔm	Globoidschnecke
epoxy resin glass reinforced laminate ɛpɒksɪ rɛzɪn glas riːɪnfɔst læmɪneɪt	Epoxidharz-Glashartgewebe
eroding ɪrəʊdɪŋ	Erodieren
etching ɛtʃɪŋ	anätzen, Ätzen
eutectic alloy system juːtɛktɪk ælɔɪ sɪstəm	Eutektikum
expanding arbor ɪkspændɪŋ abə	Spreizdorn
expansion gap ɪkspænʃn gæp	Dehnungsfuge
external gear wheel motor ɪkstɜnəl gɪə wil məʊtə	Außenzahnradmotor
extruding ɪkstrudɪŋ	Extrudieren
extrusion moulding ɪkstruʒn məʊldɪŋ	Strangpressen
eye bolt aɪ bəʊlt	Augenschraube, Ringschraube

F

face milling cutter feɪs mɪlɪŋ kʌtə	Stirnfräser
facing feɪsɪŋ	Plandrehen
fast bearing fast bɛrɪŋ	Festlager
fast burst fast bɜst	Gewaltbruch
fast pulley fast pʊlɪ	feste Rolle
fastening device fasənɪŋ dɪvaɪs	Befestigungsvorrichtung
fastening mode fasənɪŋ məʊd	Befestigungsart
fastening thread fasənɪŋ θrɛd	Befestigungsgewinde
fastening with screws fasənɪŋ wɪθ skruːs	anschrauben
fatigue crack fətiːg kræk	Ermüdungsanriss
fatigue fracture fətiːg fræktʃə	Ermüdungsbruch
fatigue notch factor fətiːg nɒtʃ fæktə	Kerbwirkungszahl
feather key fɛðə ki	Gleitfeder
feather key connection fɛðə ki kənɛkʃn	Passfederverbindung

feed drive fiːd draɪv	Vorschubantrieb
feed gear transmission fiːd gɪə trænsmɪʃn	Vorschubgetriebe
feed motion fiːd məʊʃn	Vorschubbewegung
feeler gauge fiːlə geɪdʒ	Fühlerlehre
felt ring fɛlt rɪŋ	Filzring
ferrite fɛrɪt	Ferrit
ferritic steel fɛrɪtɪk stiːl	ferritischer Stahl
ferrous products fɛrəs prɒdʌkts	Eisenwerkstoffe
file faɪl	Feile
filing faɪlɪŋ	feilen
filing machine faɪlɪŋ məʃiːn	Feilmaschine
fine blanking faɪn blæŋkɪŋ	Feinschneiden
fine grain formation faɪn greɪn fɔːmeɪʃn	Feinkornbildung
fine grain structural steel faɪn greɪn strʌktʃərəl stiːl	Feinkornbaustahl
fine grain structural steel resistant to weathering faɪn greɪn strʌktʃərəl stiːl rɪzɪstənt tə wɛðərɪŋ	wetterfester Feinkornbaustahl
fine grained faɪn greɪnd	feinkörnig
fine machining faɪn məʃiːnɪŋ	Feinbearbeitung
fine-pitch thread faɪn pɪtʃ θrɛd	Feingewinde
finish milling fɪnɪʃ mɪlɪŋ	Fertigfräsen
finish turning fɪnɪʃ tɜːnɪŋ	Fertigdrehen
finite elements method fɪnɪt ɛləmənts mɛθəd	Finite-Elemente-Methode
fit fɪt	Passung
fit part fɪt pat	Passteil
fit surface fɪt sɜːfɪs	Passfläche
fit system fɪt sɪstəm	Passsystem
fit tolerance fɪt tɒlərəns	Passtoleranz
fittings construction fɪtɪŋz kənstrʌkʃn	Armaturenbau
flame cutter fleɪm kʌtə	Schneidbrenner
flame hardening fleɪm hadənɪŋ	Flammhärten
flange bearing flænʃ bɛrɪŋ	Bundlager
flange holes, representation flænʃ həʊlz, rɛprɪzɛnteɪʃn	Flanschlöcher, Darstellung
flanged flænʃd	angeflanscht
flanged chuck flænʃd tʃʌk	Planscheibe
flanged joint flænʃd dʒɔɪnt	Flanschverbindung
flanged nut flænʃd nʌt	Mutter mit Bund
flank of thread flænk ɒv θrɛd	Gewindeflanke
flank wear flæŋk wɛə	Freiflächenverschleiß
flat belt transmission flæt bɛlt trænsmɪʃn	Flachriemengetriebe
flat key flæt kiː	Flachkeil
flat product flæt prɒdʌkt	Flacherzeugnis

flat tang flæt tæŋ	Mitnehmerlappen
flexible flɛksɪbəl	biegsam
floor stand grinder flɔ stænd graɪndə	Schleifbock
flow curve fləu kɜv	Fließkurve
flowing chip fləuɪŋ ʧɪp	Fließspan
fly wheel flaɪ wil	Schwungrad
foamed material fəumd mətɪərɪəl	Schaumstoff
fold fəuld	Bruchkante
folded fəuldəd	abgekantet
folding machine fəuldɪŋ məʃin	Abkantpresse
force of buoyancy fɔs ɒv bɔɪənsi	Auftriebskraft
forge welding fɔdʒ wɛldɪŋ	Feuerschweißen
forging fɔdʒɪŋ	Schmieden
forging die fɔdʒɪŋ daɪ	Gesenk
forging scales fɔdʒɪŋ skeɪls	Zunder
form deviation fɔm dəvɪeɪʃn	Gestaltabweichung
form gauge fɔm geɪdʒ	Formlehre
form of chip fɔm ɒv ʧɪp	Spanform
formability fɔməbɪləti	Formänderungsvermögen
formation of wrinkles fɔmeɪʃn ɒv rɪŋklz	Faltenbildung
forming under bending conditions fɔmɪŋ ʌndə bɛndɪŋ kəndɪʃənz	Biegeumformen
forming under combination of tensile and compressive conditions fɔmɪŋ ʌndə kɒmbɪneɪʃn ɒv tɛnsaɪl ænd kəmprɛsɪv kəndɪʃnz	Zugdruckumformen
forming under compressive conditions fɔmɪŋ ʌndə kəmprɛsɪv kəndɪʃnz	Druckumformen
foundry technology faundrɪ tɛknɒlədʒi	Gießereitechnik
free forming fri fɔmɪŋ	Freiformschmieden
free from cavities fri frɒm kævətiz	lunkerfrei
free from play fri frəm pleɪ	spielfrei
free punch fri pʌnʃ	Freischneidwerkzeug
free-cutting steel frikʌtɪŋ stil	Automatenstahl
friction clutch frɪktʃən klʌtʃ	Kupplung, kraftschlüssige
friction transmission frɪktʃən trænsmɪʃn	Reibradgetriebe
friction welding frɪktʃən wɛldɪŋ	Reibschweißen
front turning machine frɒnt tɜnɪŋ məʃin	Frontdrehmaschine
fuel gas fjuəl gæs	Brenngas
full length parallel grooved dowel pin ful lɛŋə pærələl gruvd dauəl pɪn	Zylinderkerbstift
full mould casting ful məuld kastɪŋ	Vollformverfahren
full tubular rivet ful tjubjulə rɪvət	Hohlniet
fully killed steel fulɪ kɪld stil	besonders beruhigt vergossener Stahl

fundamental deviation fʌndəmɛntəl dəvɪeɪʃn   Grundabmaß
fundamental tolerance fʌndəmɛntəl tɒlərənts   Grundtoleranz

G

galvanising gælvənaɪzɪŋ   Galvanisieren
gang cutter gæŋ kʌtə   Satzfräser
gas burner gæs bɜnə   Gasbrenner
gas cylinder gæs sɪlɪndə   Gasflasche
gas laser gæs leɪzə   Gaslaser
gas spring gæs sprɪŋ   Gasdruckfeder
gas welding gæs wɛldɪŋ   Autogenschweißen,
                                                      Gasschmelzschweißen,
                                                      Gasschweißen
gaseous materials gæsəs mətɪərɪəlz   gasförmige Stoffe
gas-mixture-shielded welding   Mischgasschweißen
   gæs mɪkstʃə ʃildəd wɛldɪŋ
gas-shielded tungsten arc-welding   Wolfram-Schutzgasschweißen
   gæs ʃildəd tʌŋstən ak wɛldɪŋ
gauge geɪdʒ   Lehre
gear box, toothed wheel-work   Zahnradgetriebe
   gɪə bɒks, tuəd wil wɜk
gear grinding machine gɪə graɪndɪŋ məʃin   Verzahnungsschleifmaschine
gear lubricant oil gɪə lubrɪkənt ɔɪl   Getriebeöl
gear milling machine gɪə mɪlɪŋ məʃin   Zahnradfräsmaschine
gear power gɪə paʊwə   Getriebeleistung
gear reducer unit gɪə rɪdjusə jʊnɪt   Vorgelege
gear wind gɪə wɪnd   Räderwinde
geared motor gɪəd məʊtə   Getriebemotor
gears, straight gɪəs streɪt   Zahnräder, geradverzahnt
gear-type motor gɪə taɪp məʊtə   Zahnradmotor
general geometrical tolerances for features   Allgemeintoleranzen für Form und Lage
   dʒɛnərəl dʒɪəʊmɛtrɪkəl tɒlərənsəz fɔ fitʃəz
geometrical deviation dʒɪəʊmɛtrɪkəl dəvɪeɪʃn   Formabweichung
geometrically determinated cutting edge   geometrisch bestimmte Schneide
   dʒɪəʊmɛtrɪkəlɪ dɪtɜmɪneɪtəd kʌtɪŋ ɛdʒ
glass fibre reinforced plastic   GFK (Glasfaserverstärkter Kunststoff)
   glas faɪbə riɪnfɔst plæstɪk
gliding quality glaɪdɪŋ kwɒlətɪ   Gleitfähigkeit
glowing out gləʊɪŋ aʊt   ausglühen
glue glu   kleben
glued surface preparation glud sɜfɪs prɛpəreɪʃn   Klebeflächenvorbehandlung
gold gəʊld   Gold

gold-flashed gəʊld flæʃt — hauchvergoldet

gradient of inclination, dimensioning greɪdɪənt ɒv ɪnklaɪneɪʃn, daɪmɛnʃənɪŋ — Neigung, Bemaßung

grain boundary greɪn baʊndərɪ — Korngrenze

grain oriented greɪn ɒrɪɛntəd — kornorientiert

grain size greɪn saɪz — Korngröße

graphite græfaɪt — Grafit

gravity die-casting grævətɪ daɪ kastɪŋ — Kokillengießverfahren

grease gun griz gʌn — Fettpresse

greasing grizɪŋ — abschmieren

grinding defect graɪndɪŋ dɪfɛkt — Anschleiffehler

grinding machine graɪndɪŋ məʃin — Schleifmaschine

grinding wheel graɪndɪŋ wil — Schleifscheibe

groove cutting chisel gruv kʌtɪŋ tʃɪzəl — Kreuzmeißel

groove for feather keys gruv fɔ fɛðə kis — Nute für Passfedern

groove for Woodruff keys gruv fɔ wʊdrʌf kis — Nute für Scheibenfedern

groove milling cutter gruv mɪlɪŋ kʌtə — Nutenfräser

groove nut gruv nʌt — Nutmutter

groove of the shaft gruv ɒv ðə ʃaft — Hohlkehle

groove toothing gruv tuɵɪŋ — Kerbverzahnung

grooved drive stud gruvd draɪv stʌd — Kerbnagel

grooving chisel gruvɪŋ tʃɪzəl — Nutenmeißel

guided punch gaɪdəd pʌnʃ — Plattenführungsschneidwerkzeug

guillotine shears gɪjəʊtin ʃɪəz — Schlagschere

H

half length reserve taper grooved pin haf lɛŋə rɪzɜv teɪpə gruvd pɪn — Steckkerbstift

half length taper-grooved dowel pin haf lɛŋə teɪpə gruvd daʊəl pɪn — Passkerbstift

half-finished part haf fɪnɪʃd pat — Halbzeug

half-round file haf raʊnd faɪl — Halbrundfeile

half-round scraper haf raʊnd skreɪpə — Halbrundschaber

hammer hæmə — Hammer

hammer head bolt hæmə hæd bəʊlt — Hammerschraube

hand file hænd faɪl — Flachstumpffeile

hand moulding hænd məʊldɪŋ — Handformverfahren

hand saw blade hænd sɔ bleɪd — Handsägeblatt

hand shear hænd ʃɪə — Handschere

hand vice hænd vaɪs — Feilkloben

hard metal had mɛtəl — Hartmetall

hard rubber had rʌbə	Hartgummi
hard solder had səʊldə	Hartlot
hardenability hadənəbɪləti	Härtbarkeit
hardening hadənɪŋ	Härten
hardening and tempering hadənɪŋ ænd tɛmpərɪŋ	Vergüten
hardening crack hadənɪŋ kræk	Härteriss
hardening temperature hadənɪŋ tɛmprətʃə	Härtetemperatur
hardness hadnəs	Härte
hardness drop test hadnəs drɒp tɛst	Fallhärteprüfung
hardness test methods hadnəs tɛst mɛəəds	Härteprüfverfahren
heat colour hit kʌlə	Glühfarbe
heat treatment hit tritmənt	Wärmebehandlung
heated tool welding hitəd tul wɛldɪŋ	Heizelementschweißen
heating conductor materials hitɪŋ kəndʌktə mətɪərɪəlz	Heizleiter-Werkstoffe
heat-resistand steel hit rɪzɪstənt stil	hitzebeständiger Stahl
heavy metal hævɪ mɛtəl	Schwermetall
helical chip hɛlɪkl tʃɪp	Wendelspan
helical line hɛlɪkəl laɪn	Schraubenlinie
hexagon key hɛksəgən ki	Sechskantstiftschlüssel
hexagon nut hɛksəgən nʌt	Sechskantmutter
hexagon socket screw key hɛksəgən sɒkət skru ki	Innensechskantschlüssel
high alloy steel haɪ ælɔɪ stil	hochlegierter Stahl
high-speed steel haɪ spid stil	Schnellarbeitsstahl
high-temperature resistant steel haɪ tɛmprətʃə rɪzɪstənt stil	hochwarmfester Stahl
hinge hɪnʃd	Scharnier
holding-down force həʊldɪŋ daʊn fɔs	Niederhalterkraft
hole diameter həʊl daɪæmitə	Bohrungsdurchmesser, Loch-Durchmesser
hole pitch həʊl pɪtʃ	Lochabstand
hollow cylinder hɒləʊ sɪlɪndə	Hohlzylinder
hollow key hɒləʊ ki	Hohlkeil
hollow punch hɒləʊ pʌntʃ	Locheisen
hollow section hɒləʊ sɛkʃn	Hohlprofil
hollow shaft hɒləʊ ʃaft	Hohlwelle
hollow weld hɒləʊ wɛld	Kehlnaht
hollow-ground scraper hɒləʊ graʊnd skreɪpə	Löffelschaber
homogenising hɒməʊdʒɪnaɪzɪŋ	Diffusionsglühen
honing həʊnɪŋ	Honen
honing stone həʊnɪŋ stəʊn	Honstein
hooking on hʊkɪŋ ɒn	einhaken

horizontal boring and milling machine hɒrɪzɒntl bɔrɪŋ ænd mɪlɪŋ məʃin — Waagerecht-Bohr- und Fräsmaschine

hose clip həʊz klɪp — Schlauchklemme

hose connection həʊz kənɛkʃn — Schlauchanschluss

hot-dip galvanised hɒt dɪp gælvənaɪzd — feuerverzinkt

hot-melt-type adhesive hɒt mɛlt taɪp ədhisəv — Schmelzklebstoff

hot-pressing hɒt prɛsɪŋ — Heißpressen

hot-work steel hɒt wɜk stil — Warmarbeitsstahl

hub-shaft connection hʌb ʃaft kənɛkʃn — Nabe-Welle-Verbindung

hydrocarbon haɪdrəʊkabən — Kohlenwasserstoff

hydrogen haɪdrəʊdʒin — Wasserstoff

hypereutectoid steel haɪpəɔɪtɛktəʊɪd stil — übereutektoider Stahl

hypoeutectoid steel haɪpəʊɔɪtɛktəʊɪd stil — untereutektoider Stahl

I

idle machine time aɪdl məʃin taɪm — Brachzeit

impact extruding ɪmpækt ɪkstrudɪŋ — Fließpressen

impregnant ɪmprɛgnənt — Tränkmittel

impregnation ɪmprɛgneɪʃn — Imprägnierung

indentation hardness ɪndənteɪʃn hadnəs — Kugeldruckhärte

indexable insert out of oxide ceramics ɪndɛksɪbl ɪnsɜt aʊt ɒv ɒksaɪd kəræmɪks — Wendeschneidplatte aus Schneidkeramik

indication of hardness ɪndɪkeɪʃn ɒv hadnəs — Härteangabe

indication of the surface quality ɪndɪkeɪʃn ɒv ðə sɛfəs kwʌləti — Angabe der Oberflächenbeschaffenheit

induction hardening ɪndʌkʃən hadənɪŋ — Induktionshärten

inert gas shielded arc welding ɪnɜt gæs ʃildəd ak wɛldɪŋ — Schutzgasschweißen

infinitely variable change-speed transmission ɪnfɪnətlɪ vəraɪəbəl tʃeɪndʒ spid trænsmɪʃn — stufenloses Getriebe

ingotting ɪŋgɒtɪŋ — blockgießen

injection moulded part ɪndʒɛkʃn məʊldəd pat — Spritzgussteil

injection nozzle ɪndʒɛkʃn nɒzl — Einspritzdüse

inorganic work material ɪnɒgænɪk wɜk mətɪərɪəl — anorganischer Werkstoff

inside thread ɪnsaɪd ɵrɛd — Innengewinde

insulating material ɪnsjʊleɪtɪŋ mətɪərɪəl — Isolierstoff

insulation material class ɪnsjʊleɪʃn mətɪərɪəl klas — Isolierstoffklasse

intercrystalline corrosion ɪntəkrɪstəlin kərəʊʒn — interkristalline Korrosion

interlace ɪntəleɪs — verzahnen

intermediate wheel ɪntəmidɪət wil — Zwischenrad

internal fit surface ɪntɜnəl fɪt sɜfəs — Innenpassfläche

internal micrometer ɪntɜnəl maɪkrəumitə   Innenmessschraube
internal part of fit ɪntɜnəl pat ɒv fɪt   Innenpassteil
internal turning tool ɪntɜnəl tɜnɪŋ tul   Innen-Drehmeißel
internally toothed wheel ɪntɜnəlɪ tuəd wil   Zahnrad mit Innenverzahnung
interrupted hardening ɪntərʌptəd hadənɪŋ   Warmbadhärten
interstitial isomorphous mixture   Einlagerungsmischkristall
   ɪntəstɪʃl aɪzəuməfəs mɪkstʃə

investment casting ɪnvɛstmənt kastɪŋ   Feingießverfahren
involute toothing ɪnvəlut tuəɪŋ   Evolventenverzahnung
iron-carbon diagram aɪən kabən daɪəgræm   Eisen-Kohlenstoff-Diagramm
ISO fit for basic hole aɪzəu fɪt fɔ beɪsɪk həul ISO-Passung für Einheitsbohrung
ISO fit for basic shaft aɪzəu fɪt fɔ beɪsɪk ʃaft ISO-Passung für Einheitswelle
ISO metric screw thread aɪzəu mɛtrɪk skru ɵrɛd   metrisches ISO-Gewinde
isomorphous mixture aɪzəuməfəz mɪkstʃə   Mischkristall

J

jig boring machine dʒɪg bɔrɪŋ məʃin   Lehrenbohrwerk
joining dʒɔɪnɪŋ   Fügen
joint for motion dʒɔɪnt fɔ məuʃn   Bewegungsfuge

K

key ki   Keil
key connection ki kənɛkʃn   Federverbindung, Keilverbindung
killed steel kɪld stil   beruhigt vergossener Stahl
kink kɪŋk   Knick
knee type milling machine ni taɪp mɪlɪŋ məʃin   Konsolfräsmaschine
knife-edge ruler knaɪf ɛdʒ rulə   Haarlineal
knife-edge square knaɪf ɛdʒ skwɛə   Haarwinkel
knurled nut nɜld nʌt   Rändelmutter

L

laminate læmɪneɪt   Laminat
laminated plastic læmɪneɪtəd plæstɪk   Hartgewebe, Schichtpressstoff
lap rivet joint læp rɪvət dʒɔɪnt   Überlappungsnietung
lapping læpɪŋ   Läppen
lapping abrasive læpɪŋ əbreɪsəv   Läppmittel
lapping machine læpɪŋ məʃin   Läppmaschine
laser beam cutting leɪzə bim kʌtɪŋ   Laserstrahlschneiden

laser beam welding leɪzə biːm wɛldɪŋ   Laserstrahlschweißen

lateral force lætərəl fɔs   Querkraft

lath centre læθ sɛntə   Zentrierspitze

leading crack liːdɪŋ kræk   voreilender Riss

leading spindle liːdɪŋ spɪndl   Leitspindel

lead-screw nut lɛd skruː nʌt   Schlossmutter

leaf spring liːf sprɪŋ   Blattfeder

left-handed thread lɛft hændəd θrɛd   Linksgewinde

length taper grooved dowel pin
   lɛŋθ teɪpə gruːvd daʊəl pɪn   Kegelkerbstift

light metal laɪt mɛtəl   Leichtmetall

limit deviation lɪmɪt dəvɪeɪʃn   Grenzabmaß

limit gap gauge lɪmɪt gæp geɪdʒ   Grenzrachenlehre

limit gauge lɪmɪt geɪdʒ   Grenzlehre

limit of threads lɪmɪt ɒv θrɛdz   Grenzmaß für Gewinde

limit plug gauge lɪmɪt plʌg geɪdʒ   Grenzlehrdorn

limit shearing force lɪmɪt ʃɪərɪŋ fɔs   Grenzabscherkraft

limit tensible force lɪmɪt tɛnsɪbl fɔs   Grenzzugkraft

linear drive lɪnɛə draɪv   Linearantrieb

linear rolling bearing lɪnɛə rəʊlɪŋ bɛrɪŋ   Längsführung

linear-motion drive lɪnɛə məʊʃn draɪv   Linearantrieb

liquid lapping lɪkwɪd læpɪŋ   Strahlläppen

locating bolt ləʊkeɪtɪŋ bəʊlt   Aufnahmebolzen

lock washers lɒk wɒʃə   Muttersicherungen

lock nut lɒk nʌt   Nutmutter

locking pin lɒkɪŋ pɪn   Sicherungsstift

locking wire lɒkɪŋ waɪə   Sicherungsdraht

lock-seaming lɒk siːmɪŋ   falzen

long hole lɒŋ həʊl   Langloch

long-hole milling cutter lɒŋ həʊl mɪlɪŋ kʌtə   Langlochfräser

longitudinal cylindrical turning
   lɒŋgɪtjuːdɪnəl sɪlɪndrɪkəl tɜnɪŋ   Längsrunddrehen

loose pulley luːz pʊlɪ   lose Rolle

lost-wax process lɒst wæks prəʊsɛs   Wachsausschmelzverfahren

low alloy steel ləʊ ælɔɪ stiːl   niedriglegierter Stahl

low carbon ləʊ kabən   kohlenstoffarm

low melting ləʊ mɛltɪŋ   niedrigschmelzend

lower die ləʊə daɪ   Untergesenk

lower limiting value ləʊə lɪmɪtɪŋ vælju   Mindestwert

low-pressure chill casting ləʊ prɛʃə tʃɪl kastɪŋ   Niederdruck-Kokillengießverfahren

lubricant lubrɪkənt   Schmierstoff

lubricate lubrɪkeɪt   ölen

lubricating grease lubrıkeıtıŋ gris — Schmierfett
lubricating nipple lubrıkeıtıŋ nıpl — Schmiernippel
lubricating oil lubrıkeıtıŋ ɔıl — Schmieröl
lubricator lubrıkeıtə — Schmiernippel
lumped load lʌmpt ləʊd — Punktlast

M

machine chucking reamer məʃin tʃʌkıŋ rimə — Maschinenreibahle
machine moulding məʃin məʊldıŋ — Maschinenformverfahren
machine protection məʃin prətɛkʃn — Maschinenschutz
machine vice məʃin vaıs — Maschinenschraubstock
machine zero point məʃin zıərəʊ pɔınt — Maschinennullpunkt
machines to alter dimensions — Maschinen zur Formänderung
  məʃinz tə ɔltə daımɛnʃnz
machining məʃinıŋ — maschinelles Spanen, Zerspanen
machining allowance məʃinıŋ əlaʊəns — Bearbeitungszugabe
magnesium mægnizıəm — Magnesium
magnesium cast alloy mægnizıəm kast ælɔı — Magnesium-Gusslegierung
magnet steel mægnət stil — Magnetstahl
magnetic materials mægnɛtık mətıərıəlz — Magnet-Werkstoffe
magnetic particle testing mægnɛtık patıkl tɛstıŋ — Magnetpulverprüfung
main grade of steels meın greıd ɒv stils — Hauptgüteklassen der Stähle
main spindle meın spındl — Hauptspindel
major cutting edge meıdʒə kʌtıŋ ɛdʒ — Hauptschneide
malleable cast iron məlibl kast aıən — Temperguss
mandrel mændrəl — Dorn
manganese mængəniz — Mangan
manual arc welding mænjʊəl ak wɛldıŋ — Lichtbogenhandschweißen
manual machining mænjʊəl məʃinıŋ — manuelles Spanen
manual operation mænjʊəl ɒpəreıʃn — Handbetrieb
manually operated mænjʊəlı ɒpəreıtəd — Handantrieb
marking gauge makıŋ geıdʒ — Parallelreißer
martensitic steel matɛnsətık stil — martensitischer Stahl
mask mæsk — Schablone
massive forming mæsıv fɔmıŋ — Massivumformen
material mətıərıəl — Werkstoff
material coefficient of utilisation mətıərıəl kəʊıfıʃənt ɒv jutılaızeıʃn — Werkstoff-Ausnutzungsgrad
material for casting mətıərıəl fɔ kastıŋ — Gusswerkstoff
material mixtures mətıərıəl mıkstʃəz — Stoffgemische
material test mətıərıəl tɛst — Werkstoffprüfung

materials technology mətɪərɪəlz tɛknɒlədʒi	Werkstofftechnik
maximum clearance mæksɪməm klɪərənts	Höchstspiel
maximum material size mæksɪməm mətɪərɪəl saɪz	Maximum-Material-Maß
maximum mechanical strength properties mæksɪməm məkænɪkəl strɛŋθ prɒpətiz	maximale Festigkeitswerte
measuring reference mɛʒərɪŋ rɛfərənts	Meterriss
mechanical mixture məkænɪkəl mɪkstʃə	Gemenge
mechanical properties məkænɪkəl prɒpətiz	mechanische Eigenschaften
mechanical stress məkænɪkəl strɛs	mechanische Beanspruchung
Meehanite cast mihænət kast	Meehanite-Guss
melting worm mɛltɪŋ wɔm	Plastifizierschnecke
mercury mɜkjəri	Quecksilber
metal active gas welding mɛtəl æktɪv gæs wɛldɪŋ	MAG-Schweißen
metal cutting machine mɛtəl kʌtɪŋ məʃin	Werkzeugmaschine, spanende
metal electrode inert gas welding mɛtəl ɪlɛktrəʊd ɪnɜt gæs wɛldɪŋ	MIG-Schweißen
metal forming mɛtəl fɔmɪŋ	Umformtechnik
metal structure mɛtəl strʌktʃə	Metallgefüge
metal-cutting tool mɛtəl kʌtɪŋ tul	spanabhebendes Werkzeug
metallic bond mətælɪk bɒnd	Metallbindung
metallographic investigation method mətæləʊgræfɪk ɪnvɛstɪgeɪʃn mɛθəd	metallographische Untersuchung
metallurgical working of ores mɛtələdʒɪkəl wɜkɪŋ ɒv ɔz	Erzverhüttung
metals mɛtəlz	Metalle
micrograph test maɪkrəʊgraf tɛst	Schliffbilduntersuchung
micrometer maɪkrəʊmitə	Messschraube
microstructure maɪkrəʊstrʌktʃə	Gefüge
milling mɪlɪŋ	Fräsen
milling cutter mɪlɪŋ kʌtə	Fräser, Fräswerkzeug
milling cutter for vee-guides mɪlɪŋ kʌtə fɔ vi gaɪds	Prismenfräser
milling head mɪlɪŋ hɛd	Messerkopf
milling in reverse rotation mɪlɪŋ ɪn rɪvɜs rəʊteɪʃn	Gegenlauffräsen
milling in synchronous rotation mɪlɪŋ ɪn sɪnkrɒnəs rəʊteɪʃn	Gleichlauffräsen
milling machine mɪlɪŋ məʃin	Fräsmaschine
milling off mɪlɪŋ ɒf	abfräsen
milling process mɪlɪŋ prəʊsɛs	Fräsvorgang
milling shop mɪlɪŋ ʃɒp	Fräserei
milling spindle mɪlɪŋ spɪndl	Frässpindel
mineral oil mɪnərəl ɔɪl	Mineralöl
miniature ball bearing mɪnɪtʃə bɔl bɛrɪŋ	Miniaturkugellager
minimum clearance mɪnɪməm klɪərənts	Mindestspiel

minimum limit of size mɪnɪməm lɪmɪt ɒv saɪz	Mindestmaß
minimum reach of screw mɪnɪməm ritʃ ɒv skru	Mindesteinschraubtiefe
minimum tensile strength mɪnɪməm tɛnsaɪl strɛŋə	Mindestzugfestigkeit
minor cutting edge maɪnə kʌtɪŋ ɛdʒ	Nebenschneide
minor diameter maɪnə daɪæmɪtə	Kerndurchmesser
misalignment mɪsəlaɪnmənt	Ausrichtungsfehler
mitre box maɪtə bɒks	Gehrungslade
mitre box saw maɪtə bɒks sɔ	Gehrungssäge
mixed adhesive mɪkst ədhisəv	Zweikomponentenklebstoff
mixtures, substance mɪkstʃəs, sʌbstəns	Gemische, Stoff-
module milling cutter mɒdjul mɪlɪŋ kʌtə	Modulfräser
modulus of elasticity mɒdjuləs ɒv ilæstɪsɪti	Elastizitätsmodul
modulus of transverse elasticity mɒdjuləs ɒv trænsvɜs ɪlɛstɪsɪti	Schubmodul
Mohrs's hardness scale mɔs hadnəs skeɪl	Mohr'sche Härtetabelle
molecular lattice məlɛkjulə lætɪs	Kristallgitter
molybdenum disulphide mɒləbdɛnjəm dɪsʌlfaɪd	Molybdändisulfid
molybdenum steel mɒləbdɛnjəm stil	Molybdänstahl
moment of rotation məʊmənt ɒv rəʊteɪʃn	Drehmoment, Torsionsmoment
monocrystal mɒnəʊkrɪstəl	Einkristall
motion directions of CNC machines məʊʃn daɪrɛkʃnz ɒv sɪɛnsɪ məʃinz	Bewegungsrichtungen von CNC-Maschinen
motional friction məʊʃənəl frɪkʃn	Bewegungsreibung
mouldability məʊldəbɪləti	Formbarkeit
moulding process məʊldɪŋ prəʊsɛs	Formverfahren
moulding sand məʊldɪŋ sænd	Formsand
mouth of the ingot mould maʊθ ɒv ðɪ ɪngət məʊld	Einguss
movable bearing muvəbəl bɛrɪŋ	Loslager
multi-disc clutch mʌltɪ dɪsk klʌtʃ	Lamellenkupplung
multiple-start thread mʌltɪpl stat θrɛd	mehrgängiges Gewinde
multiple-tool block mʌltɪpl tul blɒk	Vielfachmeißelhalter
multi-spindle drilling machine mʌltɪ spɪndl drɪlɪŋ məʃin	Mehrspindelbohrmaschine
multistep reduction transmission mʌltɪstɛp rɪdʌktʃn trænsmɪʃn	Stufengetriebe
mushroom head rivet mʌʃrum hɛd rɪvət	Halbrundniet

N

natural resin nætʃərəl rɛzɪn	Naturharz
needle bearing nidl bɛrɪŋ	Nadellager
neutral axis njutrəl æksɪz	Biegeachse
neutral fibre njutrəl faɪbə	neutrale Faser

nibbling nɪblɪŋ	Knabberschneiden
nibbling machine nɪblɪŋ məʃin	Nibbelmaschine
nickel-iron sheet nɪkəl aɪən ʃit	Nickel-Eisen-Blech
nitrided steel nɪtraɪdəd stil	Nitrierstahl
nitrocellulose lacquer naɪtrəusɛləlɒuz lækə	Nitrolack
nodular graphite nɒdjulə græfaɪt	Kugelgrafit
nodular graphite cast iron nɒdjulə græfaɪt kast aɪən	Kugelgrafitguss
nominal diameter nɒmɪnəl daɪæmɪtə	Nenndurchmesser
nominal width nɒmɪnəl wɪdə	Nennweite
non-alloy special steel nɒn ælɔɪ spɛʃl stil	unlegierter Edelstahl
non-alloy steel nɒn ælɔɪ stil	unlegierter Stahl
non-destructive material testing nɒn dɪstrʌktɪv mətɪərɪəl tɛstɪŋ	zerstörungsfreie Werkstoffprüfung
nonferrous metal nɒnfɛrəs mɛtəl	Nichteisenmetall (NE-Metall)
non-metallic material nɒn mətælɪk mətɪərɪəl	nichtmetallischer Werkstoff
non-metallic protective layer nɒn mətælɪk prəutɛktɪv leɪə	nichtmetallische Schutzschicht
non-metals nɒn mɛtəlz	Nichtmetalle
non-positive connection nɒn pɒzətɪv kənɛkʃn	kraftschlüssige Verbindung
non-positive locking nɒn pɒzətɪv lɒkɪŋ	Kraftschluss
normal set of gauge blocks nɔməl sɛt ɒv geɪʤ blɒks	Endmaß-Normalsatz
normalise nɔməlaɪz	Normalglühen
nose key nəuz ki	Nasenkeil
notch effect nɒtʃ ɪfɛkt	Kerbwirkung
notched bar impact bending test nɒtʃt ba ɪmpækt bɛndɪŋ tɛst	Kerbschlagbiegeversuch
notching nɒtʃɪŋ	ausklinken
notching stress nɒtʃɪŋ strɛs	Kerbspannung
notching tool nɒtʃɪŋ tul	Ausklinkwerkzeug
number of cuts per cm nʌmbə ɒv kʌts pɜ sɛntɪmɪtə	Hiebzahl
nut for T-slots nʌt fɔ tɪslɒts	Mutter für T-Nuten
nut tap nʌt tæp	Muttergewindebohrer
nut thread nʌt θrɛd	Muttergewinde

O

offset face turning tool ɒfsɛt feɪs tɜnɪŋ tul	Stirndrehmeißel, abgesetzt
oil can ɔɪl kæn	Ölkanne
oil flow rate ɔɪl fləu reɪt	Ölbedarf
oil separator ɔɪl sɛprətə	Ölabscheider
oiler ɔɪlə	Öler
oil-tight ɔɪl taɪt	öldicht

oil-water cooling ɔɪl wɔtə kulɪŋ	OW
one component adhesive wʌn kəmpəʊnənt ədhisəv	Einkomponentenklebstoff
open-jawed spanner əʊpən dʒɔd spænə	Maulschlüssel
ordinary low-carbon steel ɔdənrɪ ləʊ kabən stil	Grundstahl
ordinary steel ɔdənrɪ stil	Massenstahl
ore dressing ɔ drɛsɪŋ	Erzaufbereitung
organic work material ɔgænɪk wɜk mətɪərɪəl	organischer Werkstoff
origination of metal structure ɒrɪdʒɪneɪʃn ɒv mɛtəl strʌktʃə	Entstehung eines Metallgefüges
O-ring, assembly space əʊ rɪŋ, əsɛmblɪ speɪs	O-Ring, Einbauraum
outer diameter aʊtə daɪæmɪtə	Außendurchmesser
outside thread aʊtsaɪd θrɛd	Außengewinde
oval head screw əʊvəl hɛd skru	Linsenschraube
overmeasure əʊvəmɛʒə	Zugabe
oxidation ɒksaɪdeɪʃn	Oxidation
oxidation stability ɒksaɪdeɪʃn stəbɪlətɪ	Oxidationsbeständigkeit
oxide ɒksaɪd	Oxid
oxide ceramic material ɒksaɪd kəræmɪk mətɪərɪəl	oxidkeramischer Werkstoff
oxide film ɒksaɪd fɪlm	Oxidschicht
oxide inclusion ɒksaɪd ɪnkluʒn	Oxideinschluss

P

packaging machine pækədʒɪŋ məʃin	Verpackungsmaschine
pan head screw pæn hɛd skru	Flachkopfschraube
paraffin oil pærəfən ɔɪl	Petroleum
parallel block gauge pærələl blɒk geɪdʒ	Parallelendmaß
parallel vice pærələl vaɪs	Parallelschraubstock
parting-off turning tool patɪŋ ɒf tɜnɪŋ tul	Stechdrehmeißel
pass through angle pas θru æŋgl	Durchzugswinkel
pasting pastɪŋ	Ankleben
pattern maker pætən meɪkə	Modelltischler
penetration method pɛnətreɪʃn mɛθəd	Eindringverfahren
peripheral grinding pərɪfərəl graɪndɪŋ	Umfangsschleifen
peripheral milling pərɪfərəl mɪlɪŋ	Umfangsfräsen
perlite pɜlɪt	Perlit
permanent elongation pɜmənənt ɪlɒŋgeɪʃn	bleibende Dehnung
permanent elongation limit, 0,2 % pɜmənənt ɪlɒŋgeɪʃn lɪmɪt, zɪərəʊ pɔɪnt tu pəsɛnt	Dehngrenze, 0,2 %
phenolic resin hard paper fənɒlɪk rɛzɪn had peɪpə	Phenolharz-Hartpapier
phosphatising fɒsfətaɪzɪŋ	Phosphatieren
phosphor fɒsfə	Phosphor

physical characteristics of chemical elements fɪzɪkəl kærəktərɪstɪks ɒv kɛmɪkl ɛləmənts — Stoffwerte chemischer Elemente

physical vapour deposition fɪzɪkəl veɪpə dɪpəzɪʃn — PVD-Verfahren (physikalische Gasphasenabscheidung)

pig iron production pɪg aɪən prədʌkʃn — Roheisenerzeugung

Pilger cross-rolling mill pɪlgə krɒs rəʊlɪŋ mɪl — Pilgerschrittwalzwerk

pillar guide pɪlə gaɪd — Säulenführung

pinion shaft pɪnjən ʃaft — Ritzelwelle

pipe fitting paɪp fɪtɪŋ — Fitting

pipe thread paɪp θrɛd — Rohrgewinde

pipe tongs paɪp tɒŋs — Rohrzange

pitch point of two mating gears pɪtʃ pɔɪnt ɒv tu meɪtɪŋ gɪəs — Berührungspunkt zweier Zahnräder

plain bearing pleɪn bɛrɪŋ — Gleitlager

plain journal bearing pleɪn dʒɜnəl bɛrɪŋ — Radialgleitlager

plain milling pleɪn mɪlɪŋ — Wälzfräsen

planetary wheel-work plænətrɪ wil wɜk — Planetengetriebe

planing plænɪŋ — Hobeln

planing machine plænɪŋ məʃin — Hobelmaschine

plasma-arc welding plæsmə ak wɛldɪŋ — Plasmalichtbogenschweißen

plastic deformation plæstɪk dɪfɔmeɪʃn — plastische Verformung

plastic joint plæstɪk dʒɔɪnt — Kunststoffmuffe

plastic pipe plæstɪk paɪp — Kunststoffrohr

plasticity plæstɪsɪti — Plastizität, Umformbarkeit

plastics plæstɪks — Kunststoffe

plastics engineering plæstɪks ɛndʒɪnɪərɪŋ — Kunststofftechnik

plate shears pleɪt ʃɪəz — Blechschere (Tafelschere)

plating pleɪtɪŋ — Plattieren

pointed cone pɔɪntəd kəʊn — Spitzkegel

polyamide pɒlɪəmid — Polyamid

polycarbonate pɒlɪkabənət — Polycarbonat

polycondensation product pɒlɪkɒndənzeɪʃn prɒdʌkt — Polykondensat

polycrystalline pɒlɪkrɪstəlɪn — polykristallin

polycrystalline boron nitride (PCB) pɒlɪkrɪstəlɪn bɒrən naɪtrɪd — PKB (polykristallines Bornitrid)

polycrystalline diamond (PCD) pɒlɪkrɪstəlɪn daɪəmənd — PKD (polykristalliner Diamant)

polyester pɒlɪɛstə — Polyester

polyester glass mat pɒlɪɛstə glæs mæt — Polyesterglasmatte

polyethylene pɒlɪɛθəlin — Polyethylen

polygonal shaft pɒlɪgən ʃaft — Polygonwelle

polymer pɒlɪmɛə — Polymer

polymerisation pɒlɪməraɪzeɪʃn — Polymerisation

polytetrafluor ethylene pɒlɪtɛtrəfluə ɛθəlin — Polytetrafluorethylen (PTFE)

polyurethane pɒlijʊrəθeɪn	Polyurethan
polyvinyl chloride pɒlɪvənil klɔʊraɪd	Polyvinylchlorid
porosity pərɒsəti	Porosität
portal milling machine pɔtəl mɪlɪŋ məʃin	Portalfräsmaschine
positive locking pɒzətɪv lɒkɪŋ	formschlüssig
positive interlocking clutch pɒzətɪv ɪntələkɪŋ klʌtʃ	Kupplung, formschlüssige
potlife pɒtlaɪf	Topfzeit
powder coating paʊdə kəʊtɪŋ	Pulverbeschichtung
power hack sawing machine paʊwə hæk sɔwɪŋ məʃin	Hubsäge
precipitation hardening prɪsɪpɪteɪʃn hadənɪŋ	aushärten
precision casting prɪsɪʒn kʌstɪŋ	Feinguss
precision engineering prɪsɪʒn ɛndʒɪnɪərɪŋ	Feinmechanik, Feinwerktechnik
precision steel pipe prɪsɪʒn stil paɪp	Präzisionsstahlrohr
predetermined breaking zone pridɪtɜmɪnd breɪkɪŋ zəʊn	Sollbruchstelle
premilling primɪlɪŋ	Vorfräsen
preparation of adherends prɛpəreɪʃn ɒv ədhirəns	Vorbehandlung von Klebeflächen
press fit prɛs fɪt	Presspassung, Übermaßpassung
pressure by load prɛʃə baɪ ləʊd	Auflagekraft
pressure die casting prɛʃə daɪ kʌstɪŋ	Druckgießen
pressure welding prɛʃə wɛldɪŋ	Pressschweißen
prestress force for screws prɪstrɛs fɔs fɔ skrus	Vorspannkraft für Schrauben
pre-stroke control prɪstrəʊk kəntrəʊl	Vorhubsteuerung
preturning prɪtɜnɪŋ	Vordrehen
primary shaping praɪməri ʃeɪpɪŋ	Urformen
process annealing prəʊsɛs ənilɪŋ	Rekristallisationsglühen
processing by non-cutting prəʊsɛsɪŋ baɪ nɒn kʌtɪŋ	spanlose Bearbeitung
processing of amorphous materials prəʊsɛsɪŋ ɒv əmɔfəs mətɪərɪəlz	Urformen
processing sequence prəʊsɛsɪŋ sikwəns	Bearbeitungsfolge
profile drilling prəʊfaɪl drɪlɪŋ	Profilbohren
profile facing prəʊfaɪl feɪsɪŋ	Profilsenken
profile grinding prəʊfaɪl graɪndɪŋ	Profilschleifen
profile milling prəʊfaɪl mɪlɪŋ	Profilfräsen
profile of splines and spline bore hubs prəʊfaɪl ɒv splaɪnz ænd splaɪn bɔ hʌbs	Profil für Keilwellen und -naben
profile steel prəʊfaɪl stil	Formstahl
profiler prəʊfaɪlə	Profilbiegemaschine
projection welding prəʊdʒɛktʃn wɛldɪŋ	Buckelschweißen
properties of work materials prɒpətiz ɒv wɜk mətɪərɪəlz	Eigenschaften von Werkstoffen
protection against corrosion prətɛkʃn əgeɪnst kərəʊʒn	Korrosionsschutz
protective atmosphere prətɛktɪv ætməsfɪə	Schutzatmosphäre

pulley pʊlɪ — Rolle
pulley block pʊlɪ blɒk — Flaschenzug
punching pʌntʃɪŋ — Lochen
punching die pʌntʃɪŋ daɪ — Lochstempel (Stanzwerkzeug)
pure element pjʊə ɛləmənt — reines Element
pure materials pjʊə mətɪərɪəlz — reine Stoffe

Q

quality steel kwɒlətɪ stil — Qualitätsstahl
quench hardening kwɛnʃ hadənɪŋ — Abschreckhärten
quenched and tempered steel kwɛnʃt ænd tɛmpəd stil — Vergütungsstahl
quick-action chuck kwɪk ækʃn tʃʌk — Schnellspannfutter

R

rack and pinion gear ræk ænd pɪnjən gɪə — Zahnstangengetriebe
radial bearing rædɪəl bɛrɪŋ — Radiallager
radial drilling machine rædɪəl drɪlɪŋ məʃin — Radialbohrmaschine, Schwenkbohrmaschine
radial play rædɪəl pleɪ — Radialspiel
radial run-out rædɪəl rʌn aʊt — Rundlaufabweichung
radial seal ring rædɪəl sil rɪŋ — Simmering
radial self-aligning roller bearing rædɪəl sɛlf əlaɪnɪŋ rəʊlə bɛrɪŋ — Radial-Pendelrollenlager
radiographic test reɪdɪəʊgræfɪk tɛst — Durchstrahlungsprüfung
radius gauge rædɪəs geɪdʒ — Radiuslehre
rapid feed ræpɪd fid — Eilgang, Schnellvorschub
rate of feed reɪt ɒv fid — Vorschubgeschwindigkeit
reach of screw ritʃ ɒv skru — Einschraubtiefe
reamer rimə — Reibahle
reaming rimɪŋ — aufreiben, Reiben
rebound hardness rɪbaʊnd hadnəs — Rückprallhärte
recessing tool rɪsɛsɪŋ tul — Einstechdrehmeißel
recognising plastics rɛkəgnaɪzɪŋ plæstɪks — Erkennen von Kunststoffen
rectangular steel tube rɛktæŋgjələ stil tjub — rechtwinkliges Stahlrohr
reduced-shaft bolt rɪdjust ʃaft bəʊlt — Dehnschraube
reducing bush rɪdjusɪŋ bʊʃ — Reduzierhülse
reduction rɪdʌkʃən — Reduktion
reduction area when breaking rɪdʌkʃn ɛərɪə wɛn breɪkɪŋ — Brucheinschnürung
reference edge rɛfərəns ɛdʒ — Bezugskante

reference point rɛfərəns pɔɪnt	Bezugspunkt
reinforced plastic riːnfɔst plæstɪk	verstärkter Kunststoff
reinforcement riːnfɔsmənt	Armierung
removing from the mould rɪmuvɪŋ frɒm ðə məʊld	Entformen
resharpening rɪʃapənɪŋ	nachschleifen
resilience when bending rɪzɪlɪənts wɛn bɛndɪŋ	Rückfederung beim Biegen
resin bond rɛzɪn bɒnd	Kunstharzbindung
resistance to shock rɪzɪstəns tə ʃɒk	Schlagfestigkeit
resistance welding rɪzɪstəns wɛldɪŋ	Widerstandsschweißen
resistant rɪzɪstənt	beständig
resistant to bending rɪzɪstənt tə bɛndɪŋ	biegesteif
revolving centre rɪvɒlvɪŋ sɛntə	mitlaufende Körnerspitze
right-handed thread raɪt hændəd ɵrɛd	Rechtsgewinde
rightward welding raɪtwɒd wɛldɪŋ	Nachrechtsschweißen
ring spanner rɪŋ spænə	Ringschlüssel
rivet connection rɪvət kənɛkʃn	Nietverbindung
rivet head rɪvət hɛd	Nietkopf
rivet header rɪvət hɛdə	Döpper
rivet set rɪvət sɛt	Nietdöpper
rivet, distances from edge rɪvət, dɪstəns frɒm ɛdʒ	Niet, Randabstände
Rockwell test of hardness rɒkwəl tɛst ɒv hadnəs	Rockwell Härteprüfung
roll seam welding rəʊl sim wɛldɪŋ	Rollennahtschweißen
roller chain rəʊlə tʃeɪn	Gelenkkette
roller lever rəʊlə lɛvə	Rollenhebel
roller of the rolling bearing rəʊlə ɒv ðə rəʊlɪŋ bɛrɪŋ	Wälzkörper
rolling rəʊlɪŋ	Walzen
rolling bearing rəʊlɪŋ bɛrɪŋ	Wälzlager
rolling bearing steel rəʊlɪŋ bɛrɪŋ stil	Wälzlagerstahl
rolling mill rəʊlɪŋ mɪl	Walzwerk
rolling round rəʊlɪŋ raʊnd	Rundbiegen
rolling skin rəʊlɪŋ skɪn	Walzhaut
rope rəʊp	Seil
rope pulley rəʊp pʊli	Seilrolle
rotary shaft seal rəʊtərɪ ʃaft sil	Radial-Wellendichtring
rotary shafts lip type rəʊtərɪ ʃafts lɪp taɪp	Wellendichtringe, radial
rotational frequencies rəʊteɪʃnəl frikwənsɪs	Umdrehungsfrequenzen
rotational frequency diagram rəʊteɪʃənəl frikwənsi daɪəgræm	Umdrehungsfrequenz-Schaubild
roughing turning tool rʌfɪŋ tɜnɪŋ tul	Schruppdrehmeißel
roughness class rʌfnəs klas	Rauheitsklasse
roughness depth, maximum rʌfnəs dɛpɵ mæksɪməm	Rautiefe, maximale
round blank raʊnd blæŋk	Ronde

round blank diameter raʊnd blæŋk daɪæmɪtə — Rondendurchmesser

round file raʊnd faɪl — Rundfeile

round steel raʊnd stil — Rundstahl

round thread raʊnd ɵrɛd — Rundgewinde

round wire snap ring raʊnd waɪə snæp rɪŋ — Runddraht-Sprengring

round-ended sunk-key raʊnd ɛndəd sʌŋk ki — Einlegekeil

rounding machine raʊndɪŋ məʃin — Rundbiegemaschine

rubber-mallet rʌbə mælət — Gummihammer

rupture sensitive rʌpʃə sɛnsɪtɪv — bruchempfindlich

rustproof steel rʌstpruf stil — nichtrostender Stahl

S

sacrificial anode sækrɪfɪʃəl ænəʊd — Opferanode

safety clutch seɪftɪ klʌtʃ — Rutschkupplung

safety load seɪftɪ ləʊd — zulässige Beanspruchung

safety plate seɪftɪ pleɪt — Sicherungsblech

sand casting sænd kʌstɪŋ — Sandguss

saucer-head screw sɔsə hɛd skru — Flachrundschraube

science of strength of materials
    saɪəns ɒv strɛŋɵ ɒv mətɪərɪəlz — Festigkeitslehre

scrap side of a limit gauge skræp saɪd ɒv ə lɪmɪt geɪdʒ — Ausschussseite einer Grenzlehre

scraper skreɪpə — Schaber

scratch hardness skrætʃ hadnəs — Ritzhärte

screw skru — Schraube

screw pitch gauge skru pɪtʃ geɪdʒ — Gewindeschablone

screwing connection skruɪŋ kənɛkʃn — Schraubenverbindung

screwing die skruɪŋ daɪ — Schneideisen

screw-tap skru tæp — Gewindebohrer

scribing block skraɪbɪŋ blɒk — Höhenreißer

scribing iron skraɪbɪŋ aɪən — Reißnadel

scuffing skʌfɪŋ — Oberflächenverschleiß

seal sil — Dichtung

sealer silə — Dichtmittel

sealing strip silɪŋ strɪp — Dichtungsband

seam sim — Falz

seamless steel pipe (tube) sɪəmləs stil paɪp (tjub) — nahtloses Stahlrohr

second land of the face sɛkənd lænd ɒv ðə feɪs — Nebenspanfläche

selection of materials sɪlɛkʃn ɒv mətɪərɪəlz — Werkstoffauswahl

self-aligning ball bearing sɛlf əlaɪnɪŋ bɔl bɛrɪŋ — Pendelkugellager

self-tapping screw sɛlf tæpɪŋ skru — Schneidschraube

serrated lock washer səreɪtəd lɒk wɒʃə — Fächerscheibe

setting angle ˈsɛtɪŋ æŋgl	Einstellwinkel
setting gauge ˈsɛtɪŋ geɪdʒ	Einstelllehre
setting size ˈsɛtɪŋ saɪz	Einstellmaß
shaft ʃaft	Welle
shaft coupling ʃaft ˈkʊplɪŋ	Schalenkupplung, Wellenkupplung
shaft end ʃaft ɛnd	Wellenende
shaft to hub connection, prestressed ʃaft tə hʌb kəˈnɛkʃn prɪˈstrɛst	Welle-Nabe-Verbindung, vorgespannt
shank length ʃæŋk lɛŋθ	Schaftlänge
shape memory alloys ʃeɪp ˈmɛmrɪ ˈælɔɪs	Formgedächtnis-Legierung
sharp-edged ʃap ˈɛdʒd	scharfkantig
sharpening ˈʃapənɪŋ	schärfen
shaving die ˈʃeɪvɪŋ daɪ	Nachschneidwerkzeug
sheared edge ʃɪəd ɛdʒ	Schnittkante
shearing chip ˈʃɪərɪŋ tʃɪp	Scherspan
shearing force ˈʃɪərɪŋ fɔs	Scherkraft
shearing pin ˈʃɪərɪŋ pɪn	Abscherbolzen
shearing strength ˈʃɪərɪŋ strɛŋθ	Scherfestigkeit
shearing stress ˈʃɪərɪŋ strɛs	Scherbeanspruchung
shearing surface ˈʃɪərɪŋ sɜfɪs	Scherfläche
shearing work ˈʃɪərɪŋ wɜk	Abscherarbeit
sheet metal goods ʃit ˈmɛtəl gʊds	Blecherzeugnisse
sheet metal screw ʃit ˈmɛtəl skru	Blechschraube
sheet metal working ʃit ˈmɛtəl wɜkɪŋ	Blechverarbeitung
shell end milling cutter ʃɛl ɛnd ˈmɪlɪŋ kʌtə	Walzenstirnfräser
shell mould casting ʃɛl məʊld ˈkastɪŋ	Maskenformverfahren
shim ʃɪm	Beilage
shrink fit ʃrɪŋk fɪt	Schrumpfverbindung
shrinking on ˈʃrɪŋkɪŋ ɒn	aufschrumpfen
sickle spanner ˈsɪkl ˈspænə	Hakenschlüssel
side of the cutting wedge saɪd ɒv ðə ˈkʌtɪŋ wɛdʒ	Keilfläche
silicone resin ˈsɪlɪkən ˈrɛzɪn	Silikonharz
silver facing ˈsɪlvə ˈfeɪsɪŋ	Silberauflage
silver plated ˈsɪlvə ˈpleɪtəd	versilbert
silver solder ˈsɪlvə ˈsəʊldə	Silberlot
simple cut of a file ˈsɪmpl kʌt ɒv ə faɪl	einfacher Feilenhieb
single piece work ˈsɪŋgl pis wɜk	Einzelanfertigung
sinking ˈsɪŋkɪŋ	Senken
sintered bearing ˈsɪntəd ˈbɛrɪŋ	Sinterlager
sintered metal ˈsɪntəd ˈmɛtəl	Sintermetall
sintered product ˈsɪntəd ˈprɒdʌkt	Sintererzeugnis
size of sheet saɪz ɒv ʃit	Blattgröße

sleeve sliv	Hülse
sliding plane slaɪdɪŋ pleɪn	Gleitebene
slotted cheese head screw slɒtəd tʃiz hɛd skru	Zylinderschraube mit Schlitz
slotted screw slɒtəd skru	Schlitzschraube
smoothing smuəɪŋ	Schlichten
snap gauge snæp geɪdʒ	Rachenlehre
snap ring snæp rɪŋ	Sprengring
snap-in beads snæp ɪn bids	Snap-in-Sicken
soft annealing sɒft ənilɪŋ	Weichglühen
solid materials sɒlɪd mətɪərɪəlz	feste Stoffe
solid plain bearing sɒlɪd pleɪn bɛrɪŋ	Massivgleitlager
solid profile sɒlɪd prəʊfaɪl	Vollprofil
solid solubility sɒlɪd sɒljʊbɪləti	Löslichkeit im festen Zustand
solidification point sɒlɪdɪfɪkeɪʃn pɔɪnt	Erstarrungspunkt
solid-silver facing sɒlɪd sɪlvə feɪsɪŋ	Massivsilberauflage
solvent sɒlvənt	Lösungsmittel
solvent adhesive sɒlvənt ədhisəv	Lösungsmittelklebstoff
solvent vapours sɒlvənt veɪpəz	Lösungsmitteldämpfe
spacer block speɪcə blɒk	Distanzstück
spanner spænə	Schraubenschlüssel
spark test spak tɛst	Funkenprobe
special steel spɛʃəl stil	Edelstahl
specifications for surfaces spɛsɪfɪkeɪʃn fɔ sɜfəsəz	Oberflächenangaben
specimen for tensile test spɪsɪmən fɔ tɛnsaɪl tɛst	Zugprobe
spherical milling cutter sfɛrɪkəl mɪlɪŋ kʌtə	Kugelfräser
spheroidal graphite cast iron sfɪərɔɪdəl græfaɪt kast aɪən	Sphäroguss
spigot of a die spɪgət ɒv ə daɪ	Einspannzapfen
spindle bearing arrangement spɪndl bɛrɪŋ əreɪndʒmənt	Spindellagerung
spindle speed spɪndl spid	Spindeldrehzahl
spiral bevel wheel spɪrəl bɛvəl wil	Kegelrad, bogenverzahnt
spiral spring spɪrəl sprɪŋ	Spiralfeder
splash lubrication splæʃ lubrɪkeɪʃn	Tauchschmierung
spline bore hub splaɪn bɔ hʌb	Keilnabe
spline shaft splaɪn ʃaft	Keilwelle
split line splɪt laɪn	Trennfuge
split-pin splɪt pɪn	Splint
spot facing spɒt feɪsɪŋ	Plansenken
spot welding spɒt wɛldɪŋ	Punktschweißen
spring characteristic sprɪŋ kærəktərɪstɪk	Federkennlinie
spring dowel pin sprɪŋ daʊəl pɪn	Spannstift

spring steel sprɪŋ stil	Federstahl
spring washer sprɪŋ wɒʃə	Federscheibe
spring work sprɪŋ wɜk	Federarbeit
spur gear spɜ gɪə	Stirnradgetriebe
spurwheel with helical gearing spɜwil wɪə hɛlɪkəl gɪərɪŋ	schrägverzahntes Stirnrad
square bar steel skwɛə ba stil	Vierkantstahl
square file skwɛə faɪl	Vierkantfeile
square of straight shanks skwɛə ɒv streɪt ʃæŋks	Vierkant von Zylinderschäften
square washer skwɛə wɒʃə	Vierkantscheibe
square-head screw skwɛə hɛd skru	Vierkantschraube
stainless steel steɪnləs stil	nichtrostender Stahl
stamp stæmp	Prägen
stamp shop stæmp ʃɒp	Gesenkschmiede
standard side of a limit gauge stændəd saɪd ɒv ə lɪmɪt geɪdʒ	Gutseite einer Grenzlehre
state of crudeness steɪt ɒv krudnəs	Rohzustand
steady rest stædɪ rɛst	Lünette
steel for cold extrusion stil fɔ kəʊld ɪkstruʒn	Kaltfließpressstahl
steel for pressure purposes stil fɔ prɛʃə pɜpəsəz	Druckbehälterstahl
steel for springs stil fɔ sprɪŋz	Stahl für Federn
steel sheet, magnetic stil ʃit, məgnætɪk	Blech, Elektro-
steel sheet thickness stil ʃit θɪknəs	Blechdicke
steel strip stil strip	Stahlband
steel tube stil tjub	Stahlrohr
steel wire stil waɪə	Stahldraht
step hardening stɛp hadənɪŋ	gebrochenes Härten
stick electrode stɪk ɪlɛktrəʊd	Stabelektrode
straight pin streɪt pɪn	Zylinderstift
straight turning tool streɪt tɜnɪŋ tul	gerader Drehmeißel
strain stress streɪn strɛs	Dehnspannung
strengthened border strɛŋənd bɔdə	Randversteifung
stress strɛs	Beanspruchung
stress-free annealing strɛs frɪ ənilɪŋ	Spannungsarmglühen
stress test strɛs tɛst	Druckversuch
stress-strain-diagram strɛs streɪn daɪəgræm	Spannungs-Dehnungs-Diagramm
stretch-forming strɛtʃ fɔmɪŋ	Streckziehen
strip width strɪp wɪdə	Streifenbreite
structural steel strʌkʃərəl stil	Baustahl
structural transformation strʌkʃərəl trænsfəmeɪʃn	Gefügeumwandlung
submerged arc welding sʌbmɜdʒd ak wɛldɪŋ	Unterpulverschweißen
superficial hardening sjʊpəfɪʃəl hadənɪŋ	Oberflächenhärtung
superfinishing sjʊpəfɪnɪʃɪŋ	Kurzhubhonen

surface analyser ˈsɜːfəs ˈænəlaɪzə	Oberflächenprüfgerät
surface corrosion ˈsɜːfəs kəˈrəʊʒn	Flächenkorrosion
surface finish marking ˈsɜːfəs ˈfɪnɪʃ ˈmɑːkɪŋ	Oberflächenzeichen
surface grinding machine ˈsɜːfəs ˈgraɪndɪŋ məˈʃiːn	Flachschleifmaschine
surface measurement ˈsɜːfəs ˈmɛʒəmənt	Oberflächenmesstechnik
surface milling cutter ˈsɜːfəs ˈmɪlɪŋ ˈkʌtə	Planfräser
surface of the impression ˈsɜːfəs ɒv ðɪ ɪmˈprɛʃn	Eindruckoberfläche
surface plate ˈsɜːfəs pleɪt	Tuschierplatte
surface pressure ˈsɜːfəs ˈprɛʃə	Flächenpressung
surface protection ˈsɜːfəs prətˈɛkʃn	Oberflächenschutz
surface roughness parameter ˈsɜːfəs ˈrʌfnəs pəˈræmɪtə	Rauheitskenngröße
surface structure ˈsɜːfəs ˈstrʌktʃə	Oberflächenstruktur
surface tension ˈsɜːfəs ˈtɛnʃən	Oberflächenspannung
surface treatment ˈsɜːfəs ˈtriːtmənt	Oberflächenbehandlung
symbol of tolerance class ˈsɪmbəl ɒv ˈtɒlərənts klɑːs	Kurzzeichen der Toleranzklasse
symbols of threads ˈsɪmbəlz ɒv θrɛdz	Gewinde-Kurzzeichen
synthetic material pipe sɪnˈθɛtɪk məˈtɪərɪəl paɪp	Rohr aus Kunststoff

T

tailstock centre ˈteɪlstɒk ˈsɛntə	Reitstockspitze
tangential key tənˈgɛntʃl kiː	Tangentkeil
tap wrench tæp rɛnʃ	Windeisen
taper pins ˈteɪpə pɪns	Kegelstifte
taper plug gauge ˈteɪpə plʌg geɪdʒ	Kegellehrdorn
taper reamer ˈteɪpə ˈriːmə	Kegelreibahle
taper socket ˈteɪpə ˈsɒkət	Kegelhülse
taper tap ˈteɪpə tæp	Vorschneider
taper turning attachment ˈteɪpə ˈtɜːnɪŋ əˈtætʃmənt	Kegeldrehvorrichtung
tapered handle ˈteɪpəd ˈhændl	Kegelgriff
tapered outside thread ˈteɪpəd aʊtˈsaɪd θrɛd	kegeliges Außengewinde
tappet ˈtæpət	Stößel
tapping ˈtæpɪŋ	Gewindebohren
telescopic type ball bearing traveller ˈtɛlɪskɒpɪk taɪp bɔːl ˈbɛrɪŋ ˈtrævələ	Kugelführung
tempering ˈtɛmpərɪŋ	Anlassen
tenacity təˈnæsəti	Zähigkeit
tensile force ˈtɛnsaɪl fɔːs	Zugkraft
tensile load ˈtɛnsaɪl ləʊd	Zugbeanspruchung
tensile strength ˈtɛnsaɪl strɛŋθ	Zugfestigkeit
tensile stress ˈtɛnsaɪl strɛs	Zugspannung
tensile test ˈtɛnsaɪl tɛst	Zugversuch

tension tɛnʃn	Zug
tension testing machine tɛnʃn tɛstɪŋ məʃin	Zerreißmaschine
test gas tɛst gæs	Prüfgas
textile tape tɛkstaɪl teɪp	Gewebeband
thermal cutting əɜml kʌtɪŋ	thermisches Schneiden
thermal removal operations əɜml rɪmuvl ɒpəreɪʃnz	thermisches Abtragen
thermoplastic əɜməʊplæstɪk	Thermoplast
thermoplastic moulding material əɜməʊplæstɪk məʊldɪŋ mətɪərɪəl	thermoplastische Formmasse
thick plate əɪk pleɪt	Grobblech
thin sheet metal əɪn ʃit mɛtəl	Feinstblech
third tap əɜd tæp	Fertigschneider
thread ərɛd	Gewinde
thread end ərɛd ɛnd	Gewindeende
thread grinding ərɛd graɪndɪŋ	Gewindeschleifen
thread milling ərɛd mɪlɪŋ	Gewindefräsen
thread pitch ərɛd pɪtʃ	Gewindesteigung
thread pitch gauge ərɛd pɪtʃ geɪdʒ	Gewindesteigungslehre
thread pressing ərɛd prɛsɪŋ	Gewindedrücken
thread runout ərɛd rʌnaʊt	Gewindeauslauf
thread turning ərɛd tɜnɪŋ	Gewindedrehen
threaded pipe (tube) ərɛdəd paɪd (tjub)	Gewinderohr
threaded spindle ərɛdəd spɪndl	Gewindespindel
thread-forming screw ərɛd fɔmɪŋ skru	Gewindeschneidschraube
thread-grooving screw ərɛd gruvɪŋ skru	gewindefurchende Schraube
three-jaw scroll chuck əri dʒɔ skrɒl tʃʌk	Dreibackenfutter
through bolt əru bəʊlt	Durchsteckschraube
through hole əru həʊl	Durchgangsloch
thrust bearing ərʌst bɛrɪŋ	Axiallager
tightening taɪtənɪŋ	anziehen
tightening moment of screws taɪtənɪŋ məʊmənt ɒv skruz	Anziehmoment von Schrauben
time allowance taɪm əlaʊəns	Vorgabezeit
time-cutting volume taɪm kʌtɪŋ vɒljəm	Zeitspanungsvolumen
time-temperature-transformation curve (TTT-curve) taɪm tɛmprətʃə trænsfɔmeɪʃn kɜv	Zeit-Temperatur-Umwandlungsschaubild (ZTU-Schaubild)
time-to-rupture test taɪm tə rʌptʃə tɛst	Zeitstandversuch
tin tɪn	Zinn
tin solder tɪn səʊldə	Zinnlot
tinned sheet-iron tɪnd ʃit aɪən	Weißblech
titanium wrought alloy taɪtænjəm raʊt ælɔɪ	Titan-Knetlegierung
toggle press tɒgl prɛs	Kniehebelpresse

tolerance of form tɒlərənts ɒv fɔm	Formtoleranz
tolerance of position tɒlərənts ɒv pəzɪʃn	Lagetoleranz
tool carriage tul kærɪədʒ	Werkzeugschlitten
tool change system tul tʃeɪndʒ sɪstəm	Werkzeugwechselsystem
tool clearance tul klɪərənts	Werkzeug-Freiwinkel
tool cutting edge angle tul kʌtɪŋ ɛdʒ æŋgl	Werkzeug-Einstellwinkel
tool for corner work tul fɔ kɔnə wɜk	Eckdrehmeißel
tool holder for indexable inserts tul həʊldə fɔ ɪndɛksəbəl ɪnsɜts	Klemmhalter für Wendeschneidplatten
tool holding fixture tul həʊldɪŋ fɪkstʃə	Werkzeugaufnahme
tool life tul laɪf	Standzeit
tool rake angle tul reɪk æŋgl	Werkzeug-Spanwinkel
tool side clearance tul saɪd klɪərənts	Werkzeug-Seitenfreiwinkel
tool side wedge angle tul saɪd wɛdʒ æŋgl	Werkzeug-Seitenkeilwinkel
tool steel tul stil	Werkzeugstahl
toolmaking tulmeɪkɪŋ	Werkzeugbau
tooth form cutter tuə fɔm kʌtə	Zahnformfräser
tooth lock washer tuə lɒk wɒʃə	Zahnscheibe
tooth space tuə speɪs	Zahnlücke
toothed wheel-work tuəd wil wɜk	Verzahnung
top roller tɒp rəʊlə	Oberwalze
top slide tɒp slaɪd	Oberschlitten
torque wrench tɔk wrɛnʃ	Drehmomentschlüssel
torque tɔk	Torsionsmoment, Drehmoment
torsion tɔʒn	Torsion, Verdrehung
torsional moment tɔʒənəl məʊmənt	Torsionsmoment, Drehmoment
torsional stability tɔʒənəl stəbɪləti	Torsionsfestigkeit
torsional stress tɔʒənəl strɛs	Torsionsspannung
toxicity tɒksɪsəti	Toxizität
tracing treɪsɪŋ	Anreißen
tracing tool treɪsɪŋ tul	Anreißwerkzeug
transcrystalline corrosion trænskrɪstəlɪn kərəʊʒn	transkristalline Korrosion
transmission box trænsmɪʃn bɒks	Getriebegehäuse
transverse compression connection trænsvɜs kəmprɛʃn kənɛkʃn	Querpressverbindung
transverse turning trænsvɜs tɜnɪŋ	Querplandrehen
trapesoidal thread træpɪzɔɪdəl θrɛd	Trapezgewinde
treatment order, characteristic numbers tritmənt ɔdə, kærəktərɪstɪk nʌmbəz	Behandlungsfolge, Kennziffern
trolley trɒleɪ	Laufrolle
true aligned tru əlaɪnd	genau fluchtend
T-slot tɪ slɒt	T-Nute

tube bender tjub bɛndə	Rohrbiegewerkzeug
tube connection tjub kənɛkʃn	Rohrverbindung
tube forming tjub fɔmɪŋ	Rohrumformung
tungsten electrode tʌŋstən ɪlɛktrəʊd	Wolframelektrode
tungsten-inert gas shielded welding (TIG) tʌŋsten ɪnɜt gæs ʃɪldəd wɛldɪŋ	WIG-Schweißen (Wolfram-Inertgas-Schweißen)
turnery tɜnəri	Dreherei
turning tɜnɪŋ	Drehen
turning machine tɜnɪŋ məʃin	Drehmaschine
turning to size tɜnɪŋ tə saɪs	auf Maß abdrehen
turning tool tɜnɪŋ tul	Drehmeißel
turn-lock fastener tɜn lɒk fasənə	Drehverschluss
turret drilling machine tʌrɪt drɪlɪŋ məʃin	Revolverbohrmaschine
twin wheel lapping machine twɪn wil læpɪŋ məʃin	Zweischeiben-Läppmaschine
twist drill twɪst drɪl	Spiralbohrer
two-start thread tu stat θrɛd	zweigängiges Gewinde
type of bearing taɪp ɒv bɛrɪŋ	Lagerbauart
type of chip taɪp ɒv tʃɪp	Spanart
type of corrosion taɪp ɒv kərəʊʒn	Korrosionsart
type of cut taɪp ɒv kʌt	Hiebart
type of weld taɪp ɒv wɛld	Nahtart
types of adhesive taɪps ɒv ədhisəv	Klebstoffarten
types of thread taɪps ɒv θrɛd	Gewindearten

U

ultrasonic testing ʌltrəsɒnɪk tɛstɪŋ	Ultraschallprüfung
ultrasonic welding ʌltrəsɒnɪk wɛldɪŋ	Ultraschallschweißen
unalloyed special steel ʌnælɔɪd spɛʃl stil	unlegierter Edelstahl
unbalanced state ʌnbælənst steɪt	Unwucht
undercut ʌndəkʌt	Freistich, Hinterschneidung
unfinished casting ʌnfɪnɪʃt kastɪŋ	Rohguss
unhardened ʌnhadənd	ungehärtet
unit circle jʊnɪt sɜkl	Einheitskreis
universal lathe jʊnɪvɜsl læθ	Universaldrehmaschine
universal milling, drilling, and boring machine jʊnɪvɜsl mɪlɪŋ drɪlɪŋ ænd bɔrɪŋ məʃin	Universalfräs- und Bohrmaschine
unkilled steel ʌnkɪld stil	unberuhigt vergossener Stahl
untinned ʌntɪnd	unverzinnt
up-cut ʌp kʌt	Oberhieb
upper boom ʌpə bum	Obergurt
upper cutter ʌpə kʌtə	Obermesser

upper deviation ˄pə dəvıeıʃn — oberes Abmaß
upper die ˄pə daı — Obergesenk
upright drilling machine ˄praıt drılıŋ məʃin — Säulenbohrmaschine
upsetting ˄psɛtıŋ — Stauchen

V

vacuum degassing vækjʊəm dıgæsıŋ — Vakuumentgasung
vacuum metallising vækjʊəm mɛtəlaızıŋ — aufdampfen
vacuum moulding vækjʊəm məʊldıŋ — Vakuumformverfahren
vacuum treatment vækjʊəm tritmənt — Vakuumbehandlung
vanadium vəneıdıəm — Vanadium
V-belt pulley vibɛlt pʊlı — Keilriemenscheibe
V-belt transmission vibɛlt trænsmıʃn — Keilriemengetriebe
vee-guide vi gaıd — Prismenführung
vernier calliper vənıə kælıpə — Messschieber
vernier interval vənıə ıntəvəl — Noniuswert
vertical boring and drilling machine vɜtıkəl bɔrıŋ ænd drılıŋ məʃin — Karuselldrehmaschine
vertical milling machine vɜtıkəl mılıŋ məʃin — Senkrechtfräsmaschine
vibrating grinder vaıbreıtıŋ graındə — Schwingschleifer
vice vaıs — Schraubstock
Vickers test of hardness vıkəs tɛst ɒv hadnəs — Vickers Härteprüfung
viscosity class vıskɒsətı klas — Viskositätsklasse
viscosity, dynamic vıskɒsətı daınæmık — Viskosität, dynamische
viscous vıskəʊs — zähflüssig

W

wall thickness wɔl θıknəs — Wandstärke
washer wɒʃə — Scheibe, Unterlegscheibe
waste oil screw weıst ɔıl skru — Ölablassschraube
water pump pliers wɔtə p˄mp plaıəs — Wasserpumpenzange
wearing appearance wɛərıŋ əpıərəns — Abnutzungserscheinung
weld metal wɛld mɛtəl — Zusatzwerkstoff
weld seam testing wɛld sıəm tɛstıŋ — Schweißnahtprüfung
weldability wɛldəbılətı — Schweißbarkeit
welded steel pipe wɛldəd stil paıp — geschweißtes Stahlrohr
welding wɛldıŋ — Schweißen
welding connection wɛldıŋ kənɛkʃn — Schweißverbindung
welding electrode wɛldıŋ ılɛktrəʊd — Schweißelektrode
welding torch wɛldıŋ tɔtʃ — Schweißbrenner

wet adhesive wɛt ədhisəv	Nassklebstoff
wheel gear wil gɪə	Rädergetriebe
wheel winch wil wɪnʃ	Räderwinde
white malleable cast iron waɪt məlibl kast aɪən	weißer Temperguss
wing nut wɪŋ nʌt	Flügelmutter
wire electrode waɪə ɪlɛktrəʊd	Drahtelektrode
wiring-EDM (electrical discharge machining) waɪrɪŋ ɪdɪɛm	Drahterodieren
withdrawing device wɪədrɔɪŋ dɪvaɪs	Abziehvorrichtung
wood screw wʊd skru	Holzschraube
woodruff key wʊdrʌf ki	Scheibenfeder
work piece wɜk pis	Werkstück
work piece properties wɜk pis prɒpətɪs	Werkstückeigenschaften
work piece thickness wɜk pis θɪknəs	Werkstückdicke
work piece zero point wɜk pis zɪərəʊ pɔɪnt	Werkstücknullpunkt
work support wɜk səpɔt	Werkstückauflage
workability wɜkəbɪləti	Bearbeitbarkeit
worm gear wɔm gɪə	Schneckengetriebe
worm wheel wɔm wil	Schneckenrad
wrench size across flats rɛnʃ saɪs əkrɒs flæts	Schlüsselweite

X

X-cut crystal ɛks kʌt krɪstl	X-Schnitt-Kristall

Y

yield jild	Ausbringung
yield point jild pɔɪnt	Streckgrenze
yielding carbon jildɪŋ kabən	kohlenstoffabgebend
yttrium ferrite jɪtrəm ferɪt	Yttriumferrit
yttrium iron garnet jɪtrəm aɪən ganət	YIG (Lasermaterial)
yttrium-aluminium-garnet laser jɪtrəm æljʊmɪnjəm ganət leɪzə	YAG-Laser

Z

zinc zɪŋk	Zink
zinc cast alloy zɪŋk kʌst ælɔɪ	Zink-Gusslegierungen
zone subject to compressive forces zəʊn sʌbdʒɛkt tə kəmprɛsɪv fɔsəz	Druckzone
zone subject to tensile forces zəʊn sʌbjɛkt tə tɛnsaɪl fɔsəs	Zugzone

Wärmetechnik

heat engineering

deutsch – englisch

A

abkühlen	cool down kul daʊn
Abkühlgeschwindigkeit	rate of cooling reɪt ɒv kulɪŋ
Abluft	outgoing air aʊtgəʊɪŋ ɛə
absolute Feuchte	absolute air humidity æbsəlut ɛə hjumɪdɪti
absoluter Nullpunkt (–273,15 °C)	absolute zero æbsəlut zɪərəʊ
Absorptionsfläche	absorption area əbzɔpʃən ɛərɪə
Abwärme	waste heat weɪst hit
Anwärmzeit	warm-up time wɔmʌp taɪm
Arbeitstemperatur	operating temperature ɒpəreɪtɪŋ tɛmprətʃə
aufheizen	heating up hitɪŋ ʌp
Ausdehnung	extension ɪkstɛnʃn
Außenlufttemperatur	outside air temperature aʊtsaɪd ɛə tɛmprətʃə

B

beschleunigte Alterung	accelerated ageing əksɛləreɪtəd eɪdʒɪŋ
Betauungsfestigkeit	resistance to moisture condensation rɪzɪstəns tə mɔɪstʃə kɒndɛnzeɪʃn
Betriebstemperatur	operating temperature ɒpəreɪtɪŋ tɛmprətʃə
Brennbarkeit	combustibility kəmbʌstəbɪləti
Brenner	burner bɜnə
Brenngas	fuel gas fjʊəl gæs
Brennwert	calorific value kælərɪfɪk vælju

C

Celsius-Temperatur	degree Celsius dɪgri sɛlsɪəs
Curie-Temperatur	Curie temperature kəri tɛmprətʃə

E

Emissionsfläche	emitting area əmɪtɪŋ ɛərɪə
Emissionswellenlänge	emission wavelength əmɪʃn weɪvlɛŋə
Entlüftung	aeration ɛəreɪʃn
Erwärmung	heating hitɪŋ

F

Fahrenheit Temperatur	Fahrenheit temperature færənhaɪt tɛmprətʃə
Farbpyrometer	colour pyrometer kʌlə paɪrɒmɪtə
Farbtemperatur	colour temperature kʌlə tɛmprətʃə
Feuchtigkeit	humidity jʊmɪdəti
feuerfest	fire proof faɪə pruv
feuerhemmend	fire resisting faɪə rɪzɪstɪŋ
Flüssigkeitskühlung	liquid cooling lɪkwɪd kulɪŋ

G

Gefrierpunkt	freezing point frizɪŋ pɔɪnt
Gehäusetemperatur	case temperature keɪs tɛmprətʃə
Grad Celsius	degree Celsius dɪgri sɛlsɪəs
Grad Fahrenheit	degree Fahrenheit dɪgri færənhaɪt
Grad Kelvin	degree Kelvin dɪgri kɛlvɪn
Grenztemperatur	limiting temperature lɪmɪtɪŋ tɛmprətʃə

H

heiß	hot hɒt
heizen	heat hit
Heizleistung	heating power hitɪŋ paʊə
Heizwert	caloric value kəlɒrɪk vælju
hochschmelzend	high melting haɪ mɛltɪŋ
hohe Temperatur	high temperature haɪ tɛmprətʃə

I

indirekte Beheizung	indirect heating ɪndaɪrɛkt hitɪŋ
Infrarotstrahlung	infrared radiation ɪnfrərɛd rædɪeɪʃn
inkohärente Strahlung	incoherent radiation ɪnkəʊhɪərənt rædɪeɪʃn
innerer Wärmewiderstand	internal thermal resistance ɪntɜnəl θɜməl rɪzɪstəns
Isolierung	insulation ɪnsjʊleɪʃn

J

Joule	Joule dʒʊəl
Joulsche Wärme	Joule heat dʒʊəl hit

K

kältebeständig	cold resistance kəʊld rɪzɪstəns
Kelvin-Temperatur	Kelvin temperature kɛlvɪn tɛmprətʃə
Kühlanlage	cooling system kulɪŋ sɪstəm
Kühlerventilator	radiator fan rædɪeɪtə fæn
Kühlkörper	heat sink hit sɪŋk
Kühlkörperwärmewiderstand	thermal resistance of heat sink θɜməl rɪzɪstəns ɒv hit sɪŋk
Kühlleistung	cooling capacity kulɪŋ kəpæsəti
Kühlungsart	cooling method kulɪŋ mɛθəd

L

Längenausdehnungskoeffizient	longitudinal expansion coefficient lɒŋgɪtjudɪnəl ɪkspænʃn kəʊɪfɪʃənt

M

Maßhaltigkeit	dimensional stability daɪmɛnʃənəl stəbɪləti
materialspezifisch	material-related mətɪərɪəl rɪleɪtəd
maximale zulässige Umgebungstemperatur	maximum ambient temperature mæksɪməm æmbɪənt tɛmprətʃə
Mischtemperatur	mixing temperature mɪksɪŋ tɛmprətʃə

N

nachhärten	post bake pəʊst beɪk
Nenntemperatur	nominal temperature nɒmɪnəl tɛmprətʃə
Niedrigtemperatur	low temperature ləʊ tɛmprətʃə
normale Kühlung	normal cooling nɔməl kulɪŋ
Normaltemperatur	common temperature kɒmən tɛmprətʃə
Nullpunkt	zero point zɪərəʊ pɔɪnt

O

Oberflächentemperatur	surface temperature sɜfəs tɛmprətʃə
Oxidation	oxidation ɒksɪdeɪʃn
oxidationsbedingt	oxidation-induced ɒksɪdeɪʃn ɪndjust

R

Reibung	friction frɪktʃən
Reibungsarbeit	frictional work frɪktʃənəl wɜk
Reibungskraft	frictional force frɪktʃənəl fɔs

S

Schmelzpunkt	melting point mɛltɪŋ pɔɪnt
Schmelztemperatur	fusion temperature fjuʒn tɛmprətʃə
Schmelzwärme	fusion heat fjuʒn hit
Schmelzwärmemenge	quantity of fusion heat kwɒntətɪ ɒv fjuʒn hit
Siedepunkt	boiling point bɔɪlɪŋ pɔɪnt
Spitzentemperatur	peak temperature pik tɛmprətʃə

T

Temperatur	temperature tɛmprətʃə
temperaturbeständig	heat-resistant hit rɪzɪstənt
Temperaturfühler	temperature sensor tɛmprətʃə sɛnsə
Temperaturregelung	temperature control tɛmprətʃə kəntrəʊl
Temperaturskala	temperature scale tɛmprətʃə skeɪl
Temperaturstandzeitversuch	tool-life test at elevated temperatures tul laɪf tɛst æt ɛləveɪtəd tɛmprətʃəs
Temperaturwechselbeständigkeit	resistance to thermal shocks rɪzɪstəns tə θɜməl ʃɒks
thermische Beanspruchung	thermal stress θɜml strɛs
thermisches Langzeitverhalten	thermal endurance θɜml ɛndjʊərənts
Thermodynamik	thermo-dynamics θɜməʊ daɪnæmɪks
Thermoelement	thermocouple θɜməʊkʌpl
Thermometer	thermometer θɜməʊmitə

U

Überhitzung	overheating əʊvəhitɪŋ
Übertemperaturschutz	overtemperature protection əʊvətɛmprətʃə prətɛkʃn
Umgebungstemperatur der Luft	ambient air temperature æmbɪənt ɛə tɛmprətʃə

V

Verbrennungsrückstand	combustion residue kəmbʌstʃn rɛzɪdju
Verbrennungstemperatur	combustion temperature kəmbʌstʃn tɛmprətʃə

Verbrennungswärmemenge	quantity of combustion heat kwɒntətɪ ɒv kəmbʌstʃn hit
Verdampfung	vaporisation væpəʊraɪzeɪʃn
Verschmelzen	fusion fjuʒn
verschmelzen	fuse, smelt fjuz, smɛlt

W

Wärmeableitung	heat dissipation hit dɪsɪpeɪʃn
Wärmeabfuhr	heat dissipation hit dɪsɪpeɪʃn
Wärmeaufnahme	heat absorption hit əbzɔpʃn
Wärmeausdehnungskoeffizient	coefficient of thermal expansion kəʊɪfɪʃənt ɒv θɜml ɪkspænʃn
Wärmebedarf	heat demand hit dɪmand
Wärmedämmung	heat insulation hit ɪnsjʊleɪʃn
Wärmedurchgang	heat transmission hit trænsmɪʃn
Wärmedurchgangswiderstand	heat transfer resistance hit trænsfɜ rɪzɪstəns
Wärmeenergie	thermal energy θɜml ɛnədʒi
Wärmekonvektion	heat convection hit kənvɛkʃn
Wärmeleiter	thermal conductor θɜml kəndʌktə
Wärmeleitfähigkeit	thermal conductivity θɜml kəndʌktɪvəti
Wärmeleitwert	thermal conductance θɜml kəndʌktəns
Wärmemengenaustausch	exchange of heat amount, interchange of amount of heat ɪkstʃeɪndʒ ɒv hit əmaʊnt, ɪntətʃeɪndʒ ɒv əmaʊnt ɒv hit
Wärmeschrank	heating cabinet hitɪŋ kæbɪnət
Wärmestau	heat concentration hit kɒnsəntreɪʃn
Wärmestrahlung	heat radiation hit rædɪeɪʃn
Wärmetauscher	heat exchanger hit ɪkstʃeɪndʒə
Wärmeübergangswiderstand	heat transfer resistance hit trænsfɜ rɪzɪstəns
Wärmewiderstand	heat resistance hit rɪzɪstəns

Z

Zonenschmelzen	zone melting zəʊn mɛltɪŋ
zuführen (Wärme)	apply (heat) əplaɪ (hit)
zulässige Betriebstemperatur	maximum allowable working temperature mæksɪməm əlaʊəbl wɜkɪŋ tɛmprətʃə
Zündtemperatur	inflammation point, ignition temperature ɪnfləmeɪʃn pɔɪnt, ɪgnɪʃn tɛmprətʃə
Zusatzwärme	additional heat ədɪʃənəl hit

heat engineering

Wärmetechnik

englisch – deutsch

A

absolute air humidity æbsəlut ɛə hjumɪdɪti	absolute Feuchte
absolute zero æbsəlut zɪərəʊ	absoluter Nullpunkt (–273,15 °C)
absorption area əbzɔpʃən ɛərɪə	Absorptionsfläche
accelerated ageing əksɛləreɪtəd eɪdʒɪŋ	beschleunigte Alterung
additional heat ədɪʃənəl hit	Zusatzwärme
aeration ɛəreɪʃn	Entlüftung
ambient air temperature æmbɪənt ɛə tɛmprətʃə	Umgebungstemperatur der Luft
apply (heat) əplaɪ (hit)	zuführen (Wärme) der Luft

B

boiling point bɔɪlɪŋ pɔɪnt	Siedepunkt
burner bɜnə	Brenner

C

caloric value kəlɒrɪk vælju	Heizwert
calorific value kælərɪfɪk vælju	Brennwert
case temperature keɪs tɛmprətʃə	Gehäusetemperatur
coefficient of thermal expansion kəʊɪfɪʃənt ɒv θɜml ɪkspænʃn	Wärmeausdehnungskoeffizient
cold resistance kəʊld rɪzɪstəns	Kältebeständigkeit
colour pyrometer kʌlə paɪrɒmɪtə	Farbpyrometer
colour temperature kʌlə tɛmprətʃə	Farbtemperatur
combustion residue kəmbʌstʃn rɛzɪdju	Verbrennungsrückstand
combustibility kəmbʌstəbɪləti	Brennbarkeit
combustion temperature kəmbʌstʃn tɛmprətʃə	Verbrennungstemperatur
common temperature kɒmən tɛmprətʃə	Normaltemperatur
cool down kul daʊn	abkühlen
cooling capacity kulɪŋ kəpæsəti	Kühlleistung
cooling method kulɪŋ mɛθəd	Kühlungsart
cooling system kulɪŋ sɪstəm	Kühlanlage
Curie temperature kəri tɛmprətʃə	Curie-Temperatur

D

degree Celsius dɪgri sɛlsɪəs	Celsius-Temperatur, Grad Celsius
degree Fahrenheit dɪgri færənhaɪt	Grad Fahrenheit
degree Kelvin dɪgri kɛlvɪn	Grad Kelvin
dimensional stability daɪmɛnʃənəl stəbɪləti	Maßhaltigkeit

E

emission wavelength əmɪʃn weɪvlɛŋə	Emissionswellenlänge
emitting area əmɪtɪŋ ɛərɪə	Emissionsfläche
exchange of heat amount ɪkstʃeɪndʒ ɒv hit əmaʊnt	Wärmemengenaustausch
extension ɪkstɛnʃn	Ausdehnung

F

Fahrenheit temperature færənhaɪt tɛmprətʃə	Fahrenheit Temperatur
fire proof faɪə pruf	feuerfest
fire resisting faɪə rɪzɪstɪŋ	feuerhemmend
freezing point frizɪŋ pɔɪnt	Gefrierpunkt
friction frɪktʃən	Reibung
frictional force frɪktʃənəl fɔs	Reibungskraft
frictional work frɪktʃənəl wɜk	Reibungsarbeit
fuel gas fjʊəl gæs	Brenngas
fuse fjuz	verschmelzen
fusion fjuʒn	Verschmelzen
fusion heat fjuʒn hit	Schmelzwärme
fusion temperature fjuʒn tɛmprətʃə	Schmelztemperatur

H

heat hit	heizen
heat absorption hit əbzɔpʃn	Wärmeaufnahme
heat concentration hit kɒnsəntreɪʃn	Wärmestau
heat convection hit kənvɛkʃn	Wärmekonvektion
heat demand hit dɪmand	Wärmebedarf
heat dissipation hit dɪsɪpeɪʃn	Wärmeableitung
heat exchanger hit ɪkstʃeɪndʒə	Wärmetauscher
heat insulation hit ɪnsjʊleɪʃn	Wärmedämmung
heat radiation hit rædɪeɪʃn	Wärmestrahlung
heat resistance hit rɪzɪstəns	Wärmewiderstand
heat sink hit sɪŋk	Kühlkörper
heat transfer resistance hit trænsfɜ rɪzɪstəns	Wärmedurchgangswiderstand, Wärmeübergangswiderstand
heat transmission hit trænsmɪʃn	Wärmedurchgang
heating hitɪŋ	Erwärmung
heating cabinet hitɪŋ kæbɪnət	Wärmeschrank
heating power hitɪŋ paʊə	Heizleistung
heating up hitɪŋ ʌp	aufheizen

heat-resistant hit rɪzɪstənt — temperaturbeständig
high melting haɪ mɛltɪŋ — hochschmelzend
high temperature haɪ tɛmprətʃə — hohe Temperatur
hot hɒt — heiß
humidity jʊmɪdəti — Feuchtigkeit

I

ignition temperature ɪgnɪʃn tɛmprətʃə — Zündtemperatur
incoherent radiation ɪnkəʊhɪərənt rædɪeɪʃn — inkohärente Strahlung
indirect heating ɪndaɪrɛkt hitɪŋ — indirekte Beheizung
inflammation point ɪnfləmeɪʃn pɔɪnt — Zündtemperatur
infrared radiation ɪnfrərɛd rædɪeɪʃn — Infrarotstrahlung
insulation ɪnsjʊleɪʃn — Isolation
interchange of amount of heat ɪntətʃeɪndʒ ɒv əmaʊnt ɒv hit — Wärmemengenaustausch
internal thermal resistance ɪntɜnəl θɜməl rɪzɪstəns — innerer Wärmewiderstand

J

Joule dʒʊəl — Joule
Joule heat dʒʊəl hit — Joulsche Wärme

K

Kelvin temperature kɛlvɪn tɛmprətʃə — Kelvin-Temperatur

L

limiting temperature lɪmɪtɪŋ tɛmprətʃə — Grenztemperatur
liquid cooling lɪkwɪd kulɪŋ — Flüssigkeitskühlung
longitudinal expansion coefficient lɒŋgɪtjudɪnəl ɪkspænʃn kəʊɪfɪʃənt — Längenausdehnungskoeffizient
low temperature ləʊ tɛmprətʃə — Niedrigtemperatur

M

material-related mətɪərɪəl rɪleɪtəd — materialspezifisch
maximum allowable working temperature mæksɪməm əlaʊəbl wɜkɪŋ tɛmprətʃə — zulässige Betriebstemperatur

maximum ambient temperature mæksɪməm æmbɪənt
  tɛmprətʃə

maximale zulässige
  Umgebungstemperatur

melting point mɛltɪŋ pɔɪnt

Schmelzpunkt

mixing temperature mɪksɪŋ tɛmprətʃə

Mischtemperatur

N

nominal temperature nɒmɪnəl tɛmprətʃə

Nenntemperatur

normal cooling nɔməl kulɪŋ

normale Kühlung

O

operating temperature ɒpəreɪtɪŋ tɛmprətʃə

Arbeitstemperatur, Betriebstemperatur

outgoing air aʊtgəʊɪŋ ɛə

Abluft

outside air temperature aʊtsaɪd ɛə tɛmprətʃə

Außenlufttemperatur

overheating əʊvəhitɪŋ

Überhitzung

overtemperature protection əʊvətɛmprətʃə prətɛkʃn

Übertemperaturschutz

oxidation ɒksɪdeɪʃn

Oxidation

oxidation-induced ɒksɪdeɪʃn ɪndjust

oxidationsbedingt

P

peak temperature pik tɛmprətʃə

Spitzentemperatur

post bake pəʊst beɪk

nachhärten

Q

quantity of combustion heat kwɒntətɪ ɒv kəmbʌstʃn hit

Verbrennungswärmemenge

quantity of fusion heat kwɒntətɪ ɒv fjuʒn hit

Schmelzwärmemenge

R

radiator fan rædɪeɪtə fæn

Kühlerventilator

rate of cooling reɪt ɒv kulɪŋ

Abkühlgeschwindigkeit

resistance to moisture condensation rɪzɪstəns tə
  mɔɪstʃə kɒndɛnzeɪʃn

Betauungsfestigkeit

resistance to thermal shocks rɪzɪstəns tə θɜməl ʃɒks

Temperaturwechselbeständigkeit

S

surface temperature sɜfəs tɛmprətʃə	Oberflächentemperatur
smelt smɛlt	verschmelzen

T

temperature tɛmprətʃə	Temperatur
temperature control tɛmprətʃə kəntrəʊl	Temperaturregelung
temperature scale tɛmprətʃə skeɪl	Temperaturskala
temperature sensor tɛmprətʃə sɛnsɜ	Temperaturfühler
thermal conductivity ɵɜml kəndʌktɪvəti	Wärmeleitfähigkeit
thermal conductance ɵɜml kəndʌktəns	Wärmeleitwert
thermal conductor ɵɜml kəndʌktə	Wärmeleiter
thermal endurance ɵɜml ɛndjʊərənts	thermisches Langzeitverhalten
thermal energy ɵɜml ɛnədʒi	Wärmeenergie
thermal resistance of heat sink ɵɜməl rɪzɪstəns ɒv hit sɪŋk	Kühlkörperwärmewiderstand
thermal stress ɵɜml strɛs	thermische Beanspruchung
thermocouple ɵɜməʊkʌpl	Thermoelement
thermo-dynamics ɵɜməʊ daɪnæmɪks	Thermodynamik
thermometer ɵɜməʊmitə	Thermometer
tool-life test at elevated temperatures tul laɪf tɛst æt ɛləveɪtəd tɛmprətʃəs	Temperaturstandzeitversuch

V

vaporisation væpəʊraɪzeɪʃn	Verdampfung

W

warm-up time wɔmʌp taɪm	Anwärmzeit
waste heat weɪst hit	Abwärme

Z

zero point zɪərəʊ pɔɪnt	Nullpunkt
zone melting zəʊn mɛltɪŋ	Zonenschmelzen

Wirtschaft/ Management

economy/ management

deutsch – englisch

A

ab Fabrik	ex works ɛks wɜks
ab Lager	ex stock ɛks stɒk
ab Werk	ex works ɛks wɜks
Abänderung	amendment əmɛndmənt
abgestempelt	stamped stæmpt
abladen	unload ʌnləʊd
Ablauf	process prəʊsɛs
Ablauforganisation	workflow organisation wɜkfləʊ ɒgənaɪzeɪʃn
Ablaufplan	flowchart fləʊtʃat
Abnahmeprüfung	acceptance test ɪkzɛptəns tɛst
Absatzmarketing	sales marketing seɪls makətɪŋ
Absatzförderung	sales promotion seɪls prəʊməʊʃn
Absatzforschung	market research makət rɪsɜtʃ
Absatzkartell	sales cartel seɪls katl
Absatzkreditpolitik	sales credit policy seɪls krɛdɪt pɒləsi
Absatzmarkt	sales market seɪls makət
Absatzmittler	functional middleman fʌŋʃənəl mɪdlmæn
absatzpolitische Instrumente	sales political instruments seɪls pɒlɪtɪkl ɪnstrəmənts
Absatzwege	sales channels seɪls tʃænəls
Abschlussbericht	final report faɪnl rɪpɔt
Abschlussrichtlinien	closing guidelines kləʊzɪŋ gaɪdlaɪnz
Abschreibung	depreciation dɛpriʃɪeɪʃn
absenden	dispatch dɪspætʃ
abstrakter Markt	abstract market æbstrækt makət
Abteilung	department dɪpatmənt
Abteilungsbildung	departmentation dɪpatmənteɪʃn
Abwicklung	realisation rɪəlaɪzeɪʃn
Abwicklungskosten	handling costs hændlɪŋ kɒsts
Abwicklungsmanagement	handling management hændlɪŋ mænədʒmənt
Abwicklungsrichtlinie	processing guideline prəʊsɛsɪŋ gaɪdlaɪn
AG (Aktiengesellschaft)	plc. (public limited company) pʌblɪk lɪmɪtəd kɒmpəni
AGB (Allgemeine Geschäftsbedingungen)	general standard terms and conditions dʒɛnərəl stændəd tɜmz ænd kəndɪʃnz
Akkreditiv	letter of credit (L/C) lɛtə ɒv krɛdɪt
Akquisition	acquisition ækwɪzɪʃn
Akquisitionsphase	acquisition phase ækwɪzɪʃn feɪs
Aktien	shares ʃɛəz
Aktiengesellschaft (AG)	public limited company pʌblɪk lɪmɪtəd kɒmpəni
aktive Bestandskonten	active asset accounts æktɪv æsət əkaʊnts
Aktivitätenplan	activity chart æktɪvəti tʃat

Aktivseite	assets side æsəts saɪd
Alleinvertriebssystem	sole distribution system səul dɪstrɪbjuʃn sɪstəm
Allgemeine Geschäftsbedingungen (AGB)	general standard terms and conditions dʒenərəl stændəd tɜmz ænd kəndɪʃnz
allgemeine Vertriebsgemeinkosten	general sales overhead costs dʒenərəl seɪls əuvəhed kɒsts
allgemeiner Steuersatz	general tax rate dʒenərəl tæks reɪt
Altersteilzeit	partial retirement paʃl rɪtaɪəmənt
Analyse	analysis ənælɪsɪs
Analyse des Jahresabschlusses	analysis of the annual balance ənælɪsɪs ɒv ðɪ ænjuəl bæləns
Analyse und Gestaltung von Geschäftsprozessen	analysis and design of business processes ənælɪsɪs ænd dɪzaɪn ɒv bɪznəs prəusesəs
Anbieter- und Nachfragerverhalten	suppliers and buyers behaviour səplaɪəz ænd baɪəs bɪheɪvɪə
Änderungsmitteilung	change order tʃeɪndʒ ɔdə
Anforderungen	requirements rɪkwaɪəmənts
Angebot	offer, proposal, bid, tender ɒfə, prəupəuzl, bɪd, tendə
Angebotsaufforderung	request for tender (bid, offer, proposal) rɪkwest fɔ tendə (bɪd, ɒfə, prəupəuzl)
Angebotserstellung	offer preperation ɒfə prepəreɪʃn
Angebotskurve	supply curve səplaɪ kɜv
Angebotsmaterialisierung	planning of materials for tender (bid, offer, proposal) plænɪŋ ɒv mətɪərɪəls fɔ tendə (bɪd, ɒfə, prəupəuzl)
Angebotsmenge	quantity of supply kwɒntətɪ ɒv səplaɪ
Angebotspreiskalkulation	quotation price calculation kwəuteɪʃn praɪs kælkjəleɪʃn
Angebotsüberhang	excessive supply ɪksesɪv səplaɪ
Angebotsverfolgung	pursuance of offer (proposal, bid, tender) pəsjuəns ɒv ɒfə (prəupəuzl, bɪd, tendə)
Angebotsvergleich	offer comparison ɒfə kəmpærɪsn
Anlagevermögen	fixed assets fɪkst æsəts
Annahme	acceptance ɪkzeptəns
Annahmeverzug	acceptance delay ɪkzeptəns dɪleɪ
Anschaffungskosten	purchasing costs pɜtʃəsɪŋ kɒsts
Anspruchsberechtigter	stakeholder steɪkhəuldə
Anteilseigner	shareholder ʃeəhəuldə
Anzahlungsgarantie	advance payment guarantee ədvans peɪmənt gærənti
Anzahlungsrechnung	invoice for advanced payment ɪnvɔɪs fɔ ədvanst peɪmənt
APM (Anzahl der am Projekt beteiligten Mitarbeiter)	APM (number of project members) nʌmbə ɒv prəudʒekt membəs
Arbeit	work wɜk
Arbeit auf Abruf	work on call wɜk ɒn kɔl
Arbeitgeberverband	employers association emplɔɪəs əsəusieɪʃn

Arbeits- und Tarifrecht	laws of labour and collective bargaining ɔɔs ɒv leɪbə ænd kəlɛktɪv bagɪnɪŋ
Arbeitsdirektor	personnel director pɜsənɛl daɪrɛktə
Arbeitsgemeinschaft	joint venture dʒɔɪnt vɛntʃə
Arbeitsgericht	labour court leɪbə kɔt
Arbeitsgerichtsbarkeit	labour jurisdiction leɪbə dʒuʊrɪsdɪkʃn
Arbeitsgruppe	workgroup wɜkgrup
Arbeitsorganisation	work organisation wɜk ɔgənaɪzeɪʃn
Arbeitsplatzteilung	job sharing, job splitting dʒɒb ʃɛərɪŋ, dʒɒb splɪtɪŋ
Arbeitsprozessorganisation	work flow organisation wɜk fləʊ ɔgənaɪzeɪʃn
Arbeitsteilung	division of labour dɪvɪʒn ɒv leɪbə
Arbeitsunterlagen	working documents wɜkɪŋ dɒkjəmənts
Arbeitsvertrag	labour contract leɪbə kɒntrækt
Arbeitszeitkonto	working time account wɜkɪŋ taɪm əkaʊnt
Arbeitszeitmodell	models of working time mɒdls ɒv wɜkɪŋ taɪm
Arbeitszerlegung	job breakdown dʒɒb breɪkdaʊn
Arbeitszuordnung	work delegation wɜk dɛləgeɪʃn
Arten des Kaufvertrages	kinds of sales contracts kaɪndz ɒv seɪls kɒntrækts
Arten von Betrieben	classification of business enterprises klæsəfɪkeɪʃn ɒv bɪznəs ɛntəpraɪsəs
Arten von Geschäftsprozessen	kinds of business processes kaɪndz ɒv bɪznəs prəʊsɛsəs
Artvollmacht	power of attorney paʊə ɒv ətɔni
Aufbauorganisation	company organisation structure kɒmpənɪ ɒgənaɪzeɪʃn strʌkʃə
Aufgaben	tasks tasks
Aufgabenanalyse	task analysis task ənælɪsɪs
Aufgabenbereicherung	job enrichment dʒɒb ɛnrɪtʃmənt
Aufgabenerweiterung	job enlargement dʒɒb ɛnladʒmənt
Aufgabensynthese	task synthesis task sɪnθəsɪs
Aufsichtsrat	board of management bɔd ɒv mænədʒmənt
Auftrag	order ɔdə
Auftraggeber	employer, customer ɛmplɔɪə, kʌstəmə
Auftragsbestand	order backlog ɔdə bæklog
Auftragserteilung	ordering ɔdərɪŋ
Auftragsmanagement	order management ɔdə mænədʒmənt
Auftragsstart	start of order processing stat ɒv ɔdə prəʊsəsɪŋ
Aufwand (Arbeit)	effort (work) ɛfət wɜk
Aufwand (Geldausgaben)	expenses (costs) ɪkspɛnsəs kɒsts
Ausbilder	trainer treɪnə
Ausbildungsordnung	training regulations treɪnɪŋ rɛgjəleɪʃnz
Ausbildungsrahmenplan	skeleton training schedule skɛlətən treɪnɪŋ skɛdjul

Ausbildungsvertrag	articles of apprenticeship atɪkls ɒv əprɛntəsʃɪp
Ausblick	forecast fɔkast
Ausfuhrgenehmigung	export licence ɛkspɔt laɪsəns
ausfuhrgenehmigungspflichtig	requiring an export licence rɪkwaɪrɪŋ ən ɛkspɔt laɪsəns
Ausführungsregel	working rule wɜkɪŋ rul
Ausfuhrvorschriften	export regulations ɛkspɔt rɛgjʊleɪʃnz
Aufgabenbereicherung	job enrichment dʒɒb ɛnrɪtʃmənt
Aufgabenerweiterung	job enlargement dʒɒb ɛnladʒmənt
Ausgangsfrachten	outbound freight costs aʊtbaʊnd freɪt kɒsts
Auskunfteien	collection agencies kəlɛkʃn eɪdʒənsis
Auskunftssystem	information system ɪnfəmeɪʃn sɪstəm
Ausschuss	committee kəmɪti
Außendienst-Promotion	field service promotion fild sɜvɪs prəʊməʊʃn
Außenfinanzierung	external financing ɪkstɜnəl faɪnænsɪŋ
Außenverhältnis	external representation ɪkstɜnəl rɛprɪzenteɪʃn
Außenwerbung	outdoor advertising aʊtdɔ ædvətaɪzɪŋ
außerökonomisches Ziel	out of economics target aʊt ɒv ɪkənɒmɪks tagət
Aussperrung	lock-out lɒk aʊt
ausstellen (Dokument)	issue (document) ɪʃu dɒkjʊmənt
Ausstellungsdatum	date of issue deɪt ɒv ɪsju
Auswertung	analysis, evaluation, assessment ənælɪsɪs, ɪvæljʊeɪʃn, əsɛsmənt
Auszubildender	trainee treɪni
autoritärer Führungsstil	authoritarian leadership ɔɵɒrɪtɛərɪən lidəʃɪp

B

Bahnfrachtbrief	railway bill reɪlweɪ bɪl
Bankgarantie	bank guarantee bæŋk gærənti
Bankkarte	bank card bæŋk kad
Banküberweisung	bank transfer bæŋk trænsfɜ
Bannerwerbung	banner advertisement bænə ədvɜtɪsmənt
Bareinkaufspreis	cash purchase price kæʃ pɜtʃəs praɪs
bargeldlose Zahlung	cashless payment kæʃləs peɪmənt
Barkauf	cash purchasing kæʃ pɜtʃɪsɪŋ
Barliquidität	available cash əveɪləbl kæʃ
Barverkaufspreis	cash sales price kæʃ seɪls praɪs
Barzahlung	cash payment kæʃ peɪmənt
Basisprodukte	basic products beɪsɪk prɒdʌkts
Basisproduktrealisierung	completion of basic product kəmpliʃn ɒv beɪsɪk prɒdʌkt
BBiG (Berufsbildungsgesetz)	vocational training act vəʊkeɪʃənəl treɪnɪŋ ækt

BDA (Bundesvereinigung der Deutschen Arbeitgeberverbände)	Federal Confederation of German Employers' Association fɛdərəl kɒnfɛdəreɪʃn ɒv dʒ3mən ɛmplɔɪəs əsəʊsɪeɪʃn
Bedarf	demand dɪmand
Bedarfsermittlung	demand determination dɪmand dɪtɜmɪneɪʃn
Bedarfsforschung	demand research dɪmand rɪsɜtʃ
Bedingungen	conditions, terms kəndɪʃnz, tɜmz
Beförderungskosten	transport costs trænspət kɒsts
Befragung	interview ɪntəvju
beglaubigen	legalise lɪgəlaɪz
Begünstigter	beneficiary bɛnəfɪʃəri
belästigende Werbung	incommoding advertising ɪnkəməʊdɪŋ ədvɜtaɪzɪŋ
Belastung	charge tʃadʒ
Belege	bookkeeping records bʊkkipɪŋ rɛkəds
Beleginventur	inventory of documents ɪnvɛntrɪ ɒv dɒkjʊmənts
Bereich	group grup
Bericht	report rɪpɔt
Berichtssystem	report system rɪpɔt sɪstəm
Berichtswesen	reporting system rɪpɔtɪŋ sɪstəm
Berufsschule	vocational school vəʊkeɪʃənəl skul
Berufungsverfahren	appeals procedure əpɪəlz prəsɪdʒə
Beschaffung	procurement prəkjʊəmənt
Beschaffung & Logistik	procurement & logistics prəkjʊəmənt ænd lɒdʒɪstɪks
Beschaffungskartell	procurement cartel prəkjʊəmənt katəl
Beschaffungskette	supply chain səplaɪ tʃeɪn
Beschaffungslogistik	procurement logistics prəkjʊəmənt lɒdʒɪstɪks
Beschaffungsmarkt	input (procurement) market ɪnpʊt prəkjʊəmənt makət
Beschaffungsorganisation	procurement organisation prəkjʊəmənt ɔgənaɪzeɪʃn
Beschaffungsplanung	procurement planning prəkjʊəmənt plænɪŋ
Beschaffungsprozess	procurement process prəkjʊəmənt prəʊsɛs
Beschäftigungsabweichung	activity variance æktɪvətɪ vəraɪəns
Beschlussverfahren	decision procedure dɪsɪʒn prəsɪdʒə
Bestandsdaten	inventory data ɪnvɛntrɪ deɪtə
Bestandsführung	inventory management ɪnvɛntrɪ mænədʒmənt
Bestandskonten	asset accounts æsət əkaʊnts
Bestandsplanung	inventory planning ɪnvɛntrɪ plænɪŋ
bestätigen	confirm kənfɜm
Bestellabwicklung	order process ɔdə prəʊsɛs
Bestelllisten	purchase order lists pɜtʃəs ɔdə lɪsts
Bestellkosten	order costs ɔdə kɒsts
Bestellschein	purchase order pɜtʃəs ɔdə
Bestellung	order, purchase order ɔdə, pɜtʃəs ɔdə
Beteiligungsfinanzierung	investment financing ɪnvɛstmənt faɪnænsɪŋ

Betrieb (produzierender)	factory fæktəri
Betrieb (Unternehmen)	enterprise ɛntəpraɪs
betriebliche Arbeitsteilung	in-company labour division ɪn kɒmpənɪ leɪbə dɪvɪʒn
betriebliche Mitbestimmung	in-company co-determination ɪn kɒmpənɪ kəʊ dɪtɜːmɪneɪʃn
betriebliches Rechnungswesen	company accountancy kɒmpənɪ əkaʊntənsi
Betriebsausschuss	work's committee wɜːks kəmɪti
Betriebsergebnis	operating result ɒpəreɪtɪŋ rɪzʌlt
betriebsexterne Quelle	company external source kɒmpənɪ ɪkstɜːnl sɔːs
Betriebshierarchie	company hierarchy kɒmpənɪ haɪrəki
betriebsinterne Quelle	company internal source kɒmpənɪ ɪntɜːnl sɔːs
Betriebskosten	operating costs ɒpəreɪtɪŋ kɒsts
betriebsnotwendiges Kapital	operating capital requirement ɒpəreɪtɪŋ kæpɪtəl rɪkwaɪəmənt
Betriebsprüfung	external audit ɪkstɜːnəl ɔːdɪt
Betriebsrat	works council wɜːks kaʊnsɪl
Betriebsratsmitglied	member of works council mɛmbə ɒv wɜːks kaʊnsɪl
Betriebsratssitzung	works council meeting wɜːks kaʊnsɪl mitɪŋ
Betriebsvereinbarung	works agreement wɜːks əgrimənt
Betriebsverfassungsgesetz	works constitution act wɜːks kɒnstɪtjuʃn ækt
Betriebsversammlung	works meeting wɜːks mitɪŋ
betriebswirtschaftlich	economic ɪkəʊnɒmɪk
betriebswirtschaftliche Produktionsfaktoren	industrial factors of production ɪndʌstrɪəl fæktəs ɒv prəʊdʌkʃn
Beurteilung	judgement, assessment dʒʌdʒmənt, əsɛsmənt
bevollmächtigter Vertreter	authorised representative ɔːðəraɪzd rɛprɪzɛntətɪv
bevorschussen	advance ədvans
Bewerbungsunterlagen	application documents æplɪkeɪʃn dɒkjumənts
Bewertungsgröße	quantifying parameters kwɒntɪfaɪɪn pəræmɪtəs
Bewertungsvereinfachung	valuation simplification væljʊeɪʃn sɪmplɪfɪkeɪʃn
bezahlen	pay peɪ
Beziehungszahlen	ratio figures reɪʃɪəʊ fɪgəz
Bezugskalkulation	purchase calculation pɜːtʃəs kælkjələeɪʃn
Bezugskosten	delivery costs dɪlɪvərɪ kɒsts
Bezugsquellenplanung	supply sources planning səplaɪ sɔːsəs plænɪŋ
BGB-Gesellschaft	civil-law association sɪvɪl lɔː əsəʊsieɪʃn
B-Güter	B-goods bi gʊdz
Bid Selection (Angebotsauswahl)	bid selection bɪd sɪlɛkʃn
Bilanz	balance sheet bæləns ʃit
Bilanz nach HGB	balance sheet in accordance to HGB bæləns ʃit ɪn əkɔːdəns tə eɪdʒ dʒi bi
Bilanzanalyse	balance analysis bæləns ənælɪsɪs
Bilanzgleichungen	balance equations bæləns ɪkweɪʃnz

Bilanzidentität	balance sheet continuity bæləns ʃit kɒntɪnjʊəti
Bilanzierungs- und Bewertungsgrundsätze	principles of accounting and evaluation prɪnsɪplz ɒv əkaʊntɪŋ ænd ɪvæljʊeɪʃn
Bilanzkennzahl	balance ratio bæləns reɪʃɪəʊ
Bilanzklarheit	principle of unambiguous presentation of balance sheet items prɪnsɪpl ɒv ʌnɛmbɪgjʊəs prɛzənteɪʃn ɒv bæləns ʃit aɪtəmz
Bilanzkontinuität	balance continuity bæləns kɒntɪnjʊəti
Bilanzübersichtlichkeit	balance clarity bæləns klærəti
Bilanzverknüpfung	balance connection bæləns kənɛkʃn
Bilanzwaage	balance scale bæləns skeɪl
Bilanzwahrheit	true and correct presentation of balance sheet items tru ænd kərɛkt prɛzənteɪʃn ɒv bæləns ʃit aɪtəmz
Blankokredit	unsecured credit ʌnsɪkjʊəd krɛdɪt
Bonitätsindex	security index sɪkjʊrɪti ɪndɛks
Bonus	bonus bɒnəs
Branchensystem	branches of industry system branʃəz ɒv ɪndəstrɪ sɪstəm
Bringschulden	debts lying in render dɛbts laɪɪŋ ɪn rɛndə
Bruttobuchung	gross posting grɒs pəʊstɪŋ
Bruttoentgeltarten	gross pay types grɒs peɪ taɪps
Bruttogewicht	gross weight grɒs weɪt
Buchhaltung	accounting department əkaʊntɪŋ dɪpatmənt
Buchinventur	book inventory bʊk ɪnvɛntri
Buchungssatz	accounting entry əkaʊntɪŋ ɛntri
Budget	budget bʌdʒət
Budgetabweichung	budget variance bʌdʒət vəraɪəns
Bundesanzeiger	Federal Bulletin fɛdərəl bʌlətɪn
Bundessozialgericht	Federal Court for Social Security fɛdərəl kɔt fə səʊʃl sɪkjʊərɪti
Bürge	bailsman beɪlsmən
bürgerlicher Kauf	civilian sale sɪvɪljən seɪl
Bürgschaft	guarantee gærənti
Bürgschaftskredit	surety loan ʃʊərəti ləʊn
Bürgschaftsvertrag	surety contract ʃʊərəti kɒntrækt
BVB (Besondere Vertragsbedingungen)	special contract conditions spɛʃl kɒntrækt kəndɪʃnz

C

CFR (Cost and Freight)	cost and freight kɒst ænd freɪt
Checklistenanalyse	check list analysis tʃɛk lɪst ənælɪsɪs
CIF (Cost, Insurance and Freight)	Cost, Insurance and Freight (CIF) kɒst ɪnʃʊərəns ænd freɪt

CIP (Fracht und Versicherung bezahlt bis) — Carriage and Insurance Paid To (CIP) kærɪədʒ ænd ɪnʃʊərəns peɪd tə

CPT (Fracht bezahlt bis) — Carriage Paid To (CPT) kærɪədʒ peɪd tə

D

DAF (geliefert bis Grenze) — DAF (Delivered At Frontier) dɪeɪɛf dɪlɪvəd æt frɒntɪə

Darlehen — loan ləʊn

Darlehensvertrag — loan contract ləʊn kɒntrækt

Datenbasisplanung — database planning deɪtəbeɪs plænɪŋ

DDP (geliefert verzollt) — DDP (Delivered Duty Paid) dɪdɪpi dɪlɪvəd djuti peɪd

DDU (geliefert unverzollt) — DDU (Delivered Duty Unpaid) dɪdɪju dɪlɪvəd djuti ʌnpeɪd

Deckungsbeitrag — contribution margin kɒntrɪbjuʃn mɑdʒɪn

Deckungsbeitragsrechnung — contribution margin accounting kɒntrɪbjuʃn mɑdʒɪn əkaʊntɪŋ

degressive Abschreibung — degressive depreciation dɪgrɛsəv dɪprɪʃɪeɪʃn

Devisen — foreign exchange fɒrən ɪkstʃeɪndʒ

dezentraler Einkauf — distributed purchase dɪstrɪbjutəd pɜtʃəs

Dienstleistung — service sɜvɪs

Dienststelle (Büro) — office ɒfɪs

Dienststelle (Organisation) — organisational unit ɔgənaɪzeɪʃənəl junɪt

Dienstvertrag — service contract sɜvɪs kɒntrækt

DIHK (Deutsche Industrie- und Handelskammer) — German Chambers of Industry and Commerce dʒɜmən tʃæmbəs ɒv ɪndəstrɪ ænd kɒmɜs

direkter Absatzweg — exclusive marketing system ɪksklusəv mɑkətɪŋ sɪstəm

Direktwerbung — direct advertising daɪrɛkt ædvətaɪzɪŋ

diskontieren — discount dɪskaʊnt

dispositive Arbeit — dispositive work dɪspɒzətɪv wɜk

Distributionspolitik — distribution policy dɪstrɪbjuʃn pɒləsi

Drittelbeteiligungsgesetz — one-third employee participation act wʌn ðɜd ɛmplɔɪji pɑtəsɪpeɪʃn ækt

Durchschnitt — average ævərədʒ

durchschnittliche Lagerdauer — average storage period ævərədʒ stɒrədʒ pɪərɪəd

durchschnittlicher monatlicher Lagerbestand — average monthly inventory ævərədʒ mɒnðlɪ ɪnvɛntri

dynamische Preisgestaltung — dynamic pricing daɪnæmɪk praɪsɪŋ

E

Eckwerte — key values ki vældʒuz

E-Commerce — e-commerce i kɒmɜs

eCX (Electronic Catalog XML) eCX (Electronic Catalogue XML) ɪsɪɛks ɪlɛktrɒnɪk kætəlɒg

EDV-Arbeitsgruppe Workgroup Computing (WC) wɜkgrup kɒmpjutɪŋ

Effektivzinsberechnung effective rate of interest calculation ɪfɛktɪv reɪt ɒv ɪntrəst kælkjəleɪʃn

Eigenfertigung in-house production ɪn haʊs prəʊdʌkʃn

Eigenfinanzierung self-financing sɛlf faɪnænsɪŋ

Eigenkapitalrentabilität return on equity rɪtɜn ɒn ɛkwəti

Eigenlager own stock of goods əʊn stɒk ɒv gʊdz

Eigentumsvorbehalt reservation of ownership rɛzəveɪʃn ɒv əʊnəʃɪp

Eilgut express goods ɪksprɛs gʊdz

einfacher Buchungssatz debit to credit dɛbɪt tə krɛdɪt

Einführungswerbung launching advertising laʊnʃɪŋ ædvətaɪzɪŋ

Einkauf purchasing pɜtʃəsɪŋ

Einkaufskalkulation purchasing calculation pɜtʃəsɪŋ kælkjəleɪʃn

Einkaufskosten purchasing costs pɜtʃəsɪŋ kɒsts

Einkommenselastizität income elasticity ɪnkʌm ɛləstɪsəti

Einplanung schedule skɛdjul

einseitiger Handelskauf single-sided trade sales sɪŋgl saɪdəd treɪd seɪls

Einspruch appeal əpɪəl

Einstandspreis cost price kɒst praɪs

Einstellungsunterlagen employment documents ɛmplɔɪmənt dɒkjʊmənts

Einzelausfuhrgenehmigung individual validated licence ɪndɪvɪdjʊəl vælɪdeɪtəd laɪsɛns

Einzelgeschäftsführung sole management səʊl mænədʒmənt

Einzelhandel retail trade rɪteɪl treɪd

Einzelkosten direct costs daɪrɛkt kɒst

Einzelprokura individual power of procuration ɪndɪvɪdjʊəl paʊə ɒv prɒkjʊreɪʃn

Einzelunternehmung individual proprietorship ɪndɪvɪdjʊəl prɒpraɪtəʃɪp

Einzelvertretungsmacht special agency spɛʃəl eɪdʒənsi

Einzelwerbung single advertising sɪŋgl ædvətaɪzɪŋ

Einzugsermächtigungsverfahren direct debit method daɪrɛkt dɛbɪt mɛðəd

eiserner Bestand reserve stock rɪzɜv stɒk

elektronischer Geldverkehr electronic banking ɪlɛktrɒnɪk bæŋkɪŋ

elektronisches Bargeld electronic cash ɪlɛktrɒnɪk kæʃ

elektronische Medien electronic media ɪlɛktrɒnɪk midɪə

elektronische Signatur electronic signature ɪlɛktrɒnɪk sɪgnətʃə

elektronische Werbung electronic advertising ɪlɛktrɒnɪk ædvətaɪzɪŋ

elektronisches Katalogformat electronic catalogue format ɪlɛktrɒnɪk kætəlɒg fɔmət

elektronisches Unternehmensregister electronic register of companies ɪlɛktrɒnɪk rɛdʒɪstə ɒv kɒmpənis

Embargodaten embargo data ɛmbagəʊ deɪtə

Endverbraucher	end consumer ɛnd kənsjumə
Entgeltabrechnung	remuneration account rimjunəreɪʃn əkaunt
Entscheidungsbefugnis	decision-making competence dɪsɪʒn meɪkɪŋ kɒmpətəns
Entwicklung	development dɪvɛləpmənt
Entwicklungsauftrag	development order dɪvɛləpmənt ɔdə
Entwicklungsdienste	development support dɪvɛləpmənt səpɔt
Entwicklungs-Teilprojektleiter	development subproject manager dɪvɛləpmənt sʌbprəʊdʒɛkt mænədʒə
E-Procurement	e-procurement i prɒkjʊəmənt
Erfassung von Geschäftsfällen	registration of business cases rɛgɪstreɪʃn ɒv bɪznəs keɪsəs
Erfolgsermittlung	performance evaluation pəfɔməns ɪvæljʊeɪʃn
Erfolgskonten	nominal accounts nɒmɪnəl əkaunts
Erfolgsziel	performance objective pəfɔməns əbdʒɛktɪv
Erfüllungsgeschäft	legal transaction in fulfilment of an obligation ligəl trənsækʃn ɪn fulfɪlmənt ɒv æn ɒblɪgeɪʃn
Erfüllungsort	place of fulfilment pleɪs ɒv fulfɪlmənt
Ergänzungsprodukte	add-on products æd ɒn prɒdʌkts
Ergebnis	result, outcome rɪzʌlt, aʊtkʌm
Erhebungsmethoden	survey methods sɜveɪ mɛθədz
Erinnerungswerbung	reminder advertising rɪmaɪndə ædvətaɪzɪŋ
Ermächtigung	authorisation ɔðəraɪzeɪʃn
ermäßigter Steuersatz	reduced tax rate rɪdjust tæks reɪt
Eröffnungsbilanz	opening balance əʊpənɪŋ bæləns
Ersatz vergeblicher Aufwendung	compensation of vainly expenditure kɒmpənseɪʃn ɒv veɪnlɪ ɪkspɛndɪtʃə
Ersatzbelege	substitute receipt sʌbstɪstjud rɪsit
Erstlieferung	initial delivery ɪnɪʃl dɪlɪvəri
Ertrag	revenue rɪvɛnju
erweiterter, mehrstufiger Betriebsabrechnungsbogen	extended, multiple stage operation sheet ɪkstɛndəd mʌltɪpl steɪdʒ ɒpəreɪʃn ʃit
Erwerbstätige	people in paid work pipl ɪn peɪd wɜk
erwerbswirtschaftliche Betriebe	commercial business enterprises kəmɜʃl bɪznəs ɛntəpraɪsəs
Erziehungsfunktion	training function treɪnɪŋ fʌŋkʃn
Expansionswerbung	expansion advertising ɪkspænʃn ædvətaɪzɪŋ
Exporteur	exporter ɪkspɔtə
Exportgenehmigung	export licence ɛkspɔt laɪsəns
Exportkontrollbestimmungen	export administration regulations ɛkspɔt ædmɪnɪstreɪʃn rɛgjəleɪʃnz
Exportlieferung	export ɛkspɔt
externe Belege	external receipts ɪkstɜnəl rɪsits

F

Fabrik	factory fæktərɪ
Factoringvertrag	factoring contract fæktərɪŋ kɒntrækt
Fairness	fairness fɛənəs
Faktorisieren	factoring fæktərɪŋ
Faktura	invoice ɪnvɔɪs
FAS (frei Längsseite Schiff)	FAS (Free Alongside Ship) ɛfeɪɛs fri əlɒŋsaɪd ʃɪp
FCA (frei Frachtführer)	FCA (Free Carrier) ɛfsɪeɪ fri kærɪə
Fehlermeldung	fault report, error report fəʊlt rɪpɔt, ɛrə rɪpɔt
Fertigung	manufacturing mænjʊfækʃərɪŋ
Fertigungsinsel	manufacturing cell mænjʊfækʃərɪŋ sɛl
FGKZ (Fertigungsgemeinkosten-zuschlagssatz)	manufacturing overhead costs surcharge rate mænjʊfækʃərɪŋ əʊvəhæd kɒsts sɜtʃɑdʒ reɪt
Filialisierung	branch founding brɑnʃ faʊndɪŋ
Filialprokura	branch power of procuration brɑnʃ paʊə ɒv prɒkjʊreɪʃn
Finanzbereich	financial area faɪnɛnʃl ɛərɪə
Finanzbewegung	financial flow faɪnɛnʃl fləʊ
Finanzbuchhaltung	financial accounting faɪnɛnʃl əkaʊntɪŋ
Finanzierung	financing faɪnænsɪŋ
Finanzierungsarten	types of financing taɪps ɒv faɪnænsɪŋ
Finanzierungsrisiko	financing risk faɪnænsɪŋ rɪsk
Finanzziel	financial objective faɪnænʃl ɒbdʒɛktɪv
FinTS (Finanztransaktionsdienste)	FinTS (Financial Transaction Services) fɪntɪɛs faɪnænʃl trænsækʃn sɜvɪsəs
Firma	company kɒmpəni
Firmengrundsätze	company policy kɒmpəni pɒləsɪ
Firmenleitung	corporate management kɔpərət mænədʒmənt
fixe Kosten	fixed costs fɪkst kɒsts
Fixkauf	time purchase taɪm pɜtʃəs
Flächenstreik	blanket strike blæŋkət straɪk
flexible Plankostenrechnung	flexible budget costing flɛksɪbl bʌdʒəd kɒstɪŋ
FOB (frei Schiff)	FOB (Free On Board) ɛfəʊbi fri ɒn bɔd
Folgeaufträge	subsequent orders sʌbsikwənt ɔdəs
Forderung	receivable rɪsivəbl
Formen der Kooperation und Konzentration	forms of co-operation and concentration fɔmz ɒv kəʊɒpəreɪʃn ænd kɒnsəntreɪʃn
Forschung und Entwicklung	research and development rɪsɜdʒ ænd dɪvɛləpmənt
Fracht	freight freɪt
frachtfrei	carriage paid kærɪədʒ peɪd
Frachtgut	freight freɪt
Franchisesystem	franchise system frænʃaɪs sɪstəm

franko Grenze	free border fri bɔdə
frei	free fri
frei Grenze	free border fri bɔdə
frei Haus	CIF home sɪaɪɛf həum
frei Lager	CIF stock sɪaɪɛf stɒk
frei Schiff	free on board fri ɒn bɔd
frei Waggon	free railway car fri reɪlweɪ ka
freie Güter	free goods fri gʊdz
Freigabedokumentation	release documentation rɪliz dɒkjʊmənteɪʃn
Fremdbeschaffung	outsourcing aʊtsɔsɪŋ
Fremdbezug	external procurement ɪkstɜnəl prɒkjʊəmənt
Fremdfinanzierung	outside financing aʊtsaɪd faɪnænsɪŋ
Fremdkapitalaufnahme	gearing gɪərɪŋ
Fremdlager	external stock ɪkstɜnəl stɒk
Fremdrechnung	third party invoice ɵɜd patɪ ɪnvɔɪs
Fremdvergabe	outsourcing aʊtsɔsɪŋ
Führung	management mænədʒmənt
Führung durch Delegation	management by delegation mænədʒmənt baɪ dɛləgeɪʃn
Führung nach dem Ausnahmeprinzip	management by exception mænədʒmənt baɪ ɪksɛpʃn
Führung nach Zielvorgaben	management by objectives mænədʒmənt baɪ ɒbdʒɛktɪvz
Führungsgrundsätze	basic management principles beɪsɪk mænədʒmənt prɪnsɪplz
Führungskreis	management mænədʒmənt
Führungsstelle	management position mænədʒmənt pəzɪʃn
Führungsstil	leadership, management style lidəʃɪp, mænədʒmənt staɪl
funktionale Übersicht	functional overview fʌŋkʃənəl əʊvəvju
Funktionen des Betriebes	company functions kɒmpənɪ fʌŋkʃnz
Funktionshierarchiebaum	function hierarchy tree fʌŋkʃn haɪrəkɪ tri
funktionsorientierte Aufbauorganisation	function oriented organisation fʌŋkʃn ɒrɪɛntəd ɔgənaɪzeɪʃn
Funktionsorientierung	function orientation fʌŋkʃn ɒrɪənteɪʃn
Funktionsträger	responsible party rɪspɒnsɪbl patɪ

G

Garantie	warranty wɒrəntɪ
Garantiesumme	guarantee amount gærəntɪ əmaʊnt
Gattungskauf	purchase by description pɜtʃəs baɪ dɪskrɪpʃn
Gattungsmangel	generic goods defect dʒənɛrɪk gʊdz dɪfɛkt
Gebietskartell	regional cartel ridʒənəl katəl

Gebrauchsgüter	consumer durables kənsjumə djʊrəblz
Gegenakkreditiv	back-to-back credit bæk tə bæk krɛdɪt
Geld- und Kapitalmarkt	money and capital market mʌnɪ ænd kæpɪtəl makət
Geldflüsse	money flows mʌnɪ fləʊz
Geldkarte	money card mʌnɪ kad
Geldschulden	money debts mʌnɪ dɛbs
Geldströme	money flows mʌnɪ fləʊz
Geltungsbereich	scope skəʊp
Gemeinkosten	overhead costs əʊvəhɛd kɒsts
Gemeinkostenzuschlagssatz	overhead costs surcharge rate əʊvəhɛd kɒsts sɜtʃadʒ reɪt
Gemeinschaftswerbung	collective advertising kəlɛktɪv ædvətaɪzɪŋ
gemeinwirtschaftliche Betriebe	social economic companies səʊʃl ɪkəʊnɒmɪk kʊmpəniz
Generalklausel	all-purpose clause ɔl pɜpəs klɔs
Genossenschaft	cooperative association kəʊɒpəreɪtɪv əsəʊsieɪʃn
genossenschaftliche Betriebe	cooperative companies kəʊɒpəreɪtɪv kʊmpəniz
gerichtliches Mahnverfahren	court proceedings for order to pay debt kɔt prəʊsidɪŋz fɔ ɔdə tə peɪ dɛbt
Gerichtsstand	court of jurisdiction kɔt ɒv dʒʊrɪsdɪkʃn
Gerichtsurteil	court decision kɔt dɪsɪʒn
Gesamtkostenverfahren	all-in cost method ɔl ɪn kɒst mɛθəd
Gesamtprokura	complete power of procuration kəmplit paʊə ɒv prɒkjʊreɪʃn
gesamtschuldnerisch	joint and several dʒɔɪnt ænd sɛvərəl
Geschäft	business bɪznəs
Geschäftsangaben	company information kʊmpənɪ ɪnfəmeɪʃn
Geschäftsauftrag	business mandate bɪznəs mændət
Geschäftsbereich	division dɪvɪʒn
Geschäftsbrief	business letter bɪznəs lɛtə
Geschäftsgebiet	business unit bɪznəs jʊnɪt
Geschäftsidee	business idea bɪznəs aɪdɪə
Geschäftsinteressent	stakeholder steɪkhəʊldə
Geschäftskonzept	business concept bɪznəs kɒnsɛpt
Geschäftsleitung	management mænədʒmənt
Geschäftsplan	business plan bɪznəs plæn
Geschäftsprozess	business process bɪznəs prəʊsɛs
Geschäftsprozessarchitektur	business process architecture bɪznəs prəʊsɛs akɪtɛktʃə
Geschäftsprozessmodellierung	business processes modelling bɪznəs prəʊsɛs mɒdəlɪŋ
Geschäftsprozessoptimierung	business process optimisation bɪznəs prəʊsɛs ɒptɪmaɪzeɪʃn
Geschäftsumstrukturierung	business reengineering bɪznəs riɛndʒənɪərɪŋ
Geschäftsverantwortlicher	business manager bɪznəs mænədʒə
Geschäftsvolumen	business volume bɪznəs vɒljəm

Geschäftszahlen	business figures bɪznəs fɪgəz
Geschäftszweig	sector sɛktə
geschlüsselte Gemeinkosten	indirect overhead costs ɪndaɪrɛkt əʊvəhɛd kɒsts
Gesellschafter	shareholder ʃɛəhəʊldə
gesellschaftliches Ziel	social objective səʊʃl ɒbdʒɛktɪv
Gesellschaftsunternehmung	corporation kɔpəreɪʃn
Gesellschaftsvertrag	partnership agreement patnəʃɪp əgrimənt
Gesetz der Massenproduktion	law of volume production lɔ ɒv vɒljəm prəʊdʌkʃn
Gesetz gegen Wettbewerbsbeschränkung (GWB)	act against restraints of competition ækt əgɛnst rɪstreɪnts ɒv kɒmpətɪʃn
gesetzliche Arbeitslosenversicherung	legal social unemployment insurance ligəl səʊʃəl ʌnɛmplɔɪmənt ɪnʃʊərəns
gesetzliche Krankenversicherung	legal social health insurance ligəl səʊʃəl hɛlð ɪnʃʊərəns
gesetzliche Kündigungsfrist	legal notice period ligəl nəʊtɪs pɪərɪəd
gesetzliche Pflegeversicherung	legal social nursing insurance ligəl səʊʃəl nɜsɪŋ ɪnʃʊərəns
gesetzliche Rentenversicherung	legal social pension insurance ligəl səʊʃəl pɛnʃn ɪnʃʊərəns
gesetzliche Sozialversicherung	legal social insurance ligəl səʊʃəl ɪnʃʊərəns
gesetzliche Unfallversicherung	legal social work-related injury insurance ligəl səʊʃəl wɜk rɪleɪtəd ɪndʒərɪ ɪnʃʊərəns
Gewährleistung	warranty wɒrəntɪ
Gewährleistungsfrist	warranty period wɒrəntɪ pɪərɪəd
Gewerkschaft	trade union treɪd junjən
Gewinn- und Verlustkonto (GuV)	profit and loss account prɒfɪt ænd lɒs əkaʊnt
Gewinn- und Verlustrechnung nach HGB	profit and loss account according to HGB prɒfɪt ænd lɒs əkaʊnt əkɔdɪŋ tə eɪdʒdʒɪbi
Gewinnverteilung	allocation of profit æləʊkeɪʃn ɒv prɒfɪt
Gewinnzuschlag	profit mark-up prɒfɪt mak ʌp
GKP (Gesamtkosten des Projekts)	GKP (total costs of project) dʒɪkeɪpɪ təʊtəl kɒsts ɒv prəʊdʒekt
Gleichgewichtsmenge	equilibrium quantity ɛkwɪlɪbrɪəm kwɒntəti
Gleichgewichtspreis	equilibrium price ɛkwɪlɪbrɪəm praɪs
Gleichordnungskonzern	horizontal group hɒraɪzɒntəl grup
Gleitzeit	flexible work time flɛksɪbl wɜk taɪm
Gliederungszahlen	structure figures strʌkʃə fɪgəz
GmbH (Gesellschaft mit beschränkter Haftung)	limited liability company lɪmɪtəd laɪəbɪləti kɒmpəni
Großhandel	wholesale distribution həʊlseɪl dɪstrɪbjuʃn
Großkundenbetreuer	key account manager ki əkaʊnt mænədʒə
Grundbuch	journal dʒɜnəl
Grunddaten	basic data beɪsɪk deɪtə
Gründe der Finanzbuchhaltung	reasons of financial bookkeeping rizən ɒv faɪnɛnʃl bʊkkipɪŋ

Gründerprofil	founder profile faʊndə prəʊfaɪl
Grundkosten	basic costs beɪsɪk kɒsts
Grundsätze	policies pɒləsis
Grundschuld	land charge lænd tʃɑdʒ
Grundzüge staatlicher Wettbewerbspolitik	essential features of governmental competition policy əsɛnʃl fitʃəz ɒv gʌvənmɛntəl kɒmpətɪʃn pɒləsi
Gruppe	group grup
Gruppenarbeit	group working grup wɜkɪŋ
Gruppenbildung	team formation tim fɔmeɪʃn
Gruppenmerkmal	team characteristic tim kærəktərɪstɪk
Grußformel	complementary close kɒmpləmɛntəri kləʊz
gültig bis	valid until vælɪd ʌntɪl
Gültigkeitsdauer	validity vælɪdəti
Güterströme	goods flows gʊdz fləʊz
Güteverhandlung	conciliatory proceedings kɒnsɪljətɒri prəʊsidɪŋz

H

Haftung	liability laɪəbɪləti
halbbare Zahlung	semi-cashless payment sɛmi kæʃləs peɪmənt
Handelsfaktura	commercial invoice kəmɜʃl ɪnvɔɪs
Handelskauf	commercial sale kəmɜʃl seɪl
Handelskreditbrief	commercial L/C kəmɜʃl ɛlsi
Handelsmakler	mercantile broker mɜkəntaɪl brəʊkə
Handelsplatz	market place makət pleɪs
Handelsregister	register of companies rɛdʒɪstə ɒv kɒmpəniz
Handelsvermittler	trade middleman treɪd mɪdlmæn
Handelsvertreter	commercial agent kəmɜʃl eɪdʒənt
Handelswerbung	commercial advertising kəmɜʃl ædvətaɪzɪŋ
Handkauf	hand sale hænd seɪl
Händler-Promotion	merchant promotion mɜtʃənt prəʊməʊʃnz
Handlungsbevollmächtigter	authorised signatory ɔðəraɪzd sɪgnətɒri
Handlungsvollmacht	limited commercial authority lɪmɪtəd kəmɜʃl ɔðɒrəti
Hauptbuch	general ledger dʒɛnərəl lɛdʒə
Hauptkostenstelle	direct cost centre daɪrɛkt kɒst sɛntə
Hauptschuldner	chief debtor tʃif dɛbtə
Hauptversammlung	shareholder's annual meeting ʃɛəhəʊldəz ænjʊəl mitɪŋ
Hausluftfrachtbrief	house airway bill haʊs ɛəweɪ bɪl
HBCI-Verfahren	Home Banking Computer Interface həʊm bæŋkɪŋ kəmpjutə ɪntəfeɪs
Heimarbeiter-Anbindung	home worker connection həʊm wɜkə kənɛkʃn

Hemmung der Verjährung	suspension of the period of limitation səspɛnʃn ɒv ðə pɪərɪəd ɒv lɪmɪteɪʃn
herstellerspezifischer Standard	manufacturer specific standard mænjʊfækʃərə spəsɪfɪk stændəd
Herstellerwerbung	manufacturer advertising mænjʊfækʃərə ædvətaɪzɪŋ
Herstellkosten	manufacturing costs mænjʊfækʃərɪŋ kɒsts
Herstellkosten der Erzeugung	costs of manufacturing kɒsts ɒv mænjʊfækʃərɪŋ
Herstellkosten des Umsatzes	costs of sales kɒst ɒv seɪls
Hierarchiestufe	hierarchy level haɪrəkɪ lɛvəl
Höchstbestand	maximum quantity mæksɪməm kwɒntəti
höhere Gewalt	act of God, force majeure ækt ɒv gɒd, fɔs məjsə
horizontaler Zusammenschluss	horizontal merger hɒraɪzɒntl mɜdʒə
Humanisierung der Arbeit	humanisation of work hjumənaɪzeɪʃn ɒv wɜk

I

Importeur	importer ɪmpɔtə
Importfragen	import matters ɪmpɔt mætəz
Inbetriebnahme	commissioning kəmɪʃənɪŋ
Incoterms (Lieferbedingungen im Ausland)	Incoterms (International Commercial Terms) ɪnkəʊtɜmz (ɪntənæʃənəl kəmɜʃl tɜmz)
indirekter Absatzweg	indirect channel of distribution ɪndaɪrɛkt tʃænəl ɒv dɪstrɪbjuʃn
Individual- Kollektivrechte	individual-collective rights ɪndɪvɪdjʊəl kəlɛktɪv raɪts
Individualabrede	individual agreement ɪndɪvɪdjʊəl əgrimənt
Industrie-Kontenrahmen	uniform classification of accounts for industrial enterprises junɪfɔm klæsɪfɪkeɪʃn ɒv əkaʊnts fɔ ɪndʌstrɪəl ɛntəpraɪsəz
Industriestandard	industrial standard ɪndʌstrɪəl stændəd
Informationsgesellschaft	information society ɪnfɔmeɪʃn səsaɪəti
Informationsquelle	information source ɪnfɔmeɪʃn sɔs
Informationssystem	information system ɪnfɔmeɪʃn sɪstəm
Inhalt des Angebotes	offer content ɒfə kɒntənt
Inkasso	collection kəlɛkʃn
Innenfinanzierung	internal financing ɪntɜnəl faɪnænsɪŋ
Innenverhältnis	internal relationship ɪntɜnəl rɪleɪʃnʃɪp
Instanz	level of jurisdiction lɛvəl ɒv dʒʊrɪsdɪkʃn
integrierte Produktplanungsgruppe	integrated product planning group ɪntəgreɪtəd prɒdʌkt plænɪŋ grup
integriertes Produktionsdaten-management System	integrated production data management system ɪntəgreɪtəd prəʊdʌkʃn deɪtə mænədʒmənt sɪstəm
Interessengemeinschaft	community of interests kəmjunətɪ ɒv ɪntrəsts
internationales Marketing	international marketing ɪntənæʃənəl makətɪŋ

interne Belege	internal receipts ɪntɜnəl rɪsits
internes Projekt	internal project ɪntɜnəl prəʊdʒɛkt
Inventar	inventory ɪnvɛntri
Inventur	stocktaking stɒkteɪkɪŋ
Inventurarten	kinds of inventory kaɪndz ɒv ɪnvɛntri
Investierung	investment ɪnvɛstmənt
Investition	investment ɪnvɛstmənt
irreführende Werbung	deceptive advertising dɪsɛptɪv ædvətaɪzɪŋ
Istkostenrechnung	actual cost accounting æktʃʊəl kɒst əkaʊntɪŋ

J

Jahres-Betriebsergebnis	annual operating result ænjʊəl ɒpəreɪtɪŋ rɪzʌlt
Jugend- und Auszubildendenvertretung (JAV)	employees and trainees representation of juvenile ɛmplɔɪz ænd treɪniz rɛprɪzənteɪʃn ɒv dʒuvənaɪl
Jugendarbeitsschutzgesetz (JArbSchG)	young persons employment act jʌŋ pɜsənz ɛmplɔɪmənt ækt
Just-in-Time-Fertigung	Just-in-Time production dʒʌst ɪn taɪm prəʊdʌkʃn

K

KAIZEN	KAIZEN kaɪzən
Kalkulation	costing kɒstɪŋ
Kalkulation von Fertigerzeugnissen	calculation of finished products kælkjəleɪʃn ɒv fɪnɪʃd prɒdʌkts
Kalkulation von Handelswaren	calculation of trading goods kælkjəleɪʃn ɒv treɪdɪŋ gudz
Kalkulationsverfahren	calculation methods kælkjəleɪʃn mɛðədz
kalkulatorische Abschreibung	imputed depreciation allowance ɪmpjutəd dɛpriʃieɪʃn əlaʊəns
kalkulatorische Kosten	imputed costs ɪmpjutəd kɒsts
kalkulatorische Wagniskosten	imputed business risk costs ɪmpjutəd bɪznəs rɪsk kɒsts
kalkulatorische Zinsen	imputed interests ɪmpjutəd ɪntrəsts
kalkulatorischer Unternehmerlohn	imputed owner's salary ɪmpjutəd əʊnəz sæləri
kalkulatorisches Wagnis	imputed business risk ɪmpjutəd bɪsnəs rɪsk
Kapazitätsplanung	capacity planning kəpæsəti plænɪŋ
Kapital	assets æsəts
Kapital (Realkapital)	non monetary capital nɒn mɒnətæri kæpɪtəl
Kapitalausfuhr	capital export kæpɪtəl ɛkspɒt
Kapitaleinfuhr	capital import kæpɪtəl ɪmpɔt
Kapitalfreisetzung	liberation of capital lɪbəreɪʃn ɒv kæpɪtəl

Kapitalgesellschaft (KG)	incorporated firm ɪnkɔpəreɪtəd fɜm
Kapitalstruktur	capital structure kæpɪtəl strʌkʃə
Kapitalvergleich	capital comparison kæpɪtəl kəmpærɪsən
Kapitalzufuhr	capital injection kæpɪtəl ɪndʒɛkʃən
Kartell	cartel katəl
Kartellarten	types of cartels taɪps ɒv katəlz
Kartellkontrolle	cartel control katəl kəntrəʊl
Kartellverbot	ban on cartels bæn ɒn katəlz
Kauf auf Abruf	call purchase kɔl pɜtʃəs
Kauf auf Anzahlung	purchase on advanced payment pɜtʃəs ɒn ədvanst peɪmənt
Kauf auf Probe	purchase on approval pɜtʃəs ɒn əpruvəl
Kauf auf Vorauszahlung	purchase on prepayment pɜtʃəs ɒn pripeɪmənt
Kauf nach Probe	purchase according to sample pɜtʃəs əkɔdɪŋ tə sæmpl
Kauf zur Probe	purchase for approval pɜtʃəs fɔ əpruvəl
Kaufentscheidung	purchase decision pɜtʃəs dɪsɪʒn
Käufer	purchaser (buyer) pɜtʃəsə baɪə
Käufermarkt	buyers' market baɪəs makət
Käuferverhalten	buyers' behaviour baɪəs bɪheɪvɪə
Kaufmann	merchant mɜtʃənt
kaufmännisch	commercial kəmɜʃl
kaufmännische Abteilung	commercial department kəmɜʃl dɪpatmənt
kaufmännische Abwicklung	commercial processing kəmɜʃl prəʊsɛsɪŋ
kaufmännische Auftragsbearbeiter	person who handles the commercial aspects of the order pɜsən hu hændlz ðə kəmɜʃl æspɛkts ɒv ðɪ ɔdə
kaufmännische Verwaltung (Controlling)	business administration (controlling) bɪznəs ædmɪnɪstreɪʃn kəntrəʊlɪŋ
kaufmännischer Geschäftsverantwortlicher	commercial business manager kəmɜʃl bɪznəs mænədʒə
kaufmännischer Projektleiter	commercial project manager kəmɜʃl prəʊdʒɛkt mænədʒə
kaufmännisches Controlling	commercial controlling kəmɜʃl kəntrəʊlɪŋ
kaufmännisches Mahnverfahren	commercial default action kəmɜʃl dɪfɒlt ækʃn
Kaufvertrag	purchase contract pɜtʃəs kɒntrækt
Kaufvertragsstörung	anomalies in sales contract ənɒməliz ɪn seɪlz kɒntrækt
Kennung	identification aɪdɛntɪfɪkeɪʃn
Kennzahlen	reference figures rɛfərəns fɪgəz
Kennzahlmethode	business ratio method bɪznəs reɪʃɪəʊ mɛðəd
Kernprozess	core process kɔ prəʊsɛs
Kernsortiment	core assortment of goods kɔ əsɔtmənt ɒv gʊdz
KG (Kapitalgesellschaft)	incorporated firm ɪnkɔpəreɪtəd fɜm
Kirchensteuer	church tax tʃɜtʃ tæks
Klageverfahren	action principles æktʃn prɪnsɪplz

Kleingedrucktes	small print ˈsmɔl prɪnt
knappe Güter	rare goods ˈrɛə gʊdz
Kollektivwerbung	group advertising ˈgrup ædvətaɪzɪŋ
Kommanditgesellschaft	limited commercial partnership ˈlɪmɪtəd kəmɜʃl ˈpatnəʃɪp
Kommanditist	limited partner ˈlɪmɪtəd ˈpatnə
Kommissionär	commission agent kəmɪʃn ˈeɪdʒənt
Kommunikation	communication kəmjunɪkeɪʃn
Kommunikationspolitik	communication policy kəmjunɪkeɪʃn ˈpɒləsi
Kompetenzen	authorisations, competencies ɔðəraɪzeɪʃnz, kɒmpətənsis
Kompetenzregelung	authority regulation, empowerment regulation ɔðɒrətɪ rɛgjəleɪʃnz, ɛmpaʊəmənt rɛgjəleɪʃn
Komplementär	general partner dʒɛnərəl ˈpatnə
Konditionenkartell	conditions cartel kəndɪʃnz katəl
Konditionenpolitik	conditions policy kəndɪʃnz ˈpɒləsi
konkreter Markt	concrete market kɒŋkrit ˈmakət
Konkurrenzforschung	competitor research kəmpɛtɪtə rɪsɜtʃ
konkurrenzorientierte Preisfindung	pricing oriented on competitors praɪsɪŋ ɒrɪɛntəd ɒn kəmpɛtɪtəz
Konsignationslager	consignment stock kənsaɪnmənt stɒk
Konsortium	consortium kənzɔʃm
Konsumgüter	consumer goods kənsjumə gʊdz
Kontaktpflege	public relations pʌblɪk rɪleɪʃnz
Kontenabschluss	closing of accounts kləʊzɪŋ ɒv əkaʊnts
Kontenbewegungen	account activities əkaʊnt æktɪvətiz
Kontenplan	chart of accounts tʃat ɒv əkaʊnts
Kontenrahmen	uniform system of accounts junɪfɔm sɪstəm ɒv əkaʊnts
Kontensystematik	accounts system əkaʊnts sɪstəm
kontinuierlicher Verbesserungsprozess	Continuous Improvement Process kəntɪnjuəz ɪmpruvmənt prəʊsɛs
Kontokorrentbuch	accounts receivable ledger əkaʊnts rɪsivəbl lɛdʒə
Kontrahierungspolitik	contract policy kɒntrækt ˈpɒləsi
Kontrakt	contract kɒntrækt
Kontrolle von Geschäftsprozessen	controlling of business processes kəntrəʊlɪŋ ɒv bɪznəs prəʊsɛsəs
Kontrollspanne	control span kəntrəʊl spæn
Kontrollstruktur	control structure kəntrəʊl strʌkʃə
Konventionalstrafe	penalty pænəlti
Konzern	group of affiliated companies grup ɒv əfɪlɪeɪtəd kɒmpəniz
Kooperation	co-operation kəʊɒpəreɪʃn

Kooperation und Konzentration	co-operation and concentration kəʊɒpəreɪʃn ænd kɒnsəntreɪʃn
kooperativer Führungsstil	collaborative leadership kɒlæbəʊreɪtəv lidəʃɪp
körperliche Inventur	physical inventory fɪzɪkəl ɪnvɛntri
Kosten	costs kɒsts
Kostenabweichung	costs deviation kɒsts dɪvɪeɪʃn
Kostenarten	cost types kɒst taɪps
Kostenartenrechnung	cost type accounting kɒst taɪp əkaʊntɪŋ
Kostenerfassung	cost collection kɒst kəlɛkʃn
kostenfrei	free of charge fri ɒv tʃadʒ
Kostenkontrolle	cost control kɒst kəntrəʊl
kostenorientierte Preisfindung	cost oriented pricing kɒst ɒrɪɛntəd praɪsɪŋ
Kostenrechnung	cost accounting kɒst əkaʊntɪŋ
Kostenstelle	cost centre kɒst sɛntə
Kostenstelleneinzelkosten	cost centre direct costs kɒst sɛntə daɪrɛkt kɒsts
Kostenstellengemeinkosten	cost centre overhead costs kɒst sɛntə əʊvəhɛd kɒsts
Kostenstellenrechnung	cost centre accounting kɒst sɛntə əkaʊntɪŋ
Kostenträger	cost unit kɒst jʊnɪt
Kostenträgerblatt	cost unit sheet kɒst jʊnɪt ʃit
Kostenträgerrechnung	cost unit accounting kɒst jʊnɪt əkaʊntɪŋ
Kostenträgerzeitrechnung	cost unit period accounting kɒst jʊnɪt pɪərɪəd əkaʊntɪŋ
Kostentreiber	cost driver kɒst draɪvə
Kostenüberdeckung	surplus in cost coverage sɜpləs ɪn kɒst kʌvərədʒ
Kostenunterdeckung	deficit in cost coverage dɛfɪsɪt ɪn kɒst kʌvərədʒ
Kostenvergleich	cost comparison kɒst kəmpærɪsən
Kostenverrechnung	cost allocation kɒst æləʊkeɪʃn
Kostenzuordnung	cost assignment kɒst əsaɪnmənt
Kredit	credit krɛdɪt
Kreditarten	types of credits taɪps ɒv krɛdɪts
Kreditbrief	letter of credit lɛtə ɒv krɛdɪt
Kreditinstitut	credit institution krɛdɪt ɪnstɪtjuʃn
Kreditkarte	credit card krɛdɪt kad
Kreditlimit	credit limit krɛdɪt lɪmɪt
Kreditpolitik	credit policy krɛdɪt pɒləsi
Kreditreform	credit reform krɛdɪt rɪfɔm
Kreditversicherungsfunktion	credit insurance function krɛdɪt ɪnʃʊərəns fʌŋkʃn
kritische Menge	critical volume krɪtɪkl vɒljəm
Kulanzverhalten	gesture of goodwill gɛstʃə ɒv gʊdwɪl
Kunde	customer kʌstəmə
Kundenanalyse	customer analysis kʌstəmə ənælɪsɪs
Kundenanforderung	customer requirement kʌstəmə rɪkwaɪəmənt

Kundenbeziehung	customer relationship kʌstəmə rɪleɪʃnʃɪp
Kundenbindung	customer loyalty kʌstəmə lɔɪæləti
Kundendienst	customer support kʌstəmə səpɔt
Kundengespräch	customer conversation, customer meeting kʌstəmə kɒnvəseɪʃn, kʌstəmə mitɪŋ
Kundenlebenszyklus	customer life cycle kʌstəmə laɪf saɪkl
Kundenmanagement	customer management kʌstəmə mænədʒmənt
kundennahe Kerngeschäftsprozesse	customer related core processes kʌstəmə rɪleɪtəd kɔ prəʊsɛsəs
kundenorientierte Preisfindung	customer oriented pricing kʌstəmə ɒrɪɛntəd praɪsɪŋ
Kundenorientierung	customer orientation kʌstəmə ɒrɪənteɪʃn
Kundenrabatt	customer discount kʌstəmə dɪskaʊnt
Kundenskonto	customer discount kʌstəmə dɪskaʊnt
Kundentypologie	customer typology kʌstəmə taɪpɒlədʒi
Kundenwunsch	customer requirement kʌstəmə rɪkwaɪəmənt
Kundenzufriedenheit	customer satisfaction kʌstəmə sætɪsfækʃn
Kündigungsfrist	period of notice pɪərɪəd ɒv nəʊtɪs
Kündigungsrecht	right to give notice raɪt tə gɪv nəʊtɪs
Kündigungsrecht laut BBiG	right to give notice according to the vocational training act raɪt tə gɪv nəʊtɪs əkɔdɪŋ tə ðə vəʊkeɪʃənəl treɪnɪŋ ækt
Kurswert	market value makət vælju
kurzfristige Preisuntergrenze	short term lower price limit ʃɔt tɜm ləʊə praɪs lɪmɪt
KVP (Kontinuierlicher Verbesserungsprozess)	continuous improvement process kəntɪnjʊəs ɪmpruvmənt prəʊsɛs

L

Ladung	cargo kagəʊ
Lager	stock (warehouse) stɒk wɛəhaʊs
Lagerbestand	stock on hand stɒk ɒn hænd
Lagerbestandsgrößen	stock on hand quantities stɒk ɒn hænd kwɒntətis
Lagerdatei	inventory file ɪnvɛntrɪ faɪl
Lagerdauer	storage period stɒrədʒ pɪərɪəd
Lagerempfangsschein	warehouse receipt wɛəhaʊs rɪsit
Lagerhaltung	stock keeping stɒk kipɪŋ
Lagerkennziffern	stock ratios stɒk reɪʃɪəʊz
Lagerkosten	storage cost stɔrɪdʒ kɒsts
Lagerlogistik	warehouse logistics wɛəhaʊs lɒdʒɪstɪks
Lagersystem	stock system stɒk sɪstəm
Lagerzinskosten	inventory interest costs ɪnvɛntrɪ ɪntrəst kɒsts
Lagerzinssatz	inventory interest rate ɪnvɛntrɪ ɪntrəst reɪt
Länderkonzept	regional concept ridʒənəl kɒnsɛpt

Länderrahmenprojekt	country frame project kʌntrɪ freɪm prəʊdʒɛkt
Länderstrategie	regional strategy rɪdʒənəl strætədʒi
Landesarbeitsgericht	regional labour court of appeal rɪdʒənəl leɪbə kɔt ɒv əpil
Landesgesellschaft	local company ləʊkəl kɒmpəni
Landessozialgericht	regional court of social security rɪdʒənəl kɔt ɒv səʊʃl sɪkjʊrɪti
langfristige Preisuntergrenze	long term lower price limit lɒŋ tɜm ləʊə praɪs lɪmɪt
Lastschriftverfahren	direct debiting system daɪrɛkt dɛbɪtɪŋ sɪstəm
Lebenszykluskosten	life cycle costs laɪf saɪkl kɒsts
Lehrplan	training schedule treɪnɪŋ skɛdjul
Leihvertrag	leasing contract lizɪŋ kɒntrækt
Leistungsänderung	functional change fʌŋkʃənəl tʃeɪndʒ
Leistungsanforderung	service request sɜvɪs rɪkwɛst
Leistungsbeschreibung	service description, specification sɜvɪs dɪskrɪpʃn, spɛsɪfɪkeɪʃn
Leistungserfüllung	performance fulfilment pəfɔməns fʊlfɪlmənt
Leistungserstellung	performance generation pəfɔməns dʒɛnəreɪʃn
Leistungserweiterung	functional enhancement fʌŋkʃənəl ənhɛnsmənt
Leistungsflüsse	performance flows pəfɔməns fləʊs
Leistungskurve	performance curve pəfɔməns kɜv
leistungsmengeninduzierte Teilprozesse	activity quantity induced sub-processes æktɪvɪti kwɒntəti ɪndjust sʌb prəʊsɛsəs
leistungsmengenneutrale Teilprozesse	activity quantity neutral sub-processes æktɪvɪti kwɒntəti njutrəl sʌb prəʊsɛsəs
Leistungsrechnung	performance accounting pəfɔməns əkaʊntɪŋ
Leistungssicherung	securing of performance səkjʊrɪŋ ɒv pəfɔməns
Leistungsvergleich	benchmarking bɛnʃmakɪŋ
Leistungsverweigerungsrecht	right to refuse performance raɪt tə rəfjuz pəfɔməns
Leistungsziel	performance objective pəfɔməns ɒbdʒɛktɪv
Leitlinie	guideline gaɪdlaɪn
Leitungssystem	management system mænədʒmənt sɪstəm
Lenkungsfunktion	direction function daɪrɛkʃn fʌŋkʃn
lernen	learning lɜnɪŋ
Lernfähigkeit	ability in learning əbɪləti ɪn lɜnɪŋ
Lernorte	learning locations lɜnɪŋ ləʊkeɪʃnz
Lernperspektive	learning outlook lɜnɪŋ aʊtlʊk
Lerntyp	learning type lɜnɪŋ taɪp
Lernverhalten	learning behaviour lɜnɪŋ bɪheɪvɪə
Lesetechnik	reading practice ridɪŋ præktɪs
Lieferant	supplier səplaɪə
Lieferantenauswahl	supplier selection səplaɪə sɪlɛkʃn
Lieferantenrabatt	suppliers discount səplaɪəz dɪskaʊnt
Lieferfrist	date of delivery deɪt ɒv dɪlɪvəri

Lieferkette	supply chain ˈsəplaɪ tʃeɪn
Liefermedium	delivery medium dɪlɪvərɪ mɪdɪəm
liefern	deliver dɪlɪvə
Lieferpapiere	delivery documents dɪlɪvərɪ dɒkjʊmənts
Lieferschein	delivery note dɪlɪvərɪ nəʊt
Lieferung	delivery dɪlɪvərɪ
Lieferungsbedingung	term of delivery tɜm ɒv dɪlɪvərɪ
Lieferungsverzug (Nicht-Rechtzeitig-Lieferung)	delayed delivery dɪleɪd dɪlɪvərɪ
Lieferzeit	delivery time dɪlɪvərɪ taɪm
lineare Abschreibung	linear depreciation lɪnɛə dɛprɪʃɪeɪʃn
Linienorganisation	line organisation laɪn ɔɡənaɪzeɪʃn
Linienstelle	line position laɪn pəzɪʃn
Linienvorgesetzte	line supervisors laɪn sjupəvaɪzəs
Liquidität	liquidity lɪkwɪdəti
Liquiditätsplan	cash budget kæʃ bʌdʒət
Listeneinkaufpreis	list purchase price lɪst pɜtʃəs praɪs
Listenverkaufspreis	list sales price lɪst seɪls praɪs
Lizenz	licence laɪsəns
Logistik	logistics lɒdʒɪstɪks
Logistikdienstleister	logistics service provider lɒdʒɪstɪks sɜvɪs prəʊvaɪdə
Logistikkette	logistics chain lɒdʒɪstɪks tʃeɪn
Logistiksoftware	logistics software lɒdʒɪstɪks sɒftwɛə
Lohnsatzabweichung	wage rate variance weɪdʒ reɪt vəraɪəns
Lohnsteuer	income tax ɪnkʌm tæks
Lombardkredit	Lombard loan lɒmbəd ləʊn
lose Lieferung	separate delivery sɛpərət dɪlɪvəri
Luftfracht	air freight ɛə freɪt
Luftfrachtbrief	air consignment note ɛə kənsaɪnmənt nəʊt

M

Mahnbescheid	order to pay ɔdə tə peɪ
Mahnverfahren	dunning activity dʌnɪŋ æktɪvəti
Managementebene	management level mænədʒmənt lɛvəl
Managementinformationssystem	management information system mænədʒmənt ɪnfɔmeɪʃn sɪstəm
Managementphilosophie	management philosophy mænədʒmənt fɪlɒsəfi
Mängelarten	types of defects taɪps ɒv dɪfɛkts
Mängelbeseitigung	removal of defect rɪmuvl ɒv dɪfɛkt
mangelhafte Lieferung	defective delivery dɪfɛktəv dɪlɪvəri
Manteltarifvertrag	framework on employment conditions freɪmwɜk ɒn ɛmplɔɪmənt kɒndɪʃnz

Marke	brand name brænd neɪm
Markenartikel	brand article brænd atɪkl
Marketingkonzeption	marketing conception makətɪŋ kənsɛpʃn
Marketinglogistik	marketing logistic makətɪŋ lɒdʒɪstɪk
Marketing-Management-Konzept	marketing management concept makətɪŋ mænədʒmənt kɒnsɛpt
Marketing-Mix	marketing mix makətɪŋ mɪks
Marketingstrategie	marketing strategy makətɪŋ strætədʒi
Markt	market makət
Marktanalyse	market analysis makət ənælɪsɪs
Marktanteil	market share makət ʃɛə
Marktbeeinflussung	market influence makət ɪnfluəns
Marktbeherrschung	market domination makət dɒmɪneɪʃn
Marktbeobachtung	market investigation makət ɪnvɛstɪgeɪʃn
Markteinschätzung	market assessment makət əsɛsmənt
Markterkundung	market survey makət sɜveɪ
Marktformen	market structures makət strʌkʃəz
Marktpotenzial	market potential makət pəʊtɛnʃl
Marktprognose	market forecast makət fɔkast
Marktregulierung	market regulation makət rɛgjəleɪʃn
Marktsegmente	market segments makət sɛgmənts
Marktsegmentierung	market segmentation makət sɛgmənteɪʃn
Marktsituation	market situation makət sɪtjʊeɪʃn
Marktstruktur	market structure makət strʌkʃə
Marktuntersuchung	market analysis makət ənælɪsɪs
Marktvolumen	market volume makət vɒljəm
Marktwert	market value makət vælju
Marktwirtschaft	market economy makət ɪkɒnəmi
Materialisierung	planning of materials plænɪŋ ɒv mətɪərɪəlz
Materialplanung	material planning mətɪərɪəl plænɪŋ
Matrixorganisation	matrix organisation meɪtrɪks ɒgənaɪzeɪʃn
mehrseitige Rechtsgeschäfte	multilateral legal acts mʌltɪlætərəl ligəl ækts
Mehrwertsteuer	value added tax (VAT) vælju ædəd tæks vɪeɪti
Meilenstein	milestone maɪlstəʊn
Meilensteinplan	milestone plan maɪlstəʊn plæn
Meldebestand	reorder quantity rɪɔdə kwɒntəti
Mengenplanung	quantity planning kwɒntəti plænɪŋ
Mengenproblem	volume problem vɒljəm prɒbləm
Mengenrabatt	volume discount vɒljəm dɪskaunt
Messbericht	measurement report mɛʒəmənt rɪpɔt
Messe	fair fɛə

MGKZ (Materialgemein-kostenzuschlagssatz)	material overhead costs surcharge rate mətɪərɪəl əʊvəhɛd kɒsts sɜːtʃadʒ reɪt
Mietvertrag	rental contract rɛntəl kɒntrækt
Minderung des Einkaufspreises	reduction of purchase price rɪdʌkʃn ɒv pɜːtʃəs praɪs
Mindestanforderungen	minimum requirements mɪnɪməm rɪkwaɪəmənts
Mindestbestand	minimum stock level mɪnɪməm stɒk lɛvəl
Mindestkapital	minimum capital mɪnɪməm kæpɪtəl
Missbrauch	abuse əbjus
Mitbestimmung	co-determination kəʊdɪtɜmɪneɪʃn
Mitbestimmungsgesetz	co-determination act kəʊdɪtɜmɪneɪʃn ækt
Mitbestimmungsrecht	co-determination right kəʊdɪtɜmɪneɪʃn raɪt
Mittelstandskartell	medium-sized business cartel midɪəm saɪst bɪznəs katəl
Mittelwert	average ævərədʒ
Mitwirkung	participation patɪsɪpeɪʃn
Mitwirkungsrecht	participation right patɪsɪpeɪʃn raɪt
Mondpreiswerbung	moonlight price advertising munlaɪt praɪs ædvətaɪzɪŋ
Monopol	monopoly mənɒpəli
Montanindustrie	coal, iron and steel industry kəʊl aɪən ænd stil ɪndəstri
Montanmitbestimmungsgesetz	coal, iron and steel industry co-determination act kəʊl aɪən ænd stil ɪndəstri kəʊdɪtɜmɪneɪʃn ækt
mündliche Verhandlung	hearing hɪərɪŋ
Mustervertrag	sample contract sæmpl kɒntrækt

N

Nachbau	licensed production laɪsənst prəʊdʌkʃn
Nachbestellung	subsequent order sʌbsikwənt ɔdə
Nacherfüllung	rectification of performance rɛktɪfɪkeɪʃn ɒv pəfɔməns
Nachforderungsmanagement	claim management kleɪm mænədʒmənt
Nachfrage	demand dɪmand
Nachfrageüberhang	excess in demand ɪksɛs ɪn dɪmand
Nachfristsetzung	grace period notification greɪs pɪərɪəd nəʊtɪfɪkeɪʃn
Nachlieferung	subsequent delivery sʌbsikwənt dɪlɪvəri
Nachnahme	cash on delivery kæʃ ɒn dɪlɪvəri
Nachwuchsprodukte	question mark products (Babies) kwɛstʃn mak prɒdʌkts
Naturalrabatt	rebate in kind rɪbeɪt ɪn kaɪnd
Nebenbücher	subsidiary books of account sʌbsidɪərɪ bʊks ɒv əkaʊnt
Nebentätigkeit	side-line employment saɪd laɪn ɛmplɔɪmənt
Nennbetrag	nominal amount nɒmɪnəl əmaʊnt
Netto Kasse	net cash nɛt kæʃ
Nettobuchung	net entry nɛt ɛntri

Nettogewicht	net weight nɛt weɪt
Netzplantechnik	network planning technique nɛtwɜk plænɪŋ tɛknik
Neubeginn der Verjährung	restart of limitation period rɪstat ɒv lɪmɪteɪʃn pɪərɪəd
neutrale Aufwendung	neutral expense njutrəl ɪkspɛns
neutraler Ertrag	non-operating revenue nɒnɒpəreɪtɪŋ rɛvənju
neutrales Mitglied	neutral member njutrəl mɛmbə
Niederstwertprinzip	principle of lower of cost or market prɪnsɪpl ɒv ləʊə ɒv kɒst ɔ makət
Normalkostenrechnung	normal cost accounting nɔməl kɒst əkaʊntɪŋ
Normen	standards stændədz
Normung	standardisation stændədaɪzeɪʃn
Normungsgremien	standards organisations stændədz ɔgənaɪzeɪʃnz
Normungskartell	standards cartel stændədz katəl
Normungsverfahren	standardisation process stændədaɪzeɪʃn prəʊsɛs
Nutzwertanalyse	benefit analyses bɛnɪfɪt ənælɪsɪs

O

Oberziele	main targets meɪn tagəts
OEM (Erstausrüster) Produktqualifikation	OEM (Original Equipment Manufacturer) product qualification əʊiɛm (ɒrɪdʒɪnəl ɪkwɪpmənt mænjʊfæktʃərə) prɒdʌkt kwɒlɪfɪkeɪʃn
Offene Handelsgesellschaft (OHG)	ordinary partnership ɔdɪnærɪ patnəʃɪp
offene Zession	public assignment pʌblɪk əsaɪnmənt
offener Markt	open market əʊpən makət
öffentliche Betriebe	public business enterprises pʌblɪk bɪznəs ɛntəpraɪsəz
öffentlicher Haushalt	government budget gʌvənmənt bʌdʒət
Öffentlichkeitsarbeit	public relations pʌblɪk rɪleɪʃnz
Ökologie	ecology ɪkɒlədʒi
ökologisches Ziel	ecological target ɪkəʊlɒdʒɪkəl tagət
ökonomisches Prinzip	economic principle ɪkəʊnɒmɪk prɪnsɪpl
ökonomisches Ziel	economic target ɪkəʊnɒmɪk tagət
Oligopol	oligopoly ɒlɪgɒpəli
Onlinebanking	online banking ɒnlaɪn bæŋkɪŋ
Online-Marktplätze	online market place ɒnlaɪn makət pleɪs
operative Ziele	operational targets ɒpəreɪʃənəl tagəts
operatives Controlling	operative controlling ɒpəreɪtɪv kəntrəʊlɪŋ
Opportunitätskosten	opportunity costs ɒpətjunəti kɒsts
optimale Bestellmenge	economic order quantity ɪkəʊnɒmɪk ɔdə kwɒntəti
Optimierungsprinzip	optimisation principle ɒptɪmaɪzeɪʃn prɪnsɪpl
Optimierungsregel	optimisation rule ɒptɪmaɪzeɪʃn rul
Organigramm	organisation chart ɔgənaɪzeɪʃn tʃat

Organisation	organisation ɔgənaɪzeɪʃn
Organisation der Buchführung	organisation of bookkeeping ɔgənaɪzeɪʃn ɒv bʊkkipɪŋ
Organisationssicht	organisation view ɔgənaɪzeɪʃn vju
organisatorische Maßnahme	organisational measure ɔgənaɪzeɪʃənəl mɛʒə
originäre Produktionsfaktoren	original factors of production ɒrɪdʒɪnəl fæktəs ɒv prəʊdʌkʃn

P

Pachtvertrag	leasing agreement lizɪŋ əgrimənt
Packliste	packing list pækɪŋ lɪst
paritätische Mitbestimmung	codetermination kəʊdɪtɜmɪneɪʃn
passive Bestandskonten	passive asset accounts pæsɪv æsət əkaʊnts
Pattsituation	stand off stænd ɒf
PDM (Produktdatenmanagement) Model	Product Data Management Model prɒdʌkt deɪtə mænədʒmənt mɒdəl
Periodenabgrenzung	accruals concept ækrʊəlz kɒnsɛpt
Periodenkosten	period costs pɪərɪəd kɒsts
permanente Inventur	permanent inventory pɜmənənt ɪnvɛntri
Personalaspekt	staff aspect staf æspɛkt
Personalbeschaffung	personnel recruitment pɜsənɛl rɪkrutmənt
Personaleinsatz	personnel deployment pɜsənɛl dɪplɔɪmənt
Personaleinstellung	personnel hiring pɜsənɛl haɪrɪŋ
personaler Ansatz	personnel approach pɜsənɛl əprəʊtʃ
Personalsicherheiten	personal securities pɜsənəl səkjʊrətiz
Personalwesen	human resources department hjumən rɪsɔsəs dɪpatmənt
Personalwirtschaft	personnel management pɜsənɛl mænədʒmənt
Personengesellschaft	unincorporated firm ʌnɪnkɔpəreɪtəd fɜm
Perspektiven der Balanced Scorecard	outlook of balanced scorecard aʊtlʊk ɒv bælənst skɔkad
Pfandrecht	lien lɪən
Pflichten des Ausbildenden	duties of trainer djutis ɒv treɪnə
Pflichten des Auszubildenden	duties of trainee djutis ɒv treɪni
physische Distribution	physical distribution fɪzɪkl dɪstrɪbjuʃn
PIN-TAN-Verfahren	PIN-TAN process pɪn tæn prəʊsəs
Planbeschäftigung	activity base æktɪvəti beɪs
Plankostenrechnung	standard cost accounting stændəd kɒst əkaʊntɪŋ
Plankostenverrechnungssatz (PVS)	budget costs allocation rate bʌdʒət kɒsts æləʊkeɪʃn reɪt
Planprozessmengen	planned process volume plænd prəʊsɛs vɒljum
Planung	planning plænɪŋ

Planungsablauf	planning process plænɪŋ prəʊsɛs
Planungsaktivität	planning activity plænɪŋ æktɪvəti
Planungsphase	planning phase plænɪŋ feɪz
Planungsrechnung	accounting for planning and control əkaʊntɪŋ fɔ plænɪŋ ænd kəntrəʊl
Planungsrunden	planning sessions plænɪŋ sɛʃnz
Planungsziele	planning objectives plænɪŋ ɒbjɛktɪvz
Platzkauf	local purchase ləʊkəl pɜtʃəs
PLM (Product Lifecycle Management)	PLM (Product Lifecycle Management) pɪɛlɛm prɒdʌkt laɪfsaɪkl mænədʒmənt
politischer Streik	political strike pɒlɪtɪkl straɪk
Polypol	polypoly pɒlɪpɒlɪ
Pönale	penalties pɛnəltiz
Portal	portal pɔtəl
Portfolio-Analyse	portfolio analysis pɔtfəʊlɪəʊ ənælɪsɪs
Portfolio-Matrix	portfolio matrix pɔtfəʊlɪəʊ meɪtrɪks
Porto	postage pɒstədʒ
Präsentation	presentation prɛzənteɪʃn
Präsentationssoftware	presentation software prɛzənteɪʃn sɒftwɛə
Preis	price praɪs
Preisausschreiben	contest kɒntɛst
Preisbildung	pricing praɪsɪŋ
Preisbildung auf dem vollkommenen Mark	pricing in an ideal market praɪsɪŋ ɪn ən aɪdil makət
Preisdifferenzierung	price differentiation praɪs dɪfərənʃɪeɪʃn
Preiselastizität	price elasticity praɪs ɪlæstɪsəti
Preiserhöhung	price increase praɪs ɪnkris
Preisfindung	pricing praɪsɪŋ
Preiskartell	price cartel praɪs katəl
Preisplanung	price planning praɪs plænɪŋ
Preispolitik	price policy praɪs pɒləsi
Preispositionierung	price positioning praɪs pəzɪʃənɪŋ
Preisproblem	price problem praɪs prɒbləm
Preissatzabweichung	price rate divergence praɪs reɪt daɪvɜdʒəns
Preisspiegel	price mirror praɪs mɪrə
primärer Sektor	primary sector praɪmərɪ sɛktə
Primärerhebung	primary survey praɪmərɪ sɜveɪ
Primärforschung	primary research praɪmərɪ rɪsɜtʃ
privater Verbrauch	private consumption praɪvət kənsʌmpʃn
Probezeit	probation time prəʊbeɪʃn taɪm
Problemlösung	problem solving prɒbləm sɒlvɪŋ
Produktionsverlagerung	outsourcing aʊtsɔsɪŋ

Produkt- und Sortimentspolitik	product and assortment policy prɒdʌkt ænd əsɔtmənt pɒləsi
produktbegleitende Servicepolitik	product supporting service policy prɒdʌkt səpɔtɪŋ sɜvɪs pɒləsi
Produktbetreuung	product support prɒdʌkt səpɔt
Produktdatenmanagement	Product Data Management (PDM) prɒdʌkt deɪtə mænədʒmənt
Produktdifferenzierung	product differentiation prɒdʌkt dɪfərɛnʃɪeɪʃn
Produktdiversifikation	product diversification prɒdʌkt daɪvɜsɪfɪkeɪʃn
Produkteinführung	product introduction prɒdʌkt ɪntrəʊdʌkʃn
Produktfindung	product definition prɒdʌkt dɛfɪnɪʃn
Produktgestaltung	product design prɒdʌkt dɪzaɪn
Produktionsfaktoren	factors of production fæktəs ɒv prɒdʌkʃn
Produktionsgüter	producer goods prəʊdjʊsə gʊdz
Produktionsunternehmen	manufacturer mænjʊfækʃərə
Produktlebenszyklus	product life cycle prɒdʌkt laɪf saɪkl
Produktmanagement	product management prɒdʌkt mænədʒmənt
Produktmaß	product measure prɒdʌkt mɛʒə
Produktmerkmale	product features prɒdʌkt fitʃəs
produktorientierte Aufbauorganisation	product oriented organisation prɒdʌkt ɒrɪɛntəd ɔgənaɪzeɪʃn
Produktpate	product supporter prɒdʌkt səpɔtə
Produktplanung	product planning prɒdʌkt plænɪŋ
Produktplatzierung	product placement prɒdʌkt pleɪsmənt
Produkt-Programmpolitik	product and product range policy prɒdʌkt ænd prɒdʌkt reɪndʒ pɒləsi
Produkt-Projekt	product project prɒdʌkt prəʊdʒɛkt
Proforma-Rechnung	proforma invoice prəʊfɔmə ɪnvɔɪs
Prognose	forecast fɔkast
Programm- und Sortimentspolitik	product range and assortment policy prɒdʌkt reɪndʒ ænd əsɔtmənt pɒləsi
Projektablaufplan	project process plan prəʊdʒɛkt prəʊsɛs plæn
Projektabschluss	final completion, project completion faɪnəl kɒmpliʃn, prəʊdʒɛkt kɒmpliʃn
Projektabschlussbericht	final project report faɪnəl prəʊdʒɛkt rɪpɔt
Projektabwicklung	project realisation prəʊdʒɛkt rɪəlaɪzeɪʃn
Projektaufbau	project implementation prəʊdʒɛkt ɪmplɪmənteɪʃn
Projekt-Aufbauorganisation	project organisation prəʊdʒɛkt ɔgənaɪzeɪʃn
Projektauflösung	project disbandment prəʊdʒɛkt dɪsbændmənt
Projektcontrolling	project controlling prəʊdʒɛkt kəntrəʊlɪŋ
Projektergebnis	project result prəʊdʒɛkt rɪzʌlt
Projektergebnisrechnung	project profit and loss statement prəʊdʒɛkt prɒfɪt ænd lɒs steɪtmənt

Projektgrundlagen	project principles prəʊdʒɛkt prɪnsɪplz
Projekt-Handbuch	project manual prəʊdʒɛkt mænjʊəl
Projektkontrolle	project control prəʊdʒɛkt kəntrəʊl
Projektlaufzeit	duration of project djʊəreɪʃn ɒv prəʊdʒɛkt
Projektleiter	project manager prəʊdʒɛkt mænədʒə
Projektmanagement	project management prəʊdʒɛkt mænədʒmənt
Projektmanager	project manager prəʊdʒɛkt mænədʒə
Projektmappe	project folder prəʊdʒɛkt fəʊldə
Projektmaßnahme	project measure prəʊdʒɛkt mɛʒə
Projektmethode	project method prəʊdʒɛkt mɛθəd
Projektorganisation	project organisation prəʊdʒɛkt ɔɡənaɪzeɪʃn
Projektphase	project phase prəʊdʒɛkt feɪz
Projektprozesse	project processes prəʊdʒɛkt prəʊsɛsəs
Projektrisikoanalyse	project risk analysis prəʊdʒɛkt rɪsk ənælɪsɪs
Projektstart	project start prəʊdʒɛkt stat
Projektstatussitzungen	project status meetings prəʊdʒɛkt steɪtəs mitɪŋz
Projektsteuerung	project management prəʊdʒɛkt mænədʒmənt
Projektstrategie	project strategy prəʊdʒɛkt strætədʒi
Projektstrukturplan	project structure plan prəʊdʒɛkt strʌktʃə plæn
Projektverfolgung	project monitoring prəʊdʒɛkt mɒnɪtɒrɪŋ
Projektziel	project target prəʊdʒɛkt taɡət
Prokura	power of procuration paʊə ɒv prɒkjʊreɪʃn
Prokurist	authorised signatory ɔðəraɪzd sɪɡnətɒrɪ
Protokoll	minutes of meeting mɪnɪts ɒv mitɪŋ
Prozessanalyse	activity analysis æktɪvətɪ ənælɪsɪs
Prozess-Bereich	process area prəʊsɛs ɛərɪə
Prozesskette	process chain prəʊsɛs tʃeɪn
Prozesskontrolle	process controlling prəʊsɛs kəntrəʊlɪŋ
Prozesskostenrechnung	process cost accounting prəʊsɛs kɒst əkaʊntɪŋ
Prozesskostensatz	process cost rate prəʊsɛs kɒst reɪt
Prozessmaß	process measure prəʊsɛs mɛʒə
Prozessmodell	process model prəʊsɛs mɒdəl
prozessorientierte Organisation	process oriented organisation prəʊsɛs ɒrɪɛntəd ɔɡənaɪzeɪʃn
prozessorientierte Produktkalkulation	process oriented product calculation prəʊsɛs ɒrɪɛntəd prɒdʌkt kælkjələeɪʃn
prozessorientierte Produktpolitik	process oriented product policy prəʊsɛs ɒrɪɛntəd prɒdʌkt pɒləsi
prozessorientierte Projekte	process oriented projects prəʊsɛs ɒrɪɛntəd prəʊdʒɛkts
prozessorientierter Ansatz	process oriented approach prəʊsɛs ɒrɪɛntəd əprəʊtʃ
Prozessplanung	process planning prəʊsɛs plænɪŋ
Prozessteilkostensatz	process share of costs rate prəʊsɛs ʃɛə ɒv kɒsts reɪt

Prozessuntersuchung — process investigation prəʊsɛs ɪnvɛstɪgeɪʃn

Prozessvollkostensatz — process full cost rate prəʊsɛs fʊl kɒst reɪt

Prüfung — assessment, examination, evaluation əsɛsmənt, ɪkzæmɪneɪʃn, ɪvæljʊeɪʃn

Prüfungspflicht — statutory inspection stætjʊtəri ɪnspɛkʃn

Punktabfrage — brainstorming using dots and matrices breɪnstɔmɪŋ juzɪŋ dɒts ænd mætrɪsəs

Q

QFD (Quality Function Deployment) — QFD (Quality Function Deployment) kjuɛfdi kwɒlətɪ fʌŋkʃn dɪplɔɪmənt

QM-System — QM-system kjuɛm sɪstəm

QoS (Quality of Service) — QoS (Quality of Service) kjuəʊɛs kwɒlətɪ ɒv sɜvɪs

QS-Handbuch — QS-manual kjuɛs mænjʊəl

Qualität — quality kwɒləti

Qualitätsebene — quality level kwɒləti lɛvəl

Qualitätshaus — house of quality haʊs ɒv kwɒləti

Qualitätskreis — quality circle kwɒləti sɜkl

Qualitätslenkung — quality control kwɒləti kəntrəʊl

Qualitätsmanagement — quality management kwɒləti mænəʤmənt

Qualitätsmanagementplan — quality management plan kwɒləti mænəʤmənt plæn

Qualitätsmangel — quality deficit kwɒləti dɛfɪsɪt

Qualitätsplanung — quality planning kwɒləti plænɪŋ

Qualitätsprüfung — quality audit kwɒləti ɔdɪt

Qualitätssicherung — quality assurance kwɒləti əʃʊərəns

Qualitätssicherungsnorm — quality assurance standard kwɒləti əʃʊərəns stændəd

Qualitätssicht — quality view kwɒləti vju

Qualitätszielbestimmung — quality target definition kwɒləti tagət dɛfɪnɪʃn

Querschnittsfunktion — cross section function krɒs sɛkʃn fʌŋkʃn

Quittung — receipt rɪsit

R

Rabatt — discount dɪskaʊnt

Rabattarten — kinds of discounts kaɪndz ɒv dɪskaʊnts

Rabattkartell — discount cartel dɪskaʊnt katəl

Rabattpolitik — discount policy dɪskaʊnt pɒləsi

Rahmenbedingungen — framework conditions freɪmwɜk kəndɪʃnz

Rahmenprojekt — frame project freɪm prəʊʤɛkt

Rahmentarifvertrag — industry-wide (master) agreement ɪndəstrɪ waɪd mastə əgrimənt

Ramschkauf	rummage purchase rʌmədʒ pɜtʃəs
Randsortiment	subsidiary assortment sʌbsidɪərɪ əsɔtmənt
Ratenkauf	hire purchase haɪə pɜtʃəs
Ratenlieferungsvertrag	hire purchase delivery contract haɪə pɜtʃəs dɪlɪvərɪ kɒntrækt
Rationalisierungskartell	rationalisation cartel ræʃənəlaɪzeɪʃn katəl
Realsicherheiten	real securities rɪəl səkjʊrətɪs
Rechnung	invoice ɪnvɔɪs
Rechnungsprüfung	invoice auditing ɪnvɔɪs ɔdɪtɪŋ
Rechnungsstellung	invoice submission ɪnvɔɪs sʌbmɪʃn
Rechnungswesen	accounting əkaʊntɪŋ
Rechtsabteilung	legal department ligəl dɪpatmənt
Rechtsbeschwerde	appeal on points of law əpil ɒn pɔɪnts ɒv lɔ
rechtsbezeugend (deklaratorisch)	right attesting raɪt ətɛstɪŋ
rechtserzeugend (konstitutiv)	right generating raɪt dʒɛnəreɪtɪŋ
Rechtsform	legal form ligəl fɔm
Rechtsformen der Unternehmungen	legal forms of enterprises ligəl fɔmz ɒv ɛntəpraɪsəs
Rechtsformzusatz	legal form supplement ligəl fɔm sʌplmənt
Rechtsgeschäfte von juristischen Personen	legal transactions by legal persons ligəl trænsækʃn baɪ ligəl pɜsəns
Rechtsgeschäfte von natürlichen Personen	legal transactions by natural persons ligəl trænsækʃnz baɪ nætʃərəl pɜsəns
Rechtsmangel	legal infirmity ligəl ɪnfɜmətɪ
Referat	presentation prɛzənteɪʃn
regelmäßige Projektbesprechung	regular project meeting rɛgjulə prəʊdʒɛkt mitɪŋ
Regelwerk	set of rules sɛt ɒv rulz
Regionallager	regional warehouse ridʒənəl wɛəhaʊs
Regress	recourse rɪkɔs
Regressanspruch	claim for compensation kleɪm fɔ kɒmpənseɪʃn
Reifestadium	maturity stage mətjʊrətɪ steɪdʒ
Reingewicht	net weight nɛt weɪt
Reinvermögen	net assets nɛt æsəts
Reisevertrag	travel agreement trævəl əgrimənt
Reklamation (Mängelrüge)	complaint kəmpleɪnt
Rentabilität	profitability prɒfɪtəbɪlətɪ
Rentabilitätsvorschau	profitability forecast prɒfɪtəbɪləti fɔkast
Reparatur- und Austauschdienst	repair and exchange service rɪpɛə ænd ɪkstʃeɪndʒ sɜvɪs
Ressourcen	resources rɪsɔsəs
Revision	revision, internal auditing rɪvɪʒn, ɪntɜnl ɔdɪtɪŋ
Risiko	risk rɪsk
Risikoanalyse	risk analysis rɪsk ənælɪsɪs
Risikobewertung	risk assessment rɪsk əsɛsmənt

Rohgewicht	gross weight grɒs weɪt
Rollenspiel	role play rəʊl pleɪ
rollierende Planung	rolling planning rəʊlɪŋ plænɪŋ
roter Faden	central theme sɛntrəl ðim
Rückstellung	provision prəʊvɪʒn
Rügepflicht	duty of inspection, notification and rejection djuti ɒv ɪnspɛkʃn, nəʊtɪfɪkeɪʃn ænd rɪdʒɛkʃn

S

Sachaspekte	factual aspects fækʃʊəl æspɛkts
Sachdarlehensvertrag	loan of fungible things contract ləʊən ɒv fʌndʒəbl θɪŋz kɒntrækt
Sachgüter	real assets rɪəl æsəts
Sachmangel	defect of quality dɪfɛkt ɒv kwɒləti
Sachnummer	identification number aɪdɛntɪfɪkeɪʃn nʌmbə
Sachziele	factual objectives fækʃʊəl ɒbdʒɛktɪvz
sachzielorientierte Projekte	factual oriented projects fækʃʊəl ɒrɪɛntəd prəʊdʒɛkts
Sammelausfuhrgenehmigung	bulk licence bʌlk laɪsəns
Sammelüberweisung	collective bank transfer kəlɛktɪv bæŋk trænsfɜ
Sammelwerbung	collective advertising kəlɛktɪv ædvətaɪzɪŋ
SAPM (Summe der Arbeitsjahre der Projektmitarbeiter)	SAPM (sum of men year of project members) sæpm sʌm ɒv mɪn jɪə ɒv prəʊdʒɛkt mɛmbəs
Säulendiagramm	bar chart ba tʃat
Schadenersatz	compensation kɒmpənseɪʃn
Schenkungsvertrag	donation contract dəʊneɪʃn kɒntrækt
Schichtarbeit	shift-work ʃɪft wɜk
Schickschulden	obligations to be performed at debtor's place of business by dispatch of debtor ɒblɪgeɪʃnz tə bɪ pəfɔmd æt dɛbtəs pleɪs ɒv bɪznəs baɪ dɪspætʃ ɒv dɛbtə
Schlichtungsstelle	arbitration board abɪtreɪʃn bɔd
Schlichtungsverfahren	conciliation procedure kɒnsɪlɪeɪʃn prɒsɪdʒə
Schlussbilanz	end of period balance sheet ɛnd ɒv pɪərɪəd bæləns ʃit
Schlüsselprojekt	key project ki prəʊdʒɛkt
Schnittstelle	interface ɪntəfeɪs
Schulung	training treɪnɪŋ
Schwachstellenanalyse	weak point analysis wik pɔɪnt ənælɪsɪs
Schweigen	silence saɪləns
Schwerpunktstreik	main focus strike meɪn fəʊkəs straɪk
SCM (Supply Chain Management)	SCM (Supply Chain Management) ɛssɪɛm səplaɪ tʃeɪn mænədʒmənt
Seefracht	sea freight si freɪt
seemäßige Verpackung	seaworthy packing siwɜðɪ pækɪŋ

Segmentierungskriterien	segmentation criteria sɛgmənteɪʃn kraɪtɪərɪə
Sekundärforschung	secondary research sɛkəndærɪ rɪsɜːtʃ
Selbstfinanzierung	self-financing sɛlf faɪnænsɪŋ
Selbstkostenpreis	cost price kɒst praɪs
senden	dispatch dɪspætʃ
Service Leistungsanforderung	service request sɜːvɪs rɪkwɛst
Serviceprozess	service process sɜːvɪs prəʊsɛs
Services	services sɜːvɪsəs
Sicherheit	security sɪkjʊərɪti
Sicherungsabtretung	assignments of account receivable əsaɪnmənts ɒv əkaʊnt rɪsivəbl
Sicherungsmöglichkeiten von Kreditarten	security arrangements of credits sɪkjʊərɪti əreɪndʒmənts ɒv krɛdɪts
Sicherungsübereignungskredit	collateral assignment credit kəʊlætərəl əsaɪnmənt krɛdɪt
Skonto	cash discount kæʃ dɪskaʊnt
SMS-Werbung	SMS advertising ɛsɛmɛs ædvətaɪzɪŋ
Sofortkauf	spot purchase spɒt pɜːtʃəs
Solidaritätszuschlag	solidarity contribution sɒlɪdærɪti kɒntrɪbjuʃn
Soll-Ist-Abgleich	nominal-actual comparison nɒmɪnəl ækʃʊəl kɒmpærɪsən
Sondereinzelkosten	special direct costs spɛʃl daɪrɛkt kɒsts
Sonderrabatt	special discount spɛʃl dɪskaʊnt
Sortimentsbereinigung	product assortment streamlining prɒdʌkt əsɔːtmənt striːmlaɪnɪŋ
Sortimentsbreite	product assortment diversification prɒdʌkt əsɔːtmənt daɪvɜːsɪfɪkeɪʃn
Sortimentserweiterung	product assortment extension prɒdʌkt əsɔːtmənt ɪkstɛnʃn
Sortimentspolitik	assortment policy əsɔːtmənt pɒlɪsi
Sortimentstiefe	product assortment depth prɒdʌkt əsɔːtmənt dɛpθ
Sortimentsveränderung	product assortment modification prɒdʌkt əsɔːtmənt mɒdɪfɪkeɪʃn
soziales Ziel	social target səʊʃl tagət
Sozialgericht	social security court səʊʃl sɪkjʊərɪti kɔːt
Sozialgerichtsbarkeit	social jurisdiction səʊʃl djʊrɪsdɪkʃn
Sozialleistungen	social benefits səʊʃl bɛnɪfɪts
Sozialstaatsprinzip	social state principle səʊʃl steɪt prɪnsɪpl
Sozialversicherung	social insurance səʊʃl ɪnʃʊərəns
Sozialversicherungsausweis	social insurance card səʊʃl ɪnʃʊərəns kad
Spanne	margin mɑdʒɪn
Spekulationsziel	speculation targets spɛkjʊleɪʃn tagəts
Spezialisierungskartell	specialisation cartel spɛʃəlaɪzeɪʃn katəl

Spezialvollmacht	special power of attorney spɛʃl pauə ɒv ətɔni
Spezifikationskauf	sale by description seɪl baɪ dɪskrɪpʃn
Spiralmodell	spiral model spɪrəl mɒdəl
Sprecherausschuss	committee of spokesmen kəmɪti ɒv spəuksmən
staatliche Wettbewerbspolitik	national competition policy næʃənəl kɒmpətɪʃn pɒlɪsi
Stabilitätsgesetz	law of stability lɔ ɒv stæbɪləti
Stab-Linien-System	staff-line-system staf laɪn sɪstəm
Stabsstelle	staff position staf pəuzɪʃn
Standard-Paket	standard package stændəd pækədʒ
Standort	location ləukeɪʃn
Statistik	statistics stætɪstɪks
Stelle	position pəuzɪʃn
Stellenbildung	departmentation dɪpatmənteɪʃn
Stellentausch	job rotation dʒɒb rəuteɪʃn
Stellenteilung	job sharing, job splitting dʒɒb ʃɛərɪŋ, dʒɒb splɪtɪŋ
Stellungnahme	comment kɒmənt
Stichprobeninventur	sampling-type inventory sæmplɪŋ taɪp ɪnvɛntri
Stichtagsinventur	periodical inventory pɛrɪɒdɪkəl ɪnvɛntri
stille Zession	silent assignment saɪlənt əsaɪnmənt
Stornierung	cancelation kænsəleɪʃn
Strategie	strategy strætədʒi
strategische Ziele	strategic targets strətidʒɪk tagəts
strategisches Controlling	strategic controlling strətidʒɪk kəntrəulɪŋ
Streik	strike straɪk
strenges Niederstwertprinzip	strong principle of lower of cost or market strɒŋ prɪnsɪpl ɒv ləuə ɒv kɒst ɔ makət
Streuverlust	waste coverage weɪst kʌvərədʒ
Strukturbilanz	structure balance strʌktʃə bæləns
Strukturzahlen	structure figures strʌktʃə fɪgəz
Stückkauf	purchase of specific goods pɜtʃəs ɒv spəsɪfɪk gudz
Stückkosten	unit costs junɪt kɒsts
Stundenkontierung	working hours logbook wɜkɪŋ auəs lɒgbuk
Submissionskartell	submission cartel sʌbmɪʃn katək
Subprozesse	sub-processes sʌb prəusɛsəs
Subventionen	subsidies sʌbsɪdis
Syndikat	syndicate sɪndɪkət

T

Tarifvertragsparteien	collective bargaining units kəlɛktɪv bagɪnɪŋ junɪts
Tarifvertragsrecht	right of collective bargaining raɪt ɒv kəlɛktɪv bagɪnɪŋ

Tarifvertragsverhandlung — collective bargaining kəlɛktɪv bagɪnɪŋ

Tätigkeitenzuordnung — assignment of activities əsaɪnmənt ɒv æktɪvətis

Tätigkeitsanalyse — activity analysis æktɪvətɪ ənælɪsɪs

Tätigkeitswechsel — job rotation dʒɒb rəuteɪʃn

Team — team tim

Teamarbeit — team work tim wɜk

Technische Dienste — technical services tɛknɪkəl sɜvɪsəs

Technologie — technology tɛknɒlədʒi

teilautonome Arbeitsgruppe — partially autonomous working group paʃɪəlɪ ɔtɒnɒməs wɜkɪŋ grup

Teilerhebung — incomplete census ɪnkəmplit sɛnsəs

Teilgarantie — partial guarantee paʃl gærənti

Teilkostenrechnung — direct costing daɪrɛkt kɒstɪŋ

Teillieferung — partial delivery paʃl dɪlɪvəri

Teilmärkte — sub-markets sʌb makəts

Teilprojektleiter — sub-project manager sʌb prəudʒɛkt mænədʒə

Teilprozess — sub-process sʌb prəusɛs

Teilsendung — partial delivery (partial shipment) paʃl dɪlɪvəri paʃl ʃɪpmənt

Teilzeitarbeit — part-time job pat taɪm dʒɒb

Telearbeit — telecommuting job tɛləkɒmjutɪŋ dʒɒb

Telefonbanking — telephone banking tɛləfəun bæŋkɪŋ

Telefon-Werbung — telephone advertising tɛləfəun ædvətaɪzɪŋ

Termine — dates (schedules) deɪts skɛdjulz

Terminkauf — forward purchase fɔwəd pɜtʃəs

Terminplan — schedule skɛdjul

termintreu — on schedule ɒn skɛdjul

tertiärer Sektor — tertiary sector tɜʃɪərɪ sɛktə

Tiefengliederung — vertical segmentation vɜtɪkl sɛgmənteɪʃn

Tochtergesellschaft — subsidiary sʌbsidɪəri

TQM (Total Quality Management) — TQM (Total Quality Management) tɪkjuɛm təutəl kwɒlətɪ mænədʒmənt

Transaktionsnummer (TAN) — transaction authentication number trænsækʃn ɔðəntɪkeɪʃn nʌmbə

Transportkosten — freight charges freɪt tʃadʒəz

Transportmittel — means of transport mins ɒv trænspət

Treuerabatt — loyalty rebate lɔɪælətɪ rɪbeɪt

Typungskartell — standardisation cartel stændədaɪzeɪʃn katəl

U

überbetriebliche Arbeitsteilung	extra plant division of labour ɛsktrə plant dɪvɪʒn ɒv leɪbə
Übermaßverbot	excess prohibition ɪksɛs prəʊhɪbɪʃn
Überraschungsklausel	surprise clause səpraɪs klɒs
übertragbar	transferable trænsfɜrəbəl
Überweisung	remittance rɪmɪtəns
Überweisungsbetrag	transfer amount trænsfɜ əmaʊnt
Überziehungskredit	overdraft credit əʊvədraft krɛdɪt
Überziehungszinssatz	overdraft interest rate əʊvədraft ɪntrəst reɪt
Umlaufvermögen	current assets kʌrənt æsəts
Umsatz	sales turnover seɪls tɜnəʊvə
Umsatzkosten	cost of sales kɒst ɒv seɪls
Umsatzkostenverfahren	cost-of-sales accounting method kɒst ɒv seɪls əkaʊntɪŋ mɛðəd
Umsatzsteuer	value added tax (VAT) vælju ædəd tæks vɪaɪti
Umsatzsteuerkorrektur	value added tax adjustment vælju ædəd tæks ədʒʌstmənt
Umsatzvorschau	turnover forecast tɜnəʊvə fɔkast
Umschlagshäufigkeit	turnover rate tɜnəʊvə reɪt
Umweltschutz	environmental protection ɛnvaɪrənmɛntəl prəʊtɛkʃn
unbestätigtes Akkreditiv	unconfirmed L/C ʌnkɒnfɜmd ɛlsɪ
unfrei	carriage forward kærɪədʒ fɔwəd
ungesicherter Kredit	unsecured credit ʌnsɛkjʊəd krɛdɪt
unlauterer Wettbewerb	unfair competition ʌnfɛə kɒmpətɪʃn
Unstimmigkeit	discrepancy dɪskrɛpənsi
Unternehmen	business enterprise bɪznəs ɛntəpraɪs
Unternehmensführung	business management bɪznəs mænədʒmənt
Unternehmensgründung	company foundation kɒmpənɪ faʊndeɪʃn
Unternehmensidentität	corporate identity kɔpərət aɪdɛntəti
Unternehmensleitbild	corporate mission statement kɔpərət mɪʃn steɪtmənt
Unternehmensphilosophie	corporate philosophy kɔpərət fɪlɒsəfi
Unternehmenssoftware	enterprise software ɛntəpraɪs sɒftwɛə
Unternehmensstrategie	corporate strategy kɔpərət strætədʒi
Unternehmenszusammenschluss	cooperation kəʊɒpəreɪʃn
Unternehmer	entrepreneur ɒntrəprənɜ
unternehmerisch	entrepreneurial ɒntrəprənɜrɪəl
Unterordnungskonzern	vertical group vɜtɪkl grup
Unterschriftsberechtigung	signatory authorisation sɪgnətʊrɪ ɔðəraɪzeɪʃn
Unterschriftsregelung	signature regulation sɪgnətʃə rɛgjəleɪʃn
Unterziele	sub-targets sʌb tagəts
unverrechnete Lieferung	pre-turnover delivery prɪ tɜnəʊvə dɪlɪvəri

unvollkommener Markt	imperfect market ɪmpɜfɛkt makət
unwiderruflich	irrevocable ɪrɪvəʊkəbəl
Urabstimmung	strike vote straɪk vəʊt
Ursprungszeugnis	certificate of origin sɜtɪfɪkət ɒv ɒrɪdʒɪn
Urteilsverfahren	judgement procedures dʒʌdʒmənt prəʊsidʒəs
UWG (Gesetz gegen den unlauteren Wettbewerb)	UWG (law against unfair competition) jʊdʌbljʊdʒi lɔ əgeɪnst ʌnfɛə kɒmpətɪʃn

V

Valuta	valuta væljuta
variable Kosten	variable costs vəraɪəbəl kɒsts
Variation	variation værɪeɪʃn
Verantwortung	responsibility rɪspɒnsəbɪləti
Verantwortungsbereich	area of responsibility ɛərɪə ɒv rɪspɒnsəbɪləti
Verantwortungsmatrix	matrix of responsibility meɪtrɪks ɒv rɪspɒnsəbɪləti
verarbeitende Industrie	manufacturing industries mænjʊfækʃərɪŋ ɪndəstriz
Verbände	associations əsəʊsieɪʃnz
Verbindlichkeit	liability laɪəbɪləti
Verbindung	liaison lɪeɪzən
Verbraucher-Promotion	consumer promotion kənsjumə prəʊməʊʃn
Verbrauchsgüter	consumer goods kənsjumə gʊdz
Verbrauchsgüterkauf	purchasing of consumer goods pɜtʃəsɪŋ ɒv kənsjumə gʊdz
Verfahren	procedures prɒsidʒəz
Verfall	decline stage dɪklaɪn steɪdʒ
Verfallsdatum	expiry date ɛkspaɪrɪ deɪt
vergleichende Werbung	comparative advertising kɒmpærətəv ædvətaɪzɪŋ
Vergleichsmethode	comparison method kɒmpærɪzən mɛðəd
Verhaltensdiagramm	behaviour diagram bɪheɪvɪə daɪəgræm
Verhältniszahlen	ratio figures reɪʃɪəʊ fɪgəz
Verjährung von Forderungen	limitation of claims lɪmɪteɪʃən ɒv kleɪmz
Verjährungsfrist	statutory periods of limitations stætjʊtəri pɪərɪədz ɒv lɪmɪteɪʃnz
Verkäufer	seller sɛlə
Verkäufermarkt	sellers market sɛləs makət
Verkäuferschulung	sales people training seɪls pipl treɪnɪŋ
Verkaufskalkulation	sales calculation seɪls kælkjəleɪʃn
Verkaufsverpackung	sales packaging seɪls pækədʒɪŋ
Verkaufsförderung	sales promotion seɪls prəʊməʊʃn
Verkehrsteuer	tax on transaction tæks ɒn trænsækʃn
Verladedatum	date of loading deɪt ɒv ləʊdɪŋ

Verlaufsprotokoll	minutes of meeting mɪnəts ɒv mitɪŋ
Verlustverteilung	loss allocation lɒs æləʊkeɪʃn
Vermarktung	marketing makətɪŋ
Vermögensstruktur	assets and liabilities structure æsəts ænd laɪəbɪlətis strʌkʃə
vermögenswirksame Sparleistung	capital-forming saving kæpɪtəl fɔmɪŋ seɪvɪŋ
Verpackung	packaging pækəʃɪŋ
Verpackungskosten	packing costs pækɪŋ kɒsts
Verpflichtung	liability laɪəbɪlti
Verpflichtung	obligation ɒblɪgeɪʃn
Verpflichtungsgeschäft	obligatory contract ɒblɪgətɒrɪ kɒntrækt
Verrechnungsscheck	collection only check kəlɛkʃn əʊnlɪ tʃɛk
Versand	shipping department ʃɪpɪŋ dɪpatmənt
Versandanzeige	delivery note dɪlɪvərɪ nəʊt
Versandstation	shipping station ʃɪpɪŋ steɪʃn
Versandverpackung	shipping package ʃɪpɪŋ pækədʒ
Versendungskauf	sale by description seɪl baɪ dɪskrɪpʃn
Versicherung	insurance ɪnʃʊərəns
Versicherungsbeitrag	insurance contribution ɪnʃʊərəns kɒntrɪbjuʃn
Versicherungsträger	insurer ɪnʃʊrə
Verteilerkreis	distribution list dɪstrɪbjuʃn lɪst
Vertrag	contract kɒntrækt
Vertragsarten	kinds of contracts kaɪndz ɒv kɒntrækts
Vertragsaufforderung	request for contract rɪkwɛst fɔ kɒntrækt
Vertragshändlersystem	distributor system dɪstrɪbjutə sɪstəm
Vertragsmanagement	contract management kɒntrækt mænədʒə
Vertragsprüfung	contract checking kɒntrækt tʃɛkɪŋ
Vertragsrisiko	contract risk kɒntrækt rɪsk
Vertragsverhandlung	contract negotiations kɒntrækt nɛgəʊʃɪeɪʃnz
Vertrieb	sales department, marketing seɪls dɪpatmənt, makətɪŋ
vertriebliche Vorgaben	sales instructions seɪls ɪnstrʌkʃnz
Vertriebsabruf	dispatch order dɪspætʃ ɔdə
Vertriebsbindungssystem	distributional restraint system dɪstrɪbjuʃn rɪstreɪnt sɪstəm
Vertriebsentscheidung	sales decision seɪls dɪsɪʒn
Vertriebsergebnis	sales income seɪls ɪnkʌm
Vertriebsgemeinkosten	sales overhead costs seɪls əʊvəhɛd kɒsts
Vertriebsgemeinkostenzuschlagssatz (VtrGKZ)	sales overhead costs surcharge rate seɪls əʊvəhɛd kɒsts sɜtʃadʒ reɪt
Vertriebskosten	cost of sales kɒst ɒv seɪls
Vertriebssystem	distribution system dɪstrɪbjuʃn sɪstəm
Verwaltung	administration ædmɪnɪstreɪʃn

Vetokollegialität	veto colleagueship viːtəʊ kɒligʃɪp
VKD (Vorgangskettendiagramm)	process chains chart prəʊsɛs tʃeɪns tʃat
volkswirtschaftliche Produktionsfaktoren	economic factors of production ɪkəʊnɒmɪk fæktəs ɒv prəʊdʌkʃn
Volkszählungsurteil	population census judgement pɒpjʊleɪʃn sɛnsəs dʒʌdʒmənt
Vollerhebung	full census fʊl sɛnsəs
Vollinventur	complete inventory kɒmplit ɪnvɛntri
vollkommener Markt	ideal market aɪdɪəl makət
Vollkostenrechnung	full costs accounting fʊl kɒsts əkaʊntɪŋ
Vollmacht	power of attorney paʊə ɒv ətɔːni
Vollstreckungsbescheid	enforcement order ɛnfɔsmənt ɔdə
vorausbezahlt	prepaid pripeɪd
Vorbehalt	reservation rɛzəveɪʃn
Vorfeldanalyse	pre-project analysis priprəʊdʒɛkt ənælɪsɪs
Vorgang	process prəʊsɛs
Vorgangskettenanalyse	process chain analysis prəʊsɛs tʃeɪn ənælɪsɪs
Vorgangskettendiagramm (VKD)	process chains chart prəʊsɛs tʃeɪn tʃat
Vorgehensmodelle in Entwicklungsprojekten	methods in development projects design mɛðədz ɪn dɪvɛləpmənt prəʊdʒɛkts dɪzaɪn
Vorlieferschein	pre-delivery note pridɪlɪvəri nəʊt
Vorsichtsprinzip	principle of prudence prɪnsɪpl ɒv prudəns
Vorsitzender	chairman tʃɛəmən
Vorstand	board of directors bɔd ɒv daɪrɛktəs
Vorsteuer	input VAT interest ɪnpʊt vɪaɪti ɪntrəst
Vorsteuerkorrektur	input VAT interest adjustment ɪnpʊt vɪaɪti ɪntrəst ədʒʌstmənt
Vortrag	lecture lɛktʃə

W

Wachstum	growth grəʊə
Wachstumsziel	growth target grəʊə tagət
Wagnis	risk rɪsk
Währung	currency kʌrənsi
Waren	goods, merchandise gʊdz, mɜtʃəndaɪs
Warenannahme	coming-in of goods kʌmɪŋ ɪn ɒv gʊdz
Warenbegleitpapiere	shipping documents ʃɪpɪŋ dɒkjʊmənts
Wareneingang	coming-in of goods kʌmɪŋ ɪn ɒv gʊdz
Warnstreik	warning strike wɔnɪŋ straɪk
Wartungsverpflichtungen	maintenance obligations meɪntənəns ɒblɪgeɪʃnz
Wasserfallmodell	waterfall model wɔtəfɔl mɒdəl

Web-Kataloge	web-catalogues wɛb kætəlɒgz
Wechsel	bill of exchange bɪl ɒv ɪkstʃeɪndʒ
Weisungsbefugnis	authority to instruct ɔːθɒrɪtɪ tə ɪnstrʌkt
Werbeabteilung	public relations pʌblɪk rɪleɪʃnz
Werbeausgaben	advertising expenses ædvətaɪzɪŋ ɪkspɛnsəs
Werbebotschaft	advertising message ædvətaɪzɪŋ mæsədʒ
Werbeerfolgskontrolle	success control of advertising sʌksɛs kəntrəʊl ɒv ædvətaɪzɪŋ
Werbeetat	advertising budget ædvətaɪzɪŋ bʌdʒət
Werbegewinn	advertising profit ædvətaɪzɪŋ prɒfɪt
Werbekosten	advertising costs ædvətaɪzɪŋ kɒsts
Werbemittel	advertising media ædvətaɪzɪŋ midɪə
Werbende	advertising end ædvətaɪzɪŋ ɛnd
Werbeplan	advertising plan ædvətaɪzɪŋ plæn
Werbetiming	advertising timing ædvətaɪzɪŋ taɪmɪŋ
Werbeträger	advertising medium ædvətaɪzɪŋ midɪəm
Werbeziel	advertising target ædvətaɪzɪŋ tagət
Werbezielgebiet	advertising target area ædvətaɪzɪŋ tagət ɛərɪə
Werbezielgruppe	advertising target group ædvətaɪzɪŋ tagət grup
Werbung	advertising ædvətaɪzɪŋ
Werbung im Internet	advertising on the internet ædvətaɪzɪŋ ɒn ðɪ ɪntənɛt
Werk	manufacturing plant (factory) mænjʊfækʃərɪŋ plant fæktɒri
Werkvertrag	works contract wɜks kɒntrækt
Wert	value vælju
Wertänderung	value change vælju tʃeɪndʒ
Wertansatz	value approach vælju əprəʊtʃ
Wertecontrolling	commercial controlling kəmɜʃl kəntrəʊlɪŋ
Wertschöpfung	value creation vælju krɪeɪʃn
wertschöpfungsintensive Kerngeschäftsprozesse	intensive value added business core processes ɪntɛnsɪv vælju ædəd bɪznəs kɔ prəʊsɛsəs
Wettbewerb	competition kɒmpətɪʃn
Wettbewerbspolitik	competition policy kɒmpətɪʃn pɒləsi
Wettbewerbssituation	competition situation kɒmpətɪʃn sɪtjueɪʃn
Widerruf	cancellation kænsəleɪʃn
widerruflich	revocable rɪvəʊkəbl
Widerspruch	appeal əpil
Wiederbeschaffungswert	replacement costs rɪpleɪsmənt kɒsts
Wiederverkäuferrabatt	reseller discount rɪsɛlə dɪskaunt
wilder Streik	unofficial strike ʌnɒfɪʃl straɪk
Willenserklärung	declaration of intent dɛkləreɪʃn ɒv ɪntɛnt
wirtschaftliche Ziele	economic targets ɪkəʊnɒmɪk tagəts

wirtschaftlicher Produktplan	economic product plan ɪkəʊnɒmɪk prɒdʌkt plæn
Wirtschaftlichkeit	profitability prɒfɪtəbɪləti
Wirtschaftlichkeitsberechnung	product life-cycle calculation prɒdʌkt laɪf saɪkl kælkjəleɪʃn
Wirtschaftsausschuss	committee for economics policies kəmɪti fɔ ɪkəʊnɒmɪks pɒlɪsɪs
Wirtschaftskreislauf	economic circular flow ɪkəʊnɒmɪk sɜkjʊlə fləʊ
Wirtschaftsorganisationen	economic organisations ɪkəʊnɒmɪk ɔɡənaɪzeɪʃnz
Wirtschaftsplanung	budgeting bʌdʒətɪŋ
Wirtschaftspolitik	economic policy ɪkəʊnɒmɪk pɒlɪsi
Wirtschaftssektoren	sectors of economic activity sɛktəs ɒv ɪkəʊnɒmɪk æktɪvəti
Wirtschaftssubjekt	economic unit ɪkəʊnɒmɪk jʊnɪt
Wirtschaftszweige	industrial sectors ɪndʌstrɪəl sɛktəs
Wissensbereiche	knowledge areas nɒlədʒ ɛərɪəs
WM (Workflow Managementsystem)	WM (Workflow Management system) dʌblju ɛm wɜkfləʊ mænədʒmənt sɪstəm
Workflowanalyse	workflow analysis wɜkfləʊ ənælɪsɪs

X

XML Common Business Library (xCBL)	XML Common Business Library (xCBL) ɛksɛmɛl kɒmən bɪsnəs laɪbrəri

Z

Zahllast	regular tax burden rɛɡjʊlə tæks bɜdən
Zahlung	payment peɪmənt
Zahlungsbedingungen	terms of payment tɜmz ɒv peɪmənt
Zahlungseingang	receipt of payment rɪsit ɒv peɪmənt
Zahlungsform	kind of payment kaɪnd ɒv peɪmənt
Zahlungsverpflichtung	payment obligation peɪmənt ɒblɪɡeɪʃn
Zahlungsvorgänge	proceedings in payment prəʊsidɪŋz ɪn peɪmənt
Zahlungszeitpunkt	payment date peɪmənt deɪt
Zahlungsziel	payment period peɪmənt pɪərɪəd
zeitlich verlegte Inventur	time shifted inventory taɪm ʃɪftəd ɪnvəntri
Zeitplanung	time planning taɪm plænɪŋ
Zentralbereich	central division sɛntrəl dɪvɪʒn
zentraler Einkauf	centralised procurement sɛntrəlaɪzd prɒkjʊəmənt
Zentrallager	central warehouse sɛntrəl wɛəhaʊs
Zentralstelle	central department sɛntrəl dɪpatmənt
Zertifizierungsbereich	certification area sɜtɪfɪkeɪʃn ɛərɪə

Zessionsarten	kinds of assignment kaɪndz ɒv əsaɪnmənt
Zessionskredit	assignment credit əsaɪnmənt krɛdɪt
Ziele	objectives ɒbdʒɛktɪvz
Ziele von Betrieben	objectives of business enterprises ɒbdʒɛktɪvz ɒv bɪznəs ɛntəpraɪsəs
Zieleinkaufspreis	target purchase price tagət pɜtʃəs praɪs
Zielerreichungskontrolle	target achievement control tagət ətʃivmənt kəntrəʊl
Zielfestlegung	target agreement tagət əgrimənt
zielgerichtet	target oriented tagət ɒrɪɛntəd
Zielgewinn	target profit tagət prɒfɪt
Zielgrößen	target values tagət væljuz
Zielkauf	credit sale krɛdɪt seɪl
Zielkonflikt	target conflict tagət kɒnflɪkt
Zielkosten	target costs tagət kɒsts
Zielkostenrechnung	target costing tagət kɒstɪŋ
Zielkostenspaltung	target costs split-up tagət kɒsts splɪt ʌp
Zielkunde	target customer tagət kʌstəmə
Zielmarkt	target market tagət makət
Zielpreis	target price tagət praɪs
Zielvereinbarung	agreement on objectives əgrimənt ɒn ɒbdʒɛktɪvz
Zielverkaufspreis	target sales price tagət seɪls praɪs
Zinsen	interests ɪntrəsts
Zinssatz	interest rate ɪntrəst reɪt
Zolldokumente	customs documents kʌstəmz dɒkjumənts
Zollgebühr	customs duty kʌstəmz djuti
Zuarbeit	support səpɔt
Zukunftsprodukte	future products fjutʃə prɒdʌkts
Zulieferer	supplier səplaɪə
zurückweisen	reject rɪdʒɛkt
zusammengesetzter Buchungssatz	compound accounting entry kɒmpaʊnd əkaʊntɪŋ ɛntri
Zusatzkosten	additional costs ədɪʃənəl kɒsts
Zusatzprodukte	add-on products æd ɒn prɒdʌkts
Zuschlagskalkulation	surcharge calculation sɜtʃadʒ kælkjəleɪʃn
Zuschlagssatz	surcharge rate sɜtʃadʒ reɪt
Zustimmung	approval əpruvəl
Zwangsvollstreckung	execution ɛksəkjuʃn
zweiseitiges Rechtsgeschäft	bilateral legal transaction bɪlætərəl ligəl trænsækʃn
zweiseitiger Handelskauf	bilateral trading bɪlætərəl treɪdɪŋ
Zweitbegünstigter	secondary beneficiary sɛkəndærɪ bɛnəfɪʃəri
Zwischenstatus	intermediate status ɪntəmidɪət steɪtəs
Zwischenziel	milestone maɪlstəʊn

economy/
management

Wirtschaft/
Management

englisch – deutsch

A

ability in learning əbɪləti ɪn lɜnɪŋ Lernfähigkeit

abstract market æbstrækt makət abstrakter Markt

abuse əbjus Missbrauch

acceptance delay ɪkzɛptəns dɪleɪ Annahmeverzug

acceptance ɪkzɛptəns Annahme

acceptance test ɪkzɛptəns tɛst Abnahmeprüfung

account activities əkaʊnt æktɪvətiz Kontenbewegungen

accounting əkaʊntɪŋ Rechnungswesen

accounting department əkaʊntɪŋ dɪpatmənt Buchhaltung

accounting entry əkaʊntɪŋ ɛntri Buchungssatz

accounting for planning and control
 əkaʊntɪŋ fɔ plænɪŋ ænd kəntrəʊl Planungsrechnung

accounts receivable ledger əkaʊnts rɪsivəbl lɛdʒə Kontokorrentbuch

accounts system əkaʊnts sɪstəm Kontensystematik

accruals concept ækruəlz kɒnsɛpt Periodenabgrenzung

acquisition ækwɪzɪʃn Akquisition

acquisition phase ækwɪzɪʃn feɪs Akquisitionsphase

act against restraints of competition ækt əgɛnst
 rɪstreɪnts ɒv kɒmpətɪʃn Gesetz gegen Wettbewerbsbeschränkung (GWB)

act of God ækt ɒv gɔd höhere Gewalt

action principles æktʃn prɪnsɪplz Klageverfahren

active asset accounts æktɪv æsət əkaʊnts aktive Bestandskonten

activity analysis æktɪvətɪ ənælɪsɪs Tätigkeitsanalyse, Prozessanalyse

activity base æktɪvətɪ beɪs Planbeschäftigung

activity chart æktɪvətɪ tʃat Aktivitätenplan

activity quantity induced sub-processes
 æktɪvɪtɪ kwɒntətɪ ɪndjust sʌb prəʊsɛsəs leistungsmengeninduzierte Teilprozesse

activity quantity neutral sub-processes
 æktɪvɪtɪ kwɒntətɪ njutrəl sʌb prəʊsɛsəs leistungsmengenneutrale Teilprozesse

activity variance æktɪvətɪ vəraɪəns Beschäftigungsabweichung

actual cost accounting æktʃuəl kɒst əkaʊntɪŋ Istkostenrechnung

additional costs ədɪʃənəl kɒsts Zusatzkosten

add-on products æd ɒn prɒdʌkts Ergänzungsprodukte, Zusatzprodukte

administration ædmɪnɪstreɪʃn Verwaltung

administration overhead costs surcharge rate
 ædmɪnɪstreɪʃn əʊvəhɛd kɒsts sɜtʃadʒ reɪt Verwaltungsgemeinkostenzuschlagssatz (VwGKZ)

advance ədvans bevorschussen

advance payment guarantee ədvans peɪmənt gærənti Anzahlungsgarantie

advertising ædvətaɪzɪŋ Werbung

advertising budget ædvətaɪzɪŋ bʌdʒət Werbeetat

advertising costs ædvətaɪzɪŋ kɒsts Werbekosten

advertising end æedvətaɪzɪŋ ɛnd	Werbende
advertising expenses æedvətaɪzɪŋ ɪkspɛnsəs	Werbeausgaben
advertising media æedvətaɪzɪŋ midɪə	Werbemittel
advertising medium æedvətaɪzɪŋ midɪəm	Werbeträger
advertising message æedvətaɪzɪŋ mæsədʒ	Werbebotschaft
advertising on the internet æedvətaɪzɪŋ ɒn ðɪ ɪntənɛt	Werbung im Internet
advertising plan æedvətaɪzɪŋ plæn	Werbeplan
advertising profit æedvətaɪzɪŋ prɒfɪt	Werbegewinn
advertising target æedvətaɪzɪŋ tagət	Werbeziel
advertising target area æedvətaɪzɪŋ tagət ɛərɪə	Werbezielgebiet
advertising target group æedvətaɪzɪŋ tagət grup	Werbezielgruppe
advertising timing æedvətaɪzɪŋ taɪmɪŋ	Werbetiming
agreement of objektives əgrimənt ɒv ɒbdʒɛktɪvz	Zielvereinbarung
air consignment note ɛə kənsaɪnmənt nəʊt	Luftfrachtbrief
air freight ɛə freɪt	Luftfracht
all-in cost method ɔl ɪn kɒst mɛðəd	Gesamtkostenverfahren
allocation of profit æləʊkeɪʃn ɒv prɒfɪt	Gewinnverteilung
all-purpose clause ɔl pɜpəs klɔs	Generalklausel
amendment əmɛndmənt	Abänderung
analysis ənælɪsɪs	Analyse, Auswertung
analysis and design of business processes ənælɪsɪs ænd dɪzaɪn ɒv bɪznəs prəʊsɛsəs	Analyse und Gestaltung von Geschäftsprozessen
analysis of the annual balance ənælɪsɪs ɒv ðɪ ænjʊəl bæləns	Analyse des Jahresabschlusses
annual operating result ænjʊəl ɒpəreɪtɪŋ rɪzʌlt	Jahres-Betriebsergebnis
anomalies in sales contract ənɒməliz ɪn seɪlz kɒntrækt	Kaufvertragsstörung
APM (number of project members) nʌmbə ɒv prəʊdʒɛkt mɛmbəs	APM (Anzahl der am Projekt beteiligten Mitarbeiter)
appeal əpɪəl	Einspruch / Widerspruch
appeal on points of law əpil ɒn pɔɪnts ɒv lɔ	Rechtsbeschwerde
appeals procedure əpɪəlz prəsidʒə	Berufungsverfahren
application documents æplɪkeɪʃn dɒkjumənts	Bewerbungsunterlagen
approval əpruvəl	Zustimmung
arbitration board abɪtreɪʃn bɒd	Schlichtungsstelle
area of responsibility ɛərɪə ɒv rɪspɒnsəbɪləti	Verantwortungsbereich
articles of apprenticeship atɪkls ɒv əprɛntəsʃɪp	Ausbildungsvertrag
assessment əsɛsmənt	Prüfung, Auswertung, Beurteilung
asset accounts æsət əkaʊnts	Bestandskonten
assets æsəts	Kapital
assets and liabilities structure æsəts ænd laɪəbɪlətis strʌkʃə	Vermögensstruktur
assets side æsət saɪd	Aktivseite

assignment credit əsaɪnmənt krɛdɪt	Zessionskredit
assignment of activities əsaɪnmənt ɒv æktɪvətis	Tätigkeitenzuordnung
assignments of account receivable əsaɪnmənts ɒv əkaʊnt rɪsivəbl	Sicherungsabtretung
associations æsəʊsɪeɪʃnz	Verbände
assortment policy əsɔtmənt pɒlɪsi	Sortimentspolitik
authorisation ɔðəraɪzeɪʃn	Ermächtigung, Kompetenz
authorised representative ɔðəraɪzd rɛprɪzɛntətɪv	bevollmächtigter Vertreter
authorised signatory ɔðəraɪst sɪgnətɒri	Handlungsbevollmächtigter, Prokurist
authoritarian leadership ɔɒɒrɪtɛərɪən lidəʃɪp	autoritärer Führungsstil
authority regulation ɔðɒrətɪ rɛgjələeɪʃnz	Kompetenzregelung
authority to instruct ɔðɒrətɪ tə ɪnstrʌkt	Weisungsbefugnis
available cash əveɪləbl kæʃ	Barliquidität
average ævərədʒ	Durchschnitt, Mittelwert
average monthly inventory ævərədʒ mʊnðlɪ ɪnvɛntri	durchschnittlicher monatlicher Lagerbestand
average storage period ævərədʒ stɒrədʒ pɪərɪəd	durchschnittliche Lagerdauer

B

back-to-back credit bæk tə bæk krɛdɪt	Gegenakkreditiv
bailsman beɪlsmən	Bürge
balance analysis bæləns ənælɪsɪs	Bilanzanalyse
balance clarity bæləns klærəti	Bilanzübersichtlichkeit
balance connection bæləns kənɛkʃn	Bilanzverknüpfung
balance continuity bæləns kɒntɪnjʊəti	Bilanzkontinuität
balance equations bæləns ɪkweɪʃnz	Bilanzgleichungen
balance ratio bæləns reɪʃɪəʊ	Bilanzkennzahl
balance scale bæləns skeɪl	Bilanzwaage
balance sheet bæləns ʃit	Bilanz
balance sheet continuity bæləns ʃit kɒntɪnjʊəti	Bilanzidentität
balance sheet in accordance to HGB bæləns ʃit ɪn əkɔdəns tə eɪdʒdʒibi	Bilanz nach HGB
balanced scorecard bæ|ənst skɔkad	Balanced Scorecard
ban on cartels bæn ɒn katəlz	Kartellverbot
bank card bæŋk kad	Bankkarte
bank guarantee bæŋk gærənti	Bankgarantie
bank transfer bæŋk trænsfɜ	Banküberweisung
banner advertisement bænə ədvɜtɪsmənt	Bannerwerbung
bar chart ba tʃat	Säulendiagramm
basic costs beɪsɪk kɒsts	Grundkosten
basic data beɪsɪk deɪtə	Grunddaten

basic management principles beɪsɪk mænədʒmənt prɪnsɪplz	Führungsgrundsätze
basic products beɪsɪk prɒdʌkts	Basisprodukte
behaviour diagram bɪheɪvɪə daɪəgræm	Verhaltensdiagramm
benchmarking bɛnʃmakɪŋ	Leistungsvergleich
beneficiary bɛnəfɪʃəri	Begünstigter
benefit analyses bɛnɪfɪt ənælɪsɪs	Nutzwertanalyse
B-goods bi gʊdz	B-Güter
bid bɪd	Angebot
bid preperation bɪd prɛpəreɪʃn	Angebotserstellung
bid selection bɪd sɪlɛkʃn	Angebotsauswahl
bilateral legal transaction bɪlætərəl ligəl trænsækʃn	zweiseitiges Rechtsgeschäft
bilateral trading bɪlætərəl treɪdɪŋ	zweiseitiger Handelskauf
bill of exchange bɪl ɒv ɪkstʃeɪndʒ	Wechsel
blanket strike blæŋkət straɪk	Flächenstreik
board of directors bɔd ɒv daɪrɛktəs	Vorstand
board of management bɔd ɒv mænədʒmənt	Aufsichtsrat
bonus bɒnəs	Bonus
book inventory bʊk ɪnvɛntri	Buchinventur
bookkeeping records bʊkkipɪŋ rɛkəds	Belege
brainstorming using dots and matrices breɪnstɔmɪŋ juzɪŋ dɒts ænd mætrɪsəs	Punktabfrage
branch founding branʃ faʊndɪŋ	Filialisierung
branch power of procuration branʃ paʊə ɒv prɒkjʊreɪʃn	Filialprokura
branches of industry system branʃəz ɒv ɪndəstri sɪstəm	Branchensystem
brand article brænd atɪkl	Markenartikel
brand name brænd neɪm	Marke
budget bʌdʒət	Budget
budget costs allocation rate bʌdʒət kɒsts æləʊkeɪʃn reɪt	Plankostenverrechnungssatz (PVS)
budget variance bʌdʒət vəraɪəns	Budgetabweichung
budgeting bʌdʒətɪŋ	Wirtschaftsplanung
bulk licence bʌlk laɪsəns	Sammelausfuhrgenehmigung
business administration (controlling) bɪznəs ædmɪnɪstreɪʃn kəntrəʊlɪŋ	kaufmännische Verwaltung (Controlling)
business bɪznəs	Geschäft
business concept bɪznəs kɒnsɛpt	Geschäftskonzept
business enterprise bɪznəs ɛntəpraɪs	Betrieb, Unternehmen
business figures bɪznəs fɪgəz	Geschäftszahlen
business idea bɪznəs aɪdɪə	Geschäftsidee
business letter bɪznəs lɛtə	Geschäftsbrief

business management bɪznəs mænədʒmənt — Unternehmensführung

business manager bɪznəs mænədʒə — Geschäftsverantwortlicher

business mandate bɪznəs mændət — Geschäftsauftrag

business plan bɪznəs plæn — Geschäftsplan

business process architecture bɪznəs prəʊsɛs akɪtɛktʃə — Geschäftsprozessarchitektur

business process bɪznəs prəʊsɛs — Geschäftsprozess

business process optimisation bɪznəs prəʊsɛs ɒptɪmaɪzeɪʃn — Geschäftsprozessoptimierung

business processes modelling bɪznəs prəʊsɛs mɒdəlɪŋ — Geschäftsprozessmodellierung

business ratio method bɪznəs reɪʃɪəʊ mɛθəd — Kennzahlmethode

business reengineering bɪznəs riɛndʒənɪərɪŋ — Geschäftsumstrukturierung

business unit bɪznəs jʊnɪt — Geschäftsgebiet

business volume bɪznəs vɒljəm — Geschäftsvolumen

buyers' behaviour baɪəs bɪheɪvɪə — Käuferverhalten

buyers' market baɪəs makət — Käufermarkt

C

calculation methods kælkjəleɪʃn mɛθədz — Kalkulationsverfahren

calculation of finished products kælkjəleɪʃn ɒv fɪnɪʃd prɒdʌkts — Kalkulation von Fertigerzeugnissen

calculation of trading goods kælkjəleɪʃn ɒv treɪdɪŋ gudz — Kalkulation von Handelswaren

call purchase kɔl pɜtʃəs — Kauf auf Abruf

cancellation kænsəleɪʃn — Widerruf, Stornierung

capacity planning kəpæsətɪ plænɪŋ — Kapazitätsplanung

capital comparison kæpɪtəl kəmpærɪsən — Kapitalvergleich

capital export kæpɪtəl ɛkspɔt — Kapitalausfuhr

capital import kæpɪtəl ɪmpɔt — Kapitaleinfuhr

capital injection kæpɪtəl ɪndʒɛkʃən — Kapitalzufuhr

capital structure kæpɪtəl strʌkʃə — Kapitalstruktur

capital-forming saving kæpɪtəl fɔmɪŋ seɪvɪŋ — vermögenswirksame Sparleistung

cargo kagəʊ — Ladung

Carriage and Insurance Paid To (CIP) kærɪədʒ ænd ɪnʃʊərəns peɪd tə — CIP (Fracht und Versicherunger bezahlt bis)

carriage forward kærɪədʒ fɔwəd — unfrei

carriage paid kærɪədʒ peɪd — frachtfrei

Carriage Paid To (CPT) kærɪədʒ peɪd tə — CPT (Fracht bezahlt bis)

cartel katəl — Kartell

cartel control katəl kəntrəʊl — Kartellkontrolle

cash budget kæʃ bʌdʒət — Liquiditätsplan

cash discount kæʃ dɪskaʊnt	Skonto
cash flow kæʃ fləʊ	Cashflow
cash on delivery kæʃ ɒn dɪlɪvəri	Nachnahme
cash payment kæʃ peɪmənt	Barzahlung
cash purchase price kæʃ pɜtʃəs praɪs	Bareinkaufspreis
cash purchasing kæʃ pɜtʃəsɪŋ	Barkauf
cash sales price kæʃ seɪls praɪs	Barverkaufspreis
cashless payment kæʃləs peɪmənt	bargeldlose Zahlung
central department sɛntrəl dɪpatmənt	Zentralstelle
central division sentrəl dɪvɪʒn	Zentralbereich
central theme sɛntrəl ðim	roter Faden
central warehouse sɛntrəl wɛəhaʊs	Zentrallager
centralised procurement sɛntrəlaɪzd prɒkjʊəmənt	zentraler Einkauf
certificate of origin sɜtɪfɪkət ɒv ɒrɪdʒɪn	Ursprungszeugnis
certification area sɜtɪfɪkeɪʃn ɛərɪə	Zertifizierungsbereich
CFR (Cost and Freight) kɒst ænd fraɪt	CFR (Cost and Freight)
chairman tʃɛəmən	Vorsitzender
change order tʃeɪndʒ ɔdə	Änderungsmitteilung
charge tʃadʒ	Belastung
chart of accounts tʃat ɒv əkaʊnts	Kontenplan
check list analysis tʃɛk lɪst ənælɪsɪs	Checklistenanalyse
chief debtor tʃif dɛbtə	Hauptschuldner
church tax tʃɜtʃ tæks	Kirchensteuer
CIF (Cost, Insurance and Freigth) sɪaɪɛf kɒst, ɪnʃʊərəns ænd fraɪt	CIF (Fracht und Versicherung bis)
CIF home sɪ aɪ ɛf həʊm	frei Haus
CIF stock sɪ aɪ ɛf stɒk	frei Lager
CIP (Carriage and Insurance Paid to) sɪaɪpɪ kɒst ænd ɪnʃʊərəns peɪd tə	CIP (Fracht und Versicherung bezahlt bis)
civilian sale sɪvɪljən seɪl	bürgerlicher Kauf
civil-law association sɪvɪl lɔ əsəʊsɪeɪʃn	BGB-Gesellschaft
claim for compensation kleɪm fɔ kɒmpənseɪʃn	Regressanspruch
claim management kleɪm mænədʒmənt	Nachforderungsmanagement
classification of business enterprises klæsəfɪkeɪʃn ɒv bɪznəs ɛntəpraɪsəs	Arten von Betrieben
closing guidelines kləʊzɪŋ gaɪdlaɪnz	Abschlussrichtlinien
closing of accounts kləʊzɪŋ ɒv əkaʊnts	Kontenabschluss
coal, iron and steel industry co-determination act kəʊl aɪən ænd stil ɪndəstri kəʊdɪtɜmɪneɪʃn ækt	Montanmitbestimmungsgesetz
coal, iron and steel industry kəʊl aɪən ænd stil ɪndəstri	Montanindustrie
co-determination kəʊdɪtɜmɪneɪʃn	Mitbestimmung, paritätische Mitbestimmung
co-determination act kəʊdɪtɜmɪneɪʃn ækt	Mitbestimmungsgesetz

co-determination right kəʊdɪtɜmɪneɪʃn raɪt — Mitbestimmungsrecht

collaborative leadership kɒlæbəʊreɪtəv lidəʃɪp — kooperativer Führungsstil

collateral assignment credit kəʊlætərəl əsaɪnmənt krɛdɪt — Sicherungsübereignungskredit

collection kəlɛkʃn — Inkasso

collection agencies kəlɛkʃn eɪdʒənsɪs — Auskunfteien

collection only check kəlɛkʃn əʊnlɪ tʃɛk — Verrechnungsscheck

collective advertising kəlɛktɪv ædvətaɪzɪŋ — Gemeinschaftswerbung, Sammelwerbung

collective bank transfer kəlɛktɪv bæŋk trænsfɜ — Sammelüberweisung

collective bargaining kəlɛktɪv bagɪnɪŋ — Tarifvertragsverhandlung

collective bargaining units kəlɛktɪv bagɪnɪŋ jʊnɪts — Tarifvertragsparteien

coming-in of goods kʌmɪŋ ɪn ɒv gʊdz — Wareneingang, Warenannahme

comment kɒmənt — Stellungnahme

commercial kəmɜʃl — kaufmännisch

commercial advertising kəmɜʃl ædvətaɪzɪŋ — Handelswerbung

commercial agent kəmɜʃl eɪdʒənt — Handelsvertreter

commercial business enterprises kəmɜʃl bɪznəs ɛntəpraɪsəs — erwerbswirtschaftliche Betriebe

commercial business manager kəmɜʃl bɪznəs mænədʒə — kaufmännischer Geschäftsverantwortlicher

commercial controlling kəmɜʃl kəntrəʊlɪŋ — Wertecontrolling, kaufmännisches Controlling

commercial default action kəmɜʃl dɪfɔlt ækʃn — kaufmännisches Mahnverfahren

commercial department kəmɜʃl dɪpatmənt — kaufmännische Abteilung

commercial invoice kəmɜʃl ɪnvɔɪs — Handelsfaktura

commercial L/C kəmɜʃl ɛlsi — Handelskreditbrief

commercial processing kəmɜʃl prəʊsɛsɪŋ — kaufmännische Abwicklung

commercial project manager kəmɜʃl prəʊdʒɛkt mænədʒə — kaufmännischer Projektleiter

commercial sale kəmɜʃl seɪl — Handelskauf

commission agent kəmɪʃn eɪdʒənt — Kommissionär

commissioning kəmɪʃənɪŋ — Inbetriebnahme

committee kəmɪti — Ausschuss

committee for economics policies kəmɪti fɔ ɪkəʊnɒmɪk pɒlɪsɪs — Wirtschaftsausschuss

committee of spokesmen kəmɪti ɒv spəʊksmən — Sprecherausschuss

communication kəmjunɪkeɪʃn — Kommunikation

communication policy kəmjunɪkeɪʃn pɒləsɪ — Kommunikationspolitik

community of interests kəmjunətɪ ɒv ɪntrəsts — Interessengemeinschaft

company kɒmpənɪ — Firma

company accountancy kɒmpənɪ əkaʊntənsɪ — betriebliches Rechnungswesen

company external sources kɒmpənɪ ɪkstɜnl sɔːsəs	betriebsexterne Quelle
company foundation kɒmpənɪ faʊndeɪʃn	Unternehmensgründung
company functions kɒmpənɪ fʌŋkʃnz	Funktionen des Betriebes
company hierarchy kɒmpənɪ haɪrəki	Betriebshierarchie
company information kɒmpənɪ ɪnfəmeɪʃn	Geschäftsangaben
company internal sources kɒmpənɪ ɪntɜnl sɔːsəs	betriebsinterne Quelle
company organisation structure kɒmpənɪ ɒɡənaɪzeɪʃn strʌkʃə	Aufbauorganisation
company policy kɒmpəni pɒləsɪ	Firmengrundsätze
comparative advertising kɒmpærətəv ædvətaɪzɪŋ	vergleichende Werbung
comparison method kɒmpærɪzən mɛθəd	Vergleichsmethode
compensation kɒmpənseɪʃn	Schadenersatz
compensation of vainly expenditure kɒmpənseɪʃn ɒv veɪnlɪ ɪkspɛndɪtʃə	Ersatz vergeblicher Aufwendung
competencies kɒmpətənsɪs	Kompetenzen
competition kɒmpətɪʃn	Wettbewerb
competition policy kɒmpətɪʃn pɒləsi	Wettbewerbspolitik
competition situation kɒmpətɪʃn sɪtjueɪʃn	Wettbewerbssituation
competitor research kəmpɛtɪtə rɪsɜtʃ	Konkurrenzforschung
complaint kəmpleɪnt	Reklamation (Mängelrüge)
complementary close kɒmpləmɛntərɪ kləʊz	Grußformel
complete inventory kɒmplit ɪnvəntri	Vollinventur
complete power of procuration kəmplit paʊə ɒv prɒkjʊreɪʃn	Gesamtprokura
completion of basic product kəmplɪʃn ɒv beɪsɪk prɒdʌkt	Basisproduktrealisierung
compound accounting entry kɒmpaʊnd əkaʊntɪŋ ɛntri	zusammengesetzter Buchungssatz
conciliation procedure kɒnsɪlɪeɪʃn prəsɪdʒə	Schlichtungsverfahren
conciliatory proceedings kɒnsɪljətɒrɪ prəʊsidɪŋz	Güteverhandlung
concrete market kɒŋkrit makət	konkreter Markt
conditions kəndɪʃnz	Bedingungen
conditions cartel kəndɪʃnz katəl	Konditionenkartell
conditions policy kəndɪʃnz pɒləsi	Konditionenpolitik
confirm kənfɜm	bestätigen
consignment stock kənsaɪnmənt stɒk	Konsignationslager
consortium kənzɔːʃm	Konsortium
consumer durables kənsjumə djʊrəblz	Gebrauchsgüter
consumer goods kənsjumə gʊdz	Verbrauchsgüter, Konsumgüter
consumer promotion kənsjumə prəʊməʊʃn	Verbraucher-Promotion
contest kɒntɛst	Preisausschreiben
Continuous Improvement Process kəntɪnjʊəz ɪmpruvmənt prəʊsɛs	Kontinuierlicher Verbesserungsprozess (KVP)

contract kɒntrækt	Kontrakt, Vertrag
contract checking kɒntrækt tʃɛkɪŋ	Vertragsprüfung
contract management kɒntrækt mænədʒmənt	Vertragsmanagement
contract negotiations kɒntrækt nɛgəʊʃɪeɪʃnz	Vertragsverhandlung
contract policy kɒntrækt pɒləsi	Kontrahierungspolitik
contract risk kɒntrækt rɪsk	Vertragsrisiko
contribution margin accounting kɒntrɪbjuʃn mɑdʒɪn əkaʊntɪŋ	Deckungsbeitragsrechnung
contribution margin kɒntrɪbjuʃn mɑdʒɪn	Deckungsbeitrag
control span kəntrəʊl spæn	Kontrollspanne
control structure kəntrəʊl strʌkʃə	Kontrollstruktur
controlling kəntrəʊlɪŋ	Controlling
controlling of business processes kəntrəʊlɪŋ ɒv bɪznəs prəʊsɛsəs	Kontrolle von Geschäftsprozessen
co-operation kəʊɒpəreɪʃn	Kooperation, Zusammenarbeit, Unternehmenszusammenschluss
co-operation and concentration kəʊɒpəreɪʃn ænd kɒnsəntreɪʃn	Kooperation und Konzentration
cooperative association kəʊɒpəreɪtəv əsəʊsieɪʃn	Genossenschaft
cooperative companies kəʊɒpəreɪtəv kɒmpəniz	Genossenschaftliche Betriebe
core assortment of goods kɔ əsɔtmənt ɒv gʊdz	Kernsortiment
core process kɔ prəʊsɛs	Kernprozess
corporate identity kɔpərət aɪdɛntəti	Corporate Identity, Unternehmensidentität
corporate management kɔpərət mænədʒmənt	Firmenleitung
corporate mission statement kɔpərət mɪʃn steɪtmənt	Unternehmensleitbild
corporate philosophy kɔpərət fɪlɒsəfi	Unternehmensphilosophie
corporate strategy kɔpərət strætədʒi	Unternehmensstrategie
corporation kɔpəreɪʃn	Gesellschaftsunternehmung
cost accounting kɒst əkaʊntɪŋ	Kostenrechnung
cost allocation kɒst æləʊkeɪʃn	Kostenverrechnung
Cost and Freight (CFR) kɒst ænd freɪt	CFR (Cost and Freight)
cost assignment kɒst əsaɪnmənt	Kostenzuordnung
cost centre kɒst sɛntə	Kostenstelle
cost centre accounting kɒst sɛntə əkaʊntɪŋ	Kostenstellenrechnung
cost centre direct costs kɒst sɛntə daɪrɛkt kɒsts	Kostenstelleneinzelkosten
cost centre overhead costs kɒst sɛntə əʊvəhɛd kɒsts	Kostenstellengemeinkosten
cost collection kɒst kəlɛkʃn	Kostenerfassung
cost comparison kɒst kəmpærɪsən	Kostenvergleich
cost control kɒst kəntrəʊl	Kostenkontrolle
cost driver kɒst draɪvə	Kostentreiber
cost of sales kɒst ɒv seɪls	Umsatzkosten, Vertriebskosten

cost oriented pricing kɒst ɒrɪɛntəd praɪsɪŋ	kostenorientierte Preisfindung
cost price kɒst praɪs	Einstandspreis, Selbstkostenpreis
cost type accounting kɒst taɪp əkaʊntɪŋ	Kostenartenrechnung
cost types kɒst taɪps	Kostenarten
cost unit accounting kɒst jʊnɪt əkaʊntɪŋ	Kostenträgerrechnung, Kostenträgerstückrechnung
cost unit period accounting kɒst jʊnɪt pɪərɪəd əkaʊntɪŋ	Kostenträgerzeitrechnung
cost unit sheet kɒst jʊnɪt ʃit	Kostenträgerblatt
cost units kɒst jʊnɪts	Kostenträger
Cost, Insurance and Freight kɒst ɪnʃʊərəns ænd freɪt	CIF (Fracht und Versicherung bis...)
costing kɒstɪŋ	Kalkulation
cost-of-sales accounting method kɒst ɒv seɪls əkaʊntɪŋ mɛðəd	Umsatzkostenverfahren
costs kɒsts	Kosten
costs deviation kɒsts dɪvɪeɪʃn	Kostenabweichung
costs of manufacturing kɒsts ɒv mænjʊfækʃərɪŋ	Herstellkosten der Erzeugung
costs of sales kɒsts ɒv seɪls	Herstellkosten des Umsatzes
country frame project kʌntrɪ freɪm prəʊdʒɛkt	Länderrahmenprojekt
court decision kɔt dɪsɪʒn	Gerichtsurteil
court of jurisdiction kɔt ɒv dʒʊrɪsdɪkʃn	Gerichtsstand
court proceedings for order to pay debt kɔt prəʊsidɪŋz fɔ ɔdə tə peɪ dɛbt	gerichtliches Mahnverfahren
CPT (Carriage Paid To) kærɪədʒ peɪd tə	CPT (Fracht bezahlt bis)
credit krɛdɪt	Kredit
credit card krɛdɪt kad	Kreditkarte
credit institution krɛdɪt ɪnstɪtjuʃn	Kreditinstitut
credit insurance function krɛdɪt ɪnʃʊərəns fʌŋkʃn	Kreditversicherungsfunktion
credit limit krɛdɪt lɪmɪt	Kreditlimit
credit policy krɛdɪt pɒləsi	Kreditpolitik
credit reform krɛdɪt rɪfɔm	Kreditreform
credit sale krɛdɪt seɪl	Zielkauf
critical volume krɪtɪkl vɒljəm	kritische Menge
cross section function krɒs sɛkʃn fʌŋkʃn	Querschnittsfunktion
currency kʌrənsi	Währung
current assets kʌrənt æsəts	Umlaufvermögen
customer kʌstəmə	Auftraggeber, Kunde
customer analysis kʌstəmə ənælɪsɪs	Kundenanalyse
customer conversation kʌstəmə kɒnvəseɪʃn	Kundengespräch
customer discount kʌstəmə dɪskaʊnt	Kundenrabatt, Kundenkonto
customer life cycle kʌstəmə laɪf saɪkl	Kundenlebenszyklus
customer loyalty kʌstəmə lɔɪæləti	Kundenbindung
customer management kʌstəmə mænədʒmənt	Kundenmanagement

customer meetings kʌstəmə miːtɪŋz	Kundengespräche
customer orientation kʌstəmə ɒrɪənteɪʃn	Kundenorientierung
customer oriented pricing kʌstəmə ɒrɪɛntəd praɪsɪŋ	kundenorientierte Preisfindung
customer related core processes kʌstəmə rɪleɪtəd kɔ prəʊsɛsəs	kundennahe Kerngeschäftsprozesse
customer relationship kʌstəmə rɪleɪʃnʃɪp	Kundenbeziehung
customer requirement kʌstəmə rɪkwaɪəmənt	Kundenanforderung, Kundenwunsch
customer satisfaction kʌstəmə sætɪsfækʃn	Kundenzufriedenheit
customer support kʌstəmə səpɔt	Kundendienst
customer typology kʌstəmə taɪpɒlədʒi	Kundentypologie
customs documents kʌstəmz dɒkjʊmənts	Zolldokumente
customs duty kʌstəmz djuti	Zollgebühr

D

DAF (Delivered At Frontier) dɪeɪɛf dɪlɪvəd æt frʌntɪə	DAF (geliefert bis Grenze)
database planning deɪtəbeɪs plænɪŋ	Datenbasisplanung
date of delivery deɪt ɒv dɪlɪvəri	Lieferdatum
date of issue deɪt ɒv ɪsju	Ausstellungsdatum
date of loading deɪt ɒv ləʊdɪŋ	Verladedatum
dates (schedule) deɪts skɛdjul	Termine
DDP (Delivered Duty Paid) dɪdɪpi dɪlɪvəd djuti peɪd	DDP (geliefert verzollt)
DDU (Delivered Duty Unpaid) dɪdɪju dɪlɪvəd djuti ʌnpeɪd	DDU (geliefert unverzollt)
debit to credit dɛbɪt tə krɛdɪt	einfacher Buchungssatz
debts lying in render dɛbs laɪŋ ɪn rɛndə	Bringschulden
deceptive advertising dɪsɛptəv ædvətaɪzɪŋ	irreführende Werbung
decision procedures dɪsɪʒn prəsidʒəz	Beschlussverfahren
decision-making competence dɪsɪʒn meɪkɪŋ kɒmpətəns	Entscheidungsbefugnis
declaration of intent dɛkləreɪʃn ɒv ɪntɛnt	Willenserklärung
decline stage dɪklaɪn steɪdʒ	Verfall
defect of quality dɪfɛkt ɒv kwɒləti	Sachmangel
defective delivery dɪfɛktəv dɪlɪvəri	mangelhafte Lieferung
deferred payment dɪfɜd peɪmənt	aufgeschobene Zahlung
deficit in cost coverage dɛfɪsɪt ɪn kɒst kʌvərədʒ	Kostenunterdeckung
degressive depreciation dɪgrɛsəv dɪpriʃɪeɪʃn	degressive Abschreibung
delay in payment dɪleɪ ɪn peɪmənt	Zahlungsverzug (Nicht-Rechtzeitig-Zahlung)
delayed delivery dɪleɪd dɪlɪvəri	Lieferungsverzug (Nicht-Rechtzeitig-Lieferung)
deliver dɪlɪvə	liefern

delivery dɪlɪvərɪ	Lieferung
delivery costs dɪlɪvərɪ kɒsts	Bezugskosten
delivery documents dɪlɪvərɪ dɒkjʊmənts	Lieferpapiere
delivery medium dɪlɪvərɪ mɪdɪəm	Liefermedium
delivery note dɪlɪvərɪ nəʊt	Versandanzeige, Lieferschein
delivery time dɪlɪvərɪ taɪm	Lieferzeit
demand determination dɪmand dɪtɜːmɪneɪʃn	Bedarfsermittlung
demand dɪmand	Bedarf, Nachfrage
demand research dɪmand rɪsɜːtʃ	Bedarfsforschung
department dɪpatmənt	Abteilung
departmentation dɪpatmənteɪʃn	Stellenbildung, Abteilungsbildung
depreciation dɛprɪʃɪeɪʃn	Abschreibung
development dɪvɛləpmənt	Entwicklung
development order dɪvɛləpmənt ɔdə	Entwicklungsauftrag
development subproject manager dɪvɛləpmənt sʌbprəʊdʒɛkt mænədʒə	Entwicklungs-Teilprojektleiter
development support dɪvɛləpmənt səpɔt	Entwicklungsdienste
direct advertising daɪrɛkt ædvətaɪzɪŋ	Direktwerbung
direct cost centre daɪrɛkt kɒst sɛntə	Hauptkostenstelle
direct costing daɪrɛkt kɒstɪŋ	Teilkostenrechnung
direct costs daɪrɛkt kɒsts	Einzelkosten
direct debit method daɪrɛkt dɛbɪt mɛðəd	Einzugsermächtigungsverfahren
direct debiting system daɪrɛkt dɛbɪtɪŋ sɪstəm	Lastschriftverfahren
direction function daɪrɛkʃn fʌŋkʃn	Lenkungsfunktion
discount dɪskaʊnt	diskontieren, Rabatt
discount cartel dɪskaʊnt katəl	Rabattkartell
discount policy dɪskaʊnt pɒləsi	Rabattpolitik
discrepancy dɪskrɛpənsi	Unstimmigkeit
dispatch dɪspætʃ	absenden, senden
dispatch order dɪspætʃ ɔdə	Vertriebsabruf
dispositive work dɪspɒzɪtɪv wɜːk	dispositive Arbeit
distributed purchase dɪstrɪbjʊtəd pɜːtʃəs	dezentraler Einkauf
distribution list dɪstrɪbjuʃn lɪst	Verteilerkreis
distribution policy dɪstrɪbjuʃn pɒləsi	Distributionspolitik
distribution system dɪstrɪbjuʃn sɪstəm	Vertriebssystem
distributional restraint system dɪstrɪbjuʃnəl rɪstreɪnt sɪstəm	Vertriebsbindungssystem
distributor system dɪstrɪbjʊtə	Vertragshändlersystem
division dɪvɪʒn	Geschäftsbereich
division of labour dɪvɪʒn ɒv leɪbə	Arbeitsteilung
donation contract dəʊneɪʃn kɒntrækt	Schenkungsvertrag
dunning activity dʌnɪŋ æktɪvəti	Mahnverfahren

duration of project djʊreɪʃn ɒv prəʊdʒɛkt — Projektlaufzeit
duties of trainee djutis ɒv treɪni — Pflichten des Auszubildenden
duties of trainer djutis ɒv treɪnə — Pflichten des Ausbildenden
duty of inspection, notification, and rejection
  djuti ɒv ɪnspɛkʃn nəʊtɪfɪkeɪʃn ænd rɪdʒɛkʃn — Rügepflicht

dynamic pricing daɪnæmɪk praɪsɪŋ — dynamische Preisgestaltung

E

ecological target ɪkəʊlɒdʒɪkəl tagət — ökologisches Ziel
ecology ɪkɒlədʒi — Ökologie
e-commerce i kəmɜːs — E-Commerce
economic ɪkəʊnɒmɪk — betriebswirtschaftlich
economic circular flow ɪkəʊnɒmɪk sɜːkjʊlə fləʊ — Wirtschaftskreislauf
economic factors of production
  ɪkəʊnɒmɪk fæktəs ɒv prəʊdʌkʃn — volkswirtschaftliche Produktionsfaktoren
economic order quantity ɪkəʊnɒmɪk ɔːdə kwɒntəti — optimale Bestellmenge
economic organisations ɪkəʊnɒmɪk ɔːgənaɪzeɪʃnz — Wirtschaftsorganisationen
economic policy ɪkəʊnɒmɪk pɒlɪsi — Wirtschaftspolitik
economic principle ɪkəʊnɒmɪk prɪnsɪpl — ökonomisches Prinzip
economic product plan ɪkəʊnɒmɪk prɒdʌkt plæn — wirtschaftliche Produktplan
economic target ɪkəʊnɒmɪk tagət — ökonomisches Ziel, wirtschaftliches Ziel

economic unit ɪkəʊnɒmɪk jʊnɪt — Wirtschaftssubjekt
eCX (Electronic Catalogue XML)
  isiɛks ɪlɛktrɒnɪk kætəlɒg — eCX (Electronic Catalog XML)
effective rate of interest calculation
  ɪfɛktəv reɪt ɒv ɪntrəst kælkjəleɪʃn — Effektivzinsberechnung
effort (work) ɛfət wɜːk — Aufwand (Arbeit)
electronic advertising ɪlɛktrɒnɪk ædvətaɪzɪŋ — elektronische Werbung
electronic banking ɪlɛktrɒnɪk bæŋkɪŋ — elektronischer Geldverkehr
electronic cash ɪlɛktrɒnɪk kæʃ — elektronisches Bargeld
electronic catalogue format ɪlɛktrɒnɪk kætəlɒg fɔːmət — elektronisches Katalogformat
electronic media ɪlɛktrɒnɪk midɪə — elektronische Medien
electronic register of companies
  ɪlɛktrɒnɪk rɛdʒɪstə ɒv kɒmpənis — elektronisches Unternehmensregister
electronic signature ɪlɛktrɒnɪk sɪgnətʃə — elektronische Signatur
embargo data ɛmbagəʊ deɪtə — Embargodaten
employees and trainees representation of juvenile
  ɛmplɔɪiz ænd treɪniz rɛprɪzənteɪʃn ɒv dʒuvənaɪl — Jugend- und Auszubildendenvertretung (JAV)
employer ɛmplɔɪə — Auftraggeber
employers association ɛmplɔɪəs əsəʊsieɪʃn — Arbeitgeberverband
employment documents ɛmplɔɪmənt dɒkjʊmənts — Einstellungsunterlagen

empowerment regulation ɛmpaʊəmənt rɛgjəleɪʃn — Kompetenzregelung

end consumer ɛnd kənsjumə — Endverbraucher

end of period balance sheet ɛnd ɒv pɪərɪəd bæləns ʃit — Schlussbilanz

enforcement order ɛnfɔsmənt ɔdə — Vollstreckungsbescheid

enterprise ɛntəpraɪs — Betrieb (Unternehmen)

enterprise software ɛntəpraɪs sɒftwɛə — Unternehmenssoftware

entrepreneur ɒntrəprənɜ — Unternehmer

entrepreneurial ɒntrəprənɜrɪəl — unternehmerisch

environmental protection ɛnvaɪrənmɛntəl prəʊtɛkʃn — Umweltschutz

e-procurement i prɒkjʊəmənt — E-Procurement

equilibrium price ɛkwɪlɪbrɪəm praɪs — Gleichgewichtspreis

equilibrium quantity ɛkwɪlɪbrɪəm kwɒntəti — Gleichgewichtsmenge

error report ɛrə rɪpɔt — Fehlermeldung

essential features of governmental competition policy əsɛnʃl fitʃəz ɒv gʌvənmɛntəl kɒmpətɪʃn pɒləsi — Grundzüge staatlicher Wettbewerbspolitik

evaluation ɪvæljʊeɪʃn — Prüfung, Auswertung, Beurteilung

ex stock ɛks stɒk — ab Lager

ex works ɛks wɜks — ab Fabrik, ab Werk

examination ɪkzæmɪneɪʃn — Prüfung, Auswertung, Beurteilung

excess in demand ɪksɛs ɪn dɪmand — Nachfrageüberhang

excess prohibition ɪksɛs prəʊhɪbɪʃn — Übermaßverbot

excessive supply ɪksɛsəv səplaɪ — Angebotsüberhang

exclusive marketing system ɪksklusəv makətɪŋ sɪstəmz — direkter Absatzweg

execution ɛksəkjuʃn — Zwangsvollstreckung

expansion advertising ɪkspænʃn ædvətaɪzɪŋ — Expansionswerbung

expenses (costs) ɪkspɛnsəs kɒsts — Aufwand (Geldausgaben)

expiry date ɛkspaɪrɪ deɪt — Verfallsdatum

export ɛkspɔt — Exportlieferung, Ausfuhr

export administration regulations ɛkspɔt ædmɪnɪstreɪʃn rɛgjəleɪʃnz — Exportkontrollbestimmungen

export licence ɛkspɔt laɪsəns — Ausfuhrgenehmigung, Exportgenehmigung

export regulations ɛkspɔt rɛgjʊleɪʃnz — Ausfuhrvorschriften

exporter ɪkspɔtə — Exporteur

express goods ɪksprɛs gʊdz — Eilgut

extended, multiple stage operation sheet ɪkstɛndəd mʌltɪpl steɪdʒ ɒpəreɪʃn ʃit — erweiterter, mehrstufiger Betriebsabrechnungsbogen

external audit ɪkstɜnəl ɔdɪt — Betriebsprüfung

external financing ɪkstɜnəl faɪnænsɪŋ — Außenfinanzierung

external procurement ɪkstɜnəl prəkjʊəmənt — Fremdbezug

external receipts ɪkstɜnəl rɪsipts — externe Belege

external representation ɪkstɜnəl rɛprɪzɛnteɪʃn — Außenverhältnis external stock ɪkstɜːnəl stɒk — Fremdlager

extra plant division of labour — überbetriebliche Arbeitsteilung
ɛsktrə plant dɪvɪʒn ɒv leɪbə

F

factoring fæktərɪŋ — Faktorisieren

factoring contract fæktərɪŋ kɒntrækt — Factoringvertrag

factors of production fæktəs ɒv prɒdʌkʃn — Produktionsfaktoren

factory fæktəri — Betrieb (produzierender), Fabrik

factual aspects fækʃuəl æspɛkts — Sachaspekte

factual objectives fækʃuəl ɒbdʒɛktɪvz — Sachziele

factual oriented projects fækʃuəl ɒrɪɛntəd prəudʒɛkts — sachzielorientierte Projekte

fair fɛə — Messe

fairness fɛənəs — Fairness

FAS (Free Alongside Ship) ɛfeɪɛs fri əlɒŋsaɪd ʃɪp — FAS (frei Längsseite Schiff)

fault report fɔlt rɪpɔt — Fehlermeldung

FCA (Free Carrier) ɛfsɪeɪ fri kærɪə — FCA (frei Frachtführer)

Federal Bulletin fɛdərəl bʌlətɪn — Bundesanzeiger

Federal Confederation of German Employers' Association fɛdərəl kɒnfɛdəreɪʃn ɒv dʒɜmən ɛmplɔɪəs əsəusɪeɪʃn — BDA (Bundesvereinigung der Deutschen Arbeitgeberverbände)

Federal Court for Social Security fɛdərəl kɔt fɔ səuʃl sɪkjuərɪti — Bundessozialgericht

field service promotion fild sɜvɪs prəuməuʃn — Außendienst-Promotion

final completion faɪnəl kɒmpliʃn — Projektabschluss

final project report faɪnəl prəudʒɛkt rɪpɔt — Projektabschlussbericht

final report faɪnl rɪpɔt — Abschlussbericht

financial accounting faɪnɛnʃl əkauntɪŋ — Finanzbuchhaltung

financial area faɪnɛnʃl ɛərɪə — Finanzbereich

financial flow faɪnɛnʃl fləu — Finanzbewegung

financial objective faɪnænʃl ɒbdʒɛktɪvz — Finanzziel

financing faɪnænsɪŋ — Finanzierung

financing risk faɪnænsɪŋ rɪsk — Finanzierungsrisiko

FinTS (Financial Transaction Services) fɪntɪɛs faɪnænʃl trænsækʃn sɜvɪs — FinTS (Finanztransaktionsdienste)

fixed assets fɪkst æsəts — Anlagevermögen

fixed costs fɪkst kɒsts — fixe Kosten

flexible budget costing flɛksɪbl bʌdʒəd kɒstɪŋ — flexible Plankostenrechnung

flexible work time flɛksɪbl wɜk taɪm — Gleitzeit

flowchart fləutʃat — Ablaufplan

FOB (Free On Board) ɛfəubi fri ɒn bɔd — FOB (frei Schiff)

force majeure fɔs məjɜə	höhere Gewalt
forecast fɔkast	Ausblick, Prognose
foreign exchange fɒreɪn ɪkstʃeɪndʒ	Devisen
forms of co-operation and concentration fɔmz ɒv kəʊɒpəreɪʃn ænd kɒnsəntreɪʃn	Formen der Kooperation und Konzentration
forward purchase fɔwəd pɜtʃəs	Terminkauf
founder profile faʊndə prəʊfaɪl	Gründerprofil
frame project freɪm prəʊdʒɛkt	Rahmenprojekt
framework conditions freɪmwɜk kəndɪʃnz	Rahmenbedingungen
framework on employment conditions freɪmwɜk ɒn ɛmplɔɪmənt kɒndɪʃnz	Manteltarifvertrag
franchise system frænʃaɪs sɪstəm	Franchisesystem
free border fri bɔdə	franko Grenze, frei Grenze
free fri	frei
free goods fri gʊdz	freie Güter
free of charge fri ɒv tʃadʒ	kostenfrei
free on board fri ɒn bɔd	frei Schiff
free railway car fri reɪlweɪ ka	frei Waggon
freight charges freɪt tʃadʒəz	Transportkosten
freight freɪt	Frachtgut, Fracht
full census fʊl sɛnsəs	Vollerhebung
full costs accounting fʊl kɒst əkaʊntɪŋ	Vollkostenrechnung
function hierarchy tree fʌŋkʃn haɪrəkɪ tri	Funktionshierarchiebaum
function orientation fʌŋkʃn ɒrɪənteɪʃn	Funktionsorientierung
function oriented organisation fʌŋkʃn ɒrɪɛntəd ɔgənaɪzeɪʃn	funktionsorientierte Aufbauorganisation
functional change fʌŋkʃənəl tʃeɪndʒ	Leistungsänderung
functional enhancement fʌŋkʃənəl ənhɛnsmənt	Leistungserweiterung
functional middleman fʌŋkʃənəl mɪdlmæn	Absatzmittler
functional overview fʌŋkʃənəl əʊvəvju	funktionale Übersicht
future products fjutʃə prɒdʌkts	Zukunftsprodukte

G

gearing gɪərɪŋ	Fremdkapitalaufnahme
general ledger dʒɛnərəl lɛdʒə	Hauptbuch
general partner dʒɛnərəl patnə	Komplementär
general sales overhead costs dʒɛnərəl seɪls əʊvəhɛd kɒsts	allgemeine Vertriebsgemeinkosten
general standard terms and conditions dʒɛnərəl stændəd tɜmz ænd kəndɪʃnz	AGB (Allgemeine Geschäftsbedingungen)
general tax rate dʒɛnərəl tæks reɪt	allgemeiner Steuersatz

generic goods defect dʒənɛrɪk gʊdz dɪfɛkt — Gattungsmangel

German Chambers of Industry and Commerce
dʒɜmən tʃæmbəs ɒv ɪndəstrɪ ænd kəmɜs — DIHK (Deutsche Industrie- und Handelskammer)

gesture of goodwill gɛstʃə ɒv gʊdwɪl — Kulanzverhalten

GKP (total costs of project) dʒɪkeɪpɪ təʊtəl kɒsts ɒv prəʊdʒɛkt — GKP (Gesamtkosten des Projekts)

goods gʊdz — Waren

goods flows gʊdz fləʊz — Güterströme

government budget gʌvənmənt bʌdʒət — öffentlicher Haushalt

grace period notification
greɪs pɪərɪəd nəʊtɪfɪkeɪʃn — Nachfristsetzung

gross pay types grɒs peɪ taɪps — Bruttoentgeltarten

gross posting grɒs pəʊstɪŋ — Bruttobuchung

gross weight grɒs weɪt — Bruttogewicht, Rohgewicht

group grup — Bereich, Gruppe

group advertising grup ædvətaɪzɪŋ — Kollektivwerbung

group of affiliated companies
grup ɒv əfɪlɪeɪtəd kɒmpəniz — Konzern

group working grup wɜkɪŋ — Gruppenarbeit

growth grəʊə — Wachstum

growth target grəʊə tagət — Wachstumsziel

guarantee gærənti — Bürgschaft

guarantee amount gærəntɪ əmaʊnt — Garantiesumme

guideline gaɪdlaɪn — Leitlinie

H

hand sale hænd seɪl — Handkauf

handling costs hændlɪŋ kɒsts — Abwicklungskosten

handling management hændlɪŋ mænədʒmənt — Abwicklungsmanagement

hearing hɪərɪŋ — mündliche Verhandlung

hierarchy level haɪrəkɪ lɛvəl — Hierarchiestufe

hire purchase delivery contract
haɪə pɜtʃəs dɪlɪvərɪ kɒntrækt — Ratenlieferungsvertrag

hire purchase haɪə pɜtʃəs — Ratenkauf

Home Banking Computer Interface
həʊm bæŋkɪŋ kəmpjutə ɪntəfeɪs — HBCI-Verfahren

home worker connection həʊm wɜkə kənɛkʃn — Heimarbeiter-Anbindung

horizontal group hɒraɪzɒntəl grup — Gleichordnungskonzern

horizontal merger hɒraɪzɒntl mɜdʒə — horizontaler Zusammenschluss

house airway bill haʊs ɛəweɪ bɪl — Hausluftfrachtbrief

house of quality haʊs ɒv kwɒləti — Qualitätshaus

human resources department
  hjumən rɪsɔsəs dɪpatmənt — Personalwesen

humanisation of work hjumənaɪzeɪʃn ɒv wɜk — Humanisierung der Arbeit

I

ideal market aɪdɪəl makət — vollkommener Markt

identification aɪdɛntɪfɪkeɪʃn — Kennung

identification number aɪdɛntɪfɪkeɪʃn nʌmbə — Sachnummer

imperfect market ɪmpɜfɛkt makət — unvollkommener Markt

import matters ɪmpɔt mætəz — Importfragen

importer ɪmpɔtə — Importeur

imputed business risk ɪmpjutəd bɪsnɪs rɪsk — kalkulatorisches Wagnis

imputed business risk costs
  ɪmpjutəd bɪsnɪs rɪsk kɒsts — kalkulatorische Wagniskosten

imputed costs ɪmpjutəd kɒsts — kalkulatorische Kosten

imputed depreciation allowance ɪmpjutəd dɛprɪʃɪeɪʃn
  əlaʊəns — kalkulatorische Abschreibung

imputed interests ɪmpjutəd ɪntrəsts — kalkulatorische Zinsen

imputed owner's salary ɪmpjutəd əʊnəz sæləri — kalkulatorischer Unternehmerlohn

income elasticity ɪnkʌm ɛlastɪsəti — Einkommenselastizität

income tax ɪnkʌm tæks — Lohnsteuer

incommoding advertising ɪnkəməʊdɪŋ ədvɜtaɪzɪŋ — belästigende Werbung

in-company co-determination
  ɪn kɒmpəni kəʊ dɪtɜmɪneɪʃn — betriebliche Mitbestimmung

in-company labour division ɪn kɒmpəni leɪbə dɪvɪʒn — betriebliche Arbeitsteilung

incomplete census ɪnkəmplit sɛnsəs — Teilerhebung

incorporated firm ɪnkɔpəreɪtəd fɜm — Kapitalgesellschaft (KG)

Incoterms (International Commercial Terms)
  ɪnkəʊtɜmz (ɪntənæʃənəl kəmɜʃl tɜmz) — Incoterms (Lieferbedingungen im Ausland)

indirect channel of distribution
  ɪndaɪrɛkt ʧænəl ɒv dɪstrɪbjuʃn — indirekter Absatzweg

indirect overhead costs ɪndaɪrɛkt əʊvəhɛd kɒsts — geschlüsselte Gemeinkosten

individual agreement ɪndɪvɪdjʊəl əgrimənt — Individualabrede

individual power of procuration ɪndɪvɪdjʊəl paʊə ɒv
  prɒkjʊreɪʃn — Einzelprokura

individual proprietorship ɪndɪvɪdjʊəl prɒpraɪtəʃɪp — Einzelunternehmung

individual validated licence ɪndɪvɪdjʊəl vælɪdeɪtəd
  laɪsɛns — Einzelausfuhrgenehmigung

individual-collective rights ɪndɪvɪdjʊəl kəlɛktɪv raɪts — Individual- Kollektivrechte

industrial factors of production ɪndʌstrɪəl fæktəs ɒv
  prəʊdʌkʃn — betriebswirtschaftliche Produktionsfaktoren

industrial sectors ɪndʌstrɪəl sɛktəs — Wirtschaftszweige

industrial standard ɪndʌstrɪəl stændəd	Industriestandard
industry-wide (master) agreement ɪndəstrɪ waɪd mastə əgrimənt	Rahmentarifvertrag
information society ɪnfɔmeɪʃn səsaɪəti	Informationsgesellschaft
information source ɪnfɔmeɪʃn sɔs	Informationsquelle
information system ɪnfɔmeɪʃn sɪstəm	Informationssystem, Auskunftssystem
in-house production ɪn haʊs prəʊdʌkʃn	Eigenfertigung
initial delivery ɪnɪʃl dɪlɪvəri	Erstlieferung
input (procurement) market ɪnpʊt prəkjʊəmənt makət	Beschaffungsmarkt
input VAT interest adjustment ɪnpʊt vɪaɪti ɪntrəst ədʒʌstmənt	Vorsteuerkorrektur
input VAT interest ɪnpʊt vɪaɪti ɪntrəst	Vorsteuer
insourcing ɪnsɔsɪŋ	Insourcing
insurance ɪnʃʊərəns	Versicherung
insurance contribution ɪnʃʊərəns kɒntrɪbjuʃn	Versicherungsbeitrag
insurer ɪnʃʊrə	Versicherungsträger
integrated product planning group ɪntəgreɪtəd prɒdʌkt plænɪŋ grup	integrierte Produktplanungsgruppe
integrated production data management system ɪntəgreɪtəd prəʊdʌkʃn deɪtə mænədʒmənt sɪstəm	integriertes Produktionsdaten-management System
intensive value added business core processes ɪntɛnsɪv væljʊ ædəd bɪsnəs kɔ prəʊsɛsəs	wertschöpfungsintensive Kerngeschäftsprozesse
interest rate ɪntrəst reɪt	Zinssatz
interests ɪntrəsts	Zinsen
interface ɪntəfeɪs	Schnittstelle
intermediate status ɪntəmidɪət steɪtəs	Zwischenstatus
internal auditing ɪntɜnəl ɔdɪtɪŋ	interne Revision
internal financing ɪntɜnəl faɪnænsɪŋ	Innenfinanzierung
internal project ɪntɜnəl prəʊdʒɛkt	internes Projekt
internal receipts ɪntɜnəl rɪsits	interne Belege
internal relationship ɪntɜnəl rɪleɪʃnʃɪp	Innenverhältnis
international marketing ɪntənæʃənəl makətɪŋ	internationales Marketing
interview ɪntəvju	Befragung
inventory ɪnvəntrɪ	Inventar
inventory data ɪnvəntrɪ deɪtə	Bestandsdaten
inventory file ɪnvəntrɪ faɪl	Lagerdatei
inventory interest costs ɪnvəntrɪ ɪntrəst kɒsts	Lagerzinskosten
inventory interest rate ɪnvəntrɪ ɪntrəst reɪt	Lagerzinssatz
inventory management ɪnvəntrɪ mænədʒmənt	Bestandsführung
inventory of documents ɪnvəntrɪ ɒv dɒkjʊmənts	Beleginventur
inventory planning ɪnvəntrɪ plænɪŋ	Bestandsplanung
investment ɪnvɛstmənt	Investierung, Investition
investment financing ɪnvɛstmənt faɪnænsɪŋ	Beteiligungsfinanzierung

invoice ɪnvɔɪs	Faktura, Rechnung
invoice auditing ɪnvɔɪs ɔdɪtɪŋ	Rechnungsprüfung
invoice for advanced payment ɪnvɔɪs fɔ ədvanst peɪmənt	Anzahlungsrechnung
invoice submission ɪnvɔɪs sʌbmɪʃn	Rechnungsstellung
irrevocable ɪrɪvəʊkəbəl	unwiderruflich
issue (document) ɪʃu dɒkjʊmənt	ausstellen (Dokument)

J

job breakdown dʒɒb breɪkdaʊn	Arbeitszerlegung
job enlargement dʒɒb ɛnlɑdʒmənt	Aufgabenerweiterung
job enrichment dʒɒb ɛnrɪtʃmənt	Aufgabenbereicherung
job rotation dʒɒb rəʊteɪʃn	Stellentausch, Tätigkeitswechsel
job sharing dʒɒb ʃɛərɪŋ	Arbeitsplatzteilung, Stellenteilung
job splitting dʒɒb splɪtɪŋ	Arbeitsplatzteilung, Stellenteilung
joint and several dʒɔɪnt ænd sɛvərəl	gesamtschuldnerisch
joint venture dʒɔɪnt vɛntʃə	Arbeitsgemeinschaft
journal dʒɜnəl	Grundbuch
judgement dʒʌdʒmənt	Beurteilung
judgement procedures dʒʌdʒmənt prəʊsidʒəs	Urteilsverfahren
Just-in-Time production dʒʌst ɪn taɪm prəʊdʌkʃn	Just-in-Time-Fertigung

K

KAIZEN kaɪzən	KAIZEN
key account manager ki əkaʊnt mænədʒə	Großkundenbetreuer
key project ki prəʊdʒɛkt	Schlüsselprojekt
key values ki væljuz	Eckwerte
kind of payment kaɪnd ɒv peɪmənt	Zahlungsform
kinds of assignment kaɪndz ɒv əsaɪnmənt	Zessionsarten
kinds of business processes kaɪndz ɒv bɪznəs prəʊsɛsəs	Arten von Geschäftsprozessen
kinds of contracts kaɪndz ɒv kɒntrækts	Vertragsarten
kinds of discounts kaɪndz ɒv dɪskaʊnts	Rabattarten
kinds of inventory kaɪndz ɒv ɪnvəntri	Inventurarten
kinds of sales contracts kaɪndz ɒv seɪls kɒntrækts	Arten des Kaufvertrages
knowledge areas nɒlədʒ ɛərɪəs	Wissensbereiche

L

labour contract leɪbə kɒntrækt	Arbeitsvertrag
labour court leɪbə kɔt	Arbeitsgericht
labour jurisdiction leɪbə dʒʊrɪsdɪkʃn	Arbeitsgerichtsbarkeit
land charge lænd tʃadʒ	Grundschuld
launching advertising laʊnʃɪŋ ædvətaɪzɪŋ	Einführungswerbung
law of stability lɔ ɒv stæbɪləti	Stabilitätsgesetz
law of volume production lɔ ɒv vɒljəm prəʊdʌkʃn	Gesetz der Massenproduktion
laws of labour and collective bargaining right lɔs ɒv leɪbə ænd kəlɛktɪv bagɪnɪŋ raɪt	Arbeits- und Tarifrecht
leadership lidəʃɪp	Führungsstil
Lean Management lin mænədʒmənt	Lean Management
Lean Production lin prəʊdʌkʃn	Lean Production
learning behaviour lɜnɪŋ bɪheɪvɪə	Lernverhalten
learning lɜnɪŋ	lernen
learning locations lɜnɪŋ ləʊkeɪʃnz	Lernorte
learning outlook lɜnɪŋ aʊtlʊk	Lernperspektive
learning type lɜnɪŋ taɪp	Lerntyp
leasing agreement lizɪŋ əgrimənt	Pachtvertrag
leasing contract lizɪŋ kɒntrækt	Leihvertrag
lecture lɛktʃə	Vortrag
legal department ligəl dɪpatmənt	Rechtsabteilung
legal form ligəl fɔm	Rechtsform
legal form supplement ligəl fɔm sʌplmənt	Rechtsformzusatz
legal forms of enterprises ligəl fɔmz ɒv ɛntəpraɪsəs	Rechtsformen der Unternehmungen
legal infirmity ligəl ɪnfɜməti	Rechtsmangel
legal notice period ligəl nəʊtɪs pɪərɪəd	gesetzliche Kündigungsfrist
legal social health insurance ligəl səʊʃəl hɛlθ ɪnʃʊərəns	gesetzliche Krankenversicherung
legal social insurance ligəl səʊʃəl ɪnʃʊərəns	gesetzliche Sozialversicherung
legal social nursing insurance ligəl səʊʃəl nɜsɪŋ ɪnʃʊərəns	gesetzliche Pflegeversicherung
legal social pension insurance ligəl səʊʃəl pɛnʃn ɪnʃʊərəns	gesetzliche Rentenversicherung
legal social unemployment insurance ligəl səʊʃəl ʌnɛmplɔɪmənt ɪnʃʊərəns	gesetzliche Arbeitslosenversicherung
legal social work-related injury insurance ligəl səʊʃəl wɜk rɪleɪtəd ɪnʒəri ɪnʃʊərəns	gesetzliche Unfallversicherung
legal transaction in fulfilment of an obligation ligəl trænsækʃn ɪn fʊlfɪlmənt ɒv æn ɒblɪgeɪʃn	Erfüllungsgeschäft
legal transactions by legal persons ligəl trænsækʃnz baɪ ligəl pɜsəns	Rechtsgeschäfte von juristischen Personen
legal transactions by natural persons ligəl trænsækʃnz baɪ nætʃərəl pɜsəns	Rechtsgeschäfte von natürlichen Personen

legalise ˈliːgəlaɪz	beglaubigen
letter of credit (L/C) ˈlɛtə ɒv ˈkrɛdɪt	Akkreditiv, Kreditbrief
level of jurisdiction ˈlɛvəl ɒv ˌdʒʊrɪsˈdɪkʃn	Instanz
liability ˌlaɪəˈbɪləti	Haftung, Verpflichtung, Verbindlichkeit
liaison liˈeɪzən	Verbindung
liberation of capital ˌlɪbəˈreɪʃn ɒv ˈkæpɪtəl	Kapitalfreisetzung
licence ˈlaɪsəns	Lizenz
licensed production ˈlaɪsənst prəˈdʌkʃn	Nachbau
lien ˈliːən	Pfandrecht
life cycle costs ˈlaɪf ˈsaɪkl ˈkɒsts	Lebenszykluskosten
limitation of claims ˌlɪmɪˈteɪʃən ɒv ˈkleɪmz	Verjährung von Forderungen
limited commercial authority ˈlɪmɪtəd kəˈmɜːʃl ɔːˈθɒrəti	Handlungsvollmacht
limited commercial partnership ˈlɪmɪtəd kəˈmɜːʃl ˈpɑːtnəʃɪp	Kommanditgesellschaft
limited liability company ˈlɪmɪtəd ˌlaɪəˈbɪləti ˈkɒmpəni	GmbH (Gesellschaft mit beschränkter Haftung)
limited partner ˈlɪmɪtəd ˈpɑːtnə	Kommanditist
line organisation ˈlaɪn ˌɔːgənaɪˈzeɪʃn	Linienorganisation
line position ˈlaɪn pəˈzɪʃn	Linienstelle
line supervisors ˈlaɪn ˈsjuːpəvaɪzəs	Linienvorgesetzte
linear depreciation ˈlɪnɪə dɪˌpriːʃiˈeɪʃn	lineare Abschreibung
liquidity lɪˈkwɪdəti	Liquidität
list purchase price ˈlɪst ˈpɜːtʃəs ˈpraɪs	Listeneinkaufpreis
list sales price ˈlɪst ˈseɪls ˈpraɪs	Listenverkaufspreis
loan ˈləʊn	Darlehen
loan contract ˈləʊn ˈkɒntrækt	Darlehensvertrag
loan of fungible things contract ˈləʊn ɒv ˈfʌndʒəbl ˈθɪŋz ˈkɒntrækt	Sachdarlehensvertrag
local company ˈləʊkəl ˈkɒmpəni	Landesgesellschaft
local purchase ˈləʊkəl ˈpɜːtʃəs	Platzkauf
location ləʊˈkeɪʃn	Standort
lock-out ˈlɒk ˈaʊt	Aussperrung
logistics ləˈdʒɪstɪks	Logistik
logistics chain ləˈdʒɪstɪks ˈtʃeɪn	Logistikkette
logistics service provider ləˈdʒɪstɪks ˈsɜːvɪs prəˈvaɪdə	Logistikdienstleister
logistics software ləˈdʒɪstɪks ˈsɒftweə	Logistiksoftware
Lombard loan ˈlɒmbəd ˈləʊn	Lombardkredit
long term lowest price limit ˈlɒŋ ˈtɜːm ˈləʊəst ˈpraɪs ˈlɪmɪt	langfristige Preisuntergrenze
loss allocation ˈlɒs ˌæləˈkeɪʃn	Verlustverteilung
loyalty rebate ˈlɔɪəlti ˈriːbeɪt	Treuerabatt

M

main focus strike meɪn fəʊkəs straɪk	Schwerpunktstreik
main targets meɪn tagəts	Oberziele
maintenance obligations meɪntənəns ɒblɪgeɪʃnz	Wartungsverpflichtungen
management mænədʒmənt	Führung, Geschäftsleitung, Führungskreis
management by delegation mænədʒmənt baɪ dɛləgeɪʃn	Führung durch Delegation
management by exception mænədʒmənt baɪ ɪksɛpʃn	Führung nach dem Ausnahmeprinzip
management by objectives mænədʒmənt baɪ ɒbdʒɛktɪvz	Führung nach Zielvorgaben
management information system mænədʒmənt ɪnfɔmeɪʃn sɪstəm	Managementinformationssystem
management level mænədʒmənt lɛvəl	Managementebene
management philosophy mænədʒmənt fɪlɒsəfi	Managementphilosophie
management position mænədʒmənt pəzɪʃn	Führungsstelle
management style mænədʒmənt staɪl	Führungsstil
management system mænədʒmənt sɪstəm	Leitungssystem
manufacturer mænjʊfækʃərə	Produktionsunternehmen
manufacturer advertising mænjʊfækʃərə ædvətaɪzɪŋ	Herstellerwerbung
manufacturer specific standard mænjʊfækʃərə spəsɪfɪk stændəd	herstellerspezifischer Standard
manufacturing mænjʊfækʃərɪŋ	Fertigung
manufacturing cell mænjʊfækʃərɪŋ sɛl	Fertigungsinsel
manufacturing costs mænjʊfækʃərɪŋ kɒsts	Herstellkosten
manufacturing industries mænjʊfækʃərɪŋ ɪndəstriz	verarbeitende Industrie
manufacturing overhead costs surcharge rate mænjʊfækʃərɪŋ əʊvəhæd kɒsts sɜtʃadʒ reɪt	FGKZ (Fertigungsgemeinkosten-zuschlagssatz)
manufacturing plant (factory) mænjʊfækʃərɪŋ plant fæktɒri	Werk
margin madʒɪn	Spanne
market makət	Markt
market analysis makət ənælɪsɪs	Marktanalyse, Marktuntersuchung
market assessment makət əsɛsmənt	Markteinschätzung
market domination makət dɒmɪneɪʃn	Marktbeherrschung
market economy makət ɪkɒnəmi	Marktwirtschaft
market forecast makət fɔkast	Marktprognose
market influence makət ɪnflʊəns	Marktbeeinflussung
market investigation makət ɪnvɛstɪgeɪʃn	Marktbeobachtung
market place makət pleɪs	Handelsplatz
market potential makət pəʊtɛnʃl	Marktpotenzial
market regulation makət rɛgjəleɪʃn	Marktregulierung
market research makət rɪsɜtʃ	Absatzforschung
market segmentation makət sɛgmənteɪʃn	Marktsegmentierung

market segments makət sɛgmənts	Marktsegmente
market share makət ʃɛə	Marktanteil
market situation makət sɪtjʊeɪʃn	Marktsituation
market structure makət strʌkʃə	Marktstruktur
market structures makət strʌkʃəz	Marktformen
market survey makət sɜveɪ	Markterkundung
market value makət vælju	Kurswert, Marktwert
market volume makət vɒljəm	Marktvolumen
marketing makətɪŋ	Vermarktung, Vertrieb
marketing conception makətɪŋ kənsɛpʃn	Marketingkonzeption
marketing logistic makətɪŋ lɒdʒɪstɪk	Marketinglogistik
marketing management concept makətɪŋ mænədʒmənt kɒnsɛpt	Marketing-Management-Konzept
marketing mix makətɪŋ mɪks	Marketing-Mix
marketing strategy makətɪŋ strætədʒi	Marketingstrategie
material overhead costs surcharge rate mətɪərɪəl əʊvəhɛd kɒsts sɜtʃadʒ reɪt	MGKZ (Materialgemeinkosten-zuschlagssatz)
material planning mətɪərɪəl plænɪŋ	Materialplanung
matrix of responsibility meɪtrɪks ɒv rɪspɒnsəbɪləti	Verantwortungsmatrix
matrix organisation meɪtrɪks ɒgənaɪzeɪʃn	Matrixorganisation
maturity stage mətʃʊərɪti steɪdʒ	Reifestadium
maximum quantity mæksɪməm kwɒntəti	Höchstbestand
means of transport mins ɒv trænspət	Transportmittel
measurement report mɛʒəmənt rɪpɔt	Messbericht
medium-sized business cartel midɪəm saɪst bɪznɪs katəl	Mittelstandskartell
members of works council mɛmbəs ɒv wɜks kaʊnsɪl	Betriebsratsmitglied
mercantile broker mɜkəntaɪl brəʊkə	Handelsmakler
merchandise mɜtʃəndaɪs	Waren
merchant mɜtʃənt	Kaufmann
merchant promotion mɜtʃənt prəʊməʊʃn	Händler-Promotion
methods in development projects design mɛðədz ɪn dɪvɛləpmənt prəʊdʒɛkts dɪzaɪn	Vorgehensmodelle in Entwicklungsprojekten
milestone maɪlstəʊn	Meilenstein, Zwischenziel
milestone plan maɪlstəʊn plæn	Meilensteinplan
minimum capital mɪnɪməm kæpɪtəl	Mindestkapital
minimum requirements mɪnɪməm rɪkwaɪəmənts	Mindestanforderungen
minimum stock level mɪnɪməm stɒk lɛvəl	Mindestbestand
minutes of meeting mɪnəts ɒv mitɪŋ	Protokoll, Verlaufsprotokoll
models of working time mɒdls ɒv wɜkɪŋ taɪm	Arbeitszeitmodell
money and capital market mʌnɪ ænd kæpɪtəl makət	Geld- und Kapitalmarkt
money card mʌnɪ kad	Geldkarte

money debts mʌnɪ dɛbts   Geldschulden
money flows mʌnɪ fləʊz   Geldflüsse, Geldströme
monopoly mənɒpəli   Monopol
moonlight price advertising munlaɪt praɪs ædvətaɪzɪŋ Mondpreiswerbung
multilateral legal acts mʌltɪlætərəl ligəl ækts   mehrseitige Rechtsgeschäfte

N

national competition policy næʃənəl kɒmpətɪʃn pɒlɪsi   staatliche Wettbewerbspolitik
net assets nɛt æsəts   Reinvermögen
net cash nɛt kæʃ   Netto Kasse
net entry nɛt ɛntri   Nettobuchung
net weight nɛt weɪt   Nettogewicht, Reingewicht
network planning technique nɛtwɜk plænɪŋ tɛknik   Netzplantechnik
neutral expenses njutrəl ɪkspɛnsəs   neutrale Aufwendung
neutral member njutrəl mɛmbə   neutrales Mitglied
nominal accounts nɒmɪnəl əkaʊnts   Erfolgskonten
nominal amount nɒmɪnəl əmaʊnt   Nennbetrag
nominal-actual comparison nɒmɪnəl ækʃʊəl   Soll-Ist-Abgleich
    kɒmpærɪsən
non monetary capital nɒn mɒnətærɪ kæpɪtəl   Kapital (Realkapital)
non-operating revenue nɒnɒpəreɪtɪŋ rɛvənju   neutraler Ertrag
normal cost accounting nɔməl kɒst əkaʊntɪŋ   Normalkostenrechnung

O

objectives ɒbdʒɛktɪvz   Ziele
objectives of business enterprises   Ziele von Betrieben
    ɒbdʒɛktɪvz ɒv bɪznɪs ɛntəpraɪsəs
obligation ɒblɪɡeɪʃn   Verpflichtung
obligations to be performed at debtor's place of business Schickschulden
    by dispatch of debtor ɒblɪɡeɪʃn tə bɪ pəfɔmd æt
    dɛbtəs pleɪs ɒv bɪznɪs baɪ dɪspætʃ ɒv dɛbtə
obligatory contract ɒblɪɡətɒrɪ kɒntrækt   Verpflichtungsgeschäft
OEM (Original Equipment Manufacturer) product   OEM (Erstausrüster)
    qualification əʊiɛm (ɒrɪdʒɪnəl ɪkwɪpmənt   Produktqualifikation
    mænjʊfæktʃərə) prɒdʌkt kwɒlɪfɪkeɪʃn
offer ɒfə   Angebot
offer preperation ɒfə prɛpəreɪʃn   Angebotserstellung
offer comparison ɒfə kəmpærɪsn   Angebotsvergleich
offer content ɒfə kɒntənt   Inhalt des Angebotes
office ɒfɪs   Dienststelle (Büro)

oligopoly ɒlɪgɒpəli	Oligopol
on schedule ɒn skɛdjul	Termintreue
one-third employee participation act wʌn ðɜd ɛmplɔɪji pɑtəsɪpeɪʃn ækt	Drittelbeteiligungsgesetz
online banking ɒnlaɪn bæŋkɪŋ	Onlinebanking
online market place ɒnlaɪn mɑkət pleɪs	Online-Marktplätze
open market əʊpən mɑkət	offener Markt
opening balance əʊpənɪŋ bæləns	Eröffnungsbilanz
operating capital requirement ɒpəreɪtɪŋ kæpɪtəl rɪkwaɪəmənt	betriebsnotwendiges Kapital
operating costs ɒpəreɪtɪŋ kɒsts	Betriebskosten
operating result ɒpəreɪtɪŋ rɪzʌlt	Betriebsergebnis
operational targets ɒpəreɪʃənəl tagəts	operative Ziele
operative controlling ɒpəreɪtəv kəntrəʊlɪŋ	operatives Controlling
opportunity costs ɒpətjunəti kɒsts	Opportunitätskosten
optimisation principle ɒptɪmaɪzeɪʃn prɪnsɪpl	Optimierungsprinzip
optimisation rule ɒptɪmaɪzeɪʃn rul	Optimierungsregel
order ɔdə	Bestellung, Auftrag
order backlog ɔdə bæklɒg	Auftragsbestand
order costs ɔdə kɒsts	Bestellkosten
order management ɔdə mænədʒmənt	Auftragsmanagement
order process ɔdə prəʊsɛs	Bestellabwicklung
order to pay ɔdə tə peɪ	Mahnbescheid
ordering ɔdərɪŋ	Auftragserteilung
ordinary partnership ɔdɪnærɪ patnəʃɪp	Offene Handelsgesellschaft (OHG)
organisation ɔgənaɪzeɪʃn	Organisation
organisation chart ɔgənaɪzeɪʃn tʃat	Organigramm
organisation of bookkeeping ɔgənaɪzeɪʃn ɒv bʊkkipɪŋ	Organisation der Buchführung
organisation view ɔgənaɪzeɪʃn vju	Organisationssicht
organisational measure ɔgənaɪzeɪʃənəl mɛʒə	organisatorische Maßnahme
organisational unit ɔgənaɪzeɪʃənəl junɪt	Dienststelle (Organisation)
original factors of production ɒrɪdʒɪnəl fæktəs ɒv prəʊdʌkʃn	originäre Produktionsfaktoren
out of economics target aʊt ɒv ɪkənɒmɪks tagət	außerökonomisches Ziel
outbound freight costs aʊtbaʊnd freɪt kɒsts	Ausgangsfrachten
outcome aʊtkʌm	Ergebnis
outdoor advertising aʊtdɔ ædvətaɪzɪŋ	Außenwerbung
outlook of balanced scorecard aʊtlʊk ɒv bælənst skɔkad	Perspektiven der Balanced Scorecard
outside financing aʊtsaɪd faɪnænsɪŋ	Fremdfinanzierung
outsourcing aʊtsɔsɪŋ	Fremdbeschaffung, Fremdvergabe, Produktionsverlagerung

overdraft credit ˈəʊvədraft ˈkrɛdɪt	Überziehungskredit
overdraft interest rate ˈəʊvədraft ˈɪntrəst reɪt	Überziehungszinssatz
overhead costs ˈəʊvəhɛd kɒsts	Gemeinkosten
overhead costs surcharge rate ˈəʊvəhɛd kɒsts ˈsɜːtʃadʒ reɪt	Gemeinkostenzuschlagssatz
own stock of goods əʊn stɒk ɒv gʊdz	Eigenlager

P

packaging ˈpækəʃɪŋ	Verpackung
packing costs ˈpækɪŋ kɒsts	Verpackungskosten
packing list ˈpækɪŋ lɪst	Packliste
partial delivery ˈpaʃl dɪlɪvəri	Teilsendung, Teillieferung
partial guarantee ˈpaʃl gærənti	Teilgarantie
partial retirement ˈpaʃl rɪtaɪəmət	Altersteilzeit
partial shipment ˈpaʃl ʃɪpmənt	Teilsendung, Teillieferung
partially autonomous working group ˈpaʃɪəli ɔtənɒməs ˈwɜːkɪŋ grup	teilautonome Arbeitsgruppe
participation patɪsɪpeɪʃn	Mitwirkung
participation right patɪsɪpeɪʃn raɪt	Mitwirkungsrecht
partnership agreement ˈpatnəʃɪp əgrimənt	Gesellschaftsvertrag
part-time job pat taɪm dʒɒb	Teilzeitarbeit
passive asset accounts ˈpæsɪv æsət əkaʊnts	passive Bestandskonten
pay peɪ	bezahlen
payment peɪmənt	Zahlung
payment date peɪmənt deɪt	Zahlungszeitpunkt
payment obligation peɪmənt ɒblɪgeɪʃn	Zahlungsverpflichtung
payment period peɪmənt pɪərɪəd	Zahlungsziel
penalty ˈpænəlti	Konventionalstrafe, Pönale
people in paid work pipl ɪn peɪd wɜːk	Erwerbstätige
performance accounting pəfɔməns əkaʊntɪŋ	Leistungsrechnung
performance curve pəfɔməns kɜːv	Leistungskurve
performance evaluation pəfɔməns ɪvæljʊeɪʃn	Erfolgsermittlung
performance flows pəfɔməns fləʊs	Leistungsflüsse
performance fulfilment pəfɔməns fʊlfɪlmənt	Leistungserfüllung
performance generation pəfɔməns dʒɛnəreɪʃn	Leistungserstellung
performance objective pəfɔməns ɒbdʒɛktɪv	Leistungsziel, Erfolgsziel
period costs pɪərɪəd kɒsts	Periodenkosten
period of notice pɪərɪəd ɒv nəʊtɪs	Kündigungsfrist
periodical inventory pɪərɪɒdɪkəl ɪnvəntri	Stichtagsinventur
permanent inventory pɜːmənənt ɪnvəntri	permanente Inventur

person who handles the commercial aspects of the order pɜsən hu hændlz ðə kəmɜʃl æspɛkts ɒv ðɪ ɔːdə	kaufmännische Auftragsbearbeiter
person who ordered pɜsn hu ɔdəd	Auftraggeber
personal securities pɜsənɛl səkjʊrətiz	Personalsicherheiten
personnel approach pɜsənɛl əprəʊtʃ	personaler Ansatz
personnel deployment pɜsənɛl dɪplɔɪmənt	Personaleinsatz
personnel director pɜsənɛl daɪrɛktə	Arbeitsdirektor
personnel hiring pɜsənɛl haɪrɪŋ	Personaleinstellung
personnel management pɜsənɛl mænədʒmənt	Personalwirtschaft
personnel recruitment pɜsənəl rɪkrutmənt	Personalbeschaffung
physical distribution fɪzɪkl dɪstrɪbjuʃn	physische Distribution
physical inventory fɪzɪkəl ɪnvəntri	körperliche Inventur
PIN-TAN process pɪn tæn prəʊsəs	PIN-TAN-Verfahren
place of fulfilment pleɪs ɒv fʊlfɪlmənt	Erfüllungsort
planned process volume plænd prəʊsɛs vɒljum	Planprozessmengen
planning plænɪŋ	Planung
planning activity plænɪŋ æktɪvəti	Planungsaktivität
planning objectives plænɪŋ ɒbjɛktɪvz	Planungsziele
planning of materials for tender (bid, offer, proposal) plænɪŋ ɒv mətɪərɪəls fɔ tɛndə bɪd ɒfə prəʊpəʊzl	Angebotsmaterialisierung
planning of materials plænɪŋ ɒv mətɪərɪəlz	Materialisierung
planning phase plænɪŋ feɪz	Planungsphase
planning process plænɪŋ prəʊsɛs	Planungsablauf
planning sessions plænɪŋ sɛʃnz	Planungsrunden
plc. (public limited company) pʌblɪk lɪmɪtəd kɒmpəni	AG (Aktiengesellschaft)
PLM (Product Lifecycle Management) pɪɛlɛm prɒdʌkt laɪfsaɪkl mænədʒmənt	PLM (Product Lifecycle Management)
policies pɒləsis	Grundsätze
political strike pɒlɪtɪkl straɪk	politischer Streik
polypoly pɒlɪpɒlɪ	Polypol
population census judgement pɒpjʊleɪʃn sɛnsəs dʒʌdʒmənt	Volkszählungsurteil
portal pɔtəl	Portal
portfolio analysis pɔtfəʊlɪəʊ ənælɪsɪs	Portfolio-Analyse
portfolio matrix pɔtfəʊlɪəʊ meɪtrɪks	Portfolio-Matrix
position pəʊzɪʃn	Stelle
postage pɒstədʒ	Porto
power of attorney paʊə ɒv ətɔni	Vollmacht, Artvollmacht
power of procuration paʊə ɒv prɒkjʊreɪʃn	Prokura
pre-delivery note pridɪlɪvəri nəʊt	Vorlieferschein
prepaid pripeɪd	vorausbezahlt
pre-project analysis priprəʊdʒɛkt ənælɪsɪs	Vorfeldanalyse

presentation prɛzənteɪʃn	Referat, Präsentation
presentation software prɛzənteɪʃn sɒftwɛə	Präsentationssoftware
pre-turnover deliveriy prɪ tɜnəʊvə dɪlɪvəri	unverrechnete Lieferung
price praɪs	Preis
price cartel praɪs katəl	Preiskartell
price differentiation praɪs dɪfərənʃɪeɪʃn	Preisdifferenzierung
price elasticity praɪs ɪlæstɪsəti	Preiselastizität
price increase praɪs ɪnkris	Preiserhöhung
price mirror praɪs mɪrə	Preisspiegel
price planning praɪs plænɪŋ	Preisplanung
price policy praɪs pɒləsi	Preispolitik
price positioning praɪs pəzɪʃənɪŋ	Preispositionierung
price problem praɪs prɒbləm	Preisproblem
price rate divergence praɪs reɪt daɪvɜdʒəns	Preissatzabweichung
pricing praɪsɪŋ	Preisbildung, Preisfindung
pricing in an ideal market praɪsɪŋ ɪn ən aɪdil makət	Preisbildung auf dem vollkommenen Mark
pricing oriented on competitors praɪsɪŋ ɒrɪɛntəd ɒn kəmpɛtɪtəz	konkurrenzorientierte Preisfindung
primary research praɪmərɪ rɪsɜtʃ	Primärforschung
primary sector praɪmərɪ sɛktə	primärer Sektor
primary survey praɪmərɪ sɜveɪ	Primärerhebung
principle of prudence prɪnsɪpl ɒv prudəns	Vorsichtsprinzip
principle of lower of cost or market prɪnsɪpl ɒv ləʊə ɒv kɒst ɔ makət	Niederstwertprinzip
principle of unambiguous presentation of balance sheet items prɪnsɪpl ɒv ʌnɛmbɪgjuəs prɛzənteɪʃn ɒv bæləns ʃit aɪtəmz	Bilanzklarheit
principles of accounting and evaluation prɪnsɪplz ɒv əkaʊntɪŋ ænd ɪvæljʊeɪʃn	Bilanzierungs- und Bewertungsgrundsätze
private consumption praɪvət kənsʌmpʃn	privater Verbrauch
probation time prəʊbeɪʃn taɪm	Probezeit
problem solving prɒbləm sɒlvɪŋ	Problemlösung
procedures prɒsidʒəz	Verfahren
proceedings in payment prəʊsidɪŋz ɪn peɪmənt	Zahlungsvorgänge
process prəʊsɛs	Ablauf, Vorgang
process area prəʊsɛs ɛərɪə	Prozess-Bereich
process chain prəʊsɛs tʃeɪn	Prozesskette
process chain analysis prəʊsɛs tʃeɪn ənælɪsɪs	Vorgangskettenanalyse
process chains chart prəʊsɛs tʃeɪnz tʃat	Vorgangskettendiagramm (VKD)
process controlling prəʊsɛs kəntrəʊlɪŋ	Prozesskontrolle
process cost accounting prəʊsɛs kɒst əkaʊntɪŋ	Prozesskostenrechnung

process cost rate prəuses kɒst reit	Prozesskostensatz
process full cost rate prəuses fʊl kɒst reit	Prozessvollkostensatz
process investigation prəuses investigeiʃn	Prozessuntersuchung
process measure prəuses mɛʒə	Prozessmaß
process model prəuses mɒdəl	Prozessmodell
process oriented approach prəuses ɒriɛntəd əprəutʃ	prozessorientierter Ansatz
process oriented organisation prəuses ɒriɛntəd ɔgənaizeiʃn	prozessorientierte Organisation
process oriented product calculation prəuses ɒriɛntəd prɒdʌkt kælkjəleiʃn	prozessorientierte Produktkalkulation
process oriented product policy prəuses ɒriɛntəd prɒdʌkt pɒləsi	prozessorientierte Produktpolitik
process oriented projects prəuses ɒriɛntəd prəudʒɛkts	prozessorientierte Projekte
process planning prəuses plæniŋ	Prozessplanung
process share of costs rate prəuses ʃɛə ɒv kɒsts reit	Prozessteilkostensatz
processing guideline prəusesiŋ gaidlain	Abwicklungsrichtlinie
procurement prəkjuəmənt	Beschaffung
procurement & logistics prəkjuəmənt ænd lɒdʒistiks	Beschaffung & Logistik
procurement cartel prəkjuəmənt katəl	Beschaffungskartell
procurement logistics prəkjuəmənt lɒdʒistiks	Beschaffungslogistik
procurement organisation prəkjuəmənt ɔgənaizeiʃn	Beschaffungsorganisation
procurement planning prəkjuəmənt plæniŋ	Beschaffungsplanung
procurement process prəkjuəmənt prəuses	Beschaffungsprozess
producer goods prəudjusə gudz	Produktionsgüter
product and assortment policy prɒdʌkt ænd əsɔtmənt pɒləsi	Produkt- und Sortimentspolitik
product and product range policy prɒdʌkt ænd prɒdʌkt reindʒ pɒləsi	Produkt- Programmpolitik
product assortment depth prɒdʌkt əsɔtmənt dɛpə	Sortimentstiefe
product assortment diversification prɒdʌkt əsɔtmənt daivɜsifikeiʃn	Sortimentsbreite
product assortment extension prɒdʌkt əsɔtmənt ikstɛnʃn	Sortimentserweiterung
product assortment modification prɒdʌkt əsɔtmənt mɒdifikeiʃn	Sortimentsveränderung
product assortment streamlining prɒdʌkt əsɔtmənt strimlainiŋ	Sortimentsbereinigung
Product Data Management Model prɒdʌkt deitə mænədʒmənt mɒdəl	Produktdatenmanagement Model
Product Data Management (PDM) prɒdʌkt deitə mænədʒmənt	Produktdatenmanagement (PDM)
product definition prɒdʌkt dɛfiniʃn	Produktfindung
product design prɒdʌkt dizain	Produktgestaltung
product differentiation prɒdʌkt difərɛnʃieiʃn	Produktdifferenzierung

product diversification prɒdʌkt daɪvɜːsɪfɪkeɪʃn	Produktdiversifikation
product features prɒdʌkt fiːtʃəs	Produktmerkmale
product introduction prɒdʌkt ɪntrəʊdʌkʃn	Produkteinführung
product life cycle prɒdʌkt laɪf saɪkl	Produktlebenszyklus
product life-cycle calculation prɒdʌkt laɪf saɪkl kælkjələɪʃn	Wirtschaftlichkeitsberechnung
product management prɒdʌkt mænədʒmənt	Produktmanagement
product measure prɒdʌkt mɛʒə	Produktmaßnahme
product oriented organisation prɒdʌkt ɒrɪɛntəd ɔːgənaɪzeɪʃn	produktorientierte Aufbauorganisation
product placement prɒdʌkt pleɪsmənt	Produktplatzierung
product planning prɒdʌkt plænɪŋ	Produktplanung
product project prɒdʌkt prəʊdʒɛkt	Produkt-Projekt
product range and assortment policy prɒdʌkt reɪndʒ ænd əsɔːtmənt pɒləsi	Programm- und Sortimentspolitik
product support prɒdʌkt səpɔːt	Produktbetreuung
product supporter prɒdʌkt səpɔːtə	Produktpate
product supporting service policy prɒdʌkt səpɔːtɪŋ sɜːvɪs pɒləsi	produktbegleitende Servicepolitik
profit and loss account prɒfɪt ænd lɒs əkaʊnt	Gewinn- und Verlustkonto (GuV)
profit and loss account according to HGB prɒfɪt ænd lɒs əkaʊnt əkɔːdɪŋ tə eɪdʒdʒɪbi	Gewinn- und Verlustrechnung nach HGB
profit mark-up prɒfɪt mak ʌp	Gewinnzuschlag
profitability prɒfɪtəbɪləti	Rentabilität, Wirtschaftlichkeit
profitability forecast prɒfɪtəbɪləti fɔːkast	Rentabilitätsvorschau
proforma invoice prəʊfɔːmə ɪnvɔɪs	Proforma-Rechnung
project completion prəʊdʒɛkt kɒmpliʃn	Projektabschluss
project control prəʊdʒɛkt kəntrəʊl	Projektkontrolle
project controlling prəʊdʒɛkt kəntrəʊlɪŋ	Projektcontrolling
project disbandment prəʊdʒɛkt dɪsbændmənt	Projektauflösung
project folder prəʊdʒɛkt fəʊldə	Projektmappe
project implementation prəʊdʒɛkt ɪmplɪmənteɪʃn	Projektaufbau
project management prəʊdʒɛkt mænədʒmənt	Projektsteuerung, Projektmanagement
project manager prəʊdʒɛkt mænədʒə	Projektleiter, Projektmanager
project manual prəʊdʒɛkt mænjʊəl	Projekt-Handbuch
project measure prəʊdʒɛkt mɛʒə	Projektmaßnahme
project method prəʊdʒɛkt mɛðəd	Projektmethode
project monitoring prəʊdʒɛkt mɒnɪtɔːrɪŋ	Projektverfolgung
project organisation prəʊdʒɛkt ɔːgənaɪzeɪʃn	Projekt-Aufbauorganisation, Projektorganisation
project phase prəʊdʒɛkt feɪz	Projektphase
project principles prəʊdʒɛkt prɪnsɪplz	Projektgrundlagen
project process plan prəʊdʒɛkt prəʊsɛs plæn	Projektablaufplan

project processes prəʊdʒɛkt prəʊsɛsəs	Projektprozesse
project profit & loss statement prəʊdʒɛkt prɒfɪt ænd lɒs steɪtmənt	Projektergebnisrechnung
project realisation prəʊdʒɛkt rɪəlaɪzeɪʃn	Projektabwicklung
project result prəʊdʒɛkt rɪzʌlt	Projektergebnis
project risk analysis prəʊdʒɛkt rɪsk ənælɪsɪs	Projektrisikoanalyse
project start prəʊdʒɛkt stat	Projektstart
project status meetings prəʊdʒɛkt steɪtəs mitɪŋz	Projektstatussitzungen
project strategy prəʊdʒɛkt strætədʒi	Projektstrategie
project structure plan prəʊdʒɛkt strʌktʃə plæn	Projektstrukturplan
project target prəʊdʒɛkt tagət	Projektziel
proposal prəʊpəʊzl	Angebot
proposal preperation prəʊpəʊzl prɛpəreɪʃn	Angebotserstellung
provision prəʊvɪʒn	Rückstellung
public assignment pʌblɪk əsaɪnmənt	offene Zession
public business enterprises pʌblɪk bɪznɪs ɛntəpraɪsəz	öffentliche Betriebe
public limited company pʌblɪk lɪmɪtəd kɒmpəni	Aktiengesellschaft (AG)
public relations pʌblɪk rɪleɪʃnz	Kontaktpflege, Öffentlichkeitsarbeit, Werbeabteilung
purchase according to sample pɜtʃəs əkɔdɪŋ tə sæmpl	Kauf nach Probe
purchase by description pɜtʃəs baɪ dɪskrɪpʃn	Gattungskauf
purchase calculation pɜtʃəs kælkjəleɪʃn	Bezugskalkulation
purchase contract pɜtʃəs kɒntrækt	Kaufvertrag
purchase decision pɜtʃəs dɪsɪʒn	Kaufentscheidung
purchase for approval pɜtʃəs fɔ əprəʊvəl	Kauf zur Probe
purchase of specific goods pɜtʃəs ɒv spəsɪfɪk gʊdz	Stückkauf
purchase on advanced payment pɜtʃəs ɒn ədvanst peɪmənt	Kauf auf Anzahlung
purchase on approval pɜtʃəs ɒn əpruvəl	Kauf auf Probe
purchase on prepayment pɜtʃəs ɒn pripeɪmənt	Kauf auf Vorauszahlung
purchase order lists pɜtʃəs ɔdə lɪsts	Bestelllisten
purchase order ɒdə	Bestellschein, Bestellung
purchaser (buyer) pɜtʃəsə baɪə	Käufer
purchasing pɜtʃəsɪŋ	Einkauf
purchasing calculation pɜtʃəsɪŋ kælkjəleɪʃn	Einkaufskalkulation
purchasing costs pɜtʃəsɪŋ kɒsts	Anschaffungskosten, Einkaufskosten
purchasing of consumer goods pɜtʃəsɪŋ ɒv kɒnsjumə gʊdz	Verbrauchsgüterkauf
pursuance of offer (proposal / bid / tender) pəsjuəns ɒv ɒfə prəʊpəʊzl bɪd tɛndə	Angebotsverfolgung

Q

QFD (Quality Function Deployment) kjuɛfdi kwɒləti fʌŋkʃn dɪplɔɪmənt	QFD (Quality Function Deployment)
QM-system kjuɛm sɪstəm	QM-System
QoS (Quality of Service) kjuəʊɛs kwɒləti ɒv sɜvɪs	QoS (Quality of Service)
QS-manual kjuɛs mænjʊəl	QS-Handbuch
quality kwɒləti	Qualität
quality assurance kwɒləti əʃʊərəns	Qualitätssicherung
quality assurance standard kwɒləti əʃʊərəns stændəd	Qualitätssicherungsnorm
quality audit kwɒləti ɔdɪt	Qualitätsprüfung
quality circle kwɒləti sɜkl	Qualitätskreis
quality control kwɒləti kəntrəʊl	Qualitätslenkung
quality deficit kwɒləti dɛfɪsɪt	Qualitätsmangel
quality level kwɒləti lɛvəl	Qualitätsebene
quality management kwɒləti mænədʒmənt	Qualitätsmanagement
quality management plan kwɒləti mænədʒmənt plæn	Qualitätsmanagementplan
quality planning kwɒləti plænɪŋ	Qualitätsplanung
quality target definition kwɒləti tagət dɛfɪnɪʃn	Qualitätszielbestimmung
quality view kwɒləti vju	Qualitätssicht
quantifying parameters kwɒntɪfaɪɪn pəræmɪtəs	Bewertungsgröße
quantity of supply kwɒntəti ɒv səplaɪ	Angebotsmenge
quantity planning kwɒntəti plænɪŋ	Mengenplanung
question mark products (Babies) kwɛstʃn mak prɒdʌkts	Nachwuchsprodukte
quotation price calculation kwəʊteɪʃn praɪs kælkjəleɪʃn	Angebotspreiskalkulation

R

railway bill reɪlweɪ bɪl	Bahnfrachtbrief
rare goods rɛə gʊdz	knappe Güter
ratio figures reɪʃɪəʊ fɪgəz	Beziehungszahlen, Verhältniszahlen
rationalisation cartel ræʃənəlaɪzeɪʃn katəl	Rationalisierungskartell
reading practice ridɪŋ præktɪs	Lesetechnik
real assets rɪəl æsəts	Sachgüter
real securities rɪəl səkjʊrətis	Realsicherheiten
realization rɪəlaɪzeɪʃn	Abwicklung
reasons of financial bookkeeping rizənz ɒv faɪnɛnʃl bʊkkipɪŋ	Gründe der Finanzbuchhaltung
rebate in kind rɪbeɪt ɪn kaɪnd	Naturalrabatt
receipt rɪsit	Quittung
receipt of payment rɪsit ɒv peɪmənt	Zahlungseingang
receivable rɪsivəbl	Forderung

received orders rɪsivd ɔdəs	Auftragseingang
recourse rɪkɔs	Regress
rectification of performance rɛktɪfɪkeɪʃn ɒv pəfɔməns	Nacherfüllung
reduced tax rate rɪdjust tæks reɪt	ermäßigter Steuersatz
reduction of purchase price rɪdʌkʃn ɒv pɜtʃəs praɪs	Minderung des Einkaufspreises
reference figures rɛfərəns fɪgəz	Kennzahlen
regional cartel rɪdʒənəl katəl	Gebietskartell
regional concept rɪdʒənəl kɒnsɛpt	Länderkonzept
regional court of social security rɪdʒənəl kɔt ɒv səʊʃl sɪkjʊrɪti	Landessozialgericht
regional labour court of appeal rɪdʒənəl leɪbə kɔt ɒv əpil	Landesarbeitsgericht
regional strategy rɪdʒənəl strætədʒi	Länderstrategie
regional warehouse rɪdʒənəl wɛəhaʊs	Regionallager
register of companies rɛdʒɪstə ɒv kɒmpəniz	Handelsregister
registration of business cases rɛgɪstreɪʃn ɒv bɪznɪs keɪsəs	Erfassung von Geschäftsfällen
regular project meeting rɛgjʊlə prəʊdʒɛkt mitɪŋ	regelmäßige Projektbesprechung
regular tax burden rɛgjʊlə tæks bɜdən	Zahllast
reject rɪdʒɛkt	zurückweisen
release documentation rɪliz dɒkjʊmənteɪʃn	Freigabedokumentation
reminder advertising rɪmaɪndə ædvətaɪzɪŋ	Erinnerungswerbung
remittance rɪmɪtəns	Überweisung
removal of defect rɪmuvl ɒv dɪfɛkt	Mängelbeseitigung
remuneration account rimjʊnəreɪʃn əkaʊnt	Entgeltabrechnung
rental contract rɛntəl kɒntrækt	Mietvertrag
reorder quantity rɪɔdə kwɒntəti	Meldebestand
repair and exchange service rɪpɛə ænd ɪkstʃeɪndʒ sɜvɪs	Reparatur- und Austauschdienst
replacement costs rɪpleɪsmənt kɒsts	Wiederbeschaffungswert
report rɪpɔt	Bericht
report system rɪpɔt sɪstəm	Berichtssystem
reporting system rɪpɔtɪŋ sɪstəm	Berichtswesen
request for contract rɪkwɛst fɔ kɒntrækt	Vertragsaufforderung
request for tender (bid, offer, proposal) rɪkwɛst fɔ tɛndə bɪd ɒfə prəʊpəʊzl	Angebotsaufforderung
requirements rɪkwaɪəmənts	Anforderungen
requiring an export licence rɪkwaɪrɪŋ ən ɛkspɔt laɪsəns	ausfuhrgenehmigungspflichtig
Research and Development rɪsɜdʒ ænd dɪvɛləpmənt	Forschung und Entwicklung
reseller discount rɪsɛlə dɪskaʊnt	Wiederverkäuferrabatt
reservation of ownership rɛzəveɪʃn ɒv əʊnəʃɪp	Eigentumsvorbehalt
reservation rɛzəveɪʃn	Vorbehalt
reserve stock rɪzɜv stɒk	eiserner Bestand

resources rɪsɔːsəs	Ressourcen
responsibility rɪspɒnsəbɪləti	Verantwortung
responsible party rɪspɒnsɪbl pati	Funktionsträger
restart of limitation period rɪstat ɒv lɪmɪteɪʃn pɪərɪəd	Neubeginn der Verjährung
result rɪzʌlt	Ergebnis
retail trade rɪteɪl treɪd	Einzelhandel
return on equity rɪtɜn ɒn ɛkwəti	Eigenkapitalrentabilität
revenue rɪvɛnju	Ertrag
revision rɪvɪʒn	Revision
revocable rɪvəʊkəbl	widerruflich
right attesting raɪt ətɛstɪŋ	rechtsbezeugend (deklaratorisch)
right generating raɪt dʒɛnəreɪtɪŋ	rechtserzeugend (konstitutiv)
right of collective bargaining raɪt ɒv kəʊlɛktɪv bagɪnɪŋ	Tarifvertragsrecht
right to give notice according to the vocational training act raɪt tə gɪv nəʊtɪs əkɔːdɪŋ tə ðə vəʊkeɪʃənəl treɪnɪŋ ækt	Kündigungsrecht laut BBiG
right to give notice raɪt tə gɪv nəʊtɪs	Kündigungsrecht
right to refuse performance raɪt tə rəfjuz pəfɔməns	Leistungsverweigerungsrecht
risk rɪsk	Wagnis, Risiko
risk analysis rɪsk ənælɪsɪs	Risikoanalyse
risk assessment rɪsk əsɛsmənt	Risikobewertung
role play rəʊl pleɪ	Rollenspiel
rolling planning rəʊlɪŋ plænɪŋ	rollierende Planung
rummage purchase rʌmədʒ pɜtʃəs	Ramschkauf

S

sale by description seɪl baɪ dɪskrɪpʃn	Spezifikationskauf, Versendungskauf
sales calculation seɪls kælkjəleɪʃn	Verkaufskalkulation
sales cartel seɪls katəl	Absatzkartell
sales channels seɪls tʃænəls	Absatzwege
sales credit policy seɪls krɛdɪt pɒləsi	Absatzkreditpolitik
sales decision seɪls dɪsɪʒn	Vertriebsentscheidung
sales department seɪls dɪpatmənt	Vertrieb
sales income seɪls ɪnkʌm	Vertriebsergebnis
sales instructions seɪls ɪnstrʌkʃnz	Vertriebliche Vorgaben
sales market seɪls makət	Absatzmarkt
sales marketing seɪls makətɪŋ	Absatzmarketing
sales overhead costs seɪls əʊvəhɛd kɒsts	Vertriebsgemeinkosten
sales overhead costs surcharge rate seɪls əʊvəhɛd kɒsts sɜtʃadʒ reɪt	Vertriebsgemeinkostenzuschlagssatz (VtrGKZ)
sales packaging seɪls pækədʒɪŋ	Verkaufsverpackung

sales people training seɪls pipl treɪnɪŋ	Verkäuferschulung
sales political instruments seɪls pɒlɪtɪkl ɪnstrəmənts	absatzpolitische Instrumente
sales promotion seɪls prəuməuʃn	Absatzförderung, Verkaufsförderung
sales turnover seɪls tɜnəuvə	Umsatz
sample contract sæmpl kɒntrækt	Mustervertrag
sampling-type inventory sæmplɪŋ taɪp ɪnvəntri	Stichprobeninventur
SAPM (sum of men year of project members) ɛsæpɪɛm sʌm ɒv mɪn jɪə ɒv prəudʒɛkt mɛmbəs	SAPM (Summe der Arbeitsjahre der Projektmitarbeiter)
schedule skɛdjul	Einplanung, Terminplan
SCM (Supply Chain Management) ɛssɪɛm səplaɪ tʃeɪn mænədʒmənt	SCM (Supply Chain Management)
scope skəup	Geltungsbereich
sea freight si freɪt	Seefracht
seaworthy packing siwɜði pækɪŋ	seemäßige Verpackung
secondary beneficiary sɛkəndærɪ bɛnəfɪʃəri	Zweitbegünstigter
secondary research sɛnkədærɪ rɪsɜtʃ	Sekundärforschung
sector sɛktə	Geschäftszweig
sectors of economic activity sɛktəs ɒv ɪkəunɒmɪk æktɪvəti	Wirtschaftssektoren
securing of performance səkjurɪŋ ɒv pəfɔməns	Leistungssicherung
security sɪkjuərɪti	Sicherheit
security arrangements of credits sɪkjuərɪti əreɪndʒmənts ɒv krɛdɪts	Sicherungsmöglichkeiten von Kreditarten
security index sɪkjurɪti ɪndɛks	Bonitätsindex
segmentation criteria sɛgmənteɪʃn kraɪtɪərɪə	Segmentierungskriterien
self-financing sɛlf faɪnænsɪŋ	Eigenfinanzierung, Selbstfinanzierung
seller sɛlə	Verkäufer
sellers market sɛləs makət	Verkäufermarkt
semi-cashless payment sɛmɪ kæʃləs peɪmənt	halbbare Zahlung
separate delivery sɛpərət dɪlɪvəri	lose Lieferung
service sɜvɪs	Dienstleistung, Service
service contract sɜvɪs kɒntrækt	Dienstvertrag
service description sɜvɪs dɪskrɪpʃn	Leistungsbeschreibung
service process sɜvɪs prəusɛs	Serviceprozess
service request sɜvɪs rɪkwɛst	Leistungsanforderung
set of rules sɛt ɒv rulz	Regelwerk
shareholder ʃɛəhəuldə	Anteilseigner, Gesellschafter
shareholder's annual meeting ʃɛəhəuldəz ænjuəl mitɪŋ	Hauptversammlung
shares ʃɛəz	Aktien
shift-work ʃɪft wɜk	Schichtarbeit
shipping department ʃɪpɪŋ dɪpatmənt	Versand
shipping documents ʃɪpɪŋ dɒkjumənts	Warenbegleitpapiere

shipping package ʃɪpɪŋ pækədʒ	Versandverpackung
shipping station ʃɪpɪŋ steɪʃn	Versandstation
short term lowest price limit ʃɔt tɜm ləʊəst praɪs lɪmɪt	kurzfristige Preisuntergrenze
side-line employment saɪd laɪn ɛmplɔɪmənt	Nebentätigkeit
signatory authorisation sɪɡnətɒrɪ ɔðəraɪzeɪʃn	Unterschriftsberechtigung
signature regulation sɪɡnətʃə rɛɡjəleɪʃn	Unterschriftsregelung
silence saɪləns	Schweigen
silent assignment saɪlənt əsaɪnmənt	stille Zession
single advertising sɪŋɡl ædvətaɪzɪŋ	Einzelwerbung
single-sided trade sale sɪŋɡl saɪdəd treɪd seɪl	einseitiger Handelskauf
skeleton training schedule skɛlətən treɪnɪŋ skɛdjul	Ausbildungsrahmenplan
small print smɔl prɪnt	Kleingedrucktes
SMS advertising ɛsɛmɛs ædvətaɪzɪŋ	SMS-Werbung
social benefits səʊʃl bɛnɪfɪts	Sozialleistungen
social economic companies səʊʃl ɪkəʊnɒmɪk kɒmpəniz	gemeinwirtschaftliche Betriebe
social insurance səʊʃl ɪnʃʊərəns	Sozialversicherung
social insurance card səʊʃl ɪnʃʊərəns kad	Sozialversicherungsausweis
social jurisdiction səʊʃl dʒʊrɪsdɪkʃn	Sozialgerichtsbarkeit
social objective səʊʃl ɒbdʒɛktɪv	gesellschaftliches Ziel
social security court səʊʃl sɪkjʊərɪti kɔt	Sozialgericht
social state principle səʊʃl steɪt prɪnsɪpl	Sozialstaatsprinzip
social target səʊʃl tɑɡət	soziales Ziel
sole distribution system səʊl dɪstrɪbjuʃn sɪstəm	Alleinvertriebssystem
sole management səʊl mænədʒmənt	Einzelgeschäftsführung
solidarity contribution sɒlɪdærɪtɪ kɒntrɪbjuʃn	Solidaritätszuschlag
special agency spɛʃəl eɪdʒənsi	Einzelvertretungsmacht
special contract conditions spɛʃl kɒntrækt kəndɪʃnz	BVB (Besondere Vertragsbedingungen)
special direct costs spɛʃl daɪrɛkt kɒsts	Sondereinzelkosten
special discount spɛʃl dɪskaʊnt	Sonderrabatt
special power of attorney spɛʃl paʊə ɒv ətɔni	Spezialvollmacht
specialisation cartel spɛʃəlaɪzeɪʃn katəl	Spezialisierungskartell
specification spɛsɪfɪkeɪʃn	Leistungsbeschreibung
speculation target spɛkjʊleɪʃn tɑɡət	Spekulationsziel
spiral model spɪrəl mɒdəl	Spiralmodell
spot purchase spɒt pɜtʃəz	Sofortkauf
staff aspect staf æspɛkt	Personalaspekt
staff position staf pəʊzɪʃn	Stabsstelle
staff-line-system staf laɪn sɪstəm	Stab-Linien-System
stakeholder steɪkhəʊldə	Ausspruchsberechtigter, Geschäftsinteressent

stamped ˈstæmpt	abgestempelt
stand off ˈstænd ˈɒf	Pattsituation
standard cost accounting ˈstændəd kɒst əkaʊntɪŋ	Plankostenrechnung
standard package ˈstændəd pækədʒ	Standard-Paket
standardisation ˌstændədaɪzeɪʃn	Normung
standardisation cartel ˌstændədaɪzeɪʃn katəl	Typungskartell
standardisation process ˌstændədaɪzeɪʃn prəʊsɛs	Normungsverfahren
standards ˈstændədz	Normen
standards cartel ˈstændədz katəl	Normungskartell
standards organisations ˈstændədz ɔgənaɪzeɪʃnz	Normungsgremien
start of order processing stat ɒv ɔdə prəʊsɛsɪŋ	Auftragsstart
statistics stæˈtɪstɪks	Statistik
statutory inspection ˈstæjʊtəri ɪnspɛkʃn	Prüfungspflicht
statutory periods of limitations ˈstæjʊtəri pɪərɪədz ɒv lɪmɪteɪʃnz	Verjährungsfrist
stock (warehouse) stɒk wɛəhaʊs	Lager
stock keeping stɒk kipɪŋ	Lagerhaltung
stock on hand stɒk ɒn hænd	Lagerbestand
stock on hand quantities stɒk ɒn hænd kwɒntətis	Lagerbestandsgrößen
stock ratios stɒk reɪʃɪəʊz	Lagerkennziffern
stock system stɒk sɪstəm	Lagersystem
stocktaking stɒkteɪkɪŋ	Inventur
storage cost stɒrədʒ kɒsts	Lagerkosten
storage period stɒrədʒ pɪərɪəd	Lagerdauer
strategic controlling strətɪdʒɪk kəntrəʊlɪŋ	strategisches Controlling
strategic targets strətɪdʒɪk tagəts	strategische Ziele
strategy strætədʒi	Strategie
strike straɪk	Streik
strike vote straɪk vəʊt	Urabstimmung
strong principle of lower of cost or market strɒŋ prɪnsɪpl ɒv ləʊə ɒv kɒst ɔ makət	strenges Niederstwertprinzip
structure balance strʌkʃə bæləns	Strukturbilanz
structure figures strʌkʃə fɪgəz	Gliederungszahlen, Strukturzahlen
sub-markets sʌb makəts	Teilmärkte
submission cartel sʌbmɪʃn katəl	Submissionskartell
sub-process sʌb prəʊsɛs	Teilprozess, Subprozess
sub-project manager sʌb prəʊdʒɛkt mænədʒə	Teilprojektleiter
subsequent delivery sʌbsikwənt dɪlɪvəri	Nachlieferung
subsequent order sʌbsikwənt ɔdə	Nachbestellung, Folgeauftrag
subsidiary sʌbsɪdɪəri	Tochtergesellschaft
subsidiary assortment sʌbsɪdɪəri əsɔtmənt	Randsortiment

subsidiary books of account sʌbsidiəri bʊks ɒv əkaʊnt — Nebenbücher

subsidies sʌbsɪdis — Subventionen

substitute receipt sʌbstɪstjud rɪsit — Ersatzbelege

sub-targets sʌb tagəts — Unterziele

success control of advertising sʌksɛs kəntrəʊl ɒv ædvətaɪzɪŋ — Werbeerfolgskontrolle

supplier səplaɪə — Lieferant, Zulieferer

supplier selection səplaɪə sɪlɛkʃn — Lieferantenauswahl

suppliers and buyers behaviour səplaɪəz ænd baɪəs bɪheɪvɪə — Anbieter- und Nachfragerverhalten

suppliers discount səplaɪəz dɪskaʊnt — Lieferantenrabatt

supply chain səplaɪ tʃeɪn — Beschaffungskette, Lieferkette

supply curve səplaɪ kɜv — Angebotskurve

supply sources planning səplaɪ sɔsəs plænɪŋ — Bezugsquellenplanung

support səpɔt — Zuarbeit

surcharge calculation sɜtʃadʒ kælkjəleɪʃn — Zuschlagskalkulation

surcharge rate sɜtʃadʒ reɪt — Zuschlagssatz

surety contract ʃʊərəti kɒntrækt — Bürgerschaftsvertrag

surety loan ʃʊərəti ləʊn — Bürgerschaftskredit

surplus in cost coverage sɜpləs ɪn kɒst kʌvərədʒ — Kostenüberdeckung

surprise clause səpraɪs klɔs — Überraschungsklausel

survey methods sɜveɪ mɛθədz — Erhebungsmethoden

suspension of the period of limitation səspɛnʃn ɒv ðə pɪərɪəd ɒv lɪmɪteɪʃn — Hemmung der Verjährung

syndicate sɪndɪkət — Syndikat

T

target achievement control tagət ətʃivmənt kəntrəʊl — Zielerreichungskontrolle

target agreement tagət əgrimənt — Zielfestlegung

target conflict tagət kɒnflɪkt — Zielkonflikt

target costing tagət kɒstɪŋ — Zielkostenrechnung

target costs tagət kɒsts — Zielkosten

target costs split-up tagət kɒsts splɪt ʌp — Zielkostenspaltung

target customer tagət kʌstəmə — Zielkunde

target market tagət makət — Zielmarkt

target oriented tagət ɒrɪɛntəd — Zielgerichtetheit

target price tagət praɪs — Zielpreis

target profit tagət prɒfɪt — Zielgewinn

target purchase price tagət pɜtʃəs praɪs — Zieleinkaufspreis

target sales price tagət seɪls praɪs — Zielverkaufspreis

target values tagət væljuz	Zielgrößen
task analysis task ənælısıs	Aufgabenanalyse
task synthesis task sınθəsıs	Aufgabensynthese
tasks tasks	Aufgaben
tax on transaction tæks ɒn trænsækʃn	Verkehrsteuer
team tim	Team
team characteristic tim kærəktərıstık	Gruppenmerkmal
team formation tim fɔmeıʃn	Gruppenbildung
team work tim wɜk	Teamarbeit
technical services tɛknıkəl sɜvıs	technische Dienste
technology tɛknɒlədʒi	Technologie
telecommuting job tɛləkɒmjutıŋ dʒɒb	Telearbeit
telephone advertising tɛləfəʊn ædvətaızıŋ	Telefon-Werbung
telephone banking tɛləfəʊn bæŋkıŋ	Telefonbanking
tender tɛndə	Angebot
tender preperation tɛndə prɛpəreıʃn	Angebotserstellung
term of delivery tɜm ɒv dılıvərı	Lieferbedingung
terms tɜmz	Bedingungen
terms of payment tɜmz ɒv peımənt	Zahlungsbedingungen
tertiary sector tɜʃıərı sɛktə	tertiärer Sektor
third party invoice θɜd patı ınvɔıs	Fremdrechnung
time planning taım plænıŋ	Zeitplanung
time purchase taım pɜtʃəs	Fixkauf
time shifted inventory taım ʃıftəd ınvəntri	zeitlich verlegte Inventur
TQM (Total Quality Management) tıkjʊɛm təʊtəl kwɒlətı mænədʒmənt	TQM (Total Quality Management)
trade middleman treıd mıdlmæn	Handelsvermittler
trade union treıd jʊnjən	Gewerkschaft
trainee treıni	Auszubildender
trainer treınə	Ausbilder
training treınıŋ	Schulung
training function treınıŋ fʌŋkʃn	Erziehungsfunktion
training regulations treınıŋ rɛgjəleıʃnz	Ausbildungsordnung
training schedule treınıŋ skɛdjul	Lehrplan
transaction authentication number trænsækʃn ɔːθəntıkeıʃn nʌmbə	Transaktionsnummer (TAN)
transfer amount trænsfɜ əmaʊnt	Überweisungsbetrag
transferable trænsfɜrəbəl	übertragbar
transport costs trænspɒt kɒsts	Beförderungskosten
travel agreement trævəl əgrimənt	Reisevertrag
true and correct presentation of balance sheet items tru ænd kərɛkt prɛzənteıʃn ɒv bæləns ʃit aıtəmz	Bilanzwahrheit

turn over forecast tɜn əʊvə fɔkast	Umsatzvorschau
turn over rate tɜn əʊvə reɪt	Umschlagshäufigkeit
type of defects taɪp ɒv dɪfɛkts	Mängelarten
types of cartels taɪps ɒv katəlz	Kartellarten
types of credits taɪps ɒv krɛdɪts	Kreditarten
types of financing taɪps ɒv faɪnænsɪŋ	Finanzierungsarten

U

unconfirmed L/C ʌnkɒnfɜmd ɛlsɪ	unbestätigtes Akkreditiv
unfair competition ʌnfɛə kɒmpətɪʃn	unlauterer Wettbewerb
uniform classification of accounts for industrial enterprises jʊnɪfɔm klæsɪfɪkeɪʃn ɒv əkaʊnts fɔ ɪndʌstrɪəl ɛntəpraɪsəz	Industrie-Kontenrahmen
uniform system of accounts jʊnɪfɔm sɪstəm ɒv əkaʊnts	Kontenrahmen
unincorporated firm ʌnɪnkɔpəreɪtəd fɜm	Personengesellschaft
unit costs jʊnɪt kɒsts	Stückkosten
unload ʌnləʊd	abladen
unofficial strike ʌnɒfɪʃl straɪk	wilder Streik
unsecured credit ʌnsɪkjʊəd krɛdɪt	Blankokredit, ungesicherter Kredit
UWG (law against unfair competition) jʊdʌbljʊdʒi lɔ əgeɪnst ʌnfɛə kɒmpətɪʃn	UWG (Gesetz gegen den unlauteren Wettbewerb)

V

valid until vælɪd ʌntɪl	gültig bis
validity vælɪdəti	Gültigkeitsdauer
valuation simplification væljueɪʃn sɪmplɪfɪkeɪʃn	Bewertungsvereinfachung
value vælju	Wert
value added tax (VAT) vælju ædəd tæks vɪeɪti	Mehrwertsteuer, Umsatzsteuer
value added tax adjustment vælju ædəd tæks ədʒʌstmənt	Umsatzsteuerkorrektur
value approach vælju əprəʊtʃ	Wertansatz
value change vælju tʃeɪndʒ	Wertänderung
value creation vælju krɪeɪʃn	Wertschöpfung
valuta væljuta	Valuta
variable costs vəraɪəbəl kɒsts	variable Kosten
variation værɪeɪʃn	Variation
vertical group vɜtɪkl grup	Unterordnungskonzern
vertical segmentation vɜtɪkl sɛgmənteɪʃn	Tiefengliederung
veto colleagueship vitəʊ kɒligʃɪp	Vetokollegialität

vocational school vəʊkeɪʃənəl skul — Berufsschule
vocational training act vəʊkeɪʃənəl treɪnɪŋ ækt — BBiG (Berufsbildungsgesetz)
volume discount vɒljəm dɪskaʊnt — Mengenrabatt
volume problem vɒljəm prɒbləm — Mengenproblem

W

wage rate variance weɪdʒ reɪt vəraɪəns — Lohnsatzabweichung
warehouse logistics wɛəhaʊs lɒdʒɪstɪks — Lagerlogistik
warehouse receipt wɛəhaʊs rɪsit — Lagerempfangsschein
warning strike wɔnɪŋ straɪk — Warnstreik
warranty wɒrənti — Garantie, Gewährleistung
warranty period wɒrəntɪ pɪərɪəd — Gewährleistungsfrist
waste coverage weɪst kʌvərədʒ — Streuverlust
waterfall model wɔtəfɔl mɒdəl — Wasserfallmodell
weak point analysis wik pɔɪnt ənælɪsɪs — Schwachstellenanalyse
web-catalogues wɛb kætəlɒgz — Web-Kataloge
wholesale distribution həʊlseɪl dɪstrɪbjuʃn — Großhandel
WM (Workflow Management system)
  dʌbljuɛm wɜkfləʊ mænədʒmənt sɪstəm — WM (Workflow Managementsysteme)

work wɜk — Arbeit
work on call wɜk ɒn kɔl — Arbeit auf Abruf
work delegation wɜk dɛləgeɪʃn — Arbeitszuordnung
work organisation wɜk ɔgənaɪzeɪʃn — Arbeitsorganisation
work's committee wɜks kəmɪti — Betriebsausschuss
workflow analysis wɔkfləʊ ənælɪsɪs — Workflowanalyse
workflow organisation wɛkfləʊ ɒgənaɪzeɪʃn — Ablauforganisation,
  Arbeitsprozessorganisation

workgroup wɜkgrup — Arbeitsgruppe
Workgroup Computing (WC) wɔkgrup kɒmpjutɪŋ — EDV-Arbeitsgruppe
working documents wɜkɪŋ dɒkjəmənts — Arbeitsunterlagen
working hours logbook wɜkɪŋ aʊəs lɒgbʊk — Stundenkontierung
working rule wɜkɪŋ rul — Ausführungsregel
working time account wɜkɪŋ taɪm əkaʊnt — Arbeitszeitkonto
works agreement wɜks əgrimənt — Betriebsvereinbarung
works constitution act wɜks kɒnstɪtjuʃn ækt — Betriebsverfassungsgesetz
works contract wɜls kɒntrækt — Werkvertrag
works council wɜks kaʊnsɪl — Betriebsrat
works council meeting wɜks kaʊnsɪl mitɪŋ — Betriebsratssitzung
works meeting wɜks mitɪŋ — Betriebsversammlung

X

XML Common Business Library (xCBL) ɛksɛmɛl kɒmən bɪznɪs laɪbrəri   XML Common Business Library (xCBL)

Y

young persons employment act jʌŋ pɜsənz ɛmplɔɪmənt ækt   Jugendarbeitsschutzgesetz (JArbSchG)

Anhang
Anwendungen

annex
applications

deutsch – englisch

Abnahme

Sorgfältig auf mögliche Beschädigungen, die während des Transports aufgetreten sein können, überprüfen. Falls eine Beschädigung oder Mangel entdeckt wird, nicht abnehmen, bis ein geeigneter Vermerk auf der Frachtrechnung gemacht wurde.

Acceptance

Check carefully for any damage that may have occurred during shipping. If any damage or shortage is discovered, do not accept until an appropriate notation on the freight bill is made.

Allgemeine Handhabungs-Vorschriften

Diodenlaser sollten nur von ausgebildetem Personal verwendet und betrieben werden.

Alle Hochleistungs-Diodenlaser sind Laserprodukte der Klasse 4 (IEC-Standard).

Personen, die mit Hochleistungs-Diodenlasern arbeiten, müssen geeignete Laserschutzbrillen tragen.

Personen und Werkzeuge, die mit dem Diodenlaser in Berührung kommen, müssen ununterbrochen geerdet sein.

Lagerung und Versand von Diodenlasern müssen mit kurzgeschlossenen elektrischen Kontakten und in einer sauberen und trockenen Atmosphäre erfolgen.

General Handling Instructions

Diode lasers should be handled and operated by qualified personnel only.

All high power diode lasers are class 4 laser products (IEC-Standard).

Persons working with high power diode lasers must wear suitable protection glasses.

Every person and each tool that might get into contact with the diode laser must be continuously grounded.

Storage and shipping of diode lasers must be done with shortened electrical contacts and in a clean and dry atmosphere.

Allgemeine Überprüfung

1. Den Motor in regelmäßigen Abständen überprüfen.

2. Den Motor sauber halten und einen freien Belüftungsdurchfluss garantieren.

3. Den Zustand der Schaftwellendichtung überprüfen und diese ersetzen, falls erforderlich.

4. Die Zustände der Verbindungen und der Aufbau- und Montagebolzen überprüfen.

5. Den Lagerzustand überprüfen durch abhören auf ungewöhnliche Geräusche, Erschütterungsmessungen und Lagertemperatur.

General inspection

1. Inspect the motor at regular intervals.

2. Keep the motor clean and ensure free ventilation flow.

3. Check the condition of shaft seals and replace if necessary.

4. Check the conditions of connections and mounting and assembly bolts.

5. Check the bearing condition by listening for unusual noise, vibration measurement and bearing temperature.

Falls Änderungen des Zustandes auftreten, den Motor demontieren, die Teile überprüfen und diese ersetzen, falls erforderlich.	When changes of conditions occur, dismantle the motor, check the parts and replace if necessary.

Aufstellort

Die Umgebungstemperatur der Luft im Motorbereich sollte 40 °C nicht übersteigen, es sei denn, der Motor ist speziell für Anwendungen mit höheren Umgebungstemperaturen ausgelegt. Die freie Luftbewegung um den Motor sollte nicht behindert werden.

Location

The ambient temperature of the air surrounding the motor should not exceed 40°C (104°F) unless the motor has been especially designed for high ambient temperature applications. The free flow of air around the motor should not be obstructed.

Auspacken und prüfen

Nach dem Auspacken auf mögliche Beschädigungen überprüfen, die durch die Handhabung eingetreten sein können. Den Isolationswiderstand messen. Die Wicklungen, wie gefordert, reinigen und trocknen.

Unpacking and inspection

After unpacking, check for any damage which may have been incurred in handling. Measure insulation resistance. Clean and dry the windings as required.

Betriebsbedingungen

Bevor die Diodenlaser in Betrieb genommen werden, müssen sie auf einen ebenen Zwischenträger geschraubt werden.

Diodenlaser sollen möglichst bei konstanter Temperatur (20 °C bis 25 °C) betrieben werden.

Überschreiten Sie nicht den maximalen Betriebsstrom entsprechend dem mitgelieferten Datenblatt.

Überprüfen Sie die Emissionswellenlänge bei dem angegebenen Strom. Eine wesentlich längere als die angegebene Wellenlänge lässt auf einen schlechten thermischen Kontakt und thermische Überlastung des Diodenlasers schließen.

Operating Instructions

Before the diode lasers are put to operation, they must be screwed to a flat submount surface.

Diode lasers should be operated at constant temperature (20 °C to 25°C).

Do not exceed the maximum operating current according to the supplied data sheet.

Check the emission wavelength at the specified current. A much longer wavelength than specified indicates bad thermal contact and thermal overload of the diode laser.

CE Konformitätserklärung

Der Hersteller
Name
Anschrift 1
Anschrift 2
Land
erklärt hiermit, dass:

Die Produkte
3-Phasen Induktionsmotor-Serie xxx mit dem Produktcode yyy mit den Vorschriften der folgenden EU-Richtlinien übereinstimmen:

Niederspannungsrichtlinie 73/23/EEC (ergänzt durch 93/68/EEC) und, als Komponenten, mit den wesentlichen Anforderungen der folgenden: **EMV Richtlinie** 89/336/EEC (ergänzt durch 92/31/EEC und 93/68/EEC), die die spezifischen Eigenschaften der Ausstrahlungs- und Empfindlichkeitsschwellen betreffen, und in Überseinstimmung mit EN 60034-1 sind.

EC Declaration of Conformity

The Manufacturer
Name
address1
address2
country
hereby declares that:

The Products
3-phase induction motors series xxxx with product code yyyy are in conformity with provisions of the following Council Directives:

Low Voltage Directive 73/23/EEC (amended by 93/68/EEC), and, as components, with the essential requirements of the following: **EMC Directive** 89/336/EEC (amended by 92/31/ EEC and 93/68/ EEC), regarding the intrinsic characteristics to emission and immunity levels, and are in conformity with EN 60 034-1.

Ersatzteile

Falls Ersatzteile bestellt werden, muss die vollständige Typenbezeichnung und die Produktnummer, wie auf dem Namensschild gekennzeichnet, angegeben werden. Falls die Maschine mit einer Serienummer gekennzeichnet ist, sollte diese ebenfalls genannt werden.

Spare parts

When ordering spare parts, the full type designation and product code as stated on the name plate must be specified. If the machine is stamped with a serial manufacturing number, this should also be given.

Ersetzen der Batterien

Warnung

Zur Vermeidung von Stromschlägen:

Vor dem Öffnen der Batteriefachabdeckung die Messleitungen vom Messgerät trennen.

Vor Gebrauch des Messgeräts die Batteriefachabdeckung schließen und verriegeln.

Die Batterien wie folgt ersetzen. (Siehe Abbildung 1). Vier LR6-Alkalibatterien (Mignonzellen, AA) verwenden.

Replacing the Batteries

Warning

To avoid electrical shock:

Remove test leads from the meter before opening the battery compartment cover.

Close and latch the battery compartment cover before using the meter.

Replace the batteries as follows. (Refer to Figure 1). Use four AA alkaline batteries.

1. Die Messleitungen entfernen und das Messgerät AUSSCHALTEN.	1. Remove the test leads and turn the meter OFF.
2. Die beiden Batteriefachschrauben mit einem Schraubendreher gegen den Uhrzeigersinn drehen, sodass die Schraubenschlitze parallel zu den Schlitzen der im Gehäuse eingelassenen Abbildung sind.	2. With a standard screwdriver, turn each battery compartment cover screw counter clockwise, so that the slot is parallel with the screw picture moulded into the case.
3. Die Batteriefachabdeckung abnehmen.	3. Lift off the battery compartment cover.
4. Die Batterien aus dem Messgerät entfernen.	4. Remove the meter's batteries.
5. Vier neue LR6-Alkali Batterien (Mignon-zellen, AA) einsetzen.	5. Replace with four new AA alkaline batteries.
6. Die Batteriefachabdeckung wieder anbringen und die Schrauben anziehen.	6. Reinstall the battery compartment cover and tighten screws.

Gewährleistung

Warranty

Sofern nicht anders angegeben, werden alle konfektionierten Diodenlaser vor ihrer Lieferung an den Kunden überprüft, getestet und zertifiziert.

Unless otherwise specified, all mounted diode lasers are individually inspected, tested and certified before they are shipped to the customer.

Der Verkäufer übernimmt keine Gewährleistung für Schäden, die durch unpassende oder unsachgemäße Verwendung oder Handhabung sowie durch natürlichen Verschleiß verursacht wurden.

Seller shall assume no warranty for damages caused by unsuitable or improper use, nonobservance of indications for application or by defective or negligent handling as well as by natural wear.

Die Gewährleistung ist zunächst auf die Reparatur oder den Austausch des defekten Diodenlasers beschränkt.

The warranty for the delivered diode lasers shall be first limited to rectification or replacement of the defect diode lasers.

Gefahr

Danger

Fehler bei der Beachtung der folgenden Sicherheitsmaßnahmen können zum Auslaufen, Überhitzung, Explosion und/oder Brand der Batterie führen.

Failure to observe the following precautions may result in battery leakage, overheating, explosion and/or fire.

Die Batterie nicht in Wasser eintauchen oder nass werden lassen.

Do not immerse the battery in water or allow it to get wet.

Die Batterie nicht in der Nähe von Hitze-quellen, wie Feuer oder Heizgeräten, lagern.

Do not use or store the battery near sources of heat such as a fire or heater.

Kein anderes als das für diese Polymer-Lithium-Ionen Batterien spezifizierte Ladegerät mit der Leistung und dem Ladeverhältnis verwenden.	Do not use any chargers other than those specifically designed for these polymer-lithium-ion batteries of this capacity and charge rate.
Nie den positiven (+) und negativen (-) Anschluss vertauschen.	Do not reverse the positive (+) and negative (–) terminals.
Die Batterie nicht direkt an Steckdosen oder Zigarettenanzündern im Auto anschließen.	Do not connect the battery directly to wall outlets or car cigarette lighter sockets.
Die Batterie nicht ins Feuer werfen oder direkter Hitze aussetzen.	Do not put the battery into a fire or apply direct heat to it.
Die Batterie nicht durch verbinden der Plus (+) und Minus-Pole mit Drähten oder anderen Metallobjekten kurzschließen.	Do not short-circuit the battery by connecting wires or other metal objects to the positive (+) and negative (-) terminals.
Die Batterie nicht zusammen mit Halsketten, Haarnadeln oder anderen metallenen Objekten tragen oder legen.	Do not carry or put the battery together with necklaces, hairpins or other metal objects.
Die Batterie nicht schlagen, werfen oder schweren physikalischen Erschütterungen aussetzen.	Do not strike, throw or subject the battery to severe physical shock.
Das Batteriegehäuse nicht durchlöchern oder aufbrechen.	Do not pierce the battery casing or break it open.
Nicht versuchen die Batterie zu zerlegen oder in irgendeiner Weise zu modifizieren.	Do not attempt to disassemble or modify the battery in any way.
Die Batterie nicht in der Nähe von Feuer oder unter extrem heißen Bedingungen aufladen.	Do not recharge the battery near a fire or in extremely hot conditions.
Die Batterie nicht in die Mikrowelle oder in einen Druckbehälter legen.	Do not place the battery in a microwave oven or pressurised container.
Die Batterie nicht in Verbindung mit Primär-batterien (wie Trockenzellen-Batterien) oder Batterien mit anderer Kapazität, Typ oder Marken verwenden.	Do not use the battery in combination with primary batteries (such as dry-cell batteries) or batteries of different capacity, type or brand.
Die Batterie nicht verwenden, wenn sie in irgendeiner Weise einen Geruch verbreitet, Wärme erzeugt, sich verfärbt oder verformt oder irgendwie ungewöhnlich erscheint. Wenn die Batterie verwendet oder geladen wird, umgehend aus dem Gerät oder dem Ladegerät entfernen und die weitere Verwendung unterlassen.	Do not use the battery if it gives off an odor, generates heat, becomes discoloured or deformed, or appears abnormal in any way. If the battery is in use or being recharged, remove it from the device or charger immediately and discontinue use.
Die Batterien aus der Reichweite von Kindern fernhalten. Falls ein Kind eine Batterie irgendwie verschluckt, umgehend einen Arzt aufsuchen.	Keep the batteries out of the reach of children. If a child somehow swallows a battery, seek medical attention immediately.

Falls die Batterie ausläuft oder einen Geruch verströmt, entfernen Sie sie umgehend aus der Umgebung jeder offenen Flamme.	If the battery leaks or emits an odor, immediately remove it from the proximity of any exposed flame.
Falls die Batterie ausläuft und Sie Elektrolyt in die Augen bekommen, reiben Sie diese nicht. Stattdessen mit sauberem fließendem Wasser spülen und umgehend einen Arzt auf suchen. Wenn es so belassen wird, wie es ist, kann der Elektrolyt Augenverletzungen verursachen.	If the battery leaks and electrolyte gets in your eyes, do not rub them. Instead, rinse them with clean running water and immediately seek medical attention. If left as is, electrolyte can cause eye injury.

Lagerung / Storage

A. Motor sauber halten	A. Keep motor clean.
B. Motor trocken halten	B. Keep motor dry.
C. Lager geölt halten	C. Keep bearing lubricated.

Manuelle Lötanweisung / Manual soldering instruction

1. Alle Teile müssen sauber und frei von Schmutz und Fett sein.	1. All parts must be clean and free from dirt and grease.
2. Versuchen Sie, das Werkstück sicher zu befestigen.	2. Try to secure the workpiece firmly.
3. Die Lötspitze mit einer kleinen Menge Lot verzinnen. Tun Sie dieses unverzüglich mit neuen Lötspitzen vor dem ersten Gebrauch.	3. „Tin" the iron tip with a small amount of solder. Do this immediately, with new tips being used for the first time.
4. Die Lötspitze des heißen Lötkolbens auf einem feuchten Schwamm reinigen.	4. Clean the tip of the hot soldering iron on a damp sponge.
5. Dann eine kleine Menge frisches Lötzinn auf die gereinigte Lötspitze geben.	5. Then add a tiny amount of fresh solder to the cleansed tip.
6. Alle Teile der Lötstelle mit dem Lötkolben für etwa 1 s anwärmen.	6. Heat all parts of the joint with the iron for about one second.
7. Weiter aufheizen, eine ausreichende Menge an Lot hinzu fügen, um eine angemessene Verbindung zu formen.	7. Continue heating, then apply sufficient solder, in order to form an adequate joint.
8. Den Lötkolben entfernen und ihn sicher in seinen Ständer stellen.	8. Remove and return the iron safely to its stand.
9. Es dauert höchstens zwei oder drei Sekunden, um einen durchschnittlichen Leiterplatten-Lötpunkt zu löten.	9. It only takes two or three seconds at most, to solder the average p.c.b. joint.
10. Keine Teile bewegen, bis das Lot abgekühlt ist.	10. Do not move parts until the solder has cooled.

Messen elektrischer Parameter	Measuring Electrical Parameters
Die korrekte Reihenfolge der Arbeitsschritte beim Messen ist wie folgt:	The proper sequence for taking measurements follows:
1. Messleitungen an den richtigen Messgerätanschlüssen einstecken.	1. Plug the test leads into the appropriate jacks.
2. Drehknopf auf die Position der gewünschten Funktion drehen.	2. Set the rotary function switch to the desired function.
3. Testsonden an die zu testenden Punkte anlegen.	3. Touch the probes to the test points.
4. Ergebnisse auf der LCD-Anzeige ansehen.	4. View the results on the LCD display.

Prüfen von Dioden	Testing Diodes
Testen einer einzelnen Diode:	To test a single diode:
1. Die rote Messleitung in den Anschluss V und die schwarze Messleitung in den Anschluss COM einstecken.	1. Insert the red test lead into the V jack and the black test lead into the COM jack.
2. Den Drehknopf auf V drehen.	2. Set the rotary function switch to V.
3. Die Taste J (Blau) drücken, sodass das Symbol D eingeblendet wird.	3. Press J (Blue) so that the D symbol is on the display.
4. Die rote Testsonde an die Anode und die schwarze Testsonde an die Kathode (Seite mit Kennzeichnung) anlegen. Das Messgerät sollte nun die entsprechende Absenkung der Diodenspannung anzeigen.	4. Touch the red probe to the anode and the black probe to the cathode (side with marking). The meter should indicate the appropriate diode voltage drop.
5. Reverse the probes. The meter displays OL, indicating high impedance.	5. Die Testsonden vertauschen. Das Messgerät blendet OL ein und zeigt damit hohe Impedanz an.

Sicherheit	Safety
Die Motoren müssen in Übereinstimmung mit den Nationalen Elektrotechnischen Vorschriften eingebaut, geschützt und abgesichert werden.	Motors should be installed, protected and fused in accordance with latest issue of National Electric Code.

Sicherheits- und Handhabungsvorschriften

Safety and Handling Instructions

Lesen und beachten Sie die folgenden Warnungen und Sicherheitsmaßnahmen, um einen korrekten und sicheren Einsatz dieser Polymer-Lithium-Ionen-Batterien zu garantieren.

Read and observe the following warnings and precautions to ensure correct and safe use of these polymer-lithium-ion batteries.

Signalisierung

Signalling

LED leuchtet nicht:
Keine Netzspannung (z. B. vorgeschaltete Schutzeinrichtung hat abgeschaltet) oder Gerät defekt.

LED does not light up:
No supply voltage (e.g. upstream protection device has opened) or device is defective.

LED leuchtet grün:
Die Ausgangsspannung liegt innerhalb der Toleranz.

LED lights up green:
The output voltage is within the tolerance.

LED leuchtet rot:
Das Gerät arbeitet in der Strombegrenzung (max. 8 A) oder in der Leistungsbegrenzung (max. 100 W).

LED lights up red:
The device is working at the current limit (max. 8 A) or at the power output limit (max. 100 W).

Störungsbeseitigung

Troubleshooting

Falls Störungen im Betrieb des Motors erkannt werden, ist sicherzustellen, dass:

If trouble is discovered in the operation of the motor, make sure that:

1. Die Lager in gutem Zustand sind und ordnungsgemäß laufen.

1. The bearings are in good condition and operating properly.

2. Keine mechanischen Behinderungen den Rundlauf im Motor oder in der angetriebenen Last verhindern.

2. There is no mechanical obstruction to prevent rotation in the motor or in the driven load.

3. Der Luftspalt gleichmäßig ist.

3. The air gap is uniform.

4. Alle Bolzen und Schrauben sicher angezogen sind.

4. All bolts and nuts are tightened secure.

Stromversorgung Einbauanweisung	Power supply installation instruction
Montage auf Normprofilschiene DIN EN 50022-35x15/7,5.	Mounting on standard mounting rails to DIN EN 50022-35x15/7,5.
Das Gerät ist zwecks ordnungsgemäßer Entwärmung vertikal so zu montieren, dass die Eingangsklemmen und die Ausgangsklemmen unten sind.	To ensure adequate cooling, the device must be installed vertically, with the input and output terminals at the bottom.
Der Anschluss der Versorgungsspannung (AC 120/230 V) und der notwendigen Brücke für den 120 V Bereich muss gemäß VDE 0100 und VDE 0160 ausgeführt werden.	The supply voltage (AC 120/230 V) and necessary jumper for the 120 V range must be connected in accordance with VDE 0100 and VDE 0160.
Eine Schutzeinrichtung (Sicherung) und Trenneinrichtung zum Freischalten der Stromversorgung muss vorgesehen werden.	A protective device (fuse) and an isolating device for disconnecting the power supply must be provided.

Technische Daten	Technical data
Eingangsgrößen	**Input variables**
Eingangsnennspannung: AC 120 V / 230 V, 50/60 Hz	Input voltage: AC 120 V / 230 V, 50/60 Hz
Arbeitsspannungsbereich: 85 V bis 132 V / 170 V bis 264 V.	Tolerance: 85 V to 132 V / 170 V to 264 V.
Überspannungsfest nach: EN 61000-4-1 A.2	Overvoltage proof: acc. to EN 61000-4-1 A.2
Wirkungsgrad bei Volllast und 230 V: > 75 %	Efficiency at full load and 230 V: > 75 %
Einschaltstrombegrenzung (25°C) serienmäßig bei 230 V: < 32 A, 0,8 A2s	Limitation of inrush current (25 °C) standard at 230 V: < 32A, 0.8 A2s
Netzseitig empfohlener LS-Schalter: 6 A Charakt. C.	Recommended circuit-breaker on supply side: 6 A characteristic C.
Eingangsstrom bei 120/230 V: 2,2 A / 0,9 A.	Input current at 120/230 V: 2.2 A / 0.9 A.
Leistungsaufnahme: 138 W	Power consumption: 138 W
Ausgangsgrößen	**Output variables**
Ausgangsgleichspannung: Auslieferzustand: 24 V 1 % (Nennspannung), einstellbar mittels Schraubendreher an Potentiometer UA im Bereich 3 V bis 52 V	DC output voltage: As delivered conditions: 24 V 1 % (rated voltage), adjustable by means of screwdriver at potentiometer UA in the range 3 V to 52 V

Welligkeit der Ausgangsspannung: < 50 mVss Restwelligkeit < 100 Vss Schaltspitzen	Ripple content of output voltage: < 50 mVss ripple < 100 Vss spikes
Ausgangsgleichstrom: max. 10 A (im Bereich 3 V bis 12 V)	DC output current: max. 10 A (in the range 3 V to 12 V)
Ausgangsleistung: max. 120 W (im Bereich 12 V bis 52 V)	Output power: max. 120 W (in the range 12 V to 52 V)
Ausgangsstrombegrenzung: Auslieferzustand: 10 A 10 %, (einstellbar mittels Schraubendreher an Potentiometer Ia_{max} im Bereich 2 A bis 10 A).	Output-current limitation: As delivered condition: 10 A 10 %, (adjustable by means of screwdriver at potentiometer Ia_{max} in the range 2 A to 10 A).

Vorschriften | **Regulations**

Schutzart: IP20 nach IEC 529 Schutzklasse: 1 nach IEC 536	Degree of protection: IP20 to IEC 529 Protection class: 1 to IEC 536
Sicherheit: nach VDE 0160 und VDE 0805 (EN60950): SELV	Safety to VDE 0160 and VDE 0805 (EN60950): SELV
Störaussendung: nach EN 50081-1, funkentstört nach EN 55022, Grenzwertkurve B	Emission: acc. to EN 50081-1, radio interference suppression acc. to EN 55022, limit curve B
Störfestigkeit: nach EN 50082-2 incl. Table A4	Noise Immunity: acc. to EN 50082-2 incl. Table A4
Begrenzung der Eingangsstromoberwellen: nach EN 61000-3-2UL/cUL (UL 508/CSA 22.2), FILE 143289	Limitation of input-current harmonics: acc. to EN 61000-3-2 UL/cUL (UL 508/CSA 22.2), FILE 143289

Warnung | **Warning**

Diese Anweisungen sind zu befolgen, um eine sichere und exakte Aufstellung, Betrieb und Wartung des Motors zu gewährleisten. Sie sollten jeder Person zur Kenntnis gegeben werden, die diese Einrichtungen aufbaut, betreibt oder instand hält.

These instructions must be followed to ensure safe and proper installation, operation and maintenance of the motor. They should be brought to the attention of all the persons who install, operate or maintain this equipment.

Warnung

1. Die Spannung abschalten, bevor am Motor oder angetriebenen Einrichtungen gearbeitet wird. Es ist erforderlich sicherzustellen, dass der Rotor des Motors weder unter Spannung steht, noch durch andere Vorgänge zu rotieren beginnen kann.

2. Alle Kondensatoren vor den Motor-Wartungsarbeiten entladen.

3. Hände und Bekleidung immer von beweglichen Teilen entfernt halten.

4. Elektrische Reparaturen sollten nur von ausgebildetem und qualifiziertem Personal ausgeführt werden.

5. Fehler bei der Einhaltung der Anweisungen und den elektrischen Sicherheitsvorschriften können zu ernsthaften Verletzungen oder zum Tod führen.

Warning

1. Disconnect power before working on motor or driven equipment. It is necessary to make sure that the rotor of the motor can neither be energized electrically nor start to rotate by any other means.

2. Discharge all capacitors before servicing motor.

3. Always keep hands and clothing away from moving parts.

4. Electrical repairs should be performed by trained and qualified personnel only.

5. Failure to follow instructions and safe electrical procedures could result in serious injury or death.

Wartung

Dieser Abschnitt enthält grundsätzliche Wartungsvorschriften. Reparatur-, Kalibrierungs- und Service-Aspekte sind in diesem Handbuch nicht abgedeckt; Arbeiten dieser Art müssen von qualifizierten Fachkräften durchgeführt werden.

Fragen zu Wartungsprozeduren, die in diesem Handbuch nicht beschrieben werden, können vom Servicezentrum beantwortet werden.

Maintenance

This section provides some basic maintenance procedures. Repair, calibration and servicing not covered in this manual must be performed by qualified personnel.

For maintenance procedures not described in this manual, contact a Service Centre.

Anhang
Tabellen

annex
tables

englisch

The International System of Units
(SI: Système International d' unités)

Published by the Bureau International des Poids et Mesures (International Bureau of Weights and Measures).

SI base units

Base quantity		SI base unit	
Name	Symbol	Name	Symbol
length	l, x, r, etc	metre	m
mass	m	kilogramm	kg
time, duration	t	second	s
electric current	I, i	ampere	A
thermodynamic temperature	T	kelvin	K
amount of substance	n	mole	mol
luminous intensity	I_v	candela	cd

Examples of coherent derived units in the SI (expressed in terms of base units)

Base quantity		SI base unit	
Name	Symbol	Name	Symbol
area	A	square metre	m^2
volume	V	cubic metre	m^3
speed, velocity	v	metre per second	m/s
acceleration	a	metre per second squared	m/s^2
wavenumber	σ	reciprocal metre	m^{-1}
density, mass density	ϱ	kilogram per cubic metre	kg/m^3
surface density	ϱ_A	kilogram per square metre	kg/m^2
specific volume	v	cubic metre per kilogram	m/kg^3
current density	j	ampere per square metre	A/m^2
magnetic field strength	H	ampere per metre	A/m

amount concentration, concentration	c	mole per cubic metre	mol/m^3
mass concentration	ϱ, γ	kilogram per cubic metre	kg/m^3
luminance	L_v	candela per square metre	cd/m^2
refractive index	n	one	1
relative permeability	μ_r	one	1

SI coherent derived units

Symbol	Name	Derived quantity	Expressed in terms of other SI units	Expressed in terms of SI base units
rad	radian	plane angle	1	m/m
sr	steradian	solid angle	1	m^2/m^2
Hz	hertz	frequency		s^{-1}
N	newton	force		$m\ kg\ s^{-2}$
Pa	pascal	pressure, stress	N/m	$m^{-1}\ kg\ s^{-2}$
J	joule	energy, work, amount of heat	$N\ m$	$m^2\ kg\ s^{-2}$
W	watt	power, radiant flux	J/s	$m^2\ kg\ s^{-3}$
C	coulomb	electric charge, amount of electricity		$s\ A$
V	volt	electric potential difference, electromotive force	W/A	$m^2\ kg\ s^{-3}\ A^{-1}$
F	farad	capacitance	C/V	$m^{-2}\ kg^{-1}\ s^4\ A^2$
Ω	ohm	electric resistance	V/A	$m^2\ kg\ s^{-3}\ A^{-2}$
S	siemens	electric conductance	A/V	$m^{-2}\ kg^{-1}\ s^3\ A^2$
Wb	weber	magnetic flux	$V\ s$	$m^2\ kg\ s^{-2}\ A^{-1}$
T	tesla	magnetic flux density	Wb/m^2	$kg\ s^{-2}\ A^{-1}$
H	henry	inductance	Wb/A	$m^2\ kg\ s^{-2}\ A^{-2}$
$°C$	degree Celsius	Celsius temperature		K
lm	lumen	luminous flux	$cd\ sr$	cd
lx	lux	illuminance	lm/m^2	$m^{-2}\ cd$
Bq	becquerel	activity referred to a radionuclide		s^{-1}

Gy	gray	absorbed dose, specific energy (imparted), kerma	J/kg	m^2 s^{-2}
Sv	sievert	dose equivalent, ambient dose equivalent, directional dose equivalent, personal dose equivalent	J/kg	m^2 s^{-2}
kat	katal	catalytic activity		s^{-1} mol

SI prefixes

Factor	Name	Symbol	Factor	Name	Symbol
10^1	deca	da	10^{-1}	deci	d
10^2	hecto	h	10^{-2}	centi	c
10^3	kilo	k	10^{-3}	milli	m
10^6	mega	M	10^{-6}	micro	µ
10^9	giga	G	10^{-9}	nano	n
10^{12}	tera	T	10^{-12}	pico	p
10^{15}	peta	P	10^{-15}	femto	f
10^{18}	exa	E	10^{-18}	atto	a
10^{21}	zetta	Z	10^{-21}	zepto	z
10^{24}	yotta	Y	10^{-24}	yocto	y

Units exactly defined in terms of SI units.

Quantity	Name	Symbol	Base unit
Time	minute	min	1 min = 60 s
	hour	h	1 h = 3,600 s
	day	d	1 d = 86,400 s
Angle	degree	°	$1° = (\pi / 180)$ rad
	minute	′	$1' = (1/60°) = (\pi / 10,800)$ rad
	second	″	$1'' = (1/60') = (\pi / 648,000)$ rad
Temperature	degree Celsius	°C	$t/°C = T/K - 273.15$

Temperature conversion

Fahrenheit	Celsius	(F – 32) / 1.8
Fahrenheit	Kelvin	(F + 459.67) / 1.8
Fahrenheit	Rankine	F + 459.67
Rankine	Kelvin	R / 1.8
Rankine	Celsius	(R – 491.67) / 1.8
Rankine	Fahrenheit	R – 459.67
Celsius	Fahrenheit	(1.8 x C) + 32
Celsius	Rankine	(1.8 x C) + 491.67
Celsius	Kelvin	C + 273.15
Kelvin	Rankine	1.8 x K
Kelvin	Fahrenheit	(1.8 x K) – 459.67
Kelvin	Celsius	K – 273.15

Degrees **Fahrenheit** are used to record surface temperature measurements by meteorologists in the United States. Most of the rest of the world uses degrees Celsius.
Kelvin is another unit of temperature often used for scientific calculations, since it begins at absolute zero and therefore has no negative numbers. (The word „degrees" is not used with Kelvin.)
Rankine temperature scale having an absolute zero, below which temperatures do not exist, and using a degree of the same size as that used by the Fahrenheit temperature scale.

The symbol used to separate the integral part of a number from its decimal part (decimal marker) shall be either the point on the line or the comma on the line. The decimal marker chosen should be that which is customary in the context concerned.

Griechisches Alphabet/greek alphabet

Schreibweise klein	Anwendungsbeispiel	Schreibweise groß	Anwendungsbeispiel	Benennung
α	Winkel im Dreieck; Stromverstärkung (Transistor in Basisschaltung); Winkelbeschleunigung; Längenausdehnungskoeffizient	A	Elektrischer Strombelag; Leerlaufverstärkung	Alpha
β	Winkel im Dreieck; Stromverstärkung (Transistor in Emitterschaltung); Phasenkonstante; Wellenlängenkonstante; Bürstenbedeckungsverhältnis	B	Blindleitwert; Beta-Funktion (Eulersches Integral [Mathematik])	Beta
γ	Winkel im Dreieck; Elektrische Leitfähigkeit; Volumenausdehnungskoeffizient	Γ	Oberflächenkonzentration; Gamma Verteilung	Gamma
δ	Winkel (allgemein); Dämpfungskoeffizient; Differenz (Verringerung, Erhöhung); Verlustwinkel; Luftspaltlänge	Δ	Laplace operator; Endlicher Abstand; Differenz	Delta
ε	Dielektrizitätskonstante; Dielektrizitätszahl; Elektrische Feldkonstante; Mechan. Dehnung	E	Elektrische Feldstärke; Thermoelektrische Kraft	Epsilon
ζ	Energienutzungsgrad; Energieverhältnis; Koeffizienten; Koordinaten; Zeta-Potential	Z	Impedanz	Zeta
η	Wirkungsgrad; Dielektrische Suszeptibilität; Dynamische Viskosität	H	Hysterese	Eta
ϑ / θ	Winkel; Drehwinkel; Phasenverschiebung; Celsius Temperatur; Thermischer Widerstand	Θ	Magnetische Durchflutung	Theta
ι	–	I	Massenträgheit	Iota
$\varkappa$	Elektrische Leitfähigkeit; Kopplungskoeffizient	K	Kompressibilität	Kappa
λ	Wellenlänge; Permanenz; Fotoempfindlichkeit	Λ	Thermische Leitfähigkeit; Magnetischer Leitwert	Lambda
μ	Magnetische Leitfähigkeit; magnetische Feldkonstante; Reibungszahl; Vorsilbe micro	M	–	My

ν	Phasengeschwindigkeit; Reflexionsvermögen; Poissonzahl (Querdehnzahl); Kinem. Viskosität	N	–	Ny
ξ	Dämpfungsverhältnis; Schallauslenkung; Ortsvariable	Ξ	Zufallsvariable	Xi
o	–	O	–	Omicron
π / ϖ	Verhältniszahl Kreisumfang zu Durchmesser (Kreiszahl)	Π	Produktsymbol (Mathematik) Peltierkoeffizient	Pi
ϱ / p	Spezifischer elektrischer Widerstand; Spezifische Dichte	P	–	Rho
σ / ς	Spezifischer Leitwert; Oberflächenspannung; Fließspannung	Σ	Summenzeichen (Mathematik)	Sigma
τ	Temperaturkonstante; Ausbreitungskonstante; Zeitkonstante; Übertragungsfaktor	T	Periode; Taupunkt	Tau
υ	–	Y	Scheinleitwert	Ypsilon
φ / ϕ	Winkel; Phasenverschiebungswinkel; Leistungsfaktorkoeffizient; Phasenabstand	Φ	Magnetischer Fluss; Strahlungsfluss	Phi
χ	Winkel; Suszeptibilitätsfaktor	X	Oberflächenpotential	Chi
ψ	Winkel; Phasendifferenz	Ψ	Elektrischer Fluss	Psi
ω	Kreisfrequenz; Winkelgeschwindigkeit	Ω	Raumwinkel; Widerstand; Ohm	Omega

Im deutschen Formelsatz werden alle griechischen und lateinischen Buchstaben kursiv geschrieben. Ausnahmen sind definierte Funktionsnamen.

Die markierten Zeichen werden fachspezifisch verwendet.

Abkürzungen/Abbreviations

accr. int.	accrued interest (aufgelaufene Zinsen)	c.f.i.	cost, freight, insurance	e.g.	exempli gratia = for example
Accs Pay.	accounts payable (Verbindlichkeiten)	cgo	Cargo	enc., encl.	enclosure
a.d.t.	automatic debit transfer	C.I.	Consular invoice	e.o.m.	end of month
amt.	Amount	Co.	Company	eta	estimated time of arrival
appd	Approved	C/O	cash order, certificate of origin	ety	empty
apt	Apartment	C/O	care of	ex	ex dividend
arr	all rights reserved (copyright)	C.O.D.	cash on delivery (per NN)	exc.	exchange
Assn.	Association	com.	Commissioned, committee, commercial	excl.	excluding, exclusive
Atten.	Attention			ex off.	ex officio = by authority of his office
av.	Average	Corp.	Corporation	f.b.	freight bill
bal.	Balance	cr.	Creditor	f.d.	free discharge
B & Bar	Bench and Bar (Richter und Anwälte)	C.S.	capital stock	ff.	following pages
B.C.	Before Christ	dd	dated, delivered	f. i.	for instance
b.d.	Bank debits, bank draft	dely	delivery	f.i.c.	freight, insurance, carriage
b.e.	bill of exchange	dep.	deputy, departure	fig.	figure
bil., bn	Billion (Milliarde)	disc.	discount	f.o.t.	free of tax, free on truck
bidg	Building	distr.	Distributed	f.y.	fiscal year
BoE	Bank of England	div(s).	divdend(s)	g.b.o.	goods in bad order
Bros.	Brothers	d/n	debit note	gr.wt.	gross weight
B.S.	British Standard	d/o	delivery order	guar.	guaranteed
b.v.	Book value	doc(s).	document(s)	G.V..	gross value
c.a.d.	Cash against documents	dom.	domestic, domicile	h.a.	hoc anno = in this year
Cc, c/c	Carbon copy	d/p	documents against payment	hf	half
cent.	centum = hundred	dpt, dept	department	hgt	height
cert.	Certified, certificate	dup.	duplicate	hr(s)	hour(s)
		ed.	edit	Inc.	incorporated
		ed; e.d.	extra dividend		